高等职业教育『十二五』土建类技能型人才培养规划教材

室内设计制图（AutoCAD 2014版）

李喜群／主编
李俊 张孝美 张婷／副主编

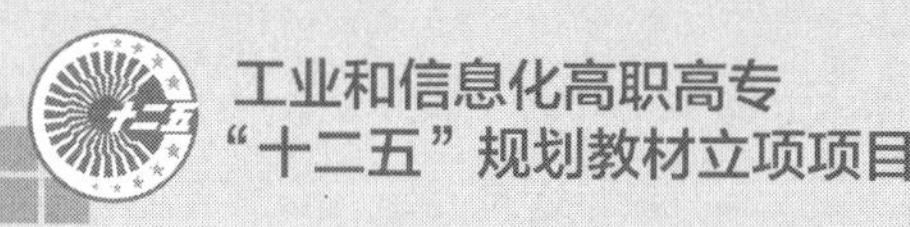

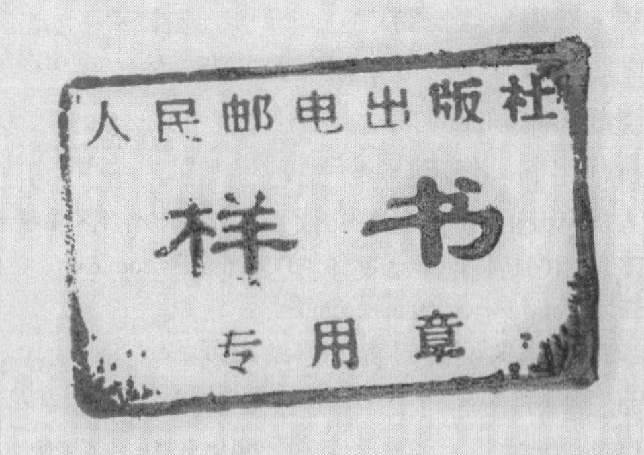

人民邮电出版社
北京

图书在版编目（CIP）数据

室内设计制图 : AutoCAD 2014版 / 李喜群主编. -- 北京 : 人民邮电出版社, 2014.11
高等职业教育“十二五”土建类技能型人才培养规划教材
ISBN 978-7-115-35101-2

Ⅰ. ①室… Ⅱ. ①李… Ⅲ. ①建筑制图－计算机辅助设计－AutoCAD软件－高等职业教育－教材 Ⅳ. ①TU204

中国版本图书馆CIP数据核字(2014)第059710号

内 容 提 要

本书以 AutoCAD 软件为操作主体，从室内设计的流程来介绍软件的实际应用，全面介绍 AutoCAD 软件在室内设计过程中的实际使用流程和操作技巧，使读者快速掌握室内设计技术，并能熟练使用软件。

全书共分为 6 章，第 1 章为 AutoCAD 室内设计概述，第 2 章为 AutoCAD 入门及绘图环境设置，第 3 章至第 5 章为绘制室内设计平面布置图、绘制室内设计系统平面图和绘制室内设计立面详图，第 6 章为 AutoCAD 出图技巧。本书以行业应用为切入点，内容系统，案例实用，专门针对将来要从事室内设计的初学人员或从事室内设计行业的初、中级用户编写。随书光盘中收录了书中的练习文件和完成文件。

本书内容力求全面详尽、条理清晰、图文并茂，讲解由浅入深、层次分明。本书可作为高等院校内设计专业的教材，也可作为相关技术人员和自学者的学习和参考用书。

◆ 主　　编　李喜群
　副 主 编　李　俊　张孝美　张　婷
　责任编辑　王　威
　责任印制　焦志炜

◆ 人民邮电出版社出版发行　北京市丰台区成寿寺路 11 号
　邮编　100164　电子邮件　315@ptpress.com.cn
　网址　http://www.ptpress.com.cn
　大厂聚鑫印刷有限责任公司印刷

◆ 开本：787×1092　1/16
　印张：18.75　　2014 年 11 月第 1 版
　字数：480 千字　　2014 年 11 月河北第 1 次印刷

定价：49.80 元（附光盘）

读者服务热线：(010)81055256　印装质量热线：(010)81055316
反盗版热线：(010)81055315
广告经营许可证：京崇工商广字第 0021 号

前　言

AutoCAD 是美国 Autodesk 公司于 1982 年开发的自动计算机辅助设计软件，用于二维绘图、详细绘制、设计文档和基本三维设计。现已成为国际上广为流行的绘图工具。AutoCAD 具有良好的用户界面，通过交互菜单或命令行方式便可以进行各种操作，让非计算机专业人员也能很快地学会使用。在不断实践的过程中更好地掌握它的各种应用和开发技巧，从而不断提高工作效率。AutoCAD 具有广泛的适应性，它可以在各种操作系统支持的微型计算机和工作站上运行，因此 AutoCAD 广泛应用于机械、电子、建筑、环境以及室内等设计专业。而本书主要针对 AutoCAD 在室内设计中的应用，设计了一套全面、系统、科学、有效的教学内容，使学生能够熟练地使用 AutoCAD 完成室内设计过程，并最终绘制出完整、美观的 AutoCAD 图纸。

本书主要由数位既有长期实际设计经验积累，又有多年室内设计专业教学经验的高校教师共同编写完成。在编写的过程中摒弃了市面上大多数 AutoCAD 室内设计教程中枯燥、反复的教学软件基本操作，脱离实际设计过程应用的弊端，而以设计过程中 AutoCAD 实际应用为主旨内容，设计过程中人体工程学、工艺技术，材料应用等为辅助内容，编写完成了本书。

本书的体系结构围绕室内设计的实际设计过程精心安排，章节内容依次为“熟悉室内设计基本概念 – 设置室内设计绘图环境 – 绘制室内设计平面系统图 – 绘制室内设计立面系统图-打印设计图纸”。在整个内容中以实际项目的真实设计过程为教学内容，做到重点突出、难点分散、循序渐进，可以说将 AutoCAD 室内设计过程真实的以文字与图片结合的方式，系统、全面编排在书本内容中。学生在完成本书的学习后不但可以掌握 AutoCAD 软件的操作与应用，绘制出系统的室内设计图纸，在人体工程学、工艺技术，材料应用等方面也将有较多的收获，为实际工作打下坚实的基础。

本书每章都附有一定数量的习题，可以帮助学生进一步巩固基础知识；本书每章还附有实践性较强的实训，可以供学生上机操作时使用；此外，还配备了源文件、习题答案、教学大纲等丰富的教学资源，任课教师可到人民邮电出版社网站（www.ptpress.com.cn）免费下载使用。本书的参考学时为 56 学时，其中实践环节为 21 学时，各章的参考学时参见下面的学时分配表。

章　节	课程内容	学时分配	
		讲　授	实　训
第 1 章	AutoCAD 室内设计概述	2	1
第 2 章	AutoCAD 入门及绘图环境设置	8	2
第 3 章	绘制室内设计平面布置图	10	5

续表

章　节	课 程 内 容	学 时 分 配	
		讲　授	实　训
第 4 章	绘制室内设计系统平面图	7	6
第 5 章	绘制室内设计立面详图	6	6
第 6 章	AutoCAD 出图技巧	2	1
课时总计		35	21

本书由湖南人文科技学院环境艺术设计教研室主任李喜群任主编。

由于编者水平有限，书中难免存在错误和不妥之处，敬请广大读者批评指正。

编者

20014 年 2 月

目 录

Chapter 1

第1章

AutoCAD 室内设计概述

Chapter 1

学习要点及目标

◈了解室内设计的概念与风格

◈了解室内设计中人体工程学的运用

◈了解中国传统文化在室内设计中的应用

◈熟悉室内设计常用原则

◈掌握室内设计一般流程

本章导读

本书主要目的在于对室内设计过程中的各种图纸绘制方法进行详细的教学。因此作为全书的首章，在本章节中主要将简明地介绍室内设计的概念、当前流行的设计风格、室内设计一般流程以及相关的人体工程学与传统文化，主要是使大家能在短时间内了解室内设计较为详细的过程与本书的教学重点，从而能更为有效地学习后续章节。

1.1 室内设计简述

1.1.1 室内设计概述

现今的室内设计指的是根据建筑的使用性质、功能需求、所处环境以及对应标准，通过建筑设计原理、美学观念，物质工艺手段，创建出功能优越、美观牢固，满足人们物质和精神双重需求的室内环境。

简单来说，室内设计需要从功能设计与精神享受两方面入手，即所设计的室内环境既要具备使用价值，如常见的会客、睡眠、烹饪、洗浴、休闲等功能，同时又要合理安排功能区域布局，做到相互流通而又互不干扰的整体，如图 1-1 所示。此外，室内环境要能体现出设计美感，如反映历史人文、建筑风格、环境氛围等精神因素。因此“创建满足人们物质和精神双重需求的室内环境”是室内设计的明确目标。

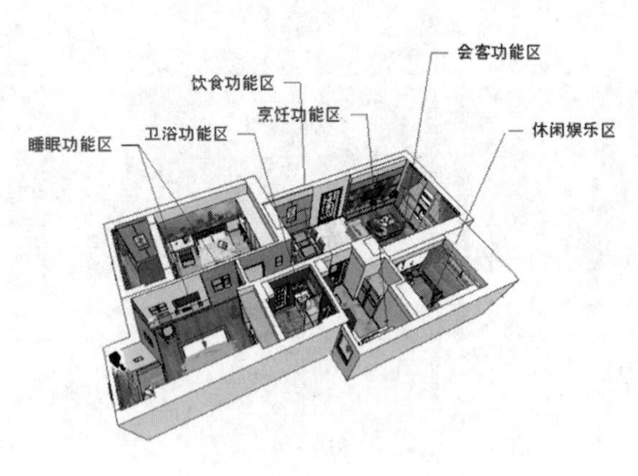

图 1-1

随着人类文明的发展，室内材料以及制作工艺也在不断创新、发展。室内设计发展至今已经从最原始的空间装饰（如早期人类在洞穴岩壁上绘制图腾）发展到以空间环境设计、室内环境设计以及室内装饰设计为主的系统学科，涉及的学科有建筑学、人体工程学、设计美学、环境美学、环境心理学以及宗教学等多个专业课程。

同时随着不同地域、文化、宗教的长期影响，室内设计也形成了一些明显的地域性风格差异，这些差异也直接影响到设计手法、需求的变化。对比如图 1-2 所示的欧式风格与中式风格客厅空间环境效果，虽然两者在功能上均以会客为目的，可无论是在空间利用还是精神追求上都有着明显的差异。接下来我们就较为详细地了解这些地域性室内设计风格的差异，以便更好地理解、学习后面实例章节的内容。

图 1-2

1.1.2 室内设计风格

1.传统风格

传统风格的室内设计，是在室内布置、线形、色调以及家具、陈设的造型等方面，吸取传统装饰“形”“神”的特征。例如，吸取我国传统木构架建筑室内的藻井天棚、挂落、雀替的构成和装饰，明、清家具造型和款式特征，如图 1-3 所示；又如西方传统风格中仿罗马风、哥特式、文艺复兴式、巴洛克、洛可可、古典主义等，其中如仿欧洲英国维多利亚或法国路易式的室内装潢和家具款式，如图 1-4 所示。

此外，还有日本传统风格、印度传统风格、伊斯兰传统风格、北非城堡风格等。传统风格常给人们以历史延续和地域文脉的感受，它使室内环境突出了民族文化渊源的形象与强烈的地域特征。

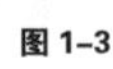

图 1-3　　图 1-4

2.现代风格

现代风格起源于 1919 年成立的鲍豪斯学派，该学派处于当时的历史背景，强调突破旧传统，创造新建筑，重视功能和空间组织，注意发挥结构构成本身的形式美，造型简洁，反对多余装饰，崇尚合理的构成工艺，尊重材料的性能，讲究材料自身的质地和色彩的配置效果，发展了非传统的以功能布局为依据的不对称的构图手法，现代风格室内设计效果如图 1-5 所示。

鲍豪斯学派重视实际的工艺制作操作，强调设计与工业生产的联系。鲍豪斯学派的创始人 W.格罗皮乌斯对现代建筑的观点是非常鲜明的，他认为“美的观念随着思想和技术的进步而改变”。“建筑没有终极，只有不断地变革”。“在建筑表现中不能抹杀现代建筑技术，建筑表现要应用前所未有的形象”。发展至今，广义的现代风格也可泛指造型简洁新颖，具有当今时代感的建筑形象和室内环境，如现代中式风格等。

图 1-5

3.后现代风格

后现代主义一词最早出现在西班牙作家德・奥尼斯 1934 年的《西班牙与西班牙语类诗选》一书中，用来描述现代主义内部发生的逆动，特别有一种现代主义纯理性的逆反心理，即为后现代风格。20 世纪 50 年代美国在所谓现代主义衰落的情况下，也逐渐形成后现代主义的文化思潮。受 20 世纪 60 年代兴起的大众艺术的影响，后现代风格是对现代风格中纯理性主义倾向的批判。后现代风格强调建筑及室内装潢应具有历史的延续性，但又不拘泥于传统的逻辑思维方式，探索创新造型手法与材质应用，讲究人情味，常在室内设置夸张、变形的柱式和断裂的拱券，或把古典构件的抽象形式以新的手法组合在一起，即采用非传统的混合、叠加、错位、裂变等手法和象征、隐喻等手段，以期创造一种溶感性与理性、集传统与现代、揉大众与行家于一体的即“亦此亦彼”的建筑形象与室内环境。典型的后现代风格室内效果如图 1-6 所示。

图 1-6

4.自然风格

自然风格倡导“回归自然”，美学上推崇自然、结合自然，才能在当今高科技、高节奏的社会生活中，使人们能取得生理和心理的平衡，因此室内多用木料、织物、石材等天然材料，显示材料的纹理，清新淡雅，如图 1-7 所示。此外，由于其宗旨和手法的类同，也可把田园风格归入自然风格一类。田园风格在室内环境中力求表现悠闲、舒畅、自然的田园生活情趣，也常运用天然木、石、藤、竹等材质质朴的纹理，创造自然、简朴、高雅的氛围。

此外，也有把 20 世纪 70 年代反对千篇一律的国际风格的如砖墙瓦顶的英国希灵顿市政中心以及耶鲁大学教员俱乐部，室内采用木板和清水砖砌墙壁、传统地方门窗造型及坡屋顶等称为“乡土风格”或“地方风格”，也称“灰色派”。

图 1-7

5.混合型风格

近年来，建筑设计和室内设计在总体上呈现多元化、兼容并蓄的状况。室内布置中也有既趋于现代实用，又吸取传统的特征，在装潢与陈设中溶古今中西于一体，例如传统的隔窗、屏风、摆设和茶几，配以现代风格的墙面及门窗装修、新型的沙发，或是欧式古典的琉璃灯具和壁面装饰，配以东方传统的家具或非洲的陈设、小品等，如图 1-8 所示。此外也可以通过简单的材质的变换将多种风格精巧地整合，如图 1-9 所示。总而言之混合型风格虽然在设计中不拘一格，运用多种体例，但设计中仍然是匠心独具，深入推敲形体、色彩、材质等方面的总体构图和视觉效果。

图 1-8

图 1-9

现代室内设计除了从地域文化特色进行区分之处，也可以通过所表现的艺术特点进行区分，主要有高技派、光亮派、白色派、新洛可可派、超现实派、解构主义派以及装饰艺术派等。但要注意的是，无论是地域文化还是从艺术特点的不同造成室内设计风格的区别，室内设计又有着一些共用的原则，把握好这些原则能够帮助我们解决设计过程中可能出现的问题。

1.1.3 室内设计原则

1.整体原则

在设计之初，对于空间整体的布局、风格运用需要全盘考虑，做到空间协调统一。

2.功能原则

在设计的过程中，需要根据使用功能把握好空间尺度，考虑到对应功能家具的摆放等细节，同时又要符合安全疏散、防火、卫生等设计规范。

3.美观原则

在设计的过程中结合形、光、色、质、声等元素营造室内美感。

4.技术原则

在设计的过程中充分考虑到设计观念是否有足够的施工技术完成，做到美观耐用。

5.经济原则

在设计的过程中以最小消耗达到所需目的，杜绝无谓浪费。

1.1.4 绘图在室内设计中的作用

通过前面的内容可以了解到室内设计是一门较为复杂的综合学科，如果在设计实施的过程仅依据零碎的数字、语言表达设计意图势必产生理解上的差异。这种差异首先会造成与业主间的沟通不畅，进而使设计实施变得困难重重，而通过设计图纸既可以明确地表达、传递出设计意图，也能依据它准确、高效地完成设计项目的施工。

总的来说，在室内设计中需要使用到两种图纸，第一种是用于表达空间效果的意向图，该种图纸通常由手绘或是三维软件完成，参考图 1-10 所示。通过这种图纸将一些零碎的数据以及抽象的概念转化为较为具象的空间的效果，因此在方案讨论阶段即能对施工后的空间效果有一个较为真实的预览。

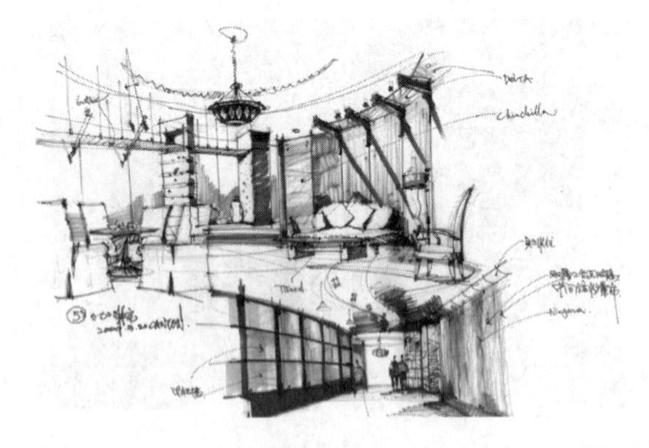

图 1-10

第二种图纸则是在有了较为明确的设计方案后通过 AutoCAD 绘制的施工图，其作为设计中的标准语言主要用于表示工程项目总体布局、内部布置、结构构造、内外装修、材料做法以及设备、施工等要求的图纸，如图 1-11 和图 1-12 所示。

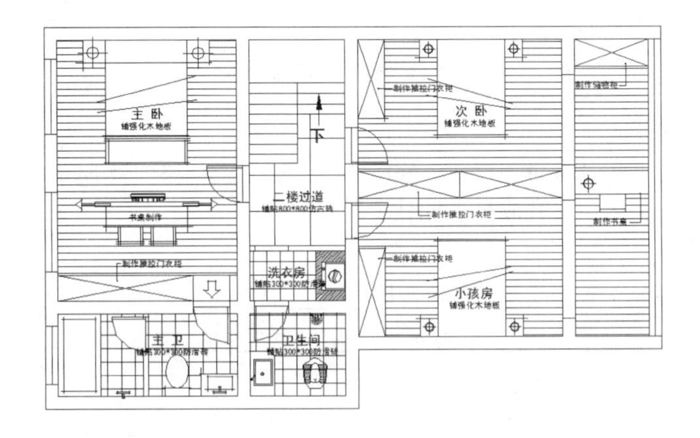

图 1-11

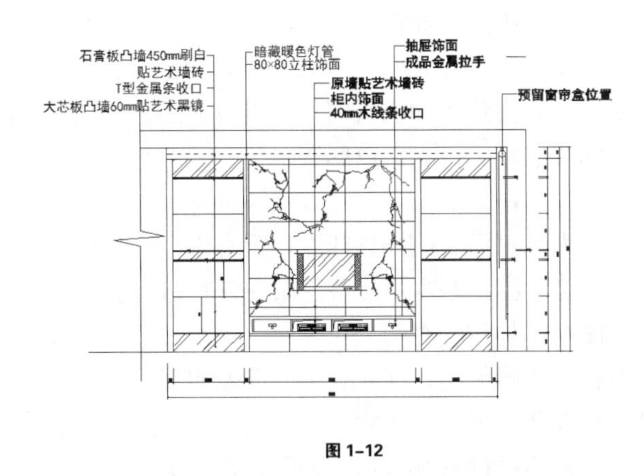

图 1-12

本书的教学重点即为如何使用 AutoCAD 绘制出清晰、准确的室内设计施工图纸。但需要注意的是，施工图的绘制并不是盲目地打开软件，根据自己的意愿天马行空地绘制一番即可。设计师要完成一套具有价值的施工图纸首先必须满足客户的现实要求与施工的可行性，此外还需要兼顾经济、时间等因素，此时就需要一套完整的设计流程去理顺这些因素。接下来我们就来详细讲解室内设计的一般流程。

1.2 室内设计一般流程

1.2.1 与客户进行良好的沟通

以专业的水准完成客户（业主）的要求，是室内设计最为重要也是最基本的要求，因此在设计最初需要与客户进行详细的沟通。设计师不但要准确地获知客户的设计需求，收集到第一手资料，还要利用自身的专业知识，第一时间帮客户解决一些设计上的困扰，并适时通过手绘或展示公司已完成的一些类似项目建立起客户对公司及设计师能力的信心。

在实际的操作中当与客户有了一定的合作意向后，可以通过类似图 1-13 所示的一份《业主需求意向表》（完整意向表参见本书附 1）了解到客户的一些个人信息，如客户的年龄、职业、性格、个人爱好以及基本设计需求，如装修风格定位、空间功能需求等，这些都是后续完成一份客户满意的设计所必需的信息。

《业主需求意向表》

一、客户基本情况

1.姓名：__________先生（女士）；2.年龄：___________岁；3.职业：_____________；4.学历：__________； 5.家庭成员（同住）情况：

（1）父、母：_____________年龄：父_______母______

（2）夫、妻：_____________年龄：夫_______妻______

（3）子、女：_____________年龄：子_______女______

（4）保姆：_____________

（5）其他：____

二、玄关部分（门厅）

1.是否有考虑安排：设置鞋柜□、衣柜□、 镜子□（整装）

2.是否介意入门能够直观全室？介意□、 无所谓□

3.玄关的设计是否要考虑其文化属性或氛围？适当兼顾□、重点考虑□、无所谓□

4.对玄关有无其他特别要求？（灯光、色彩等）__________________________________

三、客厅部分

1.客厅的主要功能：家人休息□、 看电视□、 听音乐□、 其他___________________

2.接待客人（偶尔□、经常□、基本不接待□），接待人数约为_____ 人

3.是否与餐厅合为一体？（是□、否□）

4.客人来家中聚会内容？（聊天□、 Party□、 亲友聚餐□ ）

5.客厅内的视听设施有哪些？规格？尺寸？_______________________________________

6.音响多少？________，需要背景音响？（是□、否□）

是否需要特别的设施？____

7.对客厅有无特殊的灯光设计要求？（主灯□、电视背景射灯□、 沙发背景射灯□、地灯□、冷色光源□、暖色光源□、彩色光源□、主灯分置□、主灯调亮装置□）

其他 ____

8.客厅的基本色调：偏暖色系□、偏冷色系□

9.客厅地面的希望是：实木地板□、复合地板□、玻化砖□、仿古砖□、普通防滑砖□、环氧水泥地□、有部分地台□、其他特别要求_____________________________________

10.是否有其他使用功能要求？____

四、餐厅部分

1.餐厅使用人数_______人，频率？（早餐□、中餐□、晚餐□），餐桌、椅如何配置？（1×2□、1×4□、1×6□、1×8□）

2.是否需要配置餐柜□、酒柜□、陈列柜□？有无藏酒？（有□、无□）

3.餐厅是否是家人（朋友）聚会（交流）的主要场所？（是□、否□）

4.是否需要在餐厅看电视？（是□、否□）棋牌等娱乐活动？（是□、否□）

5.对餐厅的色彩有无特别要求？（全部暖色□、全部素色□、全部冷色□、局部彩色□）

对灯光要求（一盏主灯□、二盏主灯□、三盏主灯□、需要射灯□、不需要射灯□ ）

图 1–13

1.2.2 对设计空间进行准确地丈量

在与客户确定了初步的设计构想以后，就可以对其委托的设计空间进行现场测量、记录以及草图绘制，收集到后续用于绘制专业设计图纸的的数据与资料。通常需要测量与记录的数据如下：具体的墙体尺寸、墙体承重与否、门窗位置、梁柱分布状况、地面的起伏、顶棚的高度、房间原始插座的数量及位置、卫生间及排水管的位置，通风管道、孔位等。

测量空间（量房）的工具主要有激光测距仪、5m 钢卷尺、相机、绘图纸、笔等，如图 1-14 所示。

图 1-14

在进行量房时为了保证测量的准确与效率，最少需要两人。对于可以一人精确丈量的尺寸，如门宽、短墙可以一人负责测量，一个负责记录，如图 1-15 所示。而对于一些跨度较大或是操作不便的尺寸，如房间整体长宽、复式楼层高度，为了保证测量准确度以及安全，需要两人协作测量再进行记录，如图 1-16 所示。

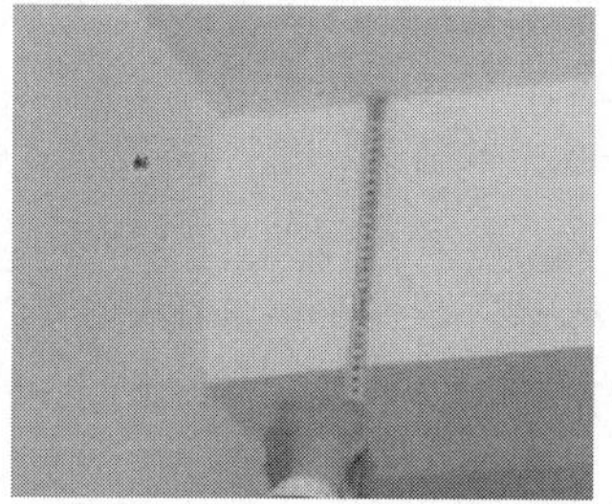

图 1-15

图 1-16

在量房的过程中需要绘制类似于如图 1-17 所示的量房草图。该图纸美观是其次，重要的是所记录的数据要清晰，既要包括房间尺寸、窗户尺寸、窗户高度、房梁位置与尺寸、墙体承重与否（如果未携带多色笔，可以通过涂实的方法表示承重墙，如果有多色笔则可以通过色彩标识）这些大的内容，也需记录如原始水管、电线位置与走向、插座位置与高度、空调孔高度与大小、卫生间地漏位置等细节。

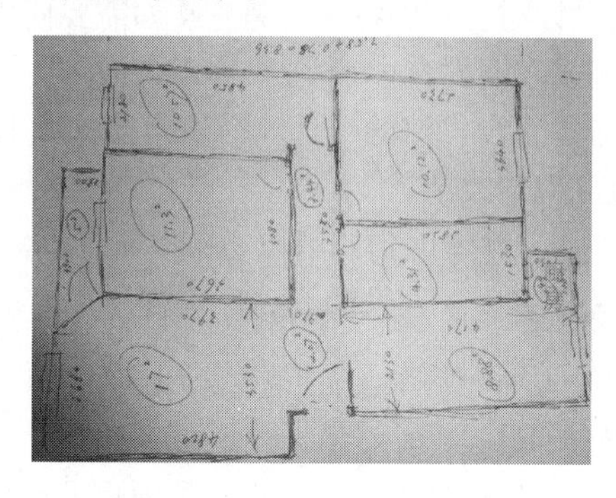

图 1-17

📖 要点提示——量房技巧

量房的最终目的是准确地获得设计空间的相关数据，而掌握一定的技巧不但可以保证测量的准确性，也能加快测量速度，常用的量房步骤如下。

（1） 巡视一遍所有的房间，对户型结构做到心中有数并对房间特别之处格外留意。

（2） 在纸上画出大概的户型草图（此时只需要画出大致布局，并有较为正常的比例并能体现房间之间前后、左右连接方式、位置关系即可，精确的尺寸可以在后续的测量后通过数字记录）。

（3） 从进户门开始，一个一个房间进行测量，并把测量的每一个数据记录到平面中相应的位置上，常见的测量方法如下：

A.卷尺量出房间的长度、高度（长度要紧贴地面测量，高度要紧贴墙体拐角处测量，并以柱边线、墙角线为准，通常测量为净空尺寸），同时注意标明混凝土墙、柱和承重墙，并拍摄照片作为留底与实际依据。

B.把通向另一个房间的具体尺寸再测量、记录（了解两个房间之间的空间结构关系）；

C.观察四面墙体上如果有门、窗、开关、插座、管子等，在纸上简单示意；

D.测量门本身的长、宽、高，再测量这个门与所属墙体的左、右间隔尺寸，测量门与天花板的间隔尺寸；

E.测量窗本身的长、宽、高，再测量这个窗与所属墙体的左、右间隔尺寸，测量窗与天花板的间隔尺寸；

F.按照门窗的测量方式把开关、插座、管子的尺寸记录；（厨房、卫生间要特别注意）

G.要注意每个房间天花板上的横梁尺寸以及固定的位置。

（4） 按照上述方法把户型内所有的房间测量一遍。如果是多层的，为了避免漏测，测量的顺序要一层测量完后再测量另外一层，而且房间的顺序要从左到右。

（5） 有特殊之处用不同颜色的笔标示清楚，如混凝土墙、柱和承重墙。

（6） 在全部测量完后，再全面检查一遍，以确保测量的准确、精细。

（7） 对比物业提供的建筑户型图与实测绘制的户型草图是否有差异，如果有需要再次验证并及时和业主说明。此外由于房屋本身质量也会影响到施工的成本、质量以及后期维护，如果发现异常也需要及时和业主沟通。

（8） 最后再记录户型所在建筑的位置、朝向，所处地段以及楼层，同时周围的环境状态，包括景色、光线、噪声、绿化、空气质量光照等进行了解与记录（记录这些有助于完成一些特别的设计，如景色较好，在设计时考虑到观景的方便，如噪音较大，为了隔音可以考虑使用特殊的隔音玻璃、隔音窗帘等）。

此外在量房时如果前期设计时有一些特殊的考虑（如需要使用大功率中央空调、煤气用量较大），量房时特别注意完成以下内容。

（1）了解总电表的容量是多少安培的，计算一下自己的大概使用量是否够，如果需要大功率的则需要提前到供电局申请改动。

（2）了解电线型号与规格，并考虑到使用大功率空调等电器是否能保证安全性。

（3）了解煤气或天然气是多少立方米的，户外水管与户内水管规格。同样若需变动需要提前到相关部门申请改动。

1.2.3 制作规范的设计任务书

设计任务书是业主对工程项目设计提出的要求，是项目设计、执行的主要依据。一份较完整的设计任务书主要包含以下文件。

（1）设计项目名称、建设地点。

（2）设计项目概况。

（3）设计依据。

（4）设计风格。

（5）设计范围。

（6）具体设计要求。

（7）进度要求。

（8）造价控制。

（9）设计文件要求。

（10）需设计单位完成的其他工作。

（11）建设单位提供的设计文件。

各个公司在具体的文件制定时都有所区别，以较重要的设计依据、设计要求以及设计文件要求为例，主要包含的内容分别如图 1-18 ~ 图 1-20 所示。

设计依据	国家/行业相关规范与标准 《建筑内部装修设计规范》G50222-95 《建筑设计防火规范》GBJ16-87 《房屋建筑制图统一标准》(GB/T 50001-2001) 《通用用电设备配电设计规范》GB50055-2011 《国家住宅装饰装修工程施工规范》 《建筑装饰装修工程施工质量验收规范》GB50210-2001J 《建筑给水排水及采暖工程施工质量验收规范》GB 50242-2002 《建设工程工程量清单计价规范》（GB50500-2013） 《XX市建筑工程计价定额》

图 1-18

设计要求	业主要求： 功能要求： 预算范围要求： 风格要求： 个性要求： 家具配置计划： 所喜爱的主材和设备的品类及色彩： 其他：
	通用要求： 1.1. 根据室内设计的基本理论，在设计完整功能的前提下，设计有美感、有艺术气息的方案。 2.2. 设计要适合业主的年龄、身份、职业等特点，能体现业主良好的文化品质和高尚精神内涵。 3.3. 参考业主提交的需求意向表中的居住需要，完满地进行空间的功能分区并组织合理的交通流线。 4.4. 充分结合已有现有条件，考虑到业主的实际情况，对住宅室内设计的理解，创造温馨、舒适的人居环境。 5.5. 设计需结合业主身体状态并结合人体工程学，设计满足人的行为和心理尺度的空间
	设计深度要求：设计深度需要达到业主主要意愿，在功能性、艺术性合理的同时满足常规的施工图设计标准

图 1-19

设计文件要求	设计草图：功能合理，具有较高文化、艺术性，体现个性化环境，交指导教师逐个通过设计方案（包括一草、二草、正草三个阶段，成果文件只提交正草）。 效果图：至少1张（表现卧室）。 施工图：按指导书要求。 间墙平面图（若有拆改情况，要分开绘制原间墙平面图、新建间墙平面图），1张； 平面布置图，1张； 顶棚布置图，1张； 主要立面图，至少16张； 必要的剖面图和详图。（以上制图规范图标、图例、线型、图框、比例等，请参照指导书附件《建筑装饰装修制图标准》） 设计说明：工程概况，设计思路和理念、风格等。 主题配色和参考图片：主色、衬色、补色的色标，重点空间的预设效果彩图。 量房成果（A3复印件）。 图纸封面、目录表
细节要求	图纸规格A3；图面美观，表达准确，图纸规范；封面封底美观；图纸顺序合理（封面，目录，效果图，施工说明，施工图〈按平、立、剖，水电图排序〉，预算书，材料汇总清单，量房成果，封底）
交图规范	提交正式图纸；时间：统一规定；形式：图纸打印后，装订成册；所有手绘稿装订成册；所有原始文件报盘
其他	按指导书要求

图 1-20

1.2.4 绘制详尽的设计图纸

1.前期准备阶段

前期准备阶段的主要任务是接受客户的设计委托书，签订设计合同，明确设计项目的要求、期限以及资金范围，并通过制定设计计划安排工程进度等。此外在设计准备阶段还要查阅相关的政策法规（如是否需要协助业主取得《装修许可证》等证件，如图 1-21 所示）以及了解当地的环境条件等与后续开展施工相关的信息。如周边是否需要安静环境的办公场所，避免产生邻里争执或其他负面影响。

装修许可证

许可编号		装修施工注意事项： 1. 装修垃圾请放在物业管理中心指定地点，严禁在楼道或门前堆放。 2. 装修时间为： 早 8：00—中午 12：00，下午 14：30-18：30。 3. 严禁破坏室内地面防水层，以免造成渗漏。 4. 按消防管理规定每 50 平方米配置 1 具灭火器，需要焊接，动用明火，必须先到物业管理中心办理手续。 5. 严禁将泥浆、胶水、涂料等装修垃圾冲入下水道或楼外污水井。 6. 施工人员出入小区请出示临时出入证。 7. 施工结束，施工队离开小区前，请到物业管理中心办理物品搬出手续。 物业管理有限公司（签章） 年 月 日
房号		
业主姓名		
联系电话		
施工单位		
负责人		
联系电话		
施工日期		

图 1-21

2.方案设计阶段

方案设计阶段主要是通过对设计项目相关的资料进行分析，从而进行设计方案的构思、立意，制作设计项目的初步设计方案，然后与业主进行沟通并提供初步方案的设计文件。初步设计方案主要包括以下内容。

（1）确定好设计风格并准备选用的主要材料样板，如图 1-22 所示。注意：在进行大型工程招标及正式进行施工时，为了保证装修质量、效果并控制好工程预算，施工需将制作如图 1-23 所示的附带材料样品以及详细型号、规格、数量、单价等信息封装样品报送至甲方，以便在材料进场时确定是否为当时设计确定的材料。

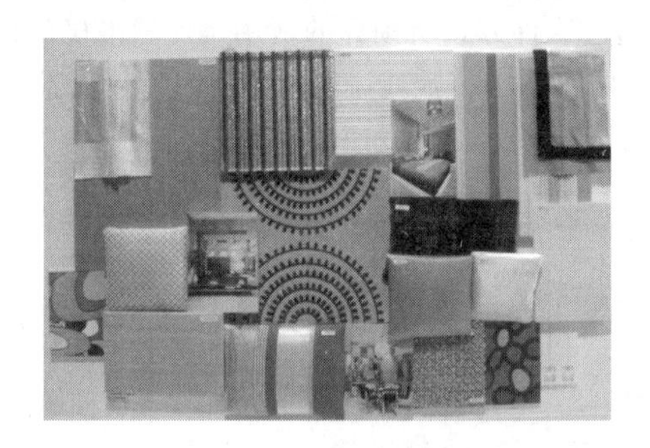

图 1-22

设计单位确认：		建设单位确认：	
编号:Job No. 11			
名称 Name:	壁纸		
品牌 Source:	B.O.S		
型号 ModelNo.:	5424		
面积 Square:			
位置 Location:	大面积	备注 Remark:产地：韩国	
参考价格 Price:			

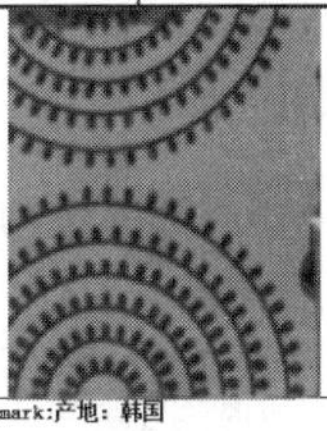

图 1-23

（2）绘制设计草图、方案概念设计图以及各空间透视草图，如图 1-24 所示，确定好空间的平面、顶棚、局部立剖面的设计方向，此外也可以提供彩色效果图用于后续参考。

设计方案图
- 设计草图（意境的构思与创造）
- 方案概念设计图（平面流程图）
- 透视草图

图 1-24

（3）编制设计说明及工程造价预算。

室内设计说明是以图文结合的方式，通过类似优美散文的形式介绍设计项目的背景、设计主题、设计风格以及各个空间的特点、用材等，参考图 1-25~图 1-28 所示。

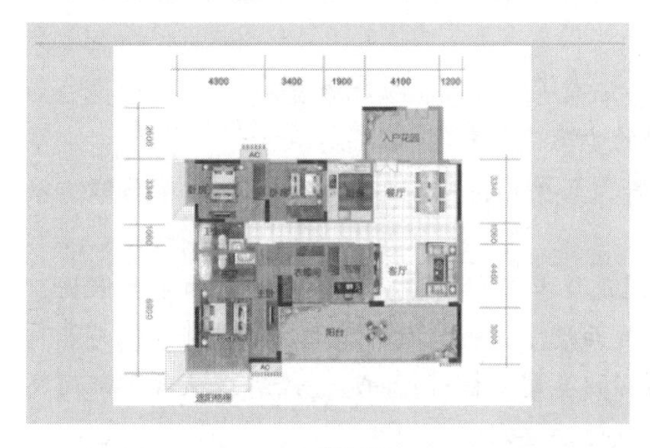

图 1-25

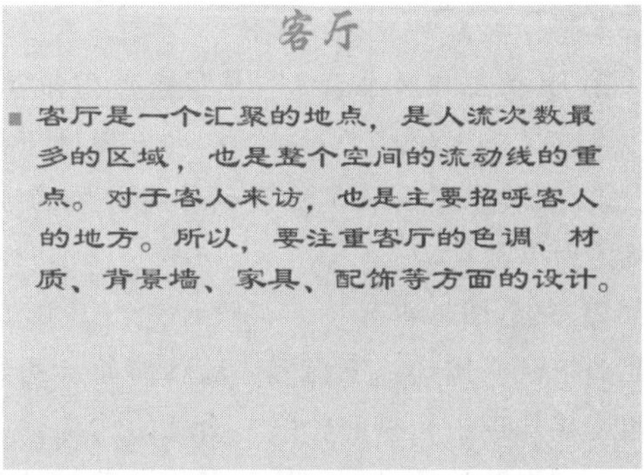

客厅
客厅是一个汇聚的地点，是人流次数最多的区域，也是整个空间的流动线的重点。对于客人来访，也是主要招呼客人的地方。所以，要注重客厅的色调、材质、背景墙、家具、配饰等方面的设计。

图 1-26

客厅布置
材质：主要用到木材质、大理石、墙纸等。这些是比较流行的，而又不会太奢侈的材质。既显得美观，也是经济的。

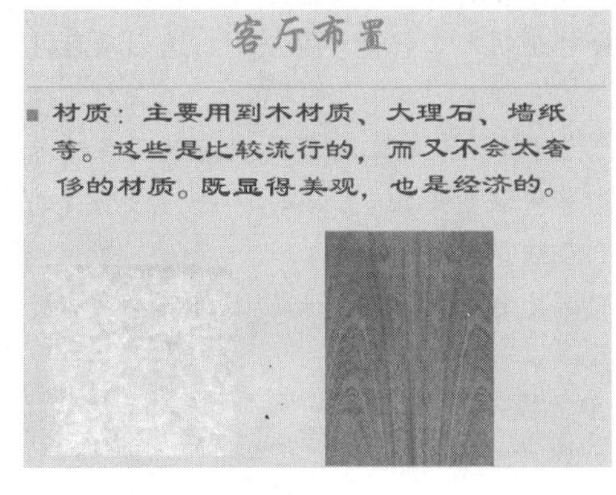

图 1-27

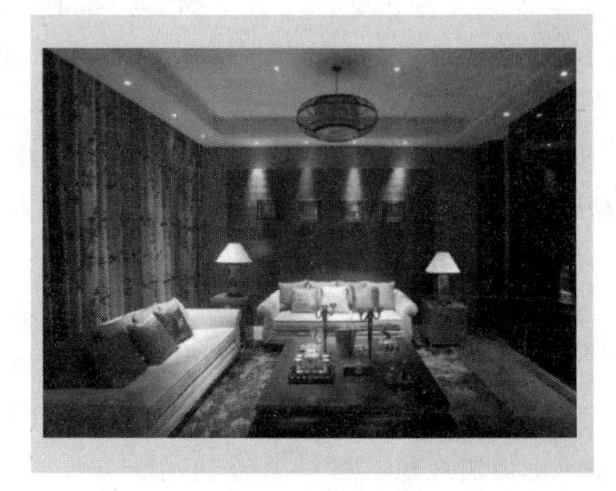

图 1-28

室内设计工程造价预算是家庭装修的重要组成部分，它直接关系到设计项目的经济支出及合理分配问题。一般来讲，工程造价预算时的定额是工程后期的结算定额标准与依据，以某项目中普通矮柜为例，其预算表单如图 1-29 所示。可以看到其中详细地罗列出了各种材料、配件、损耗、人工费用以及费用浮动说明，通过这种方式所预算的费用是比较准确的，因此最终产生的费用与预算费用差额必须控制在 3%～5%，否则就说明在施工过程中有浪费或是其他问题。

7. 普通矮柜（平板柜门，清油漆饰面）		276元/m	
全实木木工板柜体	天津	1张×75元/张=75元	1. 若柜体改用“天京”木工板，加收20元/m
全实木木工板柜门	天京	0.25张×106元/张=26.5元	2. 若改用其他面板，则按实调整该项价格
五厘厚单面饰面板背板		0.25张×48元/张=12元	3. 若只做柜体，则单价为235元/m
实木线收口		约8m×1.2元/m=9.6元	4. 若柜体改混油漆饰面，则木工人工费减少6元/m
天然黑胡桃面板		0.5张×38元/张=19元	5. 若订做喷漆柜门，加收45元/m
内饰浅木纹波音软片		4.5m²×10元/m²=45元	6. 柜体油漆工程另计
机械损耗		平均损耗：2.0元	7. 柜体采用全实木线条收口
直钉、圆钉、胶水等辅料		平均消耗：6.9元	8. 所有五金配件由甲方提供
人工费		80元/m	9. 柜体高度及厚度超过600mm，另外计价
小　计		276元/m	10. 按实际长度计算工程里

图 1-29

要点提示——如何做出准确的预算

室内设计工程预算是根据设计方案中的用材、所需人工预先对工程所需资金进行估算，其预算依据主要如下。

① 室内装修前的平面草图及装修中的平面草图，局部大样图，如客厅、卧室。通过这些图纸可以计算地面、墙面面积。

② 各个空间的效果图。通过这些图纸确定用材，比如地板、壁纸；通过这些图纸得知材料类型，然后对应查找单价。

③ 装饰工程施工方案。通过这些图纸了解施工所需人工、损耗等费用。

在有了如上的参考资料后，即可通过下面的步骤完成整个预算。

① 收集资料。收集编制预算所需要的资料，还要摸清所需材料的地点及运输路线，以便确定所需搬运费。

② 熟悉图纸内容，掌握设计意图。施工图是计算工程量、套用预算定额的主要依据，因此必须认真阅读以下内容：墙柱面的标高和截面尺寸，装饰材料及做法，装饰部位与其构件的连接处理；天棚的骨架，面板的构造；门窗的类型及材料；油漆、涂料、裱糊等部门及要求；室内装饰条，灯、镜、柜等物品的尺寸及做法要求。

③ 阅读定额说明，计算工程量。在读懂图纸的基础上，先阅读定额的总说明，再按照定额的编排顺序，对照图纸的相关内容，阅读分部说明及工程量计算规则，选列项目计算工程量。

④ 套用定额或单位估价表，计算直接费。将计算出来的工程量按照定额项目编号所要求的计量单位，逐一与定额中的人工费、材料费和机械费等相乘，其总和即为该项目的直接费。具体计算在预算表上进行。

装修预算中的人工、材料、机械消耗量是预算定额中的主要指标，其计算公式如下：

定额人工费=定额工日数×日工资标准

定额材料费=材料数量×材料预算价格+机械消耗费

（机械消耗费是材料费的 1%~2%）

来源：室内设计师之路　原文地址：http://www.sjszl.com/2009/07/132.html

在实际的实施中，装修工程造价预算费用=材料费+人工费+损耗费+运输费+机具费+管理费+税收。由于各地的物料价格不同，装修费用也不尽相同，但装修工程量计算公式是一致的，装修时可根据下面实例中的计算公式计算材料用量。

地面砖用量：

每百平米用量=100÷[（块料长+灰缝宽）×（块料宽+灰缝宽）]×（1+损耗率）

例如，选用复古地砖规格为0.5 m×0.5m，拼缝宽为0.002m，损耗率为1%，100平方米需用块数为：

100平方米用量=100÷[（0.5+0.002）×（0.5+0.002）×（1+0.01）]=401块

顶棚用量：

顶棚板用量=（长-屏蔽长）×（宽-屏蔽宽）

例如，以净尺寸面积计算出PVC塑料天棚的用量。PVC塑胶板的单价是50.81元/m^2，屏蔽长、宽均为0.24 m，天棚长为3m，宽为4.5m，用量如下：

顶棚板用量=（3-0.24）×（4.5-0.24）=11.76m^2

包门用量：

包门材料用量=门外框长×门外框宽

例如，用复合木板包门，门外框长2.7m、宽为1.5m，则其材料用量如下：

包门材料用量=2.7×1.5=4.05m^2

壁纸用量：

壁纸用量=（高-屏蔽长）×（宽-屏蔽宽）×壁数-门面积-窗面积

例如，墙面以净尺寸面积计算，屏蔽为24cm，墙高2.5m、宽5m，门面积为2.8m^2，窗面积为3.6m^2，则用量如下：

壁纸用量=[(2.5-0.24)×(5-0.24)]×4-2.8-3.6=36.6m^2

以上是部分用料量的计算，依此逐个将各部分装修用料量乘以各自单价后累加，就得出了装修工程的总材料费用。但需要注意的是，房屋装修根据工程投资限额与建设材料标准的不同，预算费用价差极大，所以在装修时要从科学和艺术的角度精心分析，选用合适的材料，并使其合理搭配，来做好事先的预算工作。

（4）若业主有特殊要求，或者设计项目比较大，需要提供设计项目的三维动画演示，如图1-30所示。

图1-30

3.施工图设计阶段

施工图设计阶段是设计项目的最终决策，是将图纸方案转化为空间实物的纽带，是现场装饰施工的直接依据。室内设计施工图主要包括各平面图（如原始结构、平面布置、地面铺装、开关分布等图纸），顶棚图，各立面图，以及各剖面、节点等构造详图，如图 1-31 所示。各图纸的主要作用分别如图 1-32 ~ 图 1-34 所示。如何绘制这些图纸是本书的教学重点。除了如上所述的图纸外，施工图还包括图纸封面、设计及施工说明、图例索引表（主要为电器、卫浴用具图例）、材料索引表、图纸目录、门窗表等图表文件。

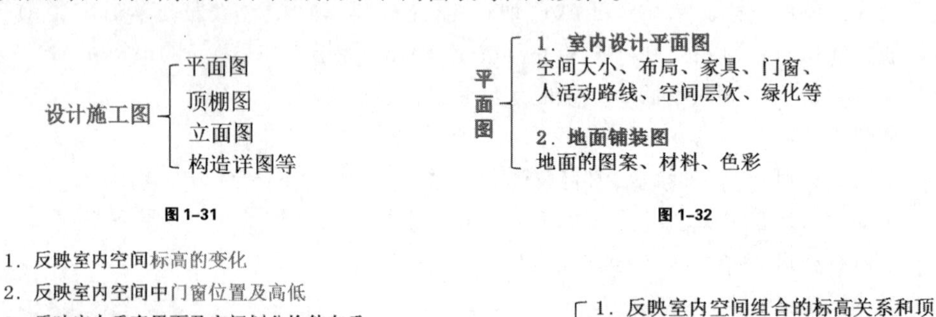

设计施工图
- 平面图
- 顶棚图
- 立面图
- 构造详图等

图 1-31

平面图
- 1．室内设计平面图
  空间大小、布局、家具、门窗、人活动路线、空间层次、绿化等
- 2．地面铺装图
  地面的图案、材料、色彩

图 1-32

立面图
- 1．反映室内空间标高的变化
- 2．反映室内空间中门窗位置及高低
- 3．反映室内垂直界面及空间划分构件在垂直方向上的形状及大小
- 4．反映室内空间与家具（尤其是固定家具）及有关室内设施在立面上的关系
- 5．反映室内空间与室内悬挂物及陈设物、公共艺术品等的相互关系
- 6．反映室内垂直界面上装饰材料的划分与组合

图 1-33

构造详图
- 1．反映室内空间组合的标高关系和顶棚造型在水平方向的形状和大小，以及装饰材料
- 2．反映顶棚上灯饰、窗帘等布置的位置及形状
- 3．反映空调风口、消防报警和音响系统等其他设备的位置

图 1-34

4.设计施工/验收阶段

在设计实施阶段，主要的任务是根据设计图纸完成项目施工，大致的施工步骤如图 1-35 所示。设计师在这个阶段，首先要负责与施工人员进行图纸技术交底，讲解设计意图。而在施工过程中如果遇到实际操作与设计方案不符，甚至冲突的情况，设计师应根据施工图纸明确指出不足，认真核对图纸与现场实际情况并进行整改。若设计图纸的确存在不可行性或错误，设计师应及时做出调整并及时与业主进行沟通。此外在施工过程中遇到困难时，设计师也应及时赶到现场查看问题原因，然后根据实际情况与业主商定解决方法。

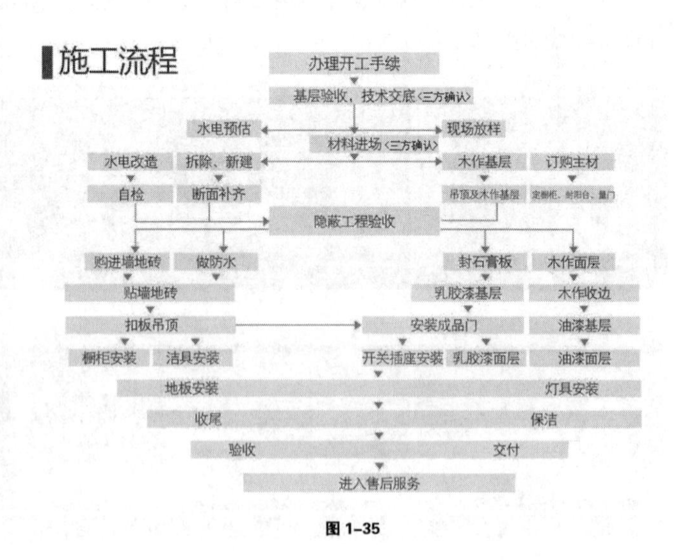

图 1-35

从图 1-35 中可以看到整个施工流程有“验收”一项，事实上在施工的过程中，从材料

进场开始就存在验收环节。如之前曾经提到如图 1-23 所示的“材料封装样品”，在相关材料进场时就需要利用其进行核实、并通过类似如图 1-36 所示的《材料进场验收单》进行验收与记录。

材料进场验收单

合同编号：

客户姓名（甲方）： 工程地址：		
材料进场时间	年 月 日	
材料种类	验收标准	验收结果
	品牌、规格与预算书所标一致	□合格 □不合格
	品牌、规格与预算书所标一致	□合格 □不合格
	品牌、规格与预算书所标一致	□合格 □不合格
	品牌、规格与预算书所标一致	□合格 □不合格
	品牌、规格与预算书所标一致	□合格 □不合格
	品牌、规格与预算书所标一致	□合格 □不合格
	品牌、规格与预算书所标一致	□合格 □不合格
	品牌、规格与预算书所标一致	□合格 □不合格
	品牌、规格与预算书所标一致	□合格 □不合格
	品牌、规格与预算书所标一致	□合格 □不合格
	品牌、规格与预算书所标一致	□合格 □不合格
	品牌、规格与预算书所标一致	□合格 □不合格
	品牌、规格与预算书所标一致	□合格 □不合格
客户意见		验收结果： □ 合格，可以施工 □ 不合格，需进行调换
客户签字：	施工监理签字：	

注：此表一式二份，客户、公司归档各一份。本表由客户与施工监理填写。

填表日期： 年 月 日 归档日期： 年 月 日

图 1-36

同样在进行水电改造工程，暖气\燃气改造、吊顶、墙面基础处理等装修前期隐蔽工程时（由于这些项目完工后都将被墙面覆盖，也因此叫隐蔽工程），为了方便验收以及保证验收质量，需要在这些工程进行的过程中及时验收（如线管规格、线管连接方式、强弱电分隔距离），此时可以通过类似如图 1-37 所示的《装饰公司隐蔽工程验收单》进行验收与记录。

装饰公司隐蔽工程验收单

合同编号：

客户姓名（甲方）：	工程地址：		
验收时间	年　月　日		
验收项目	验收标准	验收结果	备注
		□合格 □不合格	
		□合格 □不合格	
		□合格 □不合格	
		□合格 □不合格	
		□合格 □不合格	
		□合格 □不合格	
		□合格 □不合格	
		□合格 □不合格	
		□合格 □不合格	
		□合格 □不合格	
		□合格 □不合格	
		□合格 □不合格	
		□合格 □不合格	
		□合格 □不合格	
客户意见		验收结果： □　合格，可以进入下道施工 □　不合格，需进行整改	
甲方代表签字：		施工监理签字：	

注：此表一式二份，客户、公司归档各一份。本表由客户与施工监理填写。

填表日期：　年　月　日　　　　归档日期：　年　月　日

图 1-37

在进行地面铺装、木工、油漆等中期施工项目时，为了控制各个工序的质量，杜绝前道工序质量不合格造成整个工序返工；同时为了避免验收困难，在施工过程中可以适时地通过如图 1-38 所示的《装饰公司中期工程验收单》进行验收与记录。

装饰公司中期验收单

合同编号：

客户姓名（甲方）: 工程地址:			
验收时间	年 月 日		
验收项目	验收标准	验收结果	备注
		□合格 □不合格	
		□合格 □不合格	
		□合格 □不合格	
		□合格 □不合格	
		□合格 □不合格	
		□合格 □不合格	
		□合格 □不合格	
		□合格 □不合格	
		□合格 □不合格	
		□合格 □不合格	
		□合格 □不合格	
		□合格 □不合格	
		□合格 □不合格	
		□合格 □不合格	
客户意见		验收结果： □ 合格，交中期款，可以进入下道施工 □ 不合格，需进行整改	
甲方代表签字：		施工监理签字：	

注：此表一式二份，客户保留、公司归档各一份。本表由客户与施工监理填写。

填表日期： 年 月 日 归档日期： 年 月 日

图 1-38

最后在所有施工完成后，仔细查看完工后项目各处质量并结合之前的《材料进场验收单》、《隐藏工程验收单》以及《中期工程验收单》，完成如图 1-39 所示的《竣工验收单》。

装饰公司竣工验收单

合同编号：

<table>
<tr><td colspan="3">客户姓名（甲方）：　　　　　工程地址：</td></tr>
<tr><td colspan="3">合同原定施工日期：　年　月　日至　年　月　日　　变更增加时间　天</td></tr>
<tr><td>验收时间</td><td colspan="2">年　　月　　日</td></tr>
<tr><td>验收项目</td><td>验收标准</td><td>验收结果</td></tr>
<tr><td>吊顶工程</td><td></td><td>□优良 □合格 □不合格</td></tr>
<tr><td>门窗套</td><td></td><td>□优良 □合格 □不合格</td></tr>
<tr><td>壁柜</td><td></td><td>□优良 □合格 □不合格</td></tr>
<tr><td>墙面处理</td><td></td><td>□优良 □合格 □不合格</td></tr>
<tr><td>乳胶漆</td><td></td><td>□优良 □合格 □不合格</td></tr>
<tr><td>灯具安装</td><td></td><td>□优良 □合格 □不合格</td></tr>
<tr><td>石材安装</td><td></td><td>□优良 □合格 □不合格</td></tr>
<tr><td>卫生清理</td><td></td><td>□优良 □合格 □不合格</td></tr>
<tr><td>现场物品</td><td></td><td>□优良 □合格 □不合格</td></tr>
<tr><td>工期</td><td></td><td>□提前 □按时 □超期</td></tr>
<tr><td>客户意见</td><td></td><td>验收结果：
□　合格，予以结算
□　不合格，需进行整改</td></tr>
<tr><td colspan="2">客户签字：</td><td>施工监理签字：</td></tr>
</table>

注：此表一式二份，客户、公司归档各一份。本表由客户与施工监理填写。

填表日期：　年　月　日　　　　归档日期：　年　月　日

图 1-39

📖 要点提示——常见项目验收标准

建筑以及室内装修装饰的验收，可以依据 GB30210《建筑装饰装修工程质量验收规范》和 GB30645《住宅装饰装修工程施工规范》相关细则对照，常见项目的验收标准如下。

（1）墙顶面乳胶漆。

验收标准：检验应在涂料干燥后，在自然光线下采用目测和手感的方法验收，表面平整，无掉粉、起波、漏刷现象，涂料干实后手感及距被检验面 1.5m 处目测全数检验均应符合要求，无明显色差、泛碱、返色、刷纹砂眼、流坠、起疙、溅沫现象。

（2）墙面有裂缝。

验收标准：楼地面空鼓面积不得超过400cm^2，不得出现裂缝和起砂。墙面、天棚无空鼓、脱层；距检查面1m处正视无裂缝和爆灰。

（3）墙地面砖铺贴。

验收标准：镶贴应牢固，表面平整干净，无漏贴错贴，缝隙均匀，周边顺直，砖面封锁裂纹、掉角、缺棱，目测，全数检验，均应符合要求，无空鼓、脱落，小锤轻轻敲击，空鼓面积大于总数的5%或有脱落即为不合格，（单块空鼓面积小于10cm^{2}可不计）。饰面砖粘贴必须牢固；满粘法施工的饰面砖工程应无空鼓、裂缝；饰面砖表面应平整、洁净、色泽一致、无裂痕和缺损；阴阳角处搭接方式非整砖使用部位应符合设计要求；墙面突出物周围的饰面砖应整砖套割，吻合边缘应整齐，墙裙贴脸突出墙面的厚度应一致；饰面砖接缝应平直光滑，填嵌应连续密实；有排水要求的部位应做滴水线（槽），滴水线(槽)应顺直流，水坡向应正确。

（4）门窗遮阳。

验收标准：住宅的南、东、西向窗均应设置外遮阳设施。外遮阳设施宜采用固定或活动外遮阳，遮阳率应达到80%。

（5）木制品、壁橱及吊橱。

验收标准：造型、结构和安装位置应符合设计要求。框架应采用榫头结构（细木工板除外），表面应砂磨光滑，不应有毛刺和锤印。采用贴面材料时，应粘贴平整牢固，不脱胶，边角处不起翘。橱门应安装牢固。开关灵活，下口与底片下口位置平行。小五金安装齐全、牢固，位置正确。 橱门缝宽度≤1.5 cm楔形塞尺，垂直度≤2.0 cm线锤、钢卷尺 ，对角线长度（橱体、橱门）≤2.0 cm线锤、钢卷尺，每橱随机选门一扇，测量不少于二处，取最大值。

（6）木地板。

验收标准：木地板表面应洁净无沾污，刨平磨光，无刨痕、刨茬、毛刺等现象。木客栅应牢固，间距应符合要求。铺设应牢固，不松动，行走时地板无响声。地板与墙面之间应留8~10mm的伸缩缝，用目测和手感的方法验收。表面平整度，长地板≤2.0、拼花地板≤2.0、四面企口地板≤2.02m靠尺、楔形塞尺，缝隙宽度长地板≤1.0、拼花地板≤0.5、拼花预制块≤0.2、四面企口地板≤0.2、地板接缝高低≤0.5m靠尺、楔形塞尺，每室至少测量三处，取最大值。

（7）吊顶。

验收标准：吊顶安装应牢固，表面平整，无污染、折裂、缺棱、掉角、锤伤等缺陷。粘贴固定的罩面板不应有脱层；搁置的罩面板不应有漏、透、翘角等现象。吊顶位置应准确，所有连接件必须拧紧、夹牢，主龙骨无明显弯曲，次龙骨连接处无明显错位。采用木质吊顶、木龙骨时应进行防腐、防火处理，在嵌装灯具等物体的位置要有防火处理。采用目测的方法验收。1m钢直尺、楔形塞尺表面平整≤2，随机测一处垂直的两个方向，取最大值。接缝平直≤3、压条平直≤3、5m托线、钢直尺 ，拉线检查，不足5m拉一次，超过5m拉两次，随机测至少二次，取最大值。钢直尺、楔形塞尺压条间距≤2、吊顶水平±5，随机测量不少于二处，取最大值。

（8）花饰。

验收标准：花饰表面应洁净，图案清晰，接缝严密，花饰安装必须牢固，不得有裂缝、翘曲、缺棱掉角等缺陷。采用目测和手摇的方法验收。长方形花饰水平方向全长≤3、垂直方向全长≤3、单独花饰位置全长≤10。

（9）卫浴设备。

验收标准：采用目测和手感方法验收。安装完毕后进行不少于 2h 盛水试验无渗漏，盛水量分别如下：便器高低水箱应盛至板手孔以下 10mm 处；各种洗涤盆、面盆应盛至溢水口；浴缸应盛至不少于缸深的三分之一；水盘应盛至不少于盘深的三分之二。

卫生洁具的给水连接管，不得有凹凸弯扁等缺陷。卫生洁具固定应牢固。不得在多孔砖或轻型隔墙中使用膨胀螺栓固定卫生器具。卫生洁具与进水管、排污口连结必须严密，不得有渗漏现象。卫浴设备验收标准分析：卫生洁具外表应洁净无损坏，卫生洁具安装牢固，不得松动，排水畅通。各连接处应密封无渗漏、阀门开关灵活，维修方便。马桶底座严禁用水泥沙浆固定，宜用油石灰或硅酮胶连接密封。

（10）色面板安装。

验收标准：饰面板表面应平整、洁净、色泽一致无裂痕和缺损，石材表面应无泛碱等污染；饰面板嵌缝应密实、平直，宽度和深度应符合设计要求，嵌填材料色泽应一致；采用湿作业法施工的饰面板工程石材应进行防碱背涂处理；饰面板与基体之间的灌注材料应饱满密实；饰面板上的孔洞应套割吻合，边缘应整齐。

（11）玻璃划痕。

验收标准：玻璃表面应平整、洁净，整幅玻璃的色泽应均匀一致，不得有污染和镀膜损坏;每平方米玻璃的表面质量，不允许明显划伤和长度 100mm 的轻微划伤；长度≤100mm 的轻微划伤不得超过 8 条；擦伤总面积不得超过 500mm^2 。

（12）电线排布。

验收标准：配线时，相线与零线的颜色应不同；同一住宅相线(L)颜色应统一，零线(N)宜用蓝色，保护线(PE)必须用黄绿双色线。塑料电线保护管及接线盒必须是阻燃型产品，外观不应有破损及变形。暗线敷设必须配管。当管线长度超过 15m 或有两个直角弯时，应增设拉线。同一回路电线应穿入同一根管内，但管内总根数不应超过 8 根，电线总截面积(包括绝缘外皮)不应超过管内截面积的 40%。电源线与通讯线不得穿入同一根管内。电源线及插座与电视线及插座的水平间距不应小于 500mm。电线与暖气、热水、煤气管之间的平行距离不应小于 300mm，交叉距离不应小于 100mm。穿入配管导线的接头应设在接线盒内，接头搭接应牢固，绝缘带包缠应均匀紧密。导线间和导线对地间电阻必须大于 0.5MΩ。同一室内的电源、电话、电视等插座面板应在同一水平标高上，高差应小于 5mm。

（13）石材幕墙。

验收标准：石材表面应平整、洁净、无污染缺损和裂痕、颜色和花纹应协调一致、无明显色差无明显修痕，压条应平直洁净，接口严密安装牢固，石材接缝应横平竖直、宽窄均匀、阴阳角石板压向应正确，板边合缝应顺直，凸凹线出墙厚度应一致、上下口应平直、石材面板上洞口槽边应套割吻合、边缘应整齐，石材幕墙的密封胶缝应横平竖直深浅一致、宽窄均匀光滑顺直，石材幕墙上的滴水线流水坡向应正确、顺直。每平方米石材的表面质量：不允许有裂痕、明显划伤和长度＞100mm 的轻微划伤，长度≤100mm 的轻微划伤不超过 8 条，擦伤总面积不得超过 500 mm^2。

（14）裱糊。

验收标准：裱糊后各幅拼接应横平竖直、拼接处花纹图案应吻合、不离缝、不搭接、不显拼缝；壁纸墙布应粘贴牢固、不得有漏贴、补贴、脱层、空鼓和翘边；壁纸墙布表面应平整、色泽应一致，不得有波纹、起伏、气泡、裂缝、皱折及斑污，斜视时应无胶痕；复合压花壁纸的压痕及发泡壁纸的发泡层应无损坏；壁纸墙布与各种装饰线设备线盒应交接严密；壁纸墙布边缘应平直整齐，不得有纸毛飞刺；壁纸墙布阴角处搭接应顺光、阳角处应无接缝。

（15）软包。

验收标准：软包工程的龙骨衬板边框应安装牢固、无翘曲，拼缝应平直；单块软包面料不应有接缝，四周应绷压严密；表面应平整洁净，无凹凸不平及皱折，图案应清晰、无色差，整体应协调美观；软包边框应平整、顺直、接缝吻合；清漆涂饰木制边框的颜色、木纹应协调一致。

1.3 室内设计中常用的人体工程学

人体工程学，也称人机工程学、人类工程学、人类工效学，是一门关于"人"的科学。"Ergonomics"是人体工程学的英文单词，它是在1857年由波兰教授雅斯特莱鲍夫斯基提出的。

由于人类在自身的发展过程中，自觉或不自觉地运用着人体工程学的原理，如自然而然地控制好房门、桌椅尺寸，但将其作为一门系统的学科进行试验、研究以及总结则只是近1个世纪以来的事。最初人体工程学只是研究如何协调人与复杂的机器，人与高速交通工具的关系的一门学科，发展至"二战"时开始运用于军事科学技术，如在坦克、飞机的内舱设计中，如何使人在舱内有效地操作和战斗，并尽可能地使人长时间地在小空间内减少疲劳，即处理好"人—机—环境" 之间的协调关系。"二战"以后各国才把人体工程学的实践和研究成果，迅速有效地运用到空间技术、工业生产、建筑及室内设计中。

现代室内设计日益重视人与环境的相处，并以人为主体进行科学协调。人体工程学与室内设计具体的联系表现在：以人为主体，运用人体计测、生理、心理计测等手段和方法，研究人体的结构功能、心理、力学等方面与室内环境之间的合理协调关系，以适合人的身心活动要求，获得最佳的使用效能，其目标是安全、健康、高效能和舒适，其主要的依据如下。

1.3.1 人体的尺寸

对于室内设计来说，人体工程学最大的课题就是尺寸的问题，人体尺寸数据是从大量的实测数据整理而来，然而，不同种族的人的人体比例系数也不尽相同，因此，国家发布了《中国成年人人体尺寸》（GB10000—88），指出了我国法定成年人的人体尺寸的数据（男18～60岁、女18～55岁）为我们研究人体工程学，提供了依据。

我们可以从人体的站姿、坐姿和水平尺寸三个方面来对人体尺寸进行了解。通过人体工程学我们知道，一个人的肩膀宽约600 mm， 当我们要设计一条过道同时容纳两个人通过就得至少1200 mm宽；若这条过道仅需确保一人行进，一人侧避的情况，则只需900 mm宽就可以了。在家具设计时，我们知道橱柜需要多高，写字台需要多高，床需要多长等。

1.3.2 人体的活动范围

人体在动态情况下是由关节的活动、转动所产生的角度与肢体的长度协调产生的范围尺寸，如图1-40所示，因此我们就需要人体工程学来解决许多带有空间范围、位置的问题。在空间设计上，一方面需要满足肢体的活动空间，另一方面工作与生活的用具设计也要适合功能需求。

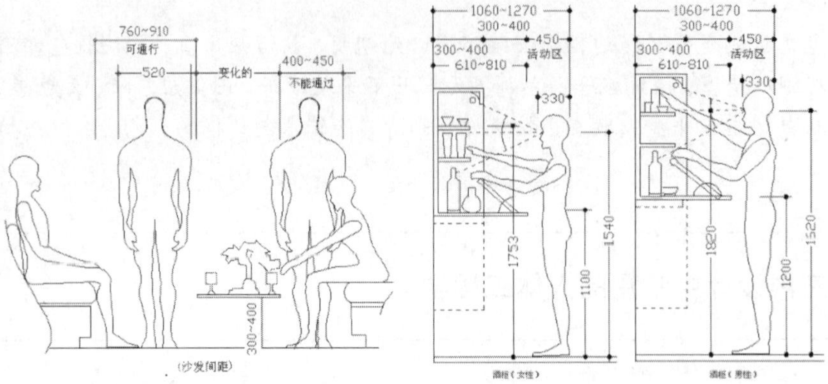

图 1-40

在人体工程学中，已经对人体各部运动特征和习惯进行了研究，并在研究基础上，制定了工作范围：（1）人体垂直面活动范围，比如说手的垂直活动范围半径为 720mm，最有利的抓举范围为 580mm；（2）水平活动范围，比如说左右手水平滑动最大范围是 1500mm；（3）视野范围，比如只转动眼睛，左右方向的最适宜角度为 15 度等；（4）通行空间尺寸。

这些尺寸在室内设计中可以表现在家具之间的间距，通行空间的设计上，增加人们对空间设计的满足感和舒适度，家具和用品的功能也能得到最大限度的发挥。室内设计中常用的一些人体与家具尺寸如下。

1.人体尺度

人体尺度，即人体在室内完成各种动作时的活动范围。设计人员要根据人体尺度来确定门的高宽度、踏步的高宽度、窗台阳台的高度、家具间的距离、楼梯平台、家内净高等室内尺寸。常用的室内尺寸如下。

支撑墙体：厚度 0.24m 。

室内隔墙断墙体：厚度 0.12m。

大门：门高 2.0~2.4m，门宽 0.90~0.95m。

室内门：高 1.9~2.0m，左右宽 0.8~0.9m，门套厚度 0.1m。

卫生间、厨房门：宽 0.8~0.9m，高 1.9~2.0m。

室内窗：高 1.0m 左右，窗台距地面高度 0.9~1.0m。

室外窗：高 1.5m，窗台距地面高度 1.0m。

玄关：宽 1.0m，墙厚 0.24m。

阳台：宽 1.4~1.6m，长 3.0~4.0m（一般与客厅的长度相同）。

踏步：高 0.15~0.16m，长 0.99~1.15m，宽 0.25m；扶手宽 0.01m，扶手间距 0.02m，中间的休息平台宽 1.0m。

2.常用家具尺寸

（1）卧室。

单人床：宽 0.9m、1.05m、1.2m；长 1.8m、1.86m、2.0m、2.1m；高 0.35~0.45m。

双人床：宽 1.35m、1.5m、1.8m，长、高同上。

圆床：直径 1.86m、2.125m 、2.424m。

矮柜：厚度 0.35~0.45m、柜门宽度 0.3~0.6m、高度 0.6m。

衣柜：厚度 0.6~0.65m、柜门宽度 0.4~0.65m、高度 2.0~2.2m。

（2）客厅。

沙发：厚度 0.8~0.9m、座位高 0.35~0.42m、背高 0.7~0.9m。

单人式：长 0.8~0.9m。

双人式：长 1.26~1.50m。

三人式：长 1.75~1.96m。

四人式：长 2.32~2.52m。

（3）茶几。

小型长方：长 0.6~0.75m、宽 0.45~0.6m、高度 0.33~0.42m。

大型长方：长 1.5~1.8m、宽 0.6~0.8m、高度 0.33~0.42m。

圆形：直径 0.75/0.9/1.05/1.2m，高度 0.33~0.42m。

正方形：宽 0.75/0.9/1.05/1.20/1.35/1.50m，高度 0.33~0.42,但边角茶几有时稍高一些，为 0.43~0.5m。

（4）书房。

书桌：厚度 0.45~0.7m（0.6m 最佳）、高度 0.75m。

书架：厚度 0.25~0.4m、长度 0.6~1.2m、高度 1.8~2.0m，下柜高度 0.8~0.9m。

（5）餐厅。

椅凳：座面高 0.42~0.44m、扶手椅内宽于 0.46m。

餐桌：中式一般高 0.75~0.78m、西式一般高 0.68~0.72m。

方桌：宽 1.20/0.9/0.75m。

长方桌：宽 0.8/0.9/1.05/1.20m、长 1.50/1.65/1.80/2.1/2.4m。

圆桌：直径 0.9/1.2/1.35/1.50/1.8m。

（6）厨房。

橱柜操作台：高度 0.89~0.92m。

平面操作区：厚度 0.4~0.6m。

抽油烟机与灶的距离：0.6~0.8m。

操作台上方的吊柜：距地面最小距离>1.45m、厚度 0.25~0.35m、吊柜与操作台之间的距离>0.55m。

（7）卫生间。

盥洗台：宽度为 0.55~0.65m、高度为 0.85m、盥洗台与浴缸之间应留约 0.76m 宽的通道。

淋浴房：一般为 0.9 × 0.9m、高度 2.0~2.0m。

抽水马桶：高度 0.68m、宽度 0.38~0.48m 、进深 0.68~0.72m。

1.3.3 人体与室内视觉环境设计

在室内设计中，光是掌握人体尺寸是不够的。一个好的室内环境，应该在生理上和心理上都能满足人们的需求，不但要满足整体的一个布局设计，还应有舒适的功能设施、良好的室内视觉形象、周围环境温度湿度、充足光线等，要想达到一个好的室内效果，必须使人的感觉达到最佳状态。

室内设计中要处理好室内环境问题，最基本的就是从人的心理和行为习惯入手，比如在室内设计中，满足人们的私密性是很重要的，它包括视线、声音等的隔绝要求。基于这一点在进行室内设计时，常将卧室、卫生间布置在室内的尽端位置以免干扰，而将客厅等开放空间布置在住宅的中间，人流流通的位置。因此解决好如何组织空间，设计好界面、色彩和光照问题，使之符合人们的愿望。人在室内环境中，其心理和行为尽管有个体之间的差异，但从总体上分析仍具有共性，仍具有以相同或类似的方式作出反应的特点，这正是我们进行室内环境设计的基础。

本章小结

在本章中首先介绍了室内设计的风格、原则，使大家能快速了解到室内设计的概念及其需要完成的内容。接下来详细介绍了室内设计的一般流程，通过该段流程的学习大家可以十分具体地了解前期与客户的沟通方法，中期图纸的绘制、调整过程以及后期施工的协调技巧。

课后作业

通过网络搜索现代风格、中式风格、新中式风格、欧式风格、欧式新古典、田园风格、地中海风格、混合风格等图片，加深对室内设计中各种现代风格的印象。

通过网络搜索常见室内空间图片，如玄关、客厅、卧室、书房、卫生间等，熟悉常见的室内空间布局以及常见的家具配置。

通过网络搜索常见家具图片，如沙发、书柜、餐桌、书桌，熟悉常见家具的体量大小，培养人体工程学的概念。

打印附录中的《业主需求意向表》，然后在同学之间模拟谈单以及填表情境。

第2章

AutoCAD 入门及绘图环境设置

学习要点及目标

了解 AutoCAD 界面

了解 AutoCAD 工具栏的调整

熟悉 AutoCAD 命令的下达方法

掌握 AutoCAD 文件管理、对象选择等基础内容

掌握 AutoCAD 绝对坐标与相对坐标的应用

掌握 AutoCAD 图层、文字、标注以及多重引线的使用与设置方法

本章导读

本章首先将学习 AutoCAD 软件的基础知识，主要包括认识工作界面、文件管理操作、命令调用方法，接下来将学习绘制室内设计图纸时软件绘图环境的设置。通过这些内容的学习可以使初学者掌握基本的软件知识、绘图方法以及室内图纸绘制的一般规范，消除后面章节学习中可能出现的障碍。

2.1 AutoCAD 快速入门

2.1.1 AutoCAD 简介

CAD 是英文 Computer Aided Design 的缩写，译为"计算机辅助设计"，加上 Auto，指的是通过计算机使用该软件进行相关辅助设计时可以自动实现捕捉、对齐等操作，省却传统纸张绘图的诸多不便，从而大幅提高绘图效率。现今该软件已经应用于几乎所有与绘图相关的行业，例如土木建筑、装饰装潢、城市规划、园林设计、电子电路、机械设计、服装鞋帽、航空航天、轻工化工等，其中又以建筑和机械领域的运用尤为广泛。可以说在追求尺寸精准而又操作简单的辅助设计软件中，AutoCAD 是当之无愧的领头羊。

在本书中，笔者将通过使用最新版本的 AutoCAD 2014 为大家讲解该软件的基础操作与实例应用的方法、技巧。成功安装好 AutoCAD 2014 后单击桌面上的图标启动软件，经过短暂的等待后首先将弹出"欢迎"界面，如图 2-1 所示。通过单击该面板上的对应按钮或链接，主要可以打开、新建 AutoCAD 文件，了解 AutoCAD 2014 的新增功能以及通过官方视频学习 AutoCAD 的一些基本使用方法。

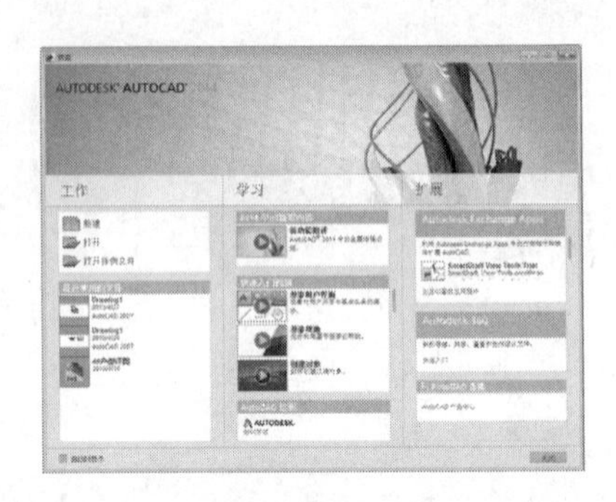

图 2-1

在"欢迎"界面右下角单击"关闭"按钮后将进入 AutoCAD 2014 初始工作界面。要注意的是，根据

不同绘图需要 AutoCAD 2014 为用户共提供了 4 种不同类型的工作界面，图 2-2 所示的是“草图与注释”工作界面，其余 3 种分别是“三维基础”、“三维建模”和“AutoCAD 经典”。

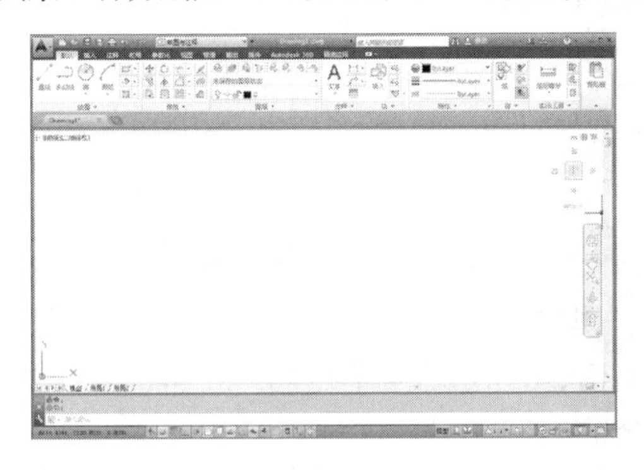

图 2-2

接下来我们首先将学习工作界面的切换方法，然后详细认识 AutoCAD 2014 工作界面的切换、组成等内容。

1.切换工作界面

无论用户想要在哪种界面下进行工作，都要掌握切换界面的方法，AutoCAD 2014 提供了多种方法，比较常用的有如下两种。

第 1 种：通过快速访问工具栏。快速访问工具栏位于工作界面的左上角，在其中有一个“工作空间”按钮草图与注释，该按钮会显示当前所使用的工作空间。单击该按钮将打开一个下拉菜单，在菜单中可以单击选择相应的选项来切换工作空间，如图 2-3 所示。

第 2 种：在工作界面的右下角单击“切换工作空间”按钮，然后在弹出的菜单中通过单击选项来进行切换，如图 2-4 所示。

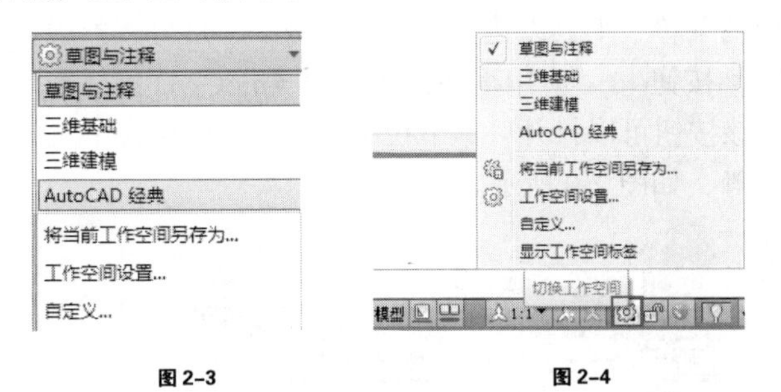

图 2-3　　图 2-4

2.工作界面介绍

在 AutoCAD 2014 中针对常用的绘图需要内置了 4 种不同工作界面，而工作界面主要由菜单栏、工具栏、选项板以及功能区面板等构成。

在 AutoCAD 2014 中，“草图与注释”、“三维基础”、“三维建模” 3 个不同的工作界面最大的区别在于工具栏的设置，如在默认打开的“草图与注释”界面中主要显示二维图形相关工具以方便二维图形的绘制、修改等操作，如图 2-2 所示；在“三维基础”界面中主要显示特定于三维建模的基础工具，如图 2-5 所示。同样在“三维建模”界面中则显示的是三维建模特有的工具，如图 2-6 所示。

图 2-5

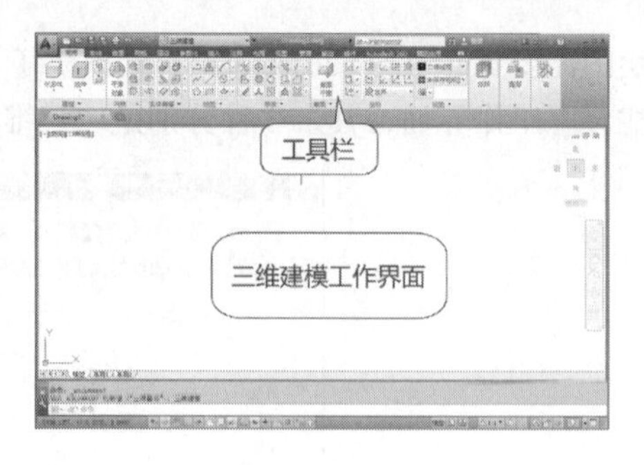

图 2-6

对比图 2-2、图 2-5 与图 2-6 所示的 3 种工作界面，可以看到除了功能区中的工具不一样外，这 3 种界面几乎完全相同。

要注意的是，相较于上面的 3 种工作界面，“AutoCAD 经典”工作界面则有较大的变化，该界面布置如图 2-7 所示。可以看到它没有功能区但多了一个菜单栏，而且工具栏的划分也是直接安排在界面四周，比较容易调用。这种工作界面是 AutoCAD 早期版本中的默认界面，也是初学 AutoCAD 时最佳的学习界面，因此本书中的大部分内容将使用该界面完成。接下来我们将详细了解该工作界面的组成部分。

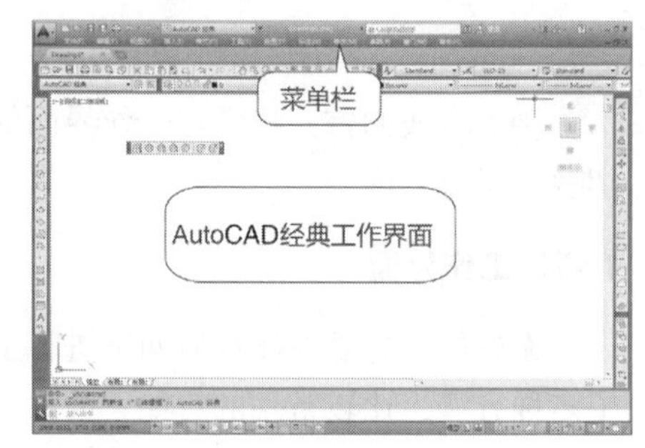

图 2-7

3.了解工作界面组成

“AutoCAD 经典”工作界面组成如图 2-8 所示，笔者在图中对各个部分作了详细名称标示，大家可以通过相应的名称了解各组成部分的基本功能。“AutoCAD 初学者若想在后面的内容中快速找到对应的菜单、工具以达到好的学习效果，最好多熟悉并强化记忆该界面。

➢ “应用程序”按钮：应用程序按钮是以 AutoCAD 的标志定义的一个按钮，位于界面的左上角，单击该按钮可以打开一个下拉菜单，菜单中包含了文件管理的多个命令，例如“新建”、“保存”等，如图 2-9 所示。

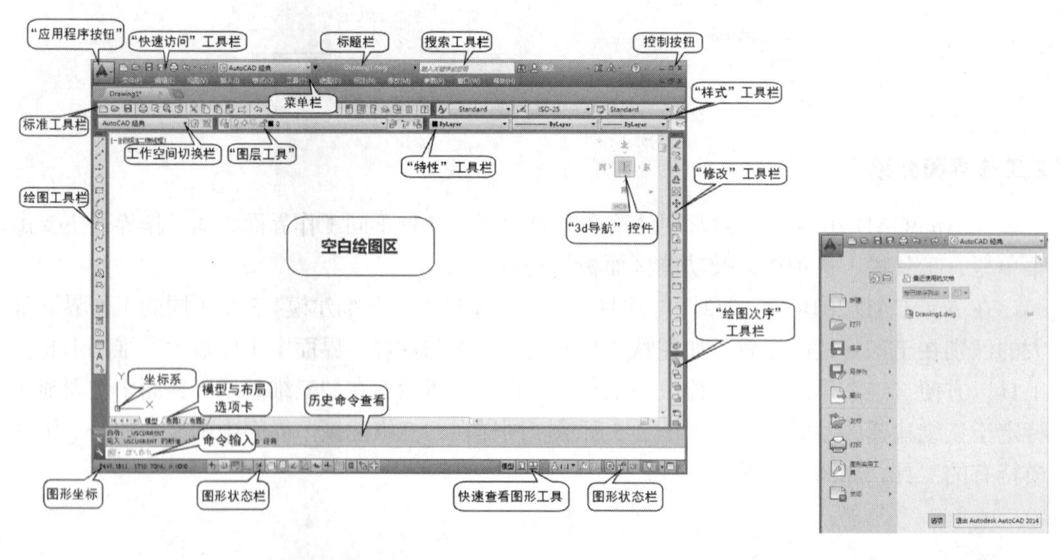

图 2-8

图 2-9

➢ 快速访问工具栏：用于快速应用常用工具，默认的快速访问工具栏下集成了新建、打开、保存、另存、云选项、打印、放弃、重做和工作空间切换8个工具，如图2-10所示。

➢ 标题栏：标题栏由软件的名称、版本号和当前编辑文件的名称组成，如图2-11所示。

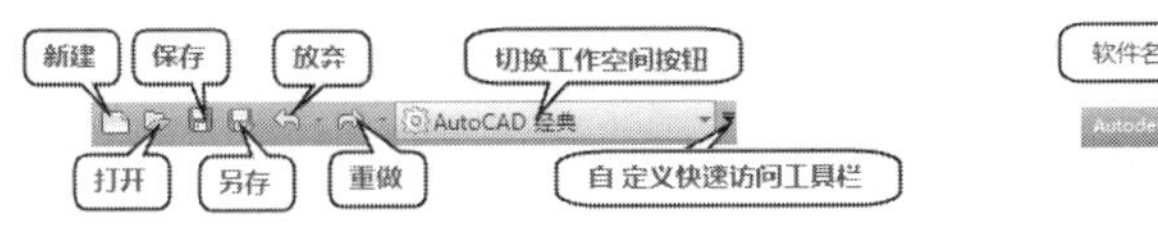

图 2-10

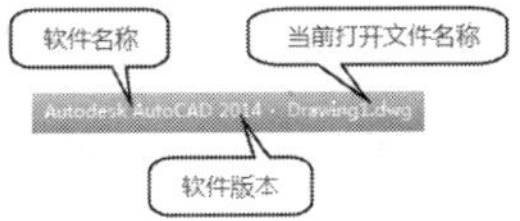

图 2-11

➢ 菜单栏：菜单栏主要显示 AutoCAD 2014 的12项主菜单，如图2-12所示。

文件(F) 编辑(E) 视图(V) 插入(I) 格式(O) 工具(T) 绘图(D) 标注(N) 修改(M) 参数(P) 窗口(W) 帮助(H)

图 2-12

➢ 搜索工具：AutoCAD 2014 的搜索工具其实是一项帮助功能，比如用户对某个命令的功能不太熟悉，那么可以通过搜索工具来搜索这个命令的相关解释。

➢ 工具栏：工具栏是 AutoCAD 的一大特色，几乎所有的绘图命令都可以通过工具栏来快速执行。AutoCAD 有很多工具栏，这些工具栏不可能全部都显示在界面中，那样的话将占用大量空间，因此通常情况下只是将常用的工具栏显示在界面中。

➢ 绘图区域：用户界面中占据了大部分空间的就是绘图区域，用户所做的一切工作，例如绘制的图形、输入的文本以及标注的尺寸等都将显示在这里。

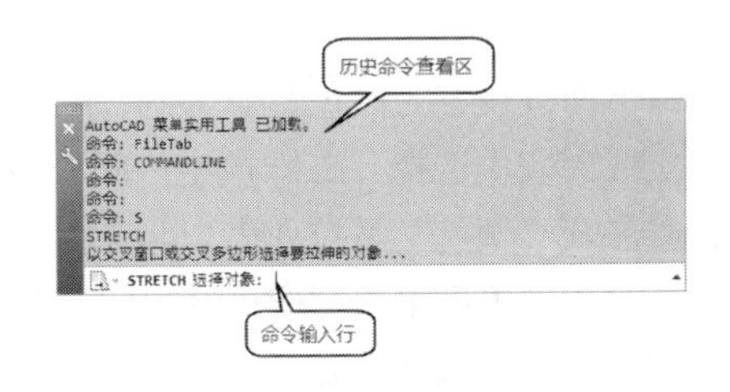

图 2-13

➢ 命令提示窗口：命令提示窗口由命令输入行和历史命令查看区组成，命令行用于输入命令操作，而命令历史区将显示已经被执行完毕的命令，如图2-13所示。

➢ 图形坐标：当光标在绘图区域内滑动时，在这里会显示光标当前位置的坐标。

➢ 辅助绘图工具栏：辅助绘图工具栏用于辅助用户绘制图形，包括对象捕捉（用于精确定位）、栅格显示（控制绘图区域是否显示栅格）、正交模式（规定绘制垂直或水平直线）等功能，如图2-14所示。

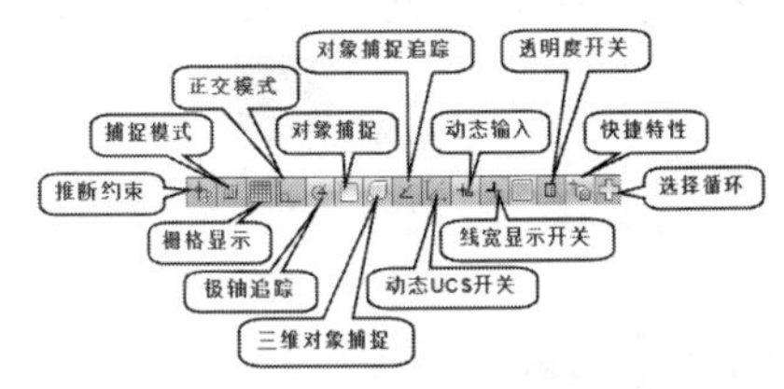

图 2-14

2.1.2 自定义工作界面

软件的工作界面就相当于现实中的办公场地，一款称心的界面不仅可以增加工作的欲望，还可以提高工作的效率。在这一节中，将介绍自定义工作界面的一些技巧。

1.调整图形窗口颜色

图形窗口指的是工作界面的各个组成部分，AutoCAD 2014 默认为这些窗口设置了不同的颜色，例如背景（包括绘图区域）统一为深蓝色、命令历史区为灰色、命令行和十字光标为白色等。如果想调整这些窗口的颜色，可以通过“选项”对话框中的相应参数来进行设置。单击左上角的应用程序按钮，然后再单击菜

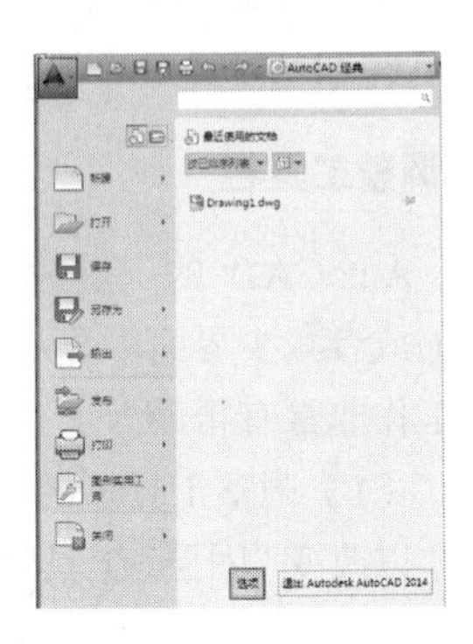

图 2-15

单中的“选项”按钮即可打开该对话框，如图 2-15 所示。

要点提示

直接输入 Options 或 OP 同样可以打开“选项”对话框。

“选项”对话框中有 11 个选项卡，在其中的“显示”选项卡内单击“颜色”按钮，可以打开“图形窗口颜色”对话框，在这里可以对窗口颜色进行调整，如图 2-16 所示。

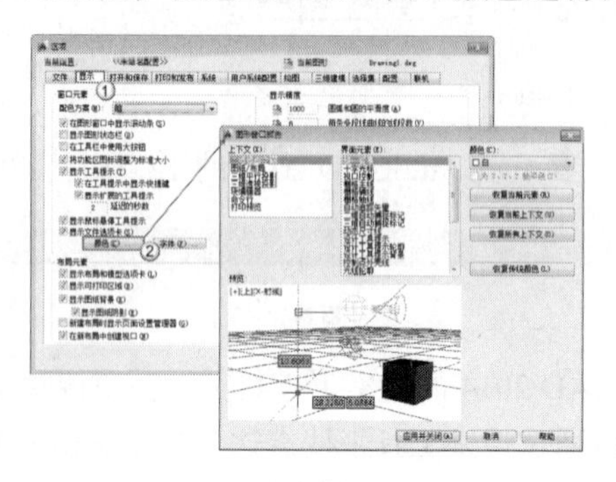

图 2-16

下面以设置为白色背景为例，介绍如何调整背景颜色。在“图形窗口颜色”对话框的“上下文”列表中选择“二维模型空间”，然后在“界面元素”列表中选择“统一背景”选项，接着展开“颜色”下拉列表，并选择“白”，如图 2-17 所示。

完成设置后单击“应用并关闭”按钮，然后在“选项”对话框中单击“确定”按钮，设置完成的背景如图 2-18 所示。

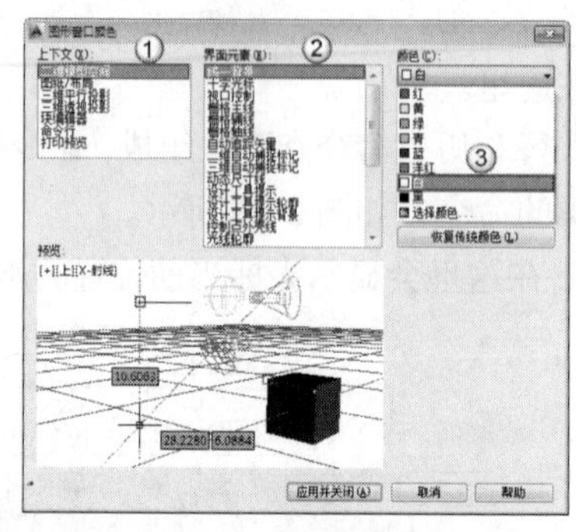

图 2-17

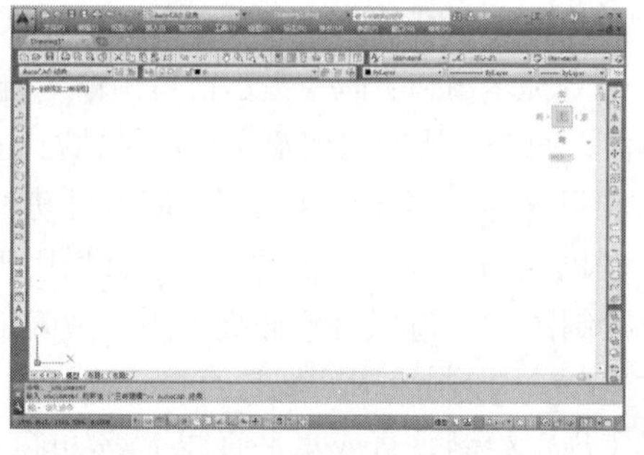

图 2-18

要点提示

为了保证印刷的清晰与美观，本书中绝大部分图例使用了图 2-18 所示的白底界面，同时按下“F7”键关闭了界面中网格的显示。

2. 调整工具栏

AutoCAD 的工具栏可以随意改变位置，也可以增加或者减少界面中显示的工具栏，这对于用户的绘图工作非常有帮助。

（1）调整工具栏的位置。

以改变“图层”工具栏的位置为例，首先单击“图层”工具栏左侧的双线不放，拖曳到绘图区的目标空

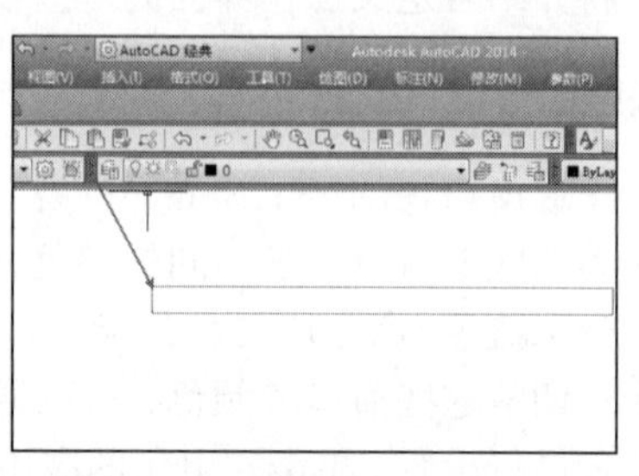

图 2-19

位置后释放鼠标左键即可调整好位置，如图 2-19 所示。要注意的是，在拖曳的过程中工具栏呈虚线显示，放定后则恢复实线显示。

（2）增加/减少界面中显示的工具栏。

如果是要减少工具栏，只需要单击目标工具栏右侧的按钮即可，如图 2-20 所示。

图 2-20

如果是要增加工具栏，例如增加“测量”工具栏，则首先在工具栏上任意位置单击鼠标右键，然后在弹出的菜单中单击勾选“测量工具”显示该工具栏，最后将“建模”工具栏拖曳到目标放置的位置即可，如图 2-21~图 2-23 所示。

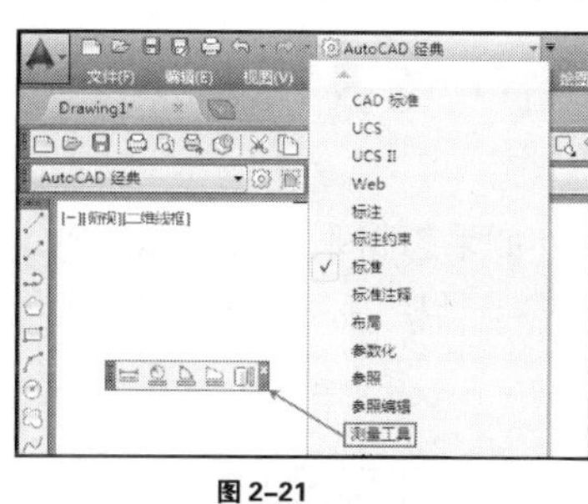

图 2-21

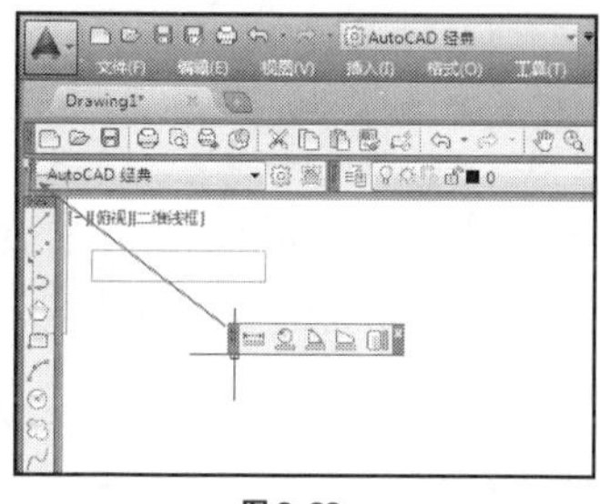

图 2-22

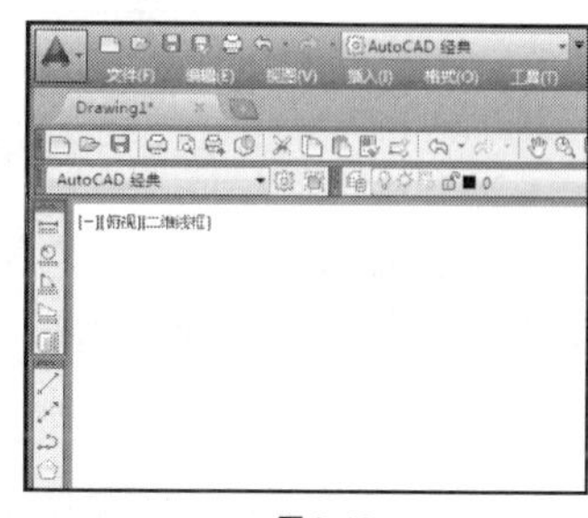

图 2-23

要点提示——快速关闭工具栏的方法

在图 2-21 中，带有 ✔ 标记的选项表示该工具栏已经在工作界面中显示，因此也可以直接通过单击关闭带有 ✔ 标记的选项以减少对应工具栏。

（3）锁定工具栏。

在工具栏的空白位置单击鼠标右键，然后在弹出的菜单中执行“锁定位置>全部>锁定”命令即可将工具栏锁定，如图 2-24 所示。锁定后将无法改变工具栏的位置。

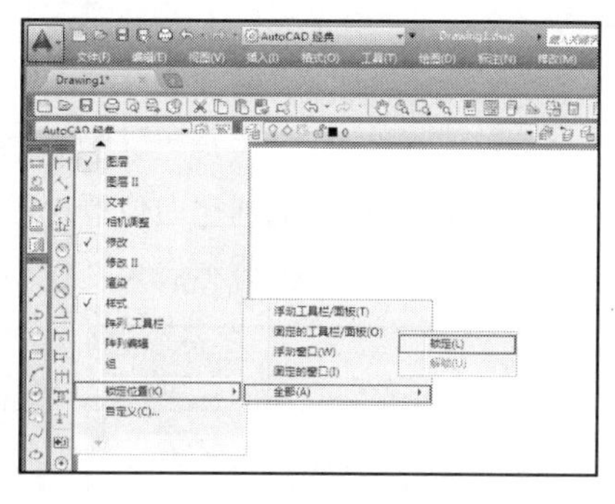

图 2-24

要点提示——快捷菜单下拉按钮的使用

由于“锁定位置”菜单命令位于右键快捷菜单的最下方，因此需要单击右键快捷菜单下方的下拉按钮 ▼ 方可找到该命令。

（4）增加/减少工具栏中的命令按钮。

AutoCAD 将同一类型的工具命令按钮安排在同一个工具栏中，例如“绘图”工具栏中集合了大部分二维绘图工具命令按钮，“建模”工具栏中集合了大部分三维建模工具命令按钮等，这种安排有时候可能不符合用户的个人喜好或者工作需求，因此 AutoCAD 还提供了自定义工具栏中的命令按钮的功能。

无论是增加还是减少工具栏中的命令按钮，首先都需要在工具栏的空白位置单击鼠标右键，然后选择“自定义”选项打开“自定义用户界面”对话框，如图 2-25 和图 2-26 所示。

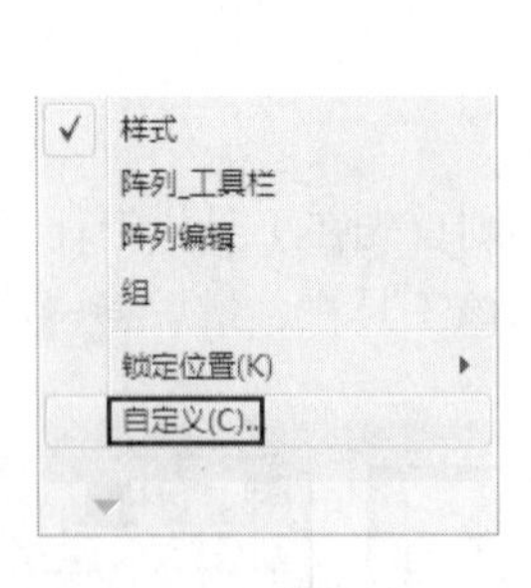

图 2-25

图 2-26

“自定义用户界面”对话框中列出了 AutoCAD 所有命令，如果想将某个命令添加到工具栏中，可以在选择目标命令后按住鼠标左键直接拖曳到相应的工具栏内，如图 2-27 和图 2-28 所示。

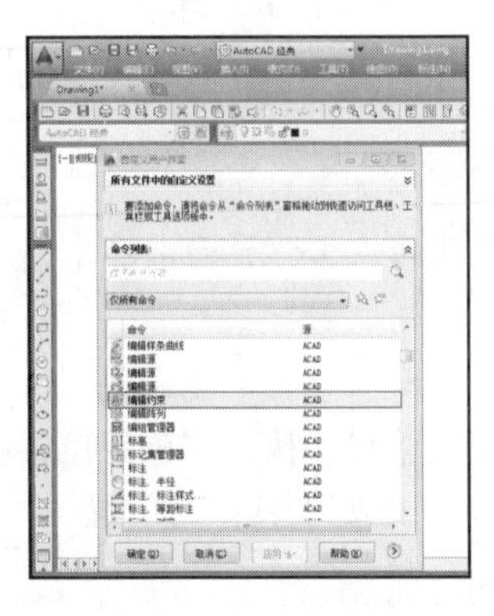

图 2-27

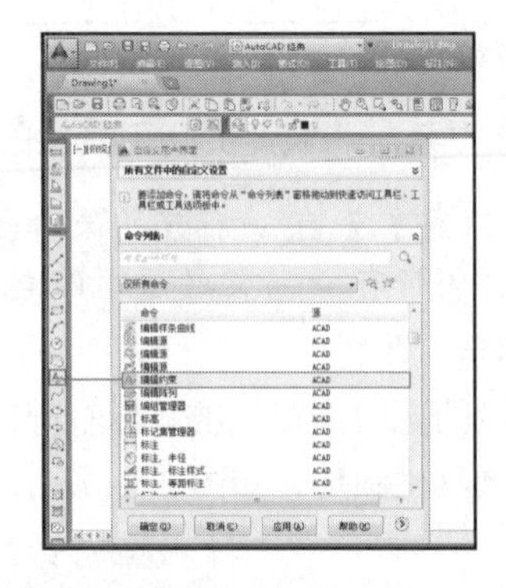

图 2-28

如果想减少工具栏中的某个命令，以“修订云线”工具命令按钮 为例说明。首先同样单击选择该按钮，然后按住鼠标左键将其拖曳到空白位置，最后在释放鼠标左键后，在弹出的对话框中确定删除即可，如图 2-29~图 2-31 所示。

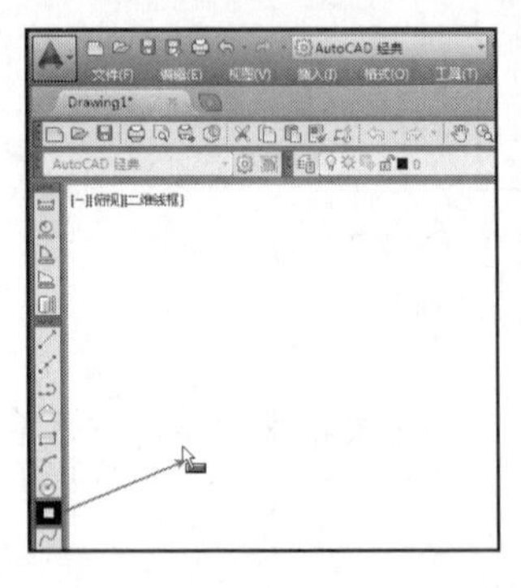

图 2-29

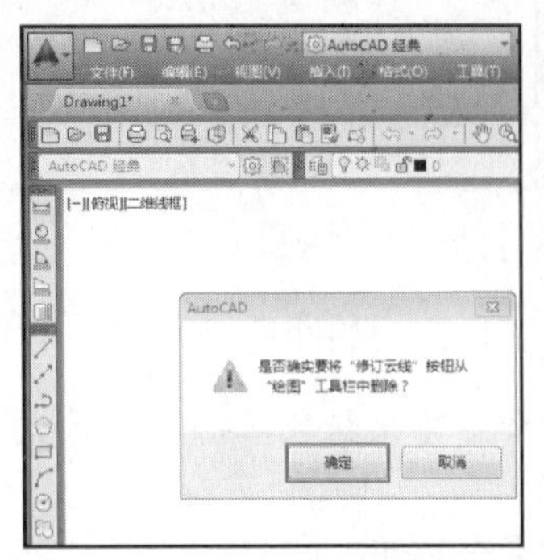

图 2-30

图 2-31

3. 调整命令提示窗口的大小

命令提示窗口默认情况下只显示 3 行，在绘制较为复杂的图纸时，默认窗口提供的信息量就显得过少，此时用户可以将鼠标置于命令行与绘图区的交界处，待光标变成后向上拖动鼠标即可调整，如图 2-32 和图 2-33 所示。

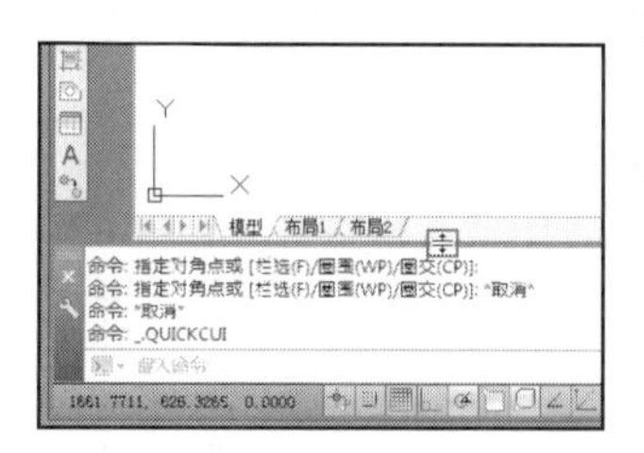

图 2-32

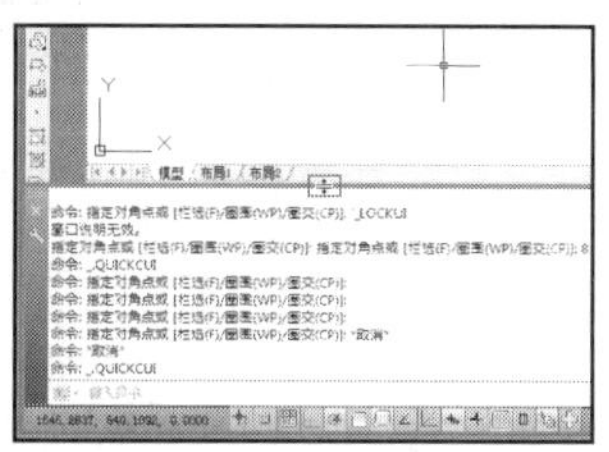

图 2-33

此外，在 AutoCAD 2014 中还可以通过单击命令行左上角的按钮，将命令行调整到浮动状态，然后放置至界面中的任意位置，如图 2-34 和图 2-35 所示。要还原至默认的底部位置，首先将浮动的命令行拖动至界面底部，然后松开鼠标即可。

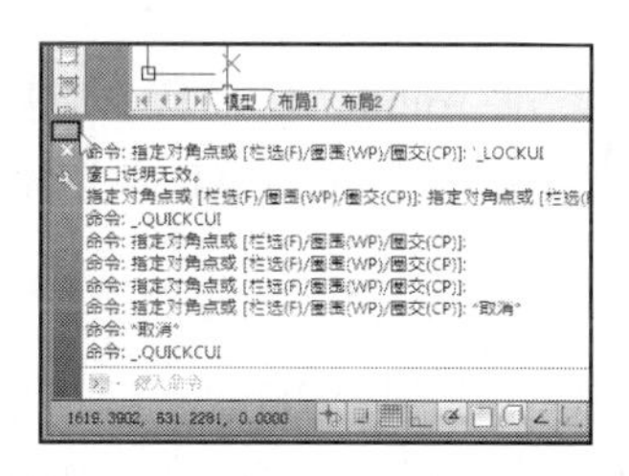

图 2-34

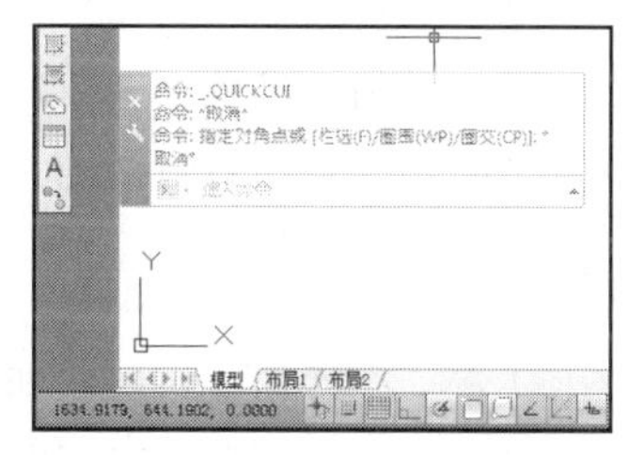

图 2-35

要点提示——窗口显示命令提示窗口

按快捷键“F2”可以将命令提示窗口以文本窗口的形式显示出来，如图 2-36 所示。不过这个方式并不实用，文本窗口显示在界面上会妨碍绘图操作。

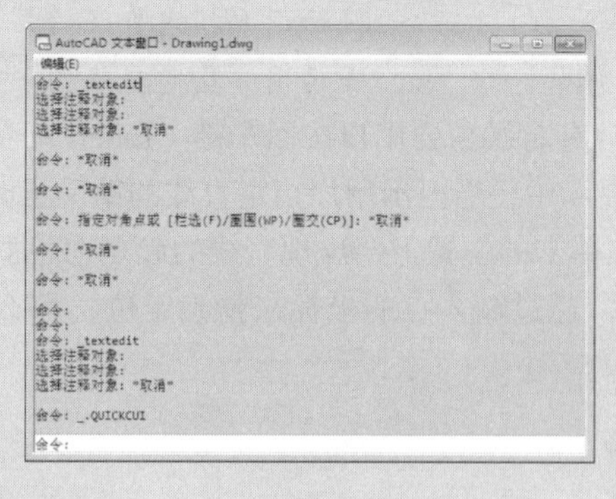

图 2-36

4. 自定义快速访问工具栏

通过快速访问工具栏右侧的按钮，可以添加或者删除快速访问工具栏中的工具。单击按钮将弹出如图 2-37 所示的菜单，其中带 ✔ 标记的是已经显示在快速访问工具栏中的工具。如果要删除某个工具，直接单击该工具选项，取消勾选即可。

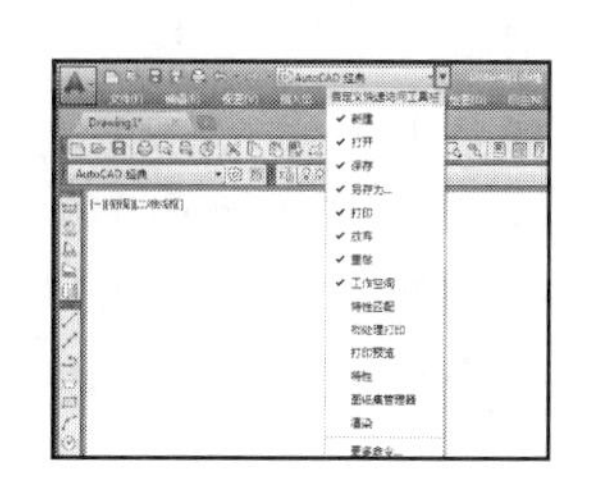

图 2-37

5. 全屏显示

在工作界面的右下角单击“全屏显示”按钮 或按快捷键 Ctrl+0 可以使工作界面全屏显示，此时绘图区域将最大化显示，如图 2-38 所示。

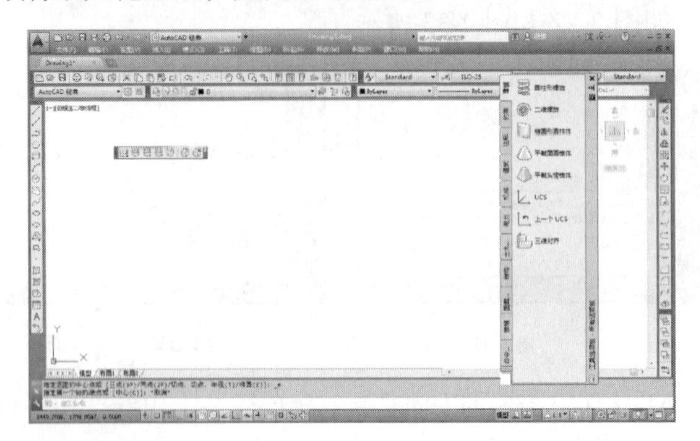

图 2-38

2.1.3 AutoCAD 下达命令的方法

软件与用户之间的互动通常被称为人机对话。就 AutoCAD 而言，最基本的人机对话工作就是用户向软件下达命令，下面就来介绍几种常用的向 AutoCAD 下达命令的方法。

1.通过工具栏执行命令

在工具栏中单击任意一个按钮就可以激活相应的命令。激活命令后，并不是说已经完成了操作，而是随着命令的激活，在命令行会出现相应的提示，每一步操作都需要用户根据提示来完成。只有完成了这一步，才会出现下一步的命令提示，这种非常人性化的操作过程是 AutoCAD 的一大特点。

以单击工具栏中的“直线”命令按钮 为例，一个典型的命令执行过程如下：

```
命令: _line                          //单击“直线”按钮
指定第一点:                          //提示用户指定直线的第一点
指定下一点或 [放弃(U)]:              //提示用户指定直线的下一点
```

在命令的执行过程中，有时候需要用户按回车键（Enter 键）来确认操作，有时候则不需要。例如在上面的命令提示中，当提示用户指定直线的第一点时，如果在绘图区域内的任意位置单击鼠标左键，则在单击的位置上会出现直线的起点，此时会直接进入第二步的提示；如果在提示指定第一点时，通过输入点的坐标来精确定位，那么输入坐标后需要按回车键（Enter 键）来确认执行操作。

2.通过输入命令行执行命令

在命令行内输入命令的全称或简称，然后再按回车键（Enter 键），就可以激活相应的命令。例如通过命令行执行 Line（直线）命令，相关命令提示如下：

```
命令: L↙                             //输入 L 并回车[L 是 Line（直线）命令的简写形式]
LINE 指定第一点:0,0↙                 //输入第一点的点坐标并回车确认操作
指定下一点或 [放弃(U)]:10,30↙        //输入第二点的点坐标并回车确认操作
指定下一点或 [放弃(U)]:↙             //直接回车完成直线的绘制
```

📖 要点提示——本书命令提示相关操作

在本书的命令提示中，↙表示回车键或者空格键，//表示对该步操作的说明，请读者注意。

3.通过菜单执行命令

单击菜单名称，然后在下拉菜单中选择相应的选项来激活某个命令，例如执行“绘图>直线”菜单命令，如图 2-39 所示。

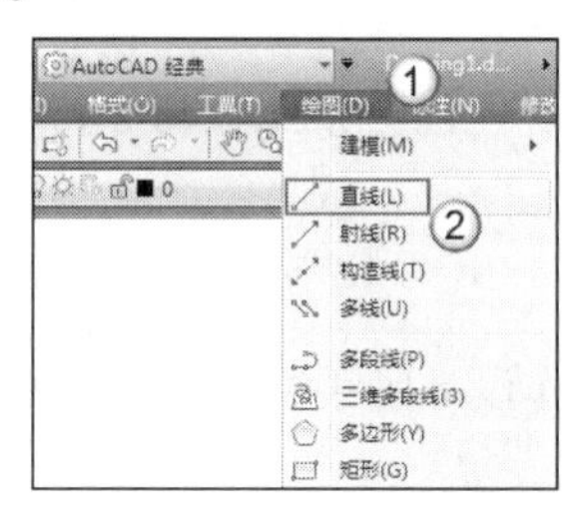

图 2-39

4.重复执行命令

在 AutoCAD 中，执行完某个命令后，如果要立即重复执行该命令，则只需按一下回车键或者空格键即可。例如，用 Line（直线）命令绘制一条直线后还需立即再绘制一条，则只需按一下回车键或空格键就可以重复执行 Line（直线）命令，相关命令提示如下：

```
命令: _line
指定第一点:                    //确定直线的第一点
指定下一点或 [放弃(U)]:         //确定直线的第二点
指定下一点或 [放弃(U)]: ↙       //按回车键结束直线绘制工作
命令: ↙                        //按回车键或空格键重复执行 Line（直线）命令
LINE 指定第一点:               //确定直线的第一点
指定下一点或 [放弃(U)]:         //确定直线的第二点
指定下一点或 [放弃(U)]: ↙       //按回车键结束第二条直线的绘制工作
```

5.执行透明命令

AutoCAD 可以在某个命令的执行期间插入执行另一个命令，中间插入执行的命令须在其命令名前加一个撇号（'）作为前导，AutoCAD 称这种可从中间插入执行的命令为“透明命令”。

例如在使用 Line（直线）命令绘制直线的同时使用 Zoom（缩放）命令缩放视图，相关命令提示如下：

```
命令: l↙                  //输入 L 并按回车键确认
LINE 指定第一点: 'zoom↙    //输入'zoom 并按回车键，表示执行透明命令
>>指定窗口的角点，输入比例因子 (nX 或 nXP)，或者
[全部(A)/中心(C)/动态(D)/范围(E)/上一个(P)/比例(S)/窗口(W)/对象(O)] <实时>: p↙
//输入 P 并回车，表示返回上一个视图
正在恢复执行 LINE 命令。
指定第一点:                       //指定直线的第一点
```

指定下一点或 [放弃(U)]: //指定直线的第二点
指定下一点或 [放弃(U)]: ↙ //回车结束命令

📖 要点提示——常见透明命令

图 AutoCAD 最常用的透明命令有 Help（帮助）、Zoom（缩放）、Pan（实时平移）等。

除了上面几种方法外，用户还可以通过快捷键执行 AutoCAD 中的命令，例如 Help（帮助）命令的快捷键是 F1。这几种方法没有孰优孰劣之说，初学者可能较多地使用单击按钮图标和通过菜单选择等方法，而熟练者往往会采用在命令行输入命令和使用快捷键的方法，因为这样能提高作图效率。

2.1.4 文件管理

如果将 AutoCAD 中的工具比作设计师手中的铅笔，那么文件就是供铅笔涂写的纸。没有纸，再好的设计也无从谈起。

1. 新建

通常在初次打开 AutoCAD 2014 时，系统都会默认创建一个文件，但有时候一个文件可能无法满足工作的需要，需要用户新建多个文件。新建文件的命令为 New。

命令执行方法如下。

- 单击快速访问工具栏中的“新建”按钮（快捷键为 Ctrl+N）。
- 在应用程序菜单中执行“新建>图形”命令。
- 执行“文件>新建”菜单命令。
- 在命令行输入 New 并回车。

执行 New（新建）命令后，系统会弹出“选择样板”对话框，在该对话框中选择一个合适的样板，再单击“打开”按钮 打开(O) 即可重新创建一个文件，如图 2-40 所示。

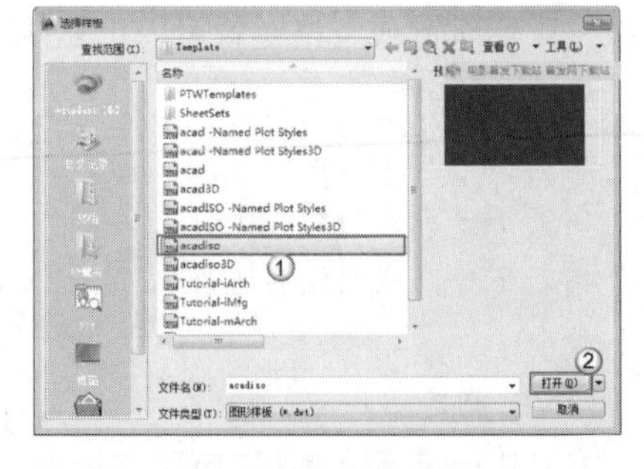

图 2-40

📖 要点提示——AutoCAD 自动命名规则

对于有多种方法可以执行的命令，用户应该选择能够最快达到目的或者最适合自己操作的方式。另外，初次打开 AutoCAD 2014 时默认创建的文件名称为 Drawing1.dwg，如果用户新建了多个文件，那么这些文件会以 Drawing2.dwg、Drawing3.dwg……的顺序依次命名。

2. 打开

对于已经存在的 DWG 格式的文件，AtuoCAD 提供了多种打开方法，如下所述。

方法 1：使用鼠标左键双击将要打开的 DWG 格式的文件。

方法 2：在需要打开的文件上单击鼠标右键，然后在弹出的菜单中选择“打开方式>AutoCAD Application”程序，如图 2-41 所示。

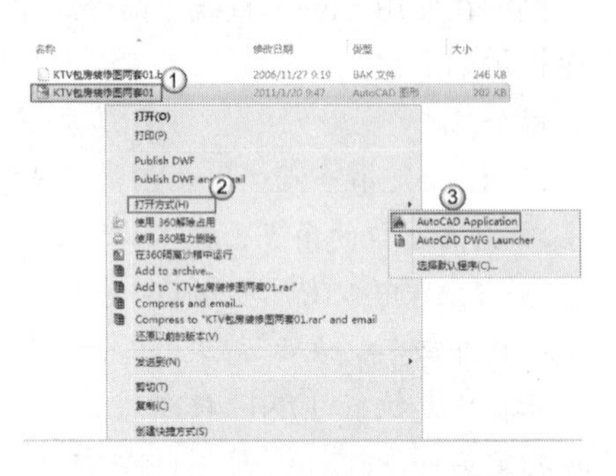

图 2-41

方法 3：启动 AutoCAD 2014 后，通过 Open

（打开）命令打开“选择文件”对话框，然后选中文件并单击“打开”按钮 打开(O) ，如图 2-42 所示。

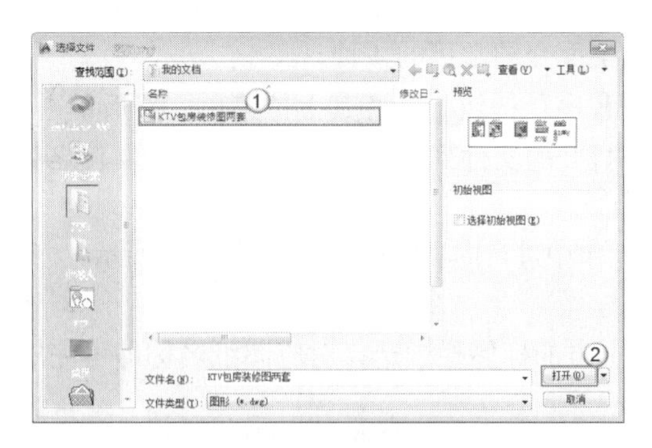

图 2-42

命令执行方法如下。

- 在快速访问工具栏中单击“打开”按钮（快捷键为 Ctrl+O）。
- 在应用程序菜单中执行“打开>图形”命令。
- 执行“文件>打开”菜单命令。
- 在命令行输入 Open 并回车。

📖 要点提示

通过该种打开方式可以在“选择文件”对话框右侧的预览区观看到将要打开的图形文件。

方法 4：在应用程序菜单中单击“最近使用的文档”按钮，在右侧的文档列表中会显示最近使用过的文件，单击这些文件即可快速打开，如图 2-43 所示。

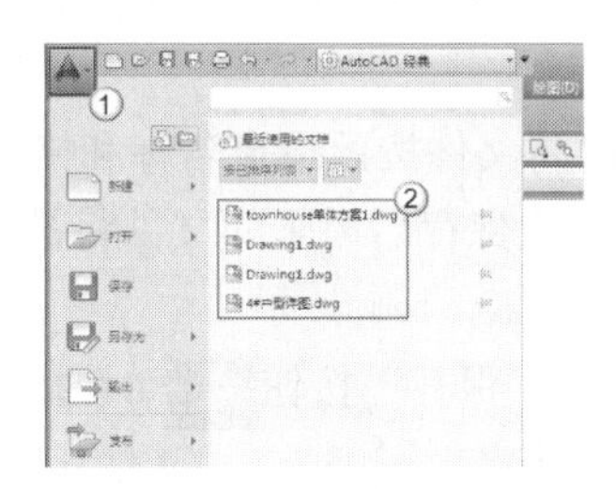

图 2-43

📖 要点提示

通过该种打开方式可以在“最近使用的文档”列表中选择目标文件，然后通过较大的预览窗口观察图形文件内容，如图 2-44 所示。

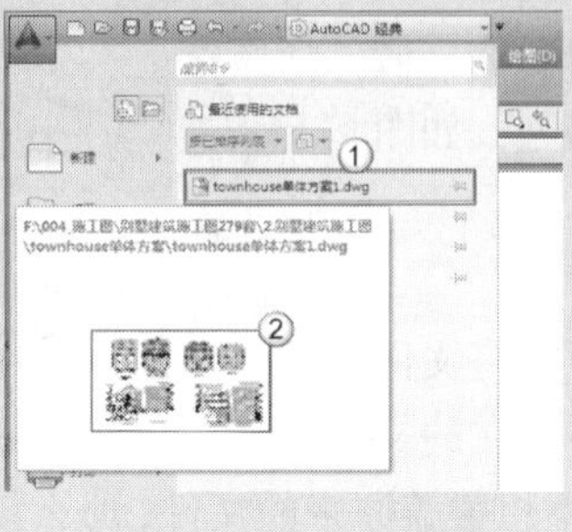

图 2-44

3. 切换当前编辑的文件

当 AutoCAD 内同时打开了多个文件时，常常需要在这些文件之间进行切换，切换当前编辑文件的方法有多种，下面介绍常用的 4 种。

方法 1：单击“应用程序”按钮打开其下拉菜单，然后单击“打开文档”按钮，在右侧显示当前所有已经打开的文件列表，此时单击某一个文件名称即可将其切换到对应的编辑窗口，如图 2-45 所示。

方法 2：在“窗口”菜单中进行同样的操作，如图 2-46 所示，当前正在编辑的文件前面会有一个✔标示。

方法 3：直接在界面上方的标签栏中选择对应图纸名称即可完成切换，如图 2-47 所示。

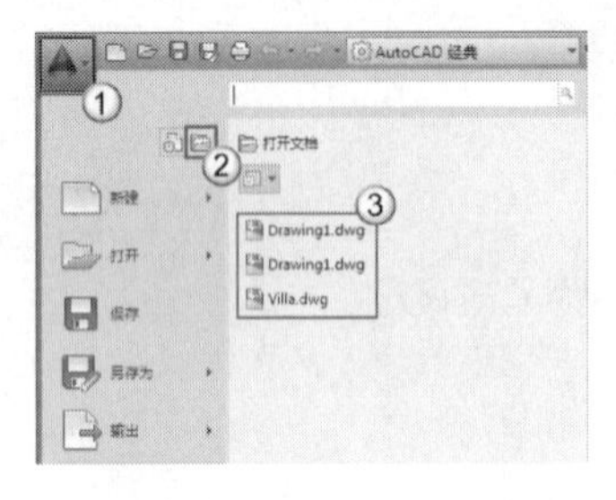

图 2-45

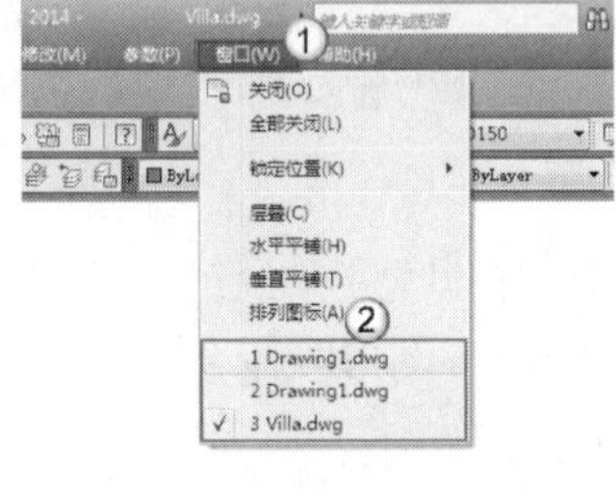

图 2-46

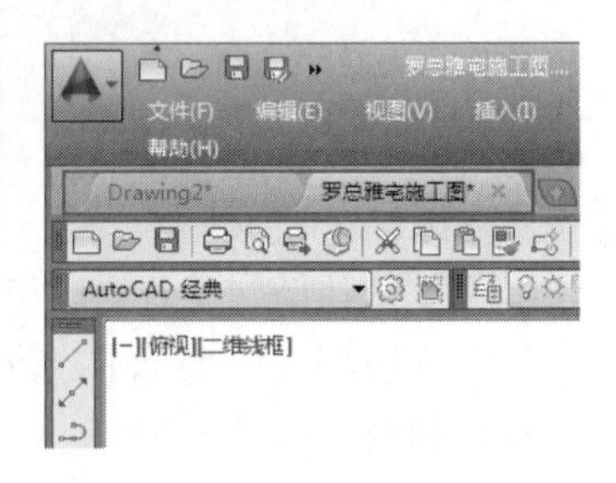

图 2-47

方法 4：按下“Ctrl+Tab”组合键，即可在当前编辑的文档中自动切换。

4. 保存

在 AutoCAD 中，保存文件的方式主要有“保存”和“另存为”两种，现在分别介绍如下。

（1）保存。

使用 Qsave（保存）命令可以将文件按照指定名称和格式保存到指定路径下。如果是保存已经存在但被修改后的文件，那么保存后原来的文件将被修改后的文件所替代。

命令执行方法如下。

- 单击快速访问工具栏中的“保存”按钮（快捷键为 Ctrl+S）。
- 在应用程序菜单中执行“保存”命令。
- 执行“文件>保存”菜单命令。
- 在命令行输入 Qsave 并回车。

执行 Qsave（保存）命令后将打开“图形另存为”对话框，首先在“保存于”列表框中可以设置文件保存路径，然后在“文件名”文本框中可以设置文件的名称，最后单击“保存”按钮确定保存即可，如图 2-48 所示。

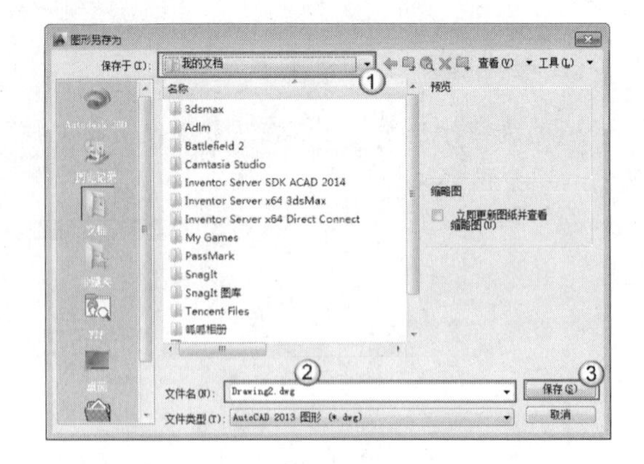

图 2-48

（2）另存为。

使用 Saves（另存为）命令可以将文件另设路径进行保存。比如把原来存在的文件进行了修改想要保存，但是又不想覆盖原来的文件，那么就可以把修改后的文件另存一份，这样原来的文件也将继续保留。

命令执行方法如下。

➢ 单击快速访问工具栏中的“另存为”按钮（快捷键为 Ctrl+Shift+S）。

➢ 在应用程序菜单中执行“另存为>AutoCAD 图形”命令。

➢ 执行“文件>另存为”菜单命令。

➢ 在命令行输入 Saves 并回车。

📖 要点提示

Saves（另存为）命令的用法与 Qsave（保存）命令相同，这里就不再赘述。在 AutoCAD 中低版本的文件可以在高版本中打开，但高版本的文件却不可以在低版本中打开。为了方便文件在低版本软件中可以打开以及编辑，在保存时首先可以单击“图形另存为”对话框下方的“文件类型”下拉按钮，然后在弹出的列表中选择对应的版本文件保存即可，如图 2-49 所示。

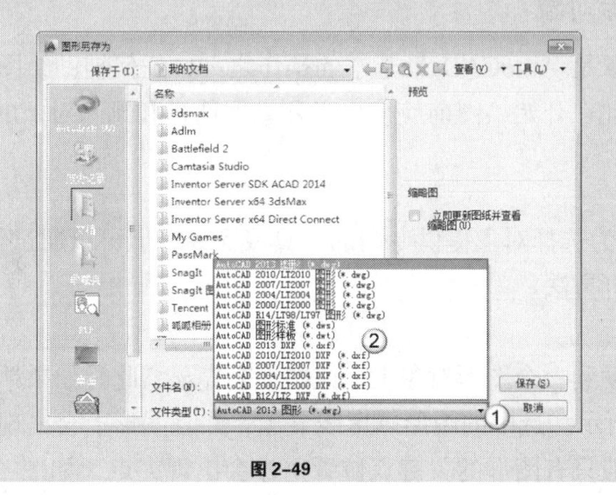

图 2-49

5. 输出

如果想将文件保存为其他格式，例如 PDF 格式或者 BMP 格式，可以使用 Export（输出）命令来进行保存。

命令执行方法如下。

➢ 在应用程序菜单中执行“输出>DWF（或者 DWFx、PDF 等）”命令，如图 2-50 所示。

图 2-50

➢ 在命令行输入 Export 并回车。

执行 Export（输出）命令后将打开“输出数据”对话框，设置好文件名称后单击“文件类型”可以选择更丰富的文件输出类型，如图 2-51 所示。

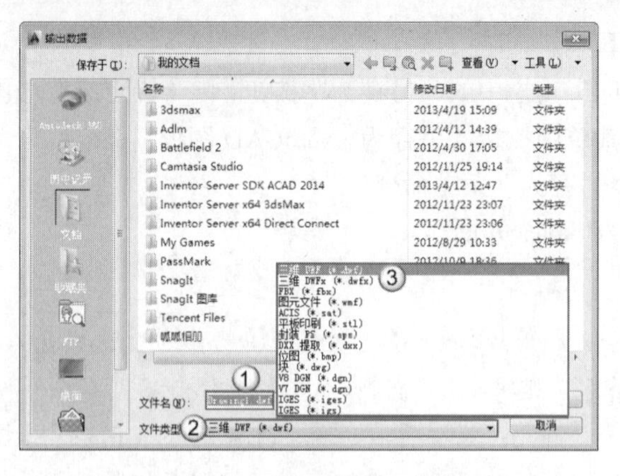

图 2-51

2.1.5 选择和删除对象

选择和删除对象是 AutoCAD 最基本的操作之一，任何辅助绘图软件都会涉及对象的选择和删除操作，因此在开始绘图前应该也必须掌握选择和删除对象的方法。

1. 选择对象

AutoCAD 没有为选择对象提供专门的工具或命令，但可以通过鼠标左键直接进行选择。这里提供了多种选择方法。

（1）点选。

将鼠标光标移动到一个图形对象上，该图形会亮显，此时如果单击鼠标左键将选中这个图形，如图 2-52 所示。选中的图形以虚线显示，并且图形上会出现多个蓝色的小方框，这是图形的夹点，一般只有图形的关键点位置上才会出现夹点，如图 2-53 所示。如果要选择多个图形，可以连续在不同的图形上单击鼠标左键进行多次点选。如果要取消对图形对象的选择，按 Esc 键即可。

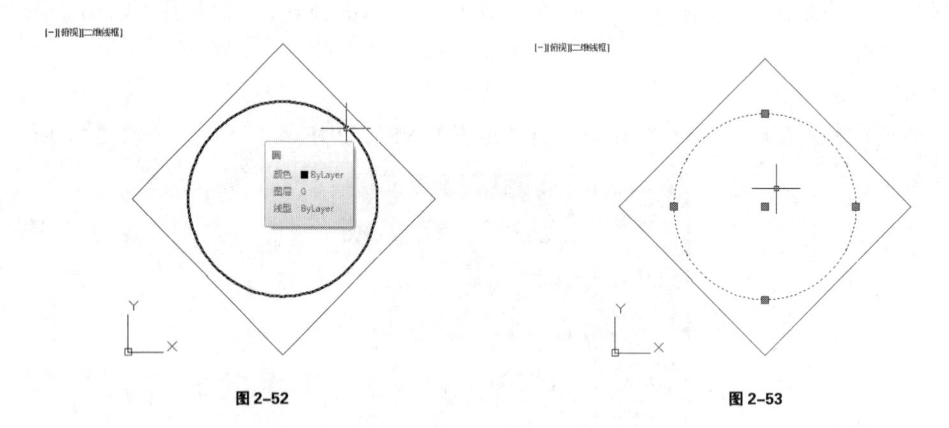

图 2-52　　图 2-53

（2）框选。

对于选择多个图形对象这种情况，如果挨个去单击选择，势必要耗费很多时间，也没有必要，于是 AutoCAD 提供了“框选”方式，也就是用光标拖曳出一个矩形框来选择。但需注意的是，拖曳要分为两种形式。

第 1 种：从左上往右下拖曳，此时矩形框呈蓝色显示。接下来如图 2-54 所示划定一个选区，选择完成后此时只有完全被包围的椭圆被选中，如图 2-55 所示。

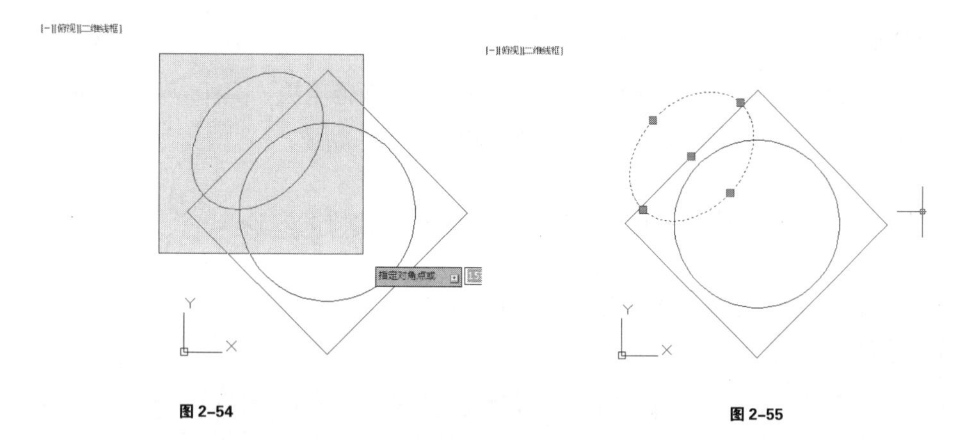

图 2-54　　图 2-55

第 2 种：从右下往左上拖曳，此时矩形框呈绿色显示，接下来如图 2-56 所示划定一个选区，选择完成后可以看到与选区有相交的矩形和圆形都被选中，如图 2-57 所示。此外，按下“Ctrl+A”组合键可以快速全选所有图形。

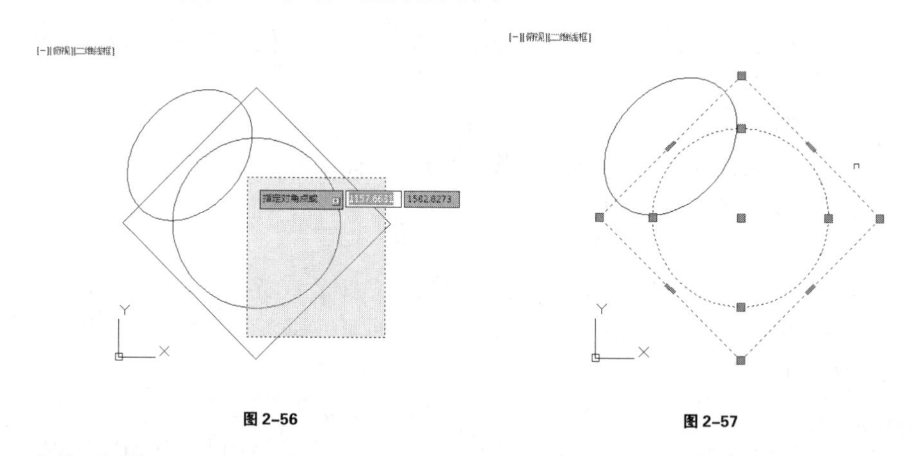

图 2-56　　图 2-57

（3）减选。

用框选的方式选择图形时容易选择多余的图形，此时就需要取消对这些多余图形的选择。

如图 2-58 所示，3 个图形对象都被选中。如果要取消对矩形的选择，请按住 Shift 键的同时如图 2-59 单击矩形，单击完成后将减选模型，效果如图 2-60 所示。

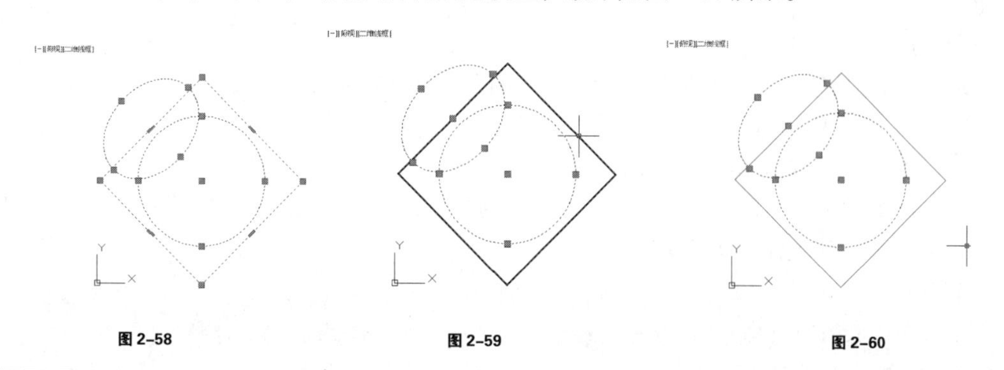

图 2-58　　图 2-59　　图 2-60

📖 要点提示——多个对象同时减选方式

对于多个图形的同时减选，也可以按住 Shift 键的同时使用框选完成。

2. 删除对象

删除对象可以使用 Erase（删除）命令，该命令有两种用法：一种是先选择再删除；另一种是先执行命令，然后再选择对象，接着按回车键确认删除。

命令执行方法如下。

- 在“修改”工具栏中单击“删除”按钮 （快捷键为 Delete）。
- 执行“修改>删除”菜单命令。
- 在命令行输入 Erase（简写为 E）并回车。

2.1.6 放弃和重做

在绘图的过程中，往往会遇到某一步操作出现失误，或者操作完成后效果不太理想的情况。为了帮助用户纠正这些错误操作，AutoCAD 提供了几个非常有用的修正命令，比如 Undo（放弃）命令、Redo（重做）命令等。

1. 放弃

放弃是指撤销之前所做的操作，从而返回操作之前的状态。使用 Undo（放弃）命令可以撤销一次或多次操作。

命令执行方法如下。

- 单击快速访问工具栏中的“放弃”按钮 （快捷键为 Ctrl+Z）。
- 执行“编辑>放弃”菜单命令。
- 在命令行输入 Undo（简写为 U）并回车。

在执行 Undo（放弃）命令的时候，如果使用快捷键 Ctrl+Z 或者在命令行输入 U 并回车，将默认只放弃上一步操作；如果在命令行输入 Undo 并回车，那么可以通过命令提示输入需要放弃的操作数，如下所示。

```
当前设置: 自动 = 开, 控制 = 全部, 合并 = 是, 图层 = 是
输入要放弃的操作数目或 [自动(A)/控制(C)/开始(BE)/结束(E)/标记(M)/后退(B)] <1>:
//输入要放弃的操作数
```

2. 重做

重做是指将撤销的操作恢复，因此只有执行过 Undo（放弃）命令，Redo（重做）命令才能被激活。

命令执行方法如下。

- 单击快速访问工具栏中的“重做”按钮 （快捷键为 Ctrl+Y）。
- 执行“编辑>重做”菜单命令。
- 在命令行输入 Redo 并回车。

Redo（重做）命令只能恢复最近一次撤销的操作，如果要恢复多步撤销的操作，可以使用 Mredo 命令，相关命令提示如下：

```
命令: Mredo↙
输入动作数目或 [全部(A)/上一个(L)]:            //输入要恢复的操作数
```

2.1.7 绘制第一个图形

了解了 AutoCAD 命令的执行方法和文件的操作技巧后，就可以开始绘制图形了，如图 2-61 与图 2-62 所示。无论本书要讲解的室内（建筑）还是工业产品设计图纸，直线的应用

都十分多，因此在本小节中将以使用 Line（直线）命令绘制等边三角形为例，为大家介绍 AutoCAD 中常见的视图操作、捕捉设置以及坐标输入等基本的使用步骤与操作方法。

在本案例中主要使用直线工具，综合运用绝对坐标与相对极坐标绘制如图 2-63 所示的等边三角形。在绘制的过程中还将介绍到视图平移以及缩放工具的使用。

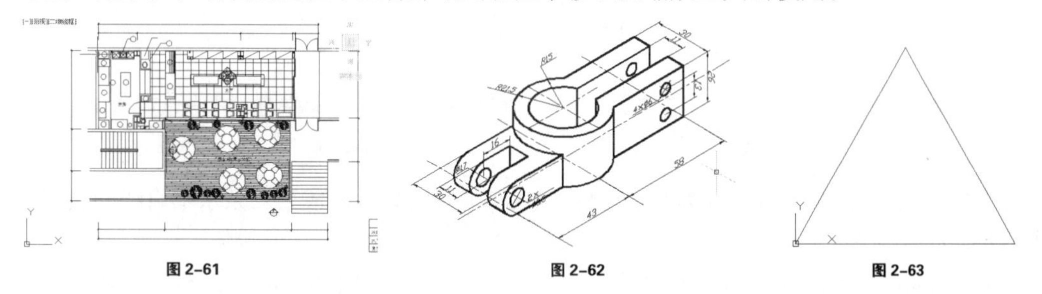

图 2-61　　图 2-62　　图 2-63

1. 通过绝对极坐标绘制底部边线

（1）启动 AutoCAD 2014，然后在“绘图”工具栏中单击“直线”按钮，如图 2-64 所示。

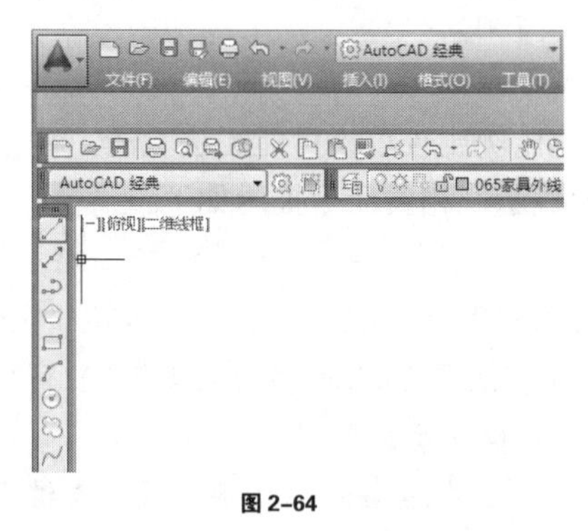

图 2-64

（2）根据命令提示，在命令行输入第一点的坐标（0,0）并回车，如图 2-65 所示。此时再移动光标，在绘图区域内无法看到直线的起点，如图 2-66 所示。

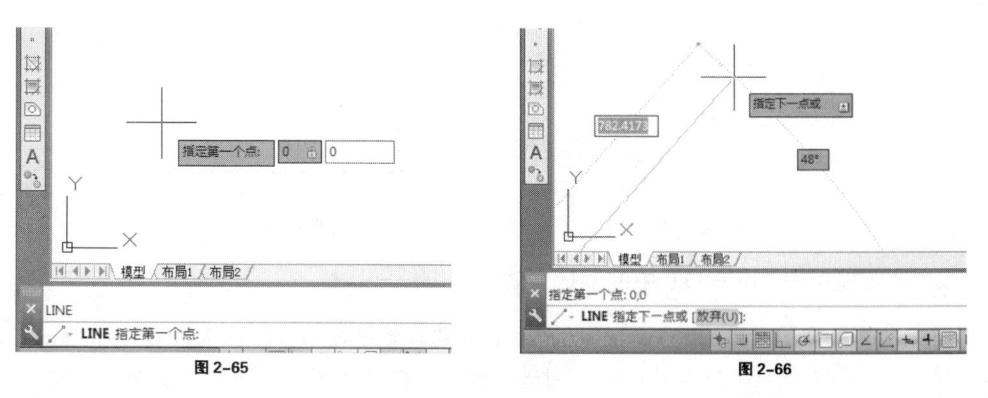

图 2-65　　图 2-66

（3）在指定直线的第二点前，在命令行输入（pan）并回车。待鼠标光标变为抓手形状后，在绘图区域内按下鼠标左键并往右上方向拖曳，将坐标轴向中部移动，如图 2-67 所示。

（4）完成平移后按回车键继续执行 Line（直线）命令，此时就可以看到直线的起点，如图 2-68 所示。

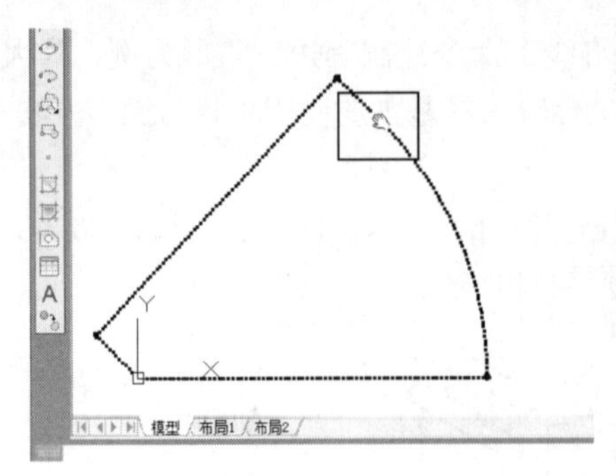

图 2-67

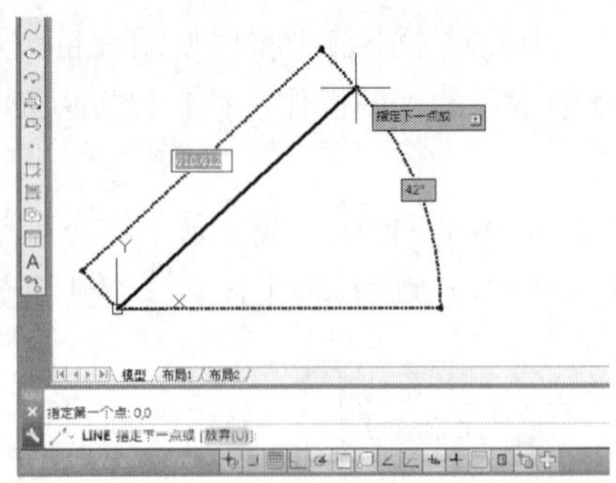

图 2-68

（5）在命令行输入直线的第二点坐标（100,0）并回车，完成第一条水平直线的绘制，相关命令提示如下：

命令: _line 指定第一点: 0,0↙

指定下一点或 [放弃(U)]: 'pan↙

>>按 Esc 或 Enter 键退出，或单击右键显示快捷菜单。

正在恢复执行 LINE 命令。

指定下一点或 [放弃(U)]: 100,0↙

指定下一点或 [放弃(U)]: ↙

（6）现在视图中图形的比例比较小，可能无法看清。在命令行输入 Zoom 并回车，然后根据命令提示将图形放大显示。相关命令提示如下：

命令: zoom↙

指定窗口的角点，输入比例因子 (nX 或 nXP)，或者

[全部(A)/中心(C)/动态(D)/范围(E)/上一个(P)/比例(S)/窗口(W)/对象(O)] <实时>: w↙ //输入 W 选项表示通过指定窗口显示图形

指定第一个角点: //在适当的位置单击鼠标左键

指定对角点: //拖曳出一个矩形框，如图 2-69 所示，松开鼠标后位于矩形框内的图形将被放大显示，如图 2-70 所示

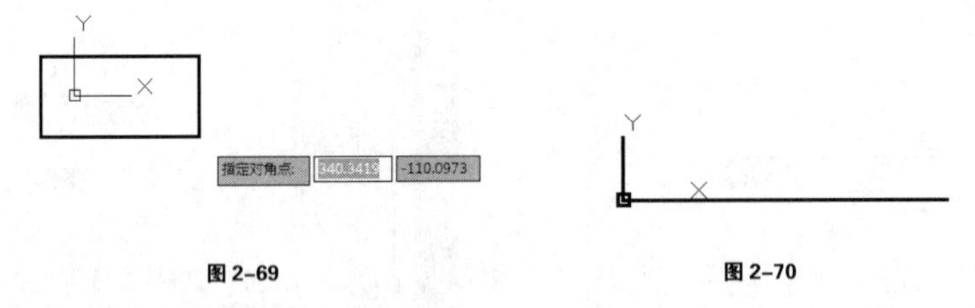

图 2-69　　图 2-70

要点提示——AutoCAD 中的缩放方法

由于计算机屏幕大小的局限，绘制的图形常常需要通过缩放视图来查看。在 AutoCAD 中，使用 Zoom（缩放）命令可以对视图进行缩放，其快捷操作为滚动鼠标中键，往前滚动放大视图，往后滚动缩小视图。

命令执行方法如下。

执行“视图>缩放”菜单命令，如图 2-71 所示。

在命令行输入 Zoom（简写为 Z）并回车。

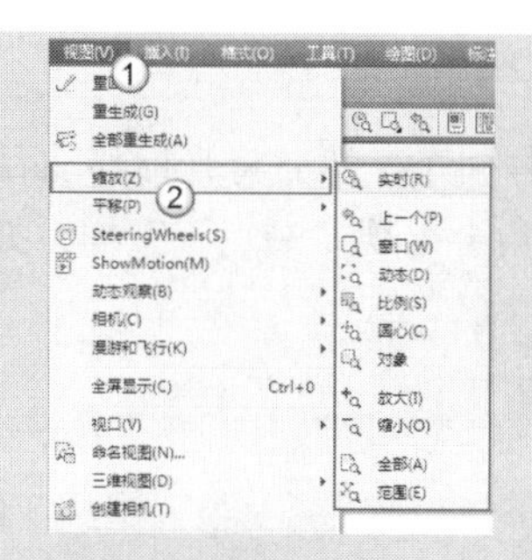

图 2-71

命令子选项如下。

Zoom（缩放）命令实际上是一个命令集合，其下包含了多个用于缩放视图的子选项，如下所示。

命令: zoom↙

指定窗口的角点，输入比例因子 (nX 或 nXP)，或者

[全部(A)/中心(C)/动态(D)/范围(E)/上一个(P)/比例(S)/窗口(W)/对象(O)] <实时>:

全部：将所有可见图形对象和视觉辅助工具（栅格、小控件等）放大至全屏显示。

中心：通过指定缩放的中心点和缩放比例（或高度）来定义视图的缩放。高度值较小时增加放大比例，高度值较大时减小放大比例。

动态：使用矩形视图框进行缩放与平移。首先如图 2-72 所示通过鼠标划定视图框大小，然后再如图 2-73 所示调整好视图框位置。确定好视图框大小与位置后按下 Enter 键视图框内的图形将充满整个视口，效果如图 2-74 所示。该种缩放方式主要用于大型图纸的细部查看。

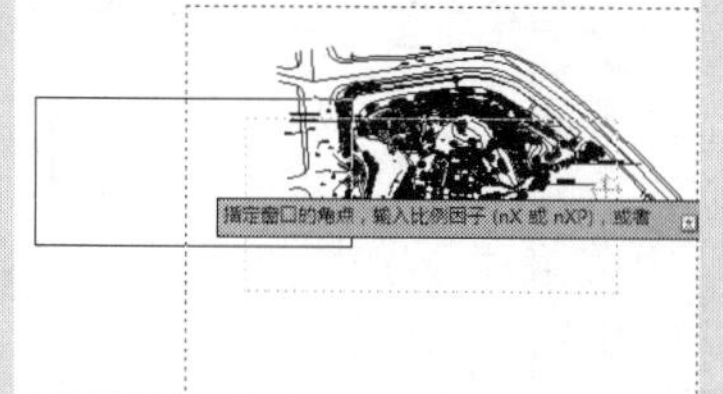

图 2-72

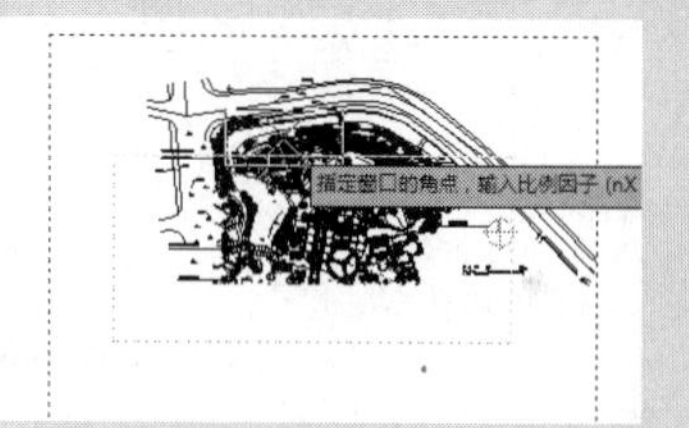

图 2-73

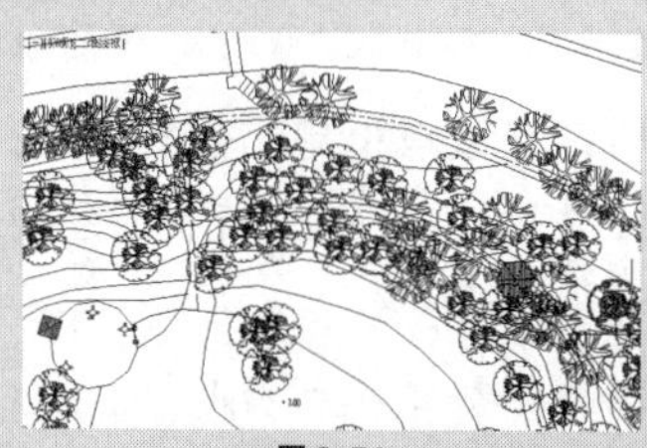

图 2-74

范围：将所有可见图形对象以最大范围显示。

上一个：缩放显示上一个视图，最多可恢复此前的 10 个视图。

比例：使用比例因子更改视图，如果输入的数值后面加上 x，将根据当前视图指定比例；如果输入的数值后面加上 xp，将指定相对于图纸空间单位的比例。

窗口：通过指定一个矩形窗口来缩放视图，位于矩形窗口内的图形将被放大显示。

对象：将选定的一个或多个对象以最大范围显示在视图中心。

实时：光标变为🔍，按下鼠标左键的同时向前滑动鼠标将放大视图，向后滑动鼠标将缩小视图。

2. 通过相对极坐标绘制底部边线

（1）在命令行输入 Line 并回车，然后将光标移动到直线的右端点处，此时将出现一个绿色小方框，同时在光标右下角会出现“端点”字样，如图 2-75 所示。

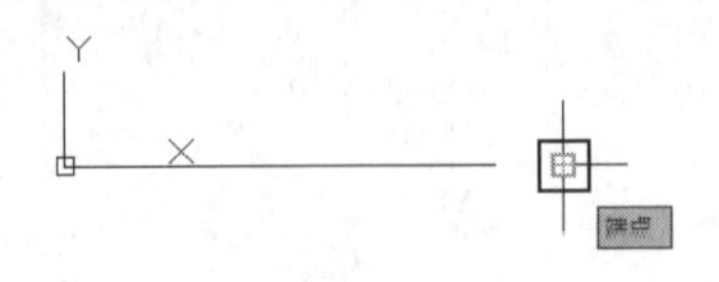

图 2-75

📖要点提示——AutoCAD 中设定捕捉点的方法

端点捕捉需要同时开启“对象捕捉”功能和“端点”捕捉模式才能进行捕捉。“对象捕捉”功能可以在辅助绘图工具栏中开启（快捷键为 F3），按钮图标为□，亮显表示开启状态，灰色显示表示关闭状态。

而“端点”捕捉模式需要在“草图设置”对话框中进行设置。在“对象捕捉”按钮□上单击鼠标右键，如图 2-76 所示。然后在弹出的菜单中选择“设置”选项，就可以打开“草图设置”对话框，在该对话框的“对象捕捉”选项卡中可以设置端点、中点、圆心等捕捉模式，如图 2-77 所示。

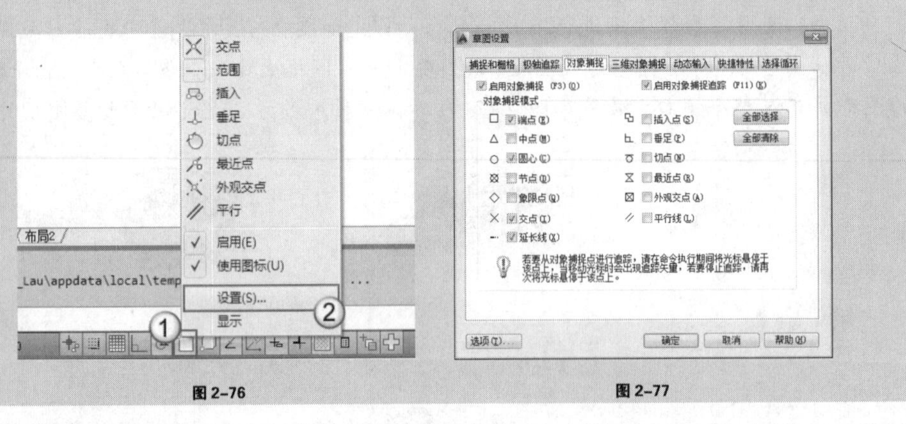

图 2-76 图 2-77

（2）捕捉到直线的右端点后，在该点上单击鼠标左键，确定第二条边的起点，然后输入第二点和第三点的相对极坐标，相关命令提示如下，案例最终效果如图 2-78 所示。

命令: line↙
指定第一点: //捕捉水平边的右端点
指定下一点或 [放弃(U)]: @100<120 //输入第二点的相对极坐标
指定下一点或 [放弃(U)]: @100<−120 //输入第三点的相对极坐标
指定下一点或 [闭合(C)/放弃(U)]: ↙ //回车结束绘制

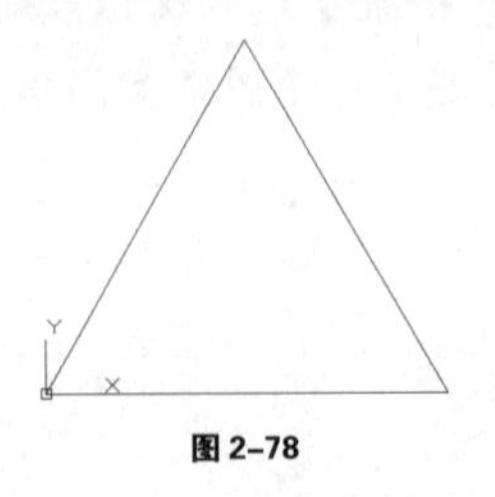

图 2-78

📖要点提示——笛卡儿坐标

接下来我们对 AutoCAD 中坐标系的一些知识进行简单的介绍，首先来了解一下笛卡儿坐标系。

笛卡儿坐标系又称为直角坐标系，由一个原点（默认坐标为 0,0）和两条通过原点的、相互垂直的坐标轴构成。其中，水平方向的坐标轴为 x 轴，以向右为其正方向；垂直方向的坐标轴为 y 轴，以向上为其正方向。平面上任何一点 P 都可以由 x 轴和 y 轴的坐标来定义，也就是用一对坐标值（x,y）来定义一个点，例如某点的直角坐标为（3,2），如图 2–79 所示。

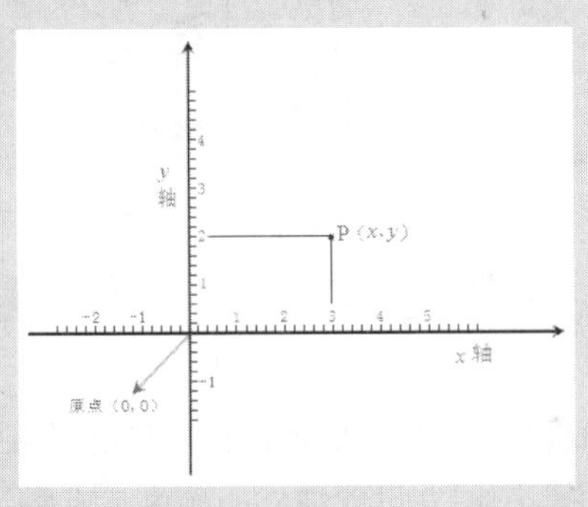

图 2–79

除了笛卡儿坐标系外，还有一种常用的坐标系是极坐标系。极坐标系由一个极点和一根极轴构成，极轴的方向为水平向右，平面上任何一点 P 都可以通过 L（点 P 与极点的连线）和 α（连线 L 与极轴的夹角）来定义，即用一对坐标值（$L<\alpha$）来定义一个点，其中“$<$”表示角度，如图 2–80 所示。

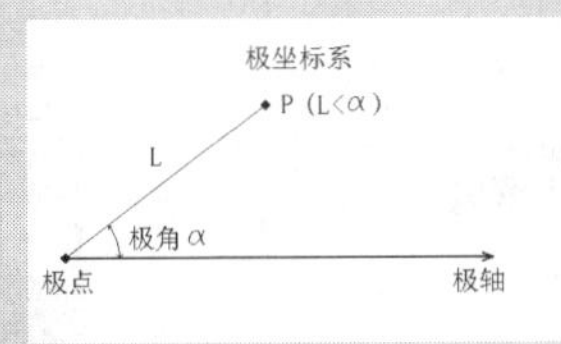

图 2–80

了解了笛卡儿坐标系和极坐标系后，接下来介绍绝对坐标和相对坐标。绝对坐标是指某个点相对于原点（或极点）的绝对位移；而相对坐标是指下一点相对于上一点的绝对位移，用“@”来标识。在笛卡儿坐标系中，绝对坐标用（x,y）来表示，相对坐标用（@x,y）来表示；在极坐标系中，绝对坐标用（$L<\alpha$）来表示，相对坐标用（@ $L<\alpha$）来表示。

至此 AutoCAD 基本的使用工具与操作方法讲解完成。接下来主要针对室内设计绘图，学习 AutoCAD 图层、图纸文字、尺寸标注、出图线宽以及打印设置等绘图环境的设置技巧。

2.2 AutoCAD 绘图环境设置

正如安静、明亮的工作环境能让我们有一份惬意的工作心情，提高工作效率一样，在使用 AutoCAD 正式绘制设计图纸之前，根据图需要精心设置好图层，然后再调整文字以及标注等细节，也能构筑一个理想的绘图环境。这样不但能提高绘图的效率，更能在绘图完成后得到一份层次分明、清晰美观的设计成图。

2.2.1 设置 AutoCAD 的图层

1.了解 AutoCAD 的图层及功能

在 AutoCAD 中，图层相当于我们在现实图纸绘图中使用的重叠图纸，但这些图纸都是透明的。通过图层我们可以单独控制每张图纸上的所有图形，使其具备独立的颜色、线宽、线型等特性，如图 2-81 所示。

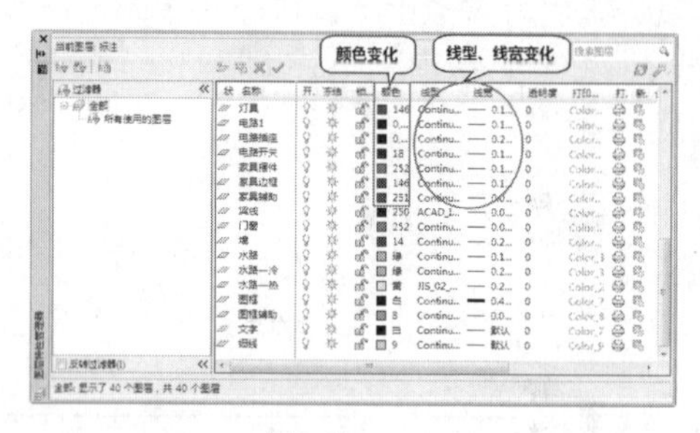

图 2-81

具体到 AutoCAD 室内设计绘图中，根据设计项目的实际情况首先对应地建立诸如墙体、家具、水路、电路以及标注等图层并设置独立的颜色、线型与线宽，然后在绘图的过程中再选择对应的图层绘制对应的对象图形，这样通过图层的控制我们可以轻松地绘制具有层次感的图纸，如图 2-82 所示。对比如图 2-83 可以看出，经过图层区分颜色、线宽的图纸不仅便于阅读，还具有更好的视觉效果。

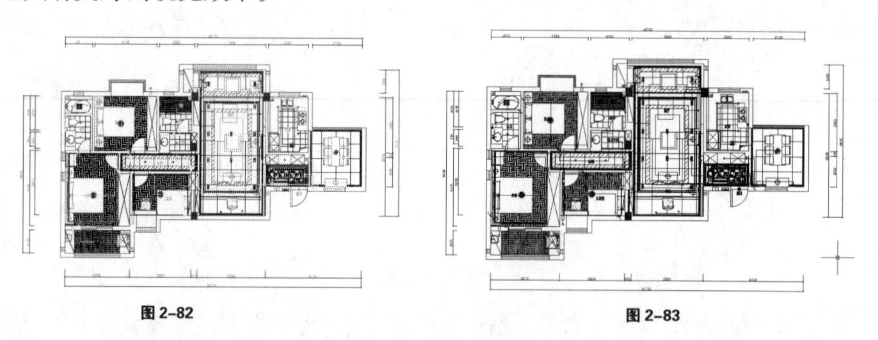

图 2-82　　图 2-83

通过图层区分好图纸内容，除了具备以上的好处之外，由于我们将墙体、家具、水路、电路以及标注单等内容单独放置在了对应图层内，因此当我们需要对各个内容进行调整、修改时，还可以通过反选隐藏不需要显示的图层，从而可以清晰明了地选择到修改对象，如图 2-84 与图 2-85 所示。

而如果需要对图层内的对象统一修改，则只需要调整图层相关参数即可一步到位，因此能极大地提高工作效率。

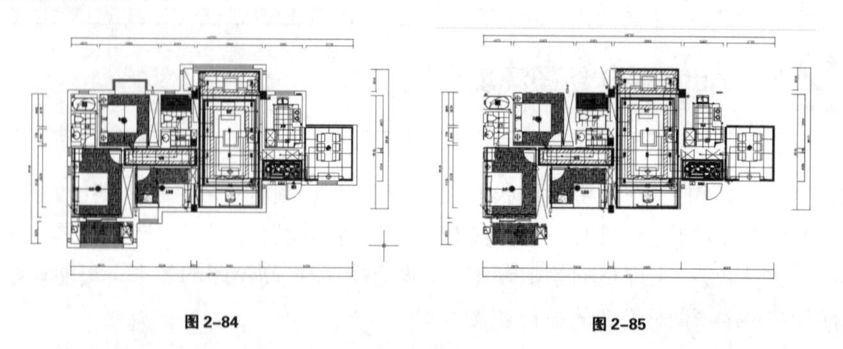

图 2-84　　图 2-85

通过以上的了解我们可以发现，能否熟练运用好图层是能否使用 AutoCAD 快速、准确地绘制好室内设计图纸的关键，接下来笔者将详细介绍 AutoCAD 的图层的控制方法。

2.如何控制 AutoCAD 的图层

AutoCAD 主要使用 “图层特性管理器” 控制图层。通过该管理器不仅可以创建图层，设置图层的颜色、线型和线宽，还可以对图层进行更多地设置与管理，如图层的切换、重命名、删除及图层的显示控制等，如图 2-86 所示。

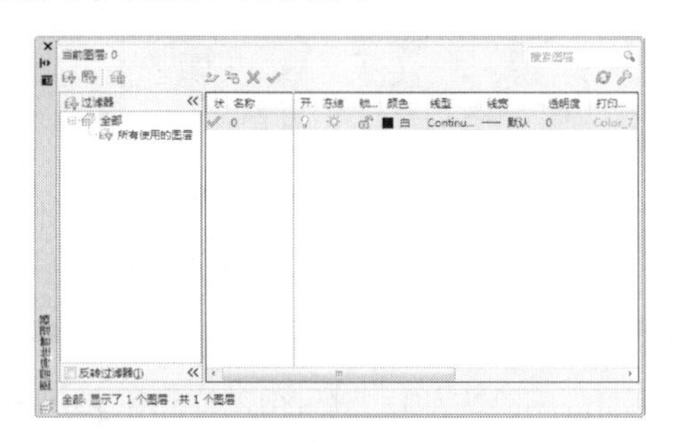

图 2-86

📖 要点提示

在 AutoCAD 中打开对话框或执行绘图、修改等命令通常有多种方式，如打开“图层特性管理器”主要有以下三种常用方法。

第 1 种：执行“格式>图层”菜单命令，如图 2-87 所示。

第 2 种：在“图层”工具栏中单击“图层特性管理器”按钮，如图 2-88 所示。

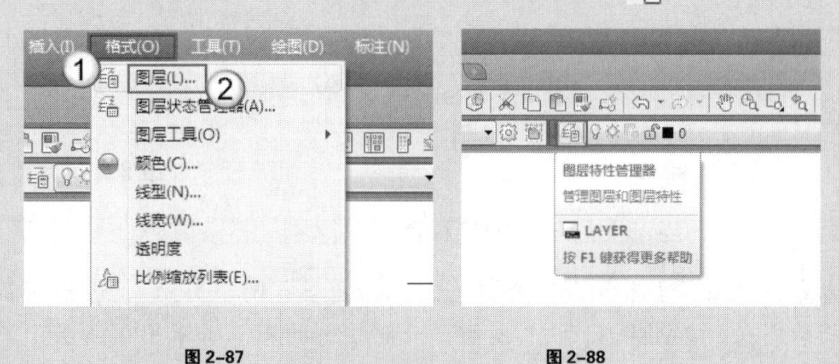

图 2-87　　图 2-88

第 3 种：在命令行输入 Layer 并回车（简写命令为“LA”，有关 AutoCAD 其他简写命令大家可查看本书附录），如图 2-89 所示。

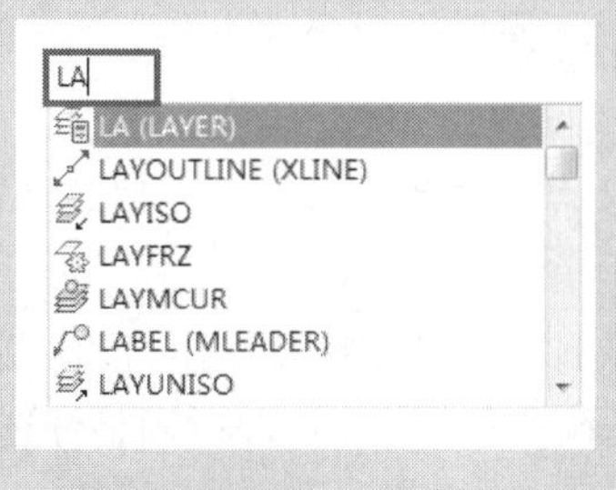

图 2-89

以上三种方法，大家可以根据自己对软件的熟悉程度与偏好选择，笔者建议大家多用简写命令以提高输入效率。

➢ 新建/删除图层

单击新建图层按钮 在当前选择的图层下方创建一个新图层，如图 2-90 所示。创建时可以对图层进行命名，如图 2-91 所示。如果没有命名，那么图层将以“图层 1”、“图层 2”……的顺序命名排列。

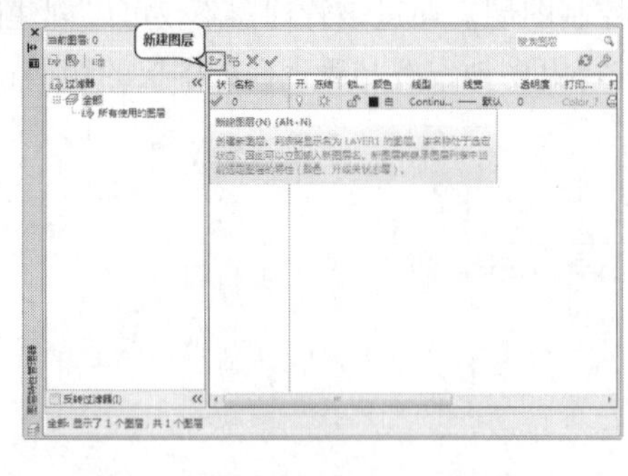

图 2-90

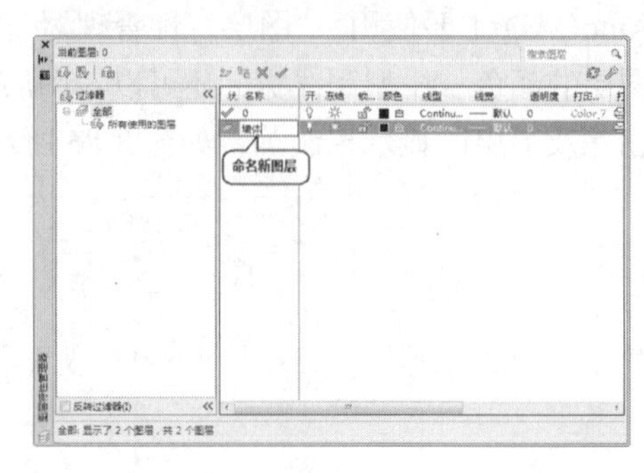

图 2-91

单击删除图层按钮 即可删除当前选择的图层，如图 2-92 和图 2-93 所示。但要注意的是，只能删除未被参照的图层 [被参照的图层包括 0 图层、DEFPOINTS 图层、包含对象（包括块定义中与任何绘制对象）的图层、当前图层以及依赖外部参照的图层]。

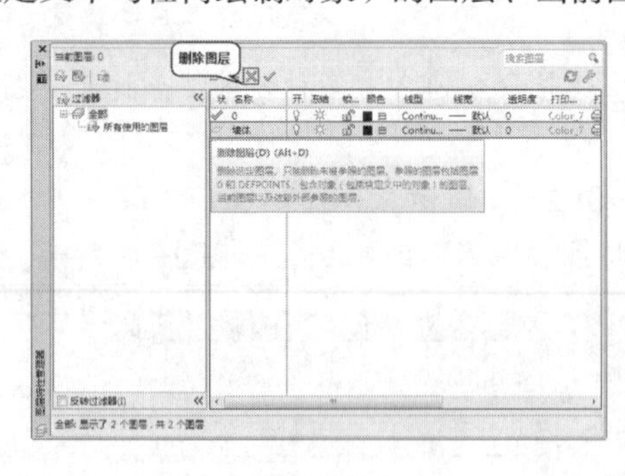

图 2-92

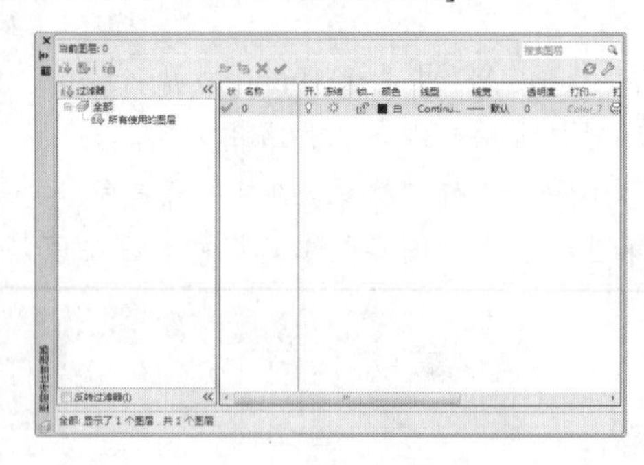

图 2-93

📖 要点提示——当前图层与当前选择图层的区别

初学者容易混淆“当前图层”与“当前选择图层”两个概念，“当前图层”指的是当前绘图所使用的图层，该图层前有 图案，此时绘制的图像将采用该图层设置好的颜色、线型、线宽等特性，在“图层特性管理器”中双击任一图层即将该图层设置为当前图层。而“当前选择图层”通常指的是在“图层特性管理器”单击一次选择的图层，选择该图层后可以进行删除以及颜色、线型、线宽等特性的修改。

➢ 调整图层颜色/线型/线宽

默认情况下新建的图层均保持与 0 图层一致的颜色、线型、线宽等特性。在实际的工作中有必要根据图层用途自定义相关特性，以调整图层的颜色、线型、线宽三个特性为例，具体的方法如下。

（1）单击图层颜色名称下空白处，然后在弹出的“选择颜色”面板中选择目标颜色，如图 2-94 所示。接下来再按下“确定”按钮即可调整好选择图层的颜色，如图 2-95 所示。

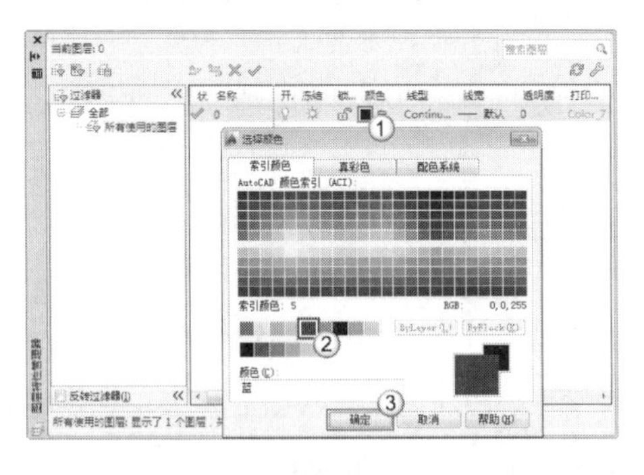

图 2-94

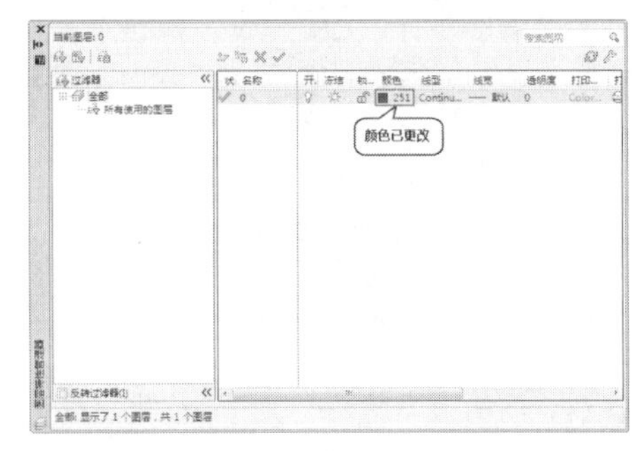

图 2-95

📖 要点提示

在 AutoCAD 的一些选择面板中，在目标对象上方双击可以快速选择并确定应用，上面的颜色选择也可以使用这种方法快速确认。

（2）单击图层线型名称弹出“选择线型”面板，如图 2-96 所示，然后再单击“选择线型”面板中的“加载”按钮弹出“加载或重载线形”面板，接下来选择加载好目标线型并确认，如图 2-97 所示。在实际的工作中，通常在加载线型时可以一次性选择多个常见的线型加载，这样可以方便其他图层线型的调用。

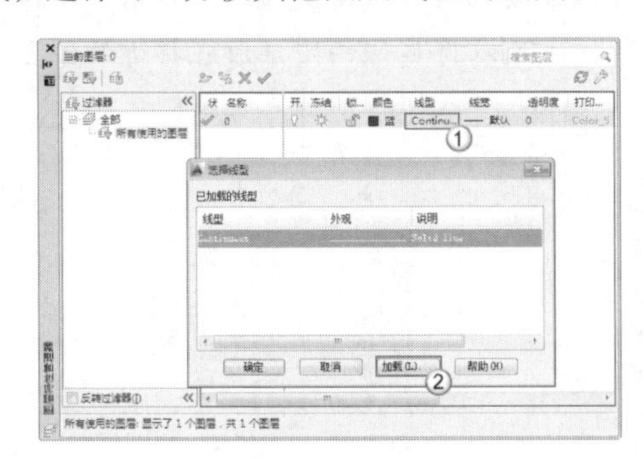

图 2-96

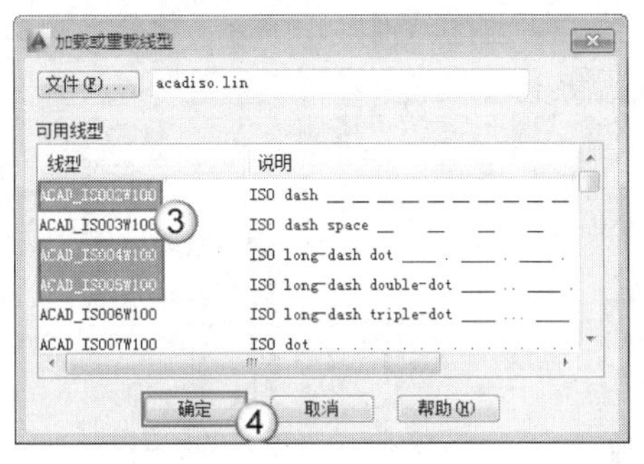

图 2-97

（3）返回“选择线型”面板选择上一步加载的线型并单击“确认”按钮，如图 2-98 所示，此时即可调整好当前选择图层的线型，效果如图 2-99 所示。

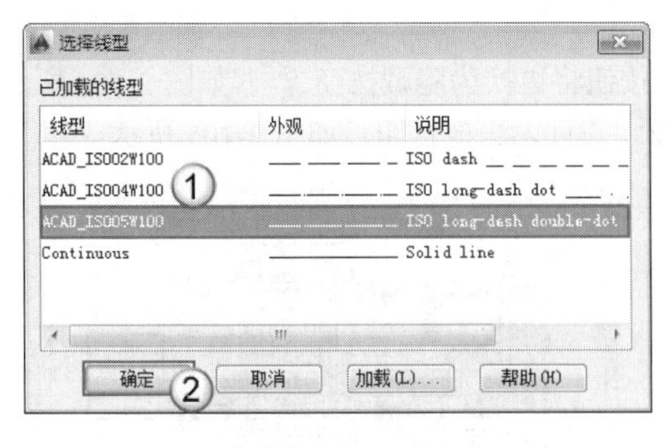

图 2-98

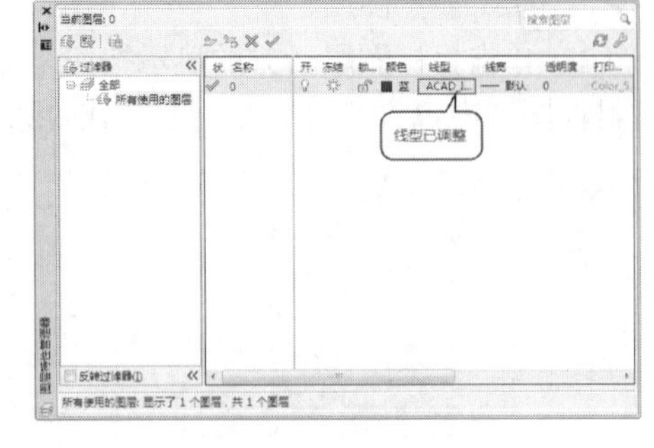

图 2-99

（4）单击图层线宽名称下的空白处弹出“线宽”面板，然后选择目标线宽并确认，如图 2-100 所示。操作完成后即可调整好当前选择图层的线宽，如图 2-101 所示。

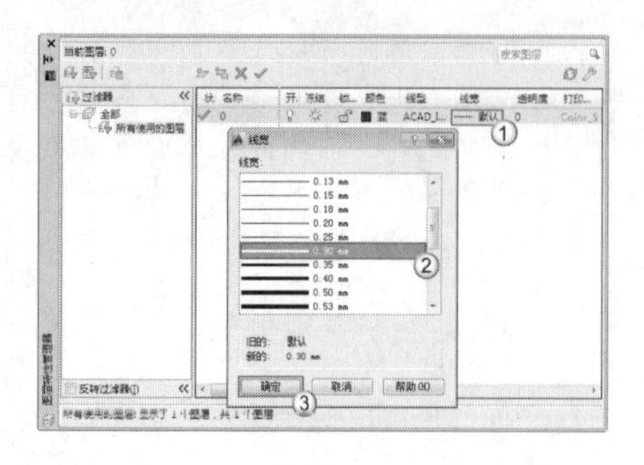

图 2-100

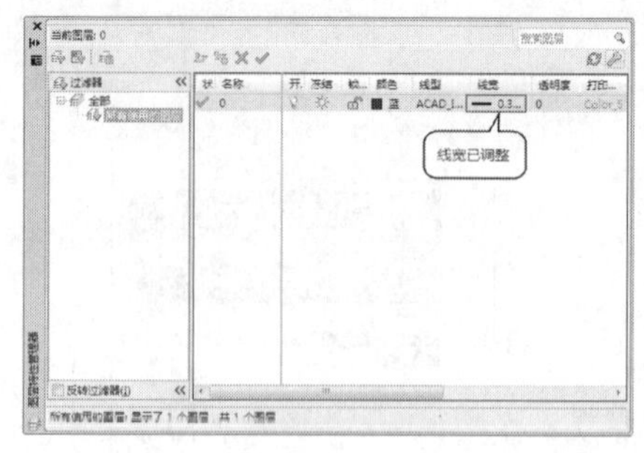

图 2-101

要点提示——新建图层的技巧

由于 AutoCAD 新建图层会继承“当前选择图层”颜色、线型、线宽等特性，因此在建立或补充新图层时，要选择图层特性接受的图层，然后执行新建命令。

如图 2-102 所示，在图中已有“电器插座”图层，在绘制的过程中要补充“电器开关”图层。由于两个图层内将绘制的对象只需要在线宽上产生区别，而在颜色、线型上可以共用，因此可以选择“电器插座”图层为当前层，然后新建图层并更名，然后调整好线宽即可快速完成，如图 2-103 所示。

此时如果选择其他图层执行新建图层则有可能还要修改颜色与线型。此外由于新建图层将生成在“当前选择图层”下方，因此通过该种方法可以将类似的图层放在接近的位置，便于查看、寻找。

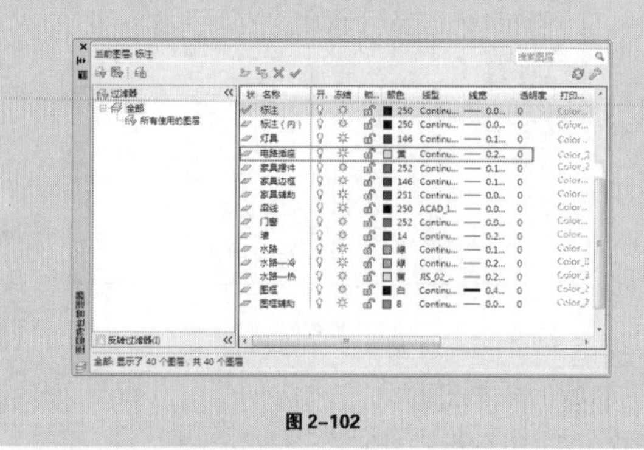

图 2-102

图 2-103

➢ 隐藏/显示图层

（1）单击目标图层后方的显示按钮，按钮将更换为隐藏按钮，如图 2-104 所示。此时目标图层中包含的对象在绘图区域内隐藏，并且无法被打印，如图 2-105 所示。

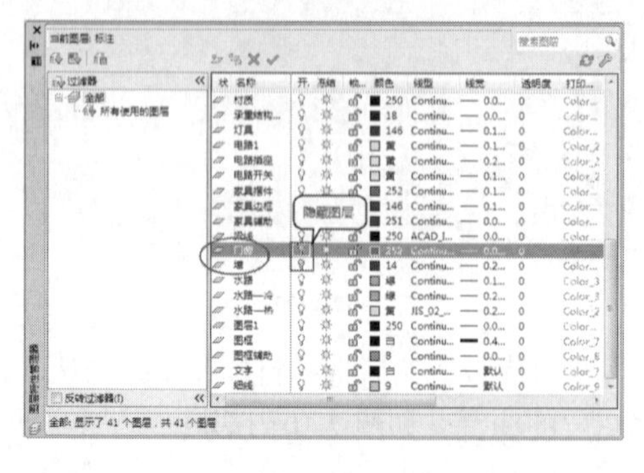

图 2-104

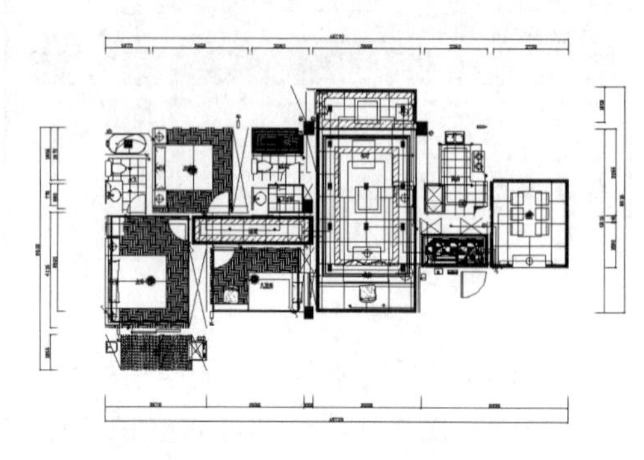

图 2-105

（2）单击目标图层后方的隐藏按钮，按钮将更换为显示按钮，如图 2-106 所示。此时目标图层中包含的对象在绘图区域内显示，并且可以被打印，如图 2-107 所示。

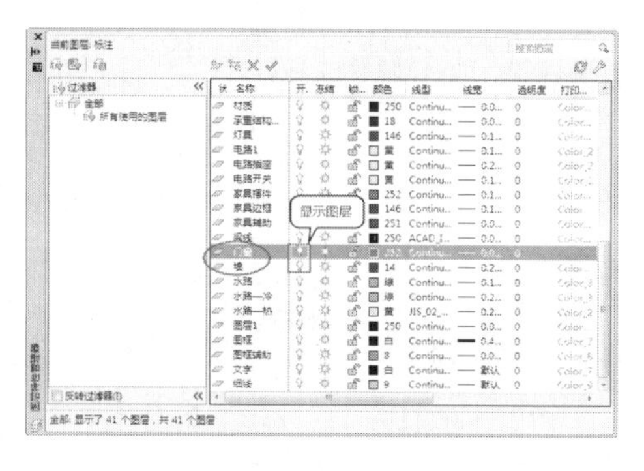

图 2-106

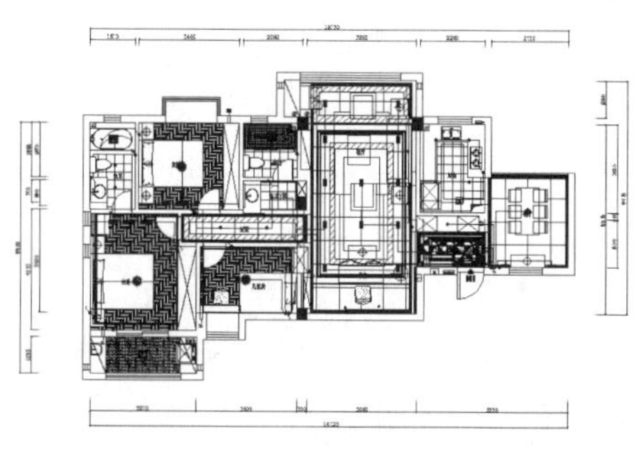

图 2-107

📖 要点提示——图层选择技巧

在控制图层隐藏/显示以及接下来要介绍的冻结/解冻与过滤/清理操作中，精确快速地选择到目标图层非常重要。此时就需要我们配合好“Ctrl”或“Shift”键进行操作，具体的技巧如下。

按住“Ctrl”键可以任意进行图层的单个加选（每次单击只增加一个图层），选择效果如图 2-108 所示。

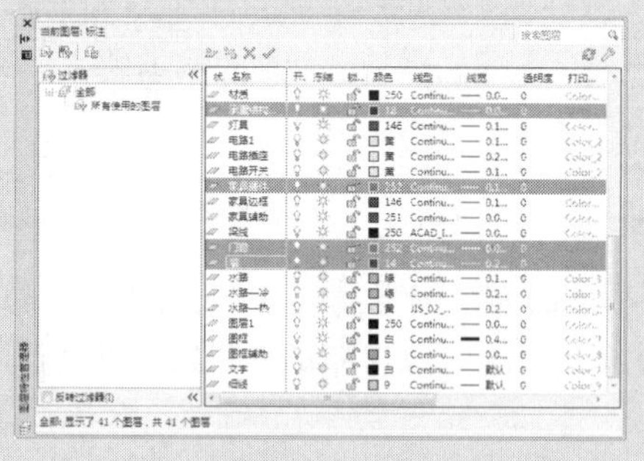

图 2-108

按住“Shift”键可以一次性加选多个连续图层，选择效果如图 2-109 所示。要注意的是，如果要综合使用“Ctrl”或“Shift”进行完成如图 2-110 所示的多选，首先应该按住“Shift”选择好连续的目标图层，然后再按住“Ctrl”加选其他图层。

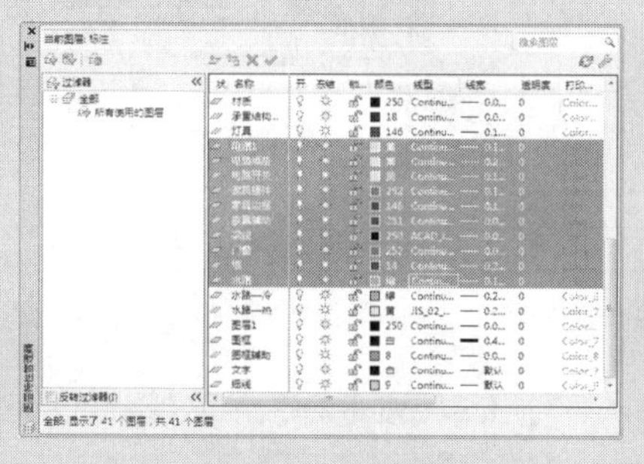

图 2-109

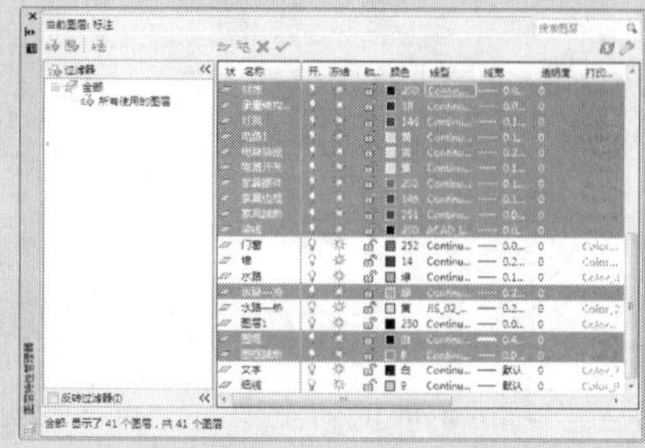

图 2-110

此外还通过“反选”操作完成多个图层的一次性选择，操作如图 2-111 和图 2-112 所示。

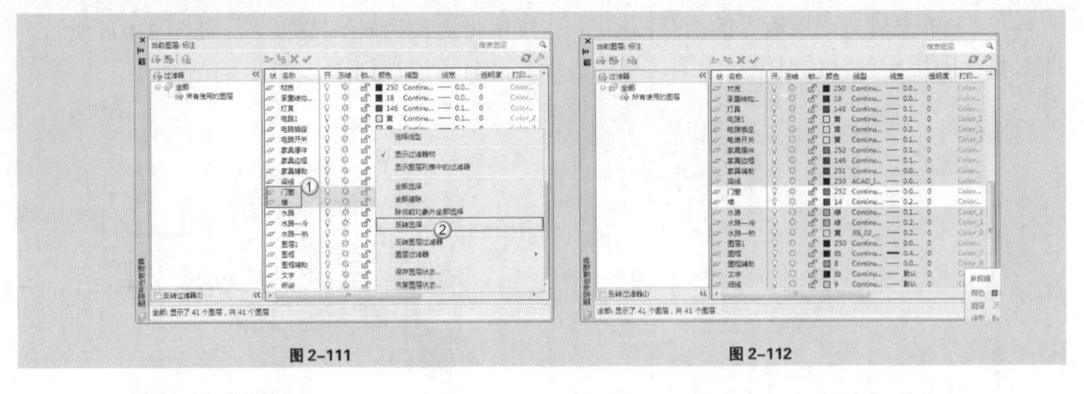

图 2-111　　图 2-112

➢　冻结/解冻图层

（1）单击目标图层后方的冻结按钮，按钮将更换为冻结按钮，如图 2-113 所示。此时目标图层中包含的对象在绘图区域内隐藏，并且无法被打印、消隐、渲染或重生成，如图 2-114 所示。

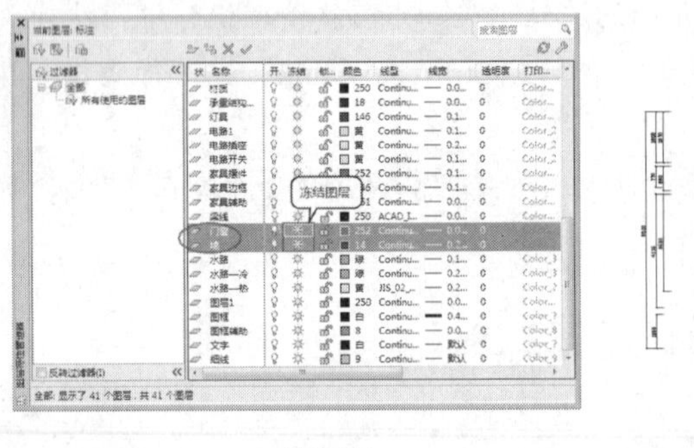

图 2-113　　图 2-114

（2）单击目标图层后方的冻结按钮，按钮将更换为隐藏按钮，如图 2-115 所示。此时目标图层中包含的对象在绘图区域内显示，并且可以被打印、消隐、渲染或重生成，如图 2-116 所示。

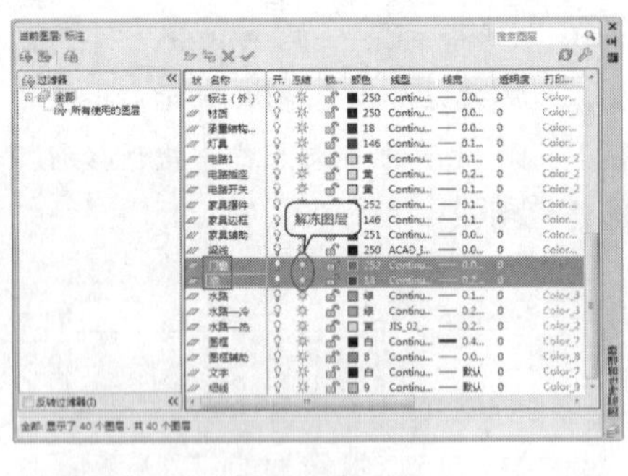

图 2-115

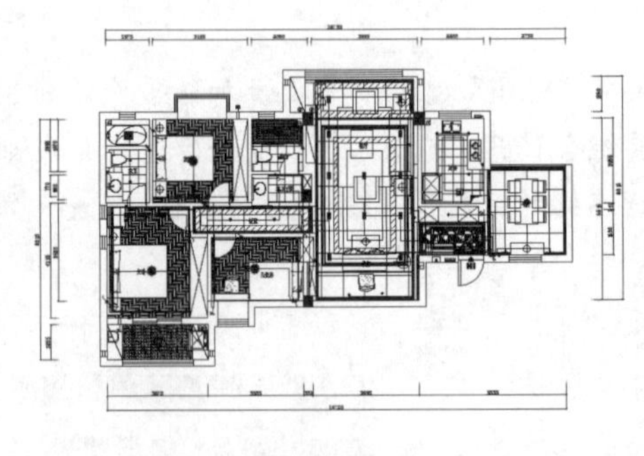

图 2-116

要点提示——图层冻结与隐藏的区别

图层冻结与隐藏的区别在于，隐藏功能可以针对当前图层进行，但冻结功能对当前图无效。

➢　过滤图层

当图纸内图层数量很多时，为了方便图层的寻找、查看，此时可以使用“过滤”功能。根据图层的一个或多个特性创建图层过滤器，以“颜色”为特性过滤，具体操作方法如下。

（1）单击“图层特性管理器”右上角的“新建组过滤器”按钮 弹出“图层过滤特性”面板，如图 2-117 所示，然后双击“颜色”名称下方空白处选择颜色为黄色，如图 2-118 所示。

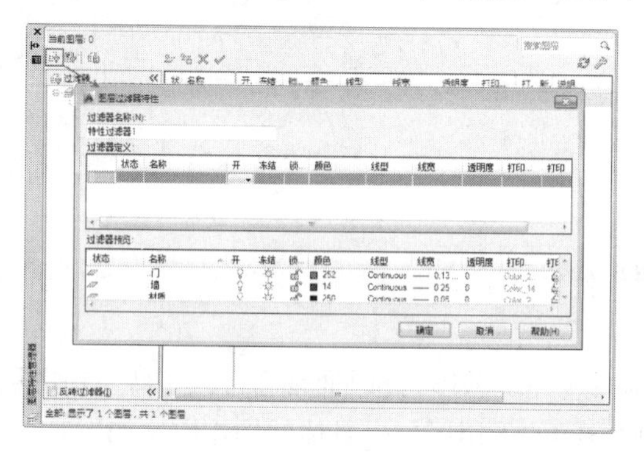

图 2-117

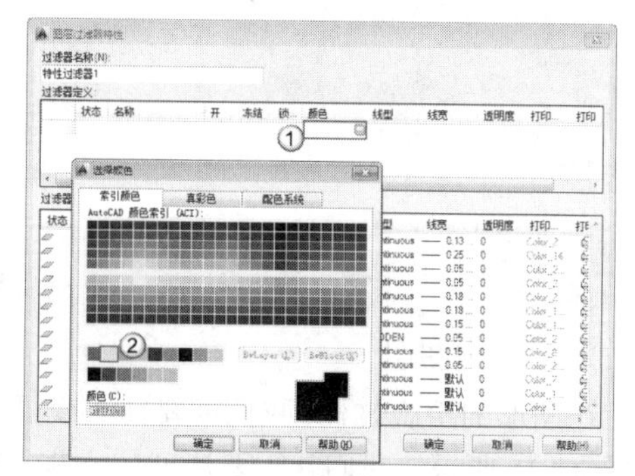

图 2-118

📖 要点提示——图层过滤特性其他特性使用

在弹出的“图层过滤特性”面板还可以根据图层的“状态”、“名称”、“冻结”、“锁定”以及常用的“颜色”、“线型”、“线宽”等特性为条件，创建过滤对象。

（2）确定颜色过滤为“黄色”后在“图层过滤特性”下方将显示符合过滤条件的图层，如图 2-119 所示。确定完成后该“特性过滤器”的左侧只会显示符合这一条件的图层，可以快速地选择、查看或调整目标图层相关特性，如图 2-120 所示。

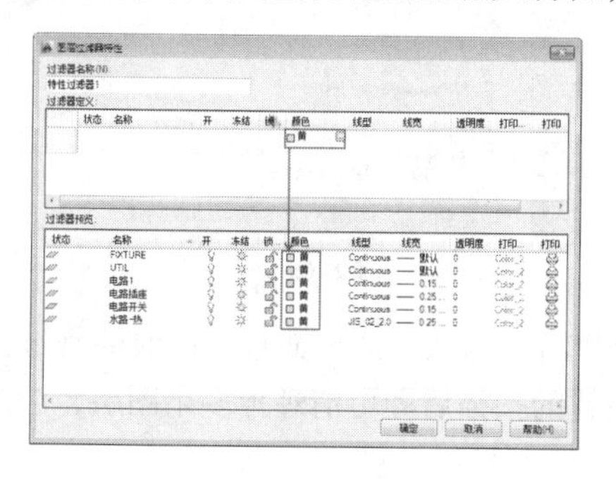

图 2-119

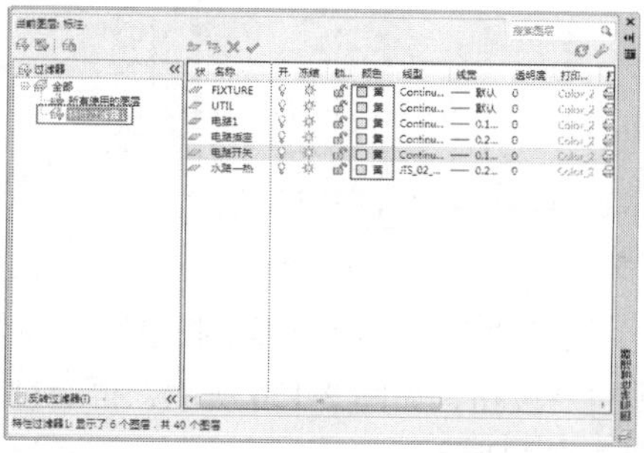

图 2-120

📖 要点提示——手动归类图层至图层特性过滤器

在上面的内容中我们是通过图层“特性”自动地将图层归类至“图层特性”组。如果我们需要手动归类一些特性不统一但用途类似的图层，可以首先按如图 2-121 所示单击“新建图层特性过滤器组”按钮 并命好名，然后选择目标图层直接拖动放置至“组过滤器”内，如图 2-122 和图 2-123 所示。

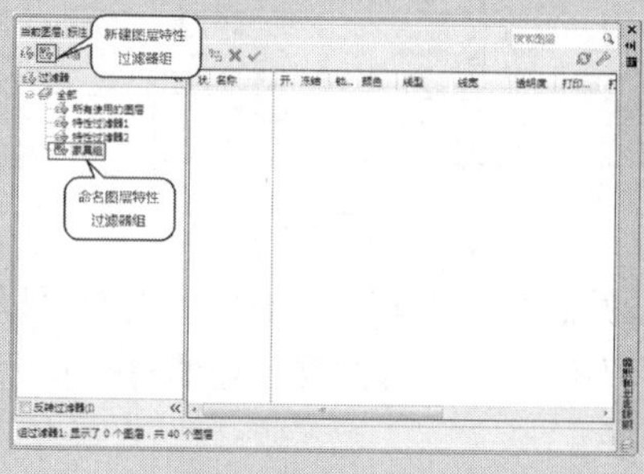

图 2-121

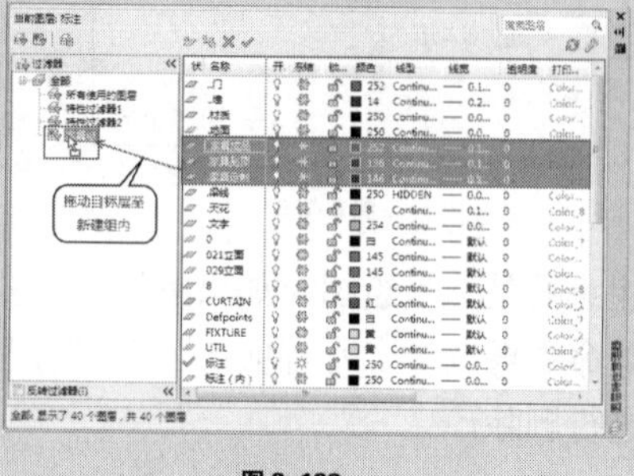

图 2-122

图 2-123

➢ 清理图层

在图形的绘制过程，我们需要插入或复制一些外块图形，此时通常会带入一些空白图层，如图 2-124 所示。我们就需要清理掉这些占用空间的无用图层，具体的操作方法如下。

（1）输入 Purge(清理)命令，经过短暂的图形扫描后将弹出“清理”面板，此时选择“图层”然后单击“清理”按钮，如图 2-125 所示。

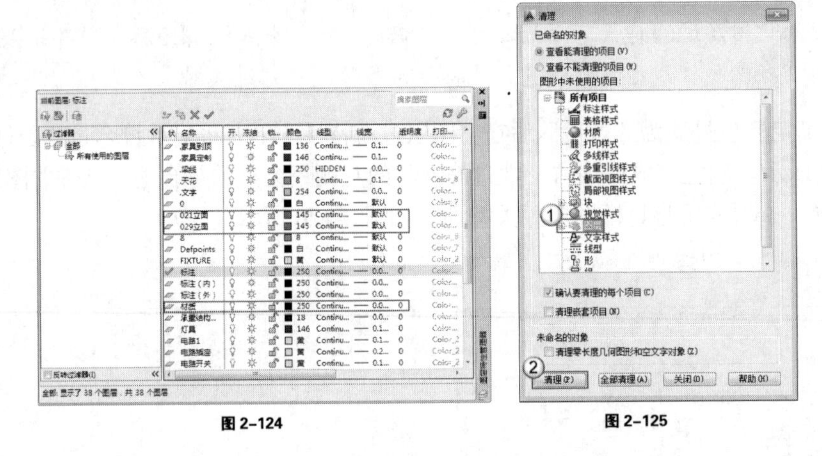

图 2-124　　图 2-125

（2）执行“清理”后会再次扫描图形并会弹出“确认”清理面板，此时通常选择“清理所有项目”按钮，如图 2-126 所示，再经过短暂的扫描后即可清理掉多余图层，清理完成效果如图 2-127 所示。

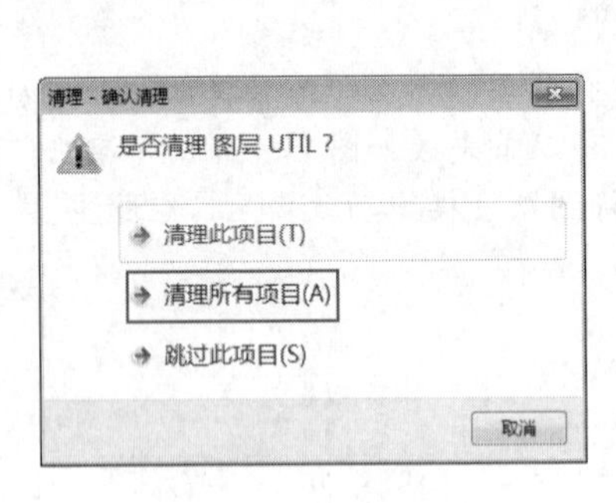

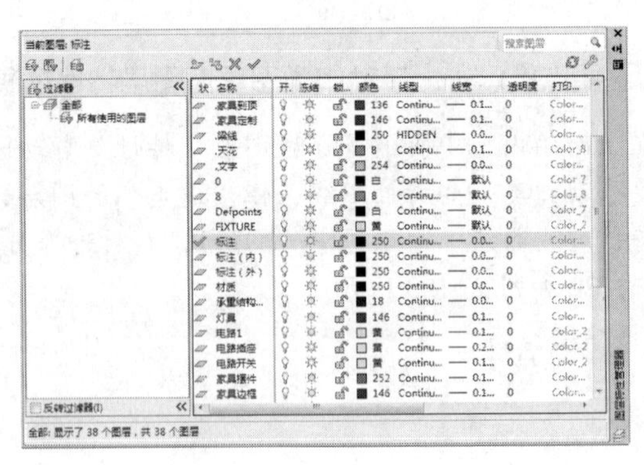

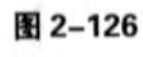
图 2-126　　图 2-127

要注意的是，当绘图时如果图形过于复杂并感觉到电脑变得迟钝，此时可以执行 Purge（清理）命令再选择“所有项目”进行清理，不但可以清理图层，还能对一些标注样式、图块碎片进行删除。

2.2.2 设置 AutoCAD 的文字

1.了解 AutoCAD 的文字及功能

在使用 AutoCAD 绘制室内设计施工图时，文字（数字、字母以及汉字）主要用于单独补充说明设计细节、标示图纸名称以及表格内容填写等，如图 2-128~图 2-130 所示。

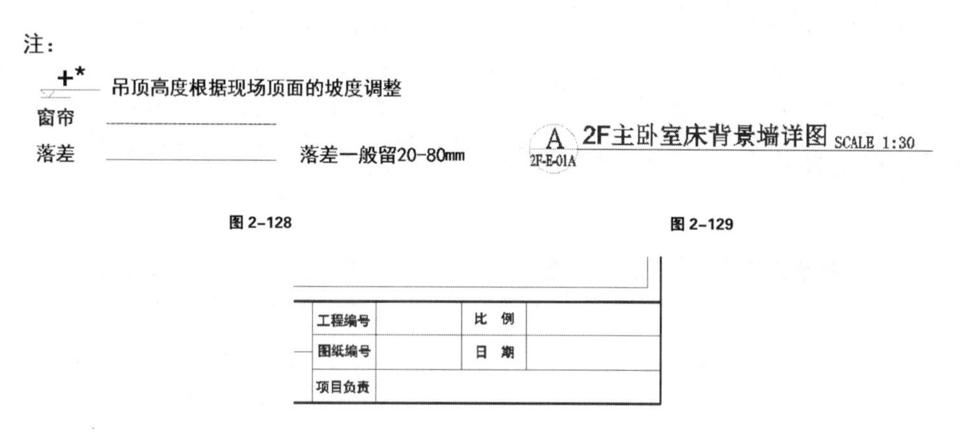

图 2-128

图 2-129

图 2-130

此外，文字也是构成标注与多重引线标注的一部分，如图 2-131 和图 2-132 所示。接下来首先将学习文字的创建与编辑方法。

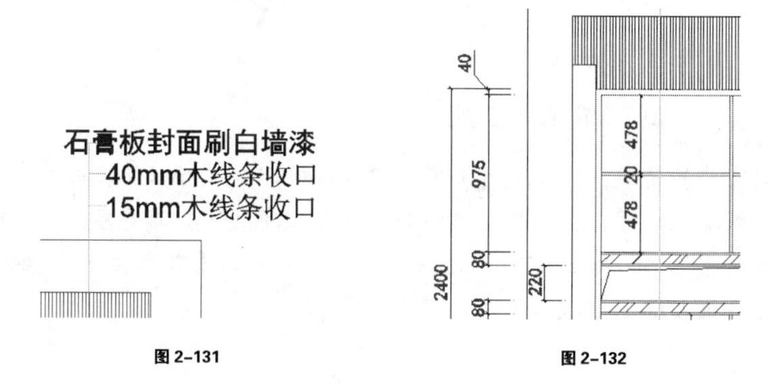

图 2-131

图 2-132

2.创建单行文字

单行文字，顾名思义就是一行文字，每行文字都是独立的对象。在 AutoCAD 中，执行 Text（单行文字）或 Dtext（单行文字）命令可以创建单行文字。

命令执行方法如下。

- 执行“绘图>文字>单行文字”菜单命令。
- 单击“文字”工具栏中的“单行文字”按钮 AI。
- 在命令行输入 Text 或 Dtext（简写为 Dt）并回车。

命令子选项

执行 Text（单行文字）或 Dtext（单行文字）命令将出现如下提示：

```
命令: text↙
当前文字样式: “Standard”  文字高度: 2.5000  注释性: 否
指定文字的起点或 [对正(J)/样式(S)]:
```

➢ 文字的起点：指定文字的输入位置，指定位置的同时需要指定文字高度和旋转角度，如图 2-133~图 2-136 所示，相关命令提示如下：

命令: text↙

当前文字样式: "Standard" 文字高度: 2.5000 注释性: 否

指定文字的起点或 [对正(J)/样式(S)]: //在绘图区域拾取一点

指定高度 <2.5000>: 5↙ //设置文字的大小

指定文字的旋转角度 <0>: 45 ↙ //设置文字的旋转角度，完成设置后在指定位置处会出现一个带光标的矩形框，在其中输入相关文字（如 AutoCAD）即可。完成文字的输入后，按快捷键 Ctrl+Enter 或在空行处按回车键就可以结束文字的输入。

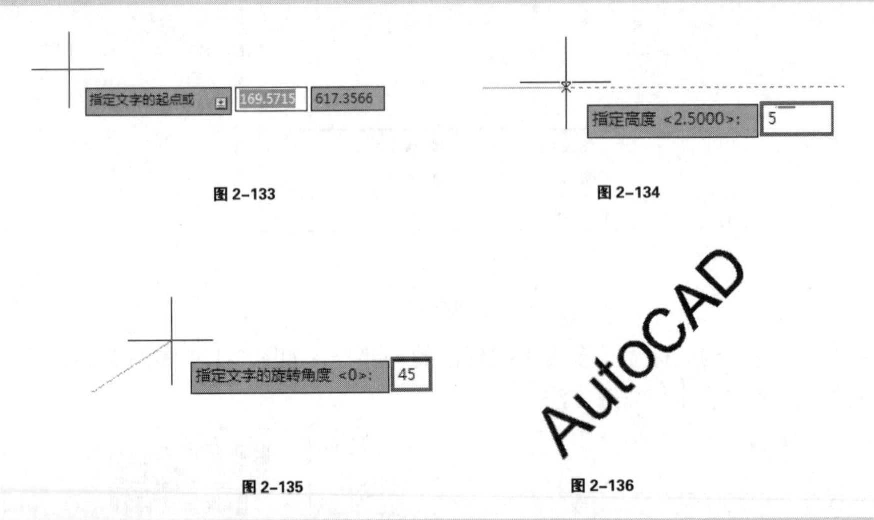

图 2-133 图 2-134

图 2-135 图 2-136

要点提示——单行文字的连续创建

在输入单行文字的时候，完成一行文字的输入，按回车键可以使用相同字高、角度等特征在下一行内继续输入文字，但是新的文字与上一行文字没有任何关系，它是一个独立存在的、新的"单行文字"，如图 2−137~图 2−139 所示；而如果要在新位置继续输入单行文字，则需要通过鼠标左键在绘图区域目标进行单击位置 。

图 2−137 图 2−138 图 2−139

➢ 对正：控制文字的对齐方式，相关命令提示如下：

命令: text↙

当前文字样式: "Standard" 文字高度: 5.0000 注释性: 否

指定文字的起点或 [对正(J)/样式(S)]: j↙

输入选项 [对齐(A)/布满(F)/居中(C)/中间(M)/右对齐(R)/左上(TL)/中上(TC)/右上(TR)/左中(ML)/正中(MC)/右中(MR)/左下(BL)/中下(BC)/右下(BR)]:

● 对齐：通过指定基线端点来指定文字的高度和方向，文字的大小根据高度按比例调整，输入的文字越多，文字越矮，如图 2-140~图 2-142 所示，相关命令提示如下：

命令: text↙

当前文字样式: "Standard" 文字高度: 5.0000 注释性: 否

指定文字的起点或 [对正(J)/样式(S)]: j↙

输入选项 [对齐(A)/布满(F)/居中(C)/中间(M)/右对齐(R)/左上(TL)/中上(TC)/右上(TR)/左中(ML)/正中(MC)/右中(MR)/左下(BL)/中下(BC)/右下(BR)]:a↙

指定文字基线的第一个端点: //任意拾取一点

指定文字基线的第二个端点: //任意拾取一点

确定完第二个基点后输入文字即可，此时随着输入文字的增多，字体会自动调整变小以能在指定的长度内显示所有输入的文字。

图 2-140 图 2-141 图 2-142

● 布满：指定两个端点来定义文字的方向，再通过输入数值来指定文字的高度，所输入的文字将布满这个区域（只适用于水平方向的文字），如图 2-143~图 2-145 所示，相关命令提示如下：

命令: text↙

当前文字样式: "Standard" 文字高度: 5.0000 注释性: 否

指定文字的起点或 [对正(J)/样式(S)]: j↙

输入选项 [对齐(A)/布满(F)/居中(C)/中间(M)/右对齐(R)/左上(TL)/中上(TC)/右上(TR)/左中(ML)/正中(MC)/右中(MR)/左下(BL)/中下(BC)/右下(BR)]:f↙

指定文字基线的第一个端点: //任意拾取一点

指定文字基线的第二个端点: //任意拾取一点

指定高度 <5.0000>:↙

图 2-143 图 2-144 图 2-145

● 居中：通过指定中心点对齐文字，即指定中心点后再设置文字高度、角度，输入的文字均将以中心点为对称点向两边展开，如图 2-146~图 2-149 所示，相关命令提示如下：

命令: text↙

当前文字样式: "Standard" 文字高度: 5.0000 注释性: 否

指定文字的起点或 [对正(J)/样式(S)]: j↙

输入选项 [对齐(A)/布满(F)/居中(C)/中间(M)/右对齐(R)/左上(TL)/中上(TC)/右上

(TR)/左中(ML)/正中(MC)/右中(MR)/左下(BL)/中下(BC)/右下(BR)]: c↙
指定文字的中心点: //任意拾取一点
指定高度 <5.0000>:↙
指定文字的旋转角度 <45>:0↙

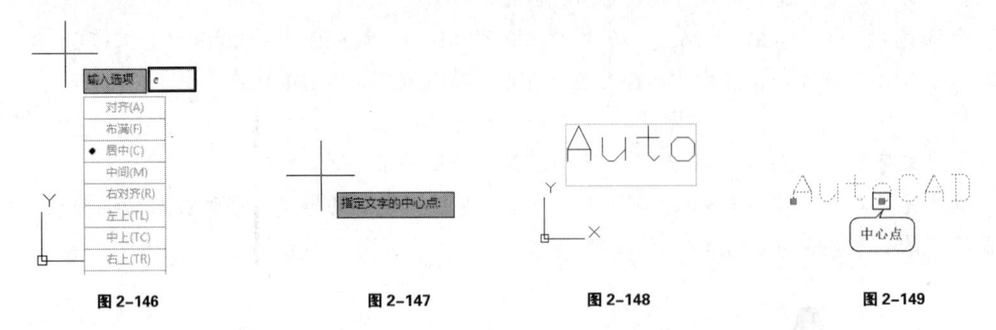

图 2-146 图 2-147 图 2-148 图 2-149

- 中间：通过指定文字的中间点对齐文字，即指定中间点后再设置文字高度、角度，输入的文字均将以中间点为中心对称点向两边展开，如图 2-150~图 2-153 所示。

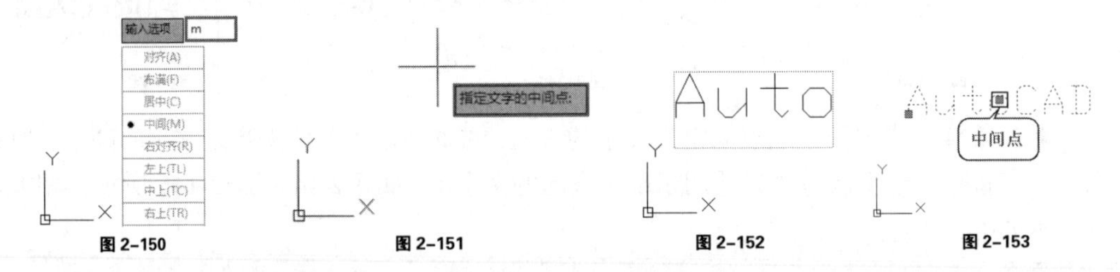

图 2-150 图 2-151 图 2-152 图 2-153

- 右对齐：通过指定文字基线的右端点对齐文字，从右往左输入文字。
- 左上：通过指定文字的左上点对齐文字，这种对齐方式只适用于水平方向的文字。
- 中上：通过指定文字的中上点对齐文字，只适用于水平方向的文字。
- 右上：通过指定文字的右上点对齐文字，只适用于水平方向的文字。
- 左中：通过指定文字的左中点对齐文字，只适用于水平方向的文字。
- 正中：通过指定文字的中间点对齐文字，只适用于水平方向的文字。
- 右中：通过指定文字的右中点对齐文字，只适用于水平方向的文字。
- 左下：通过指定文字的左下点对齐文字，只适用于水平方向的文字。
- 中下：通过指定文字的中下点对齐文字，只适用于水平方向的文字。
- 右下：通过指定文字的右下点对齐文字，只适用于水平方向的文字。

➢ 样式：用于指定文字所使用的样式，相关命令提示如下：

命令: text↙
当前文字样式: Standard 文字高度: 5.0000 注释性: 否
指定文字的起点或 [对正(J)/样式(S)]: s↙
输入样式名或 [?] <Standard>: //输入需要使用的样式名称并回车确认

3.创建多行文字

采用单行文字输入方法虽然也可以输入多行文字，但是每行文字都是独立的对象，无法进行整体编辑和修改。因此，AutoCAD 为用户提供了多行文字输入功能，使用 Mtext（多行文字）命令可以创建多行文字。

命令执行方法如下。

- 执行“绘图>文字>多行文字”菜单命令。
- 单击“绘图”工具栏中的“多行文字”按钮 A。
- 单击“文字”工具栏中的“多行文字”按钮 A。
- 在命令行输入 Mtext（简写为 T 或 Mt）并回车。

命令子选项

执行 Mtext（多行文字）命令后，系统会提示用户指定一个矩形框来确定文本输入区域，如图 2-154~图 2-156 所示，相关命令提示如下：

命令: mtext↙
当前文字样式: “Standard” 文字高度: 5 注释性: 否
指定第一角点: //指定矩形框的左下角点
指定对角点或 [高度(H)/对正(J)/行距(L)/旋转(R)/样式(S)/宽度(W)/栏(C)]:

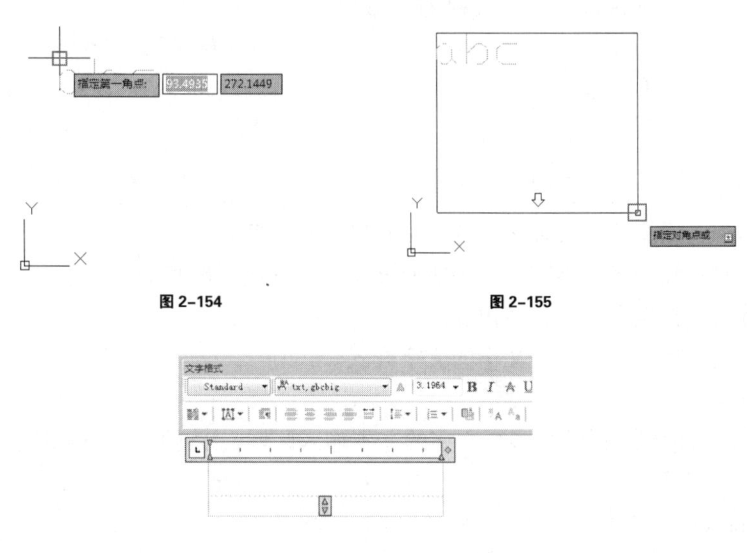

图 2-154　　图 2-155

图 2-156

- 高度：指定文字高度。
- 对正：指定文字的对齐方式，共有“左上”、“中上”、“右上”、“左中”、“正中”、“右中”、“左下”、“中下”、“右下”9 种方式，常用的对齐方式与效果如图 2-157 所示。

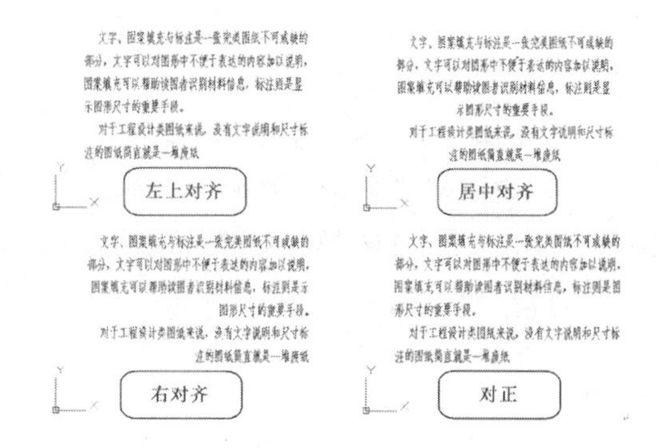

图 2-157

➢ 行距：指定一行文字底部与下一行文字底部之间的垂直距离，不同行距的对比效果如图 2-158 与图 2-159 所示，相关命令提示如下：

```
命令: mtext↙
当前文字样式:"Standard"文字高度: 5 注释性: 否
指定第一角点:            //指定矩形框的左下角点
指定对角点或 [高度(H)/对正(J)/行距(L)/旋转(R)/样式(S)/宽度(W)/栏(C)]:l↙
输入行距类型 [至少(A)/精确(E)] <至少(A)>: a↙
输入行距比例或行距 <1x>:
```

文字、图案填充与标注是一张完美图纸不可或缺的部分，文字可以对图形中不便于表达的内容加以说明，图案填充可以帮助读图者识别材料信息，标注则是图形尺寸的重要手段。

对于工程设计类图纸来说，没有文字说明和尺寸标注的图纸简直就是一堆废纸。

图 2-158

文字、图案填充与标注是一张完美图纸不可或缺的部分，文字可以对图形中不便于表达的内容加以说明，图案填充可以帮助读图者识别材料信息，标注则是图形尺寸的重要手段。

对于工程设计类图纸来说，没有文字说明和尺寸标注的图纸简直就是一堆废纸。

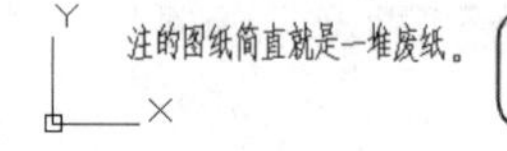

图 2-159

- 至少：根据行中最大字符的高度自动调整文字行。
- 精确：强制多行文字对象中所有文字行之间的行距相等。

➢ 旋转：指定文字的旋转角度。

➢ 样式：指定用于多行文字的文字样式。

➢ 宽度：指定文字的宽度。

➢ 栏：所谓栏，指的是多行文字的文本输入区域，该选项定义栏的类型，相关命令提示如下：

```
命令: mtext↙
当前文字样式:"Standard"文字高度: 5 注释性: 否
指定第一角点:            //指定矩形框的左下角点
指定对角点或 [高度(H)/对正(J)/行距(L)/旋转(R)/样式(S)/宽度(W)/栏(C)]: c↙
输入栏类型 [动态(D)/静态(S)/不分栏(N)] <动态(D)>:
```

- 动态：通过指定栏的宽高和间距精确定义文本输入区域的大小，如图 2-160~图 2-165 所示，相关命令提示如下：

```
命令: mtext↙
当前文字样式:"Standard" 文字高度: 5 注释性: 否
指定第一角点:            //指定矩形框的左下角点
指定对角点或 [高度(H)/对正(J)/行距(L)/旋转(R)/样式(S)/宽度(W)/栏(C)]: c↙
输入栏类型 [动态(D)/静态(S)/不分栏(N)] <动态(D)>:d↙
指定栏宽: <150>:100↙
指定栏间距宽度: <25>:20↙
指定栏高: <50>:15↙                       //指定完成后输入文字完成最终效果
```

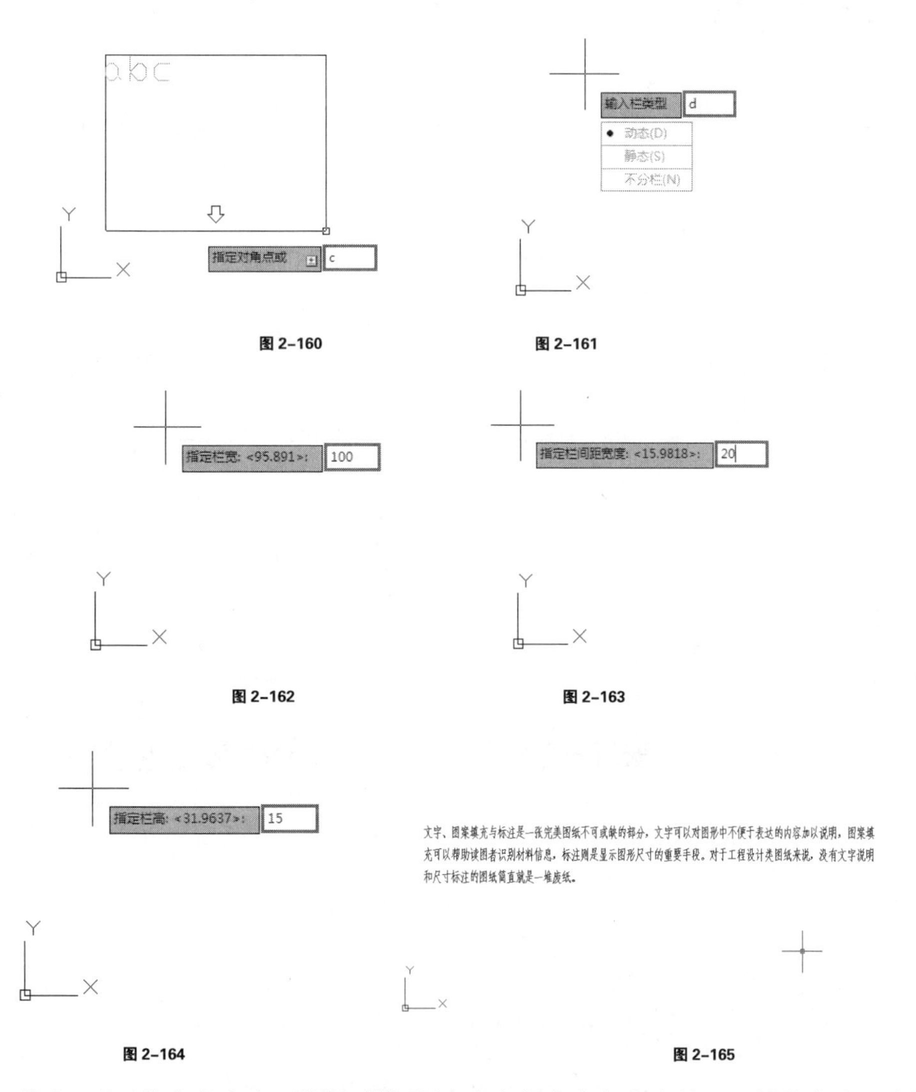

图 2-160　图 2-161

图 2-162　图 2-163

图 2-164　图 2-165

● 静态：通过指定总宽度、栏数、栏间距宽度和栏高定义文本输入区域的大小和个数，如图 2-166~图 2-172 所示，相关命令提示如下：

```
命令: mtext↙
当前文字样式: “Standard” 文字高度: 5 注释性: 否
指定第一角点:          //指定矩形框的左下角点
指定对角点或 [高度(H)/对正(J)/行距(L)/旋转(R)/样式(S)/宽度(W)/栏(C)]: c↙
输入栏类型 [动态(D)/静态(S)/不分栏(N)] <动态(D)>: s↙
指定总宽度: <400>:300↙
指定栏数: <2>: 4↙
指定栏间距宽度: <25>:20↙
指定栏高: <50>:30↙
```

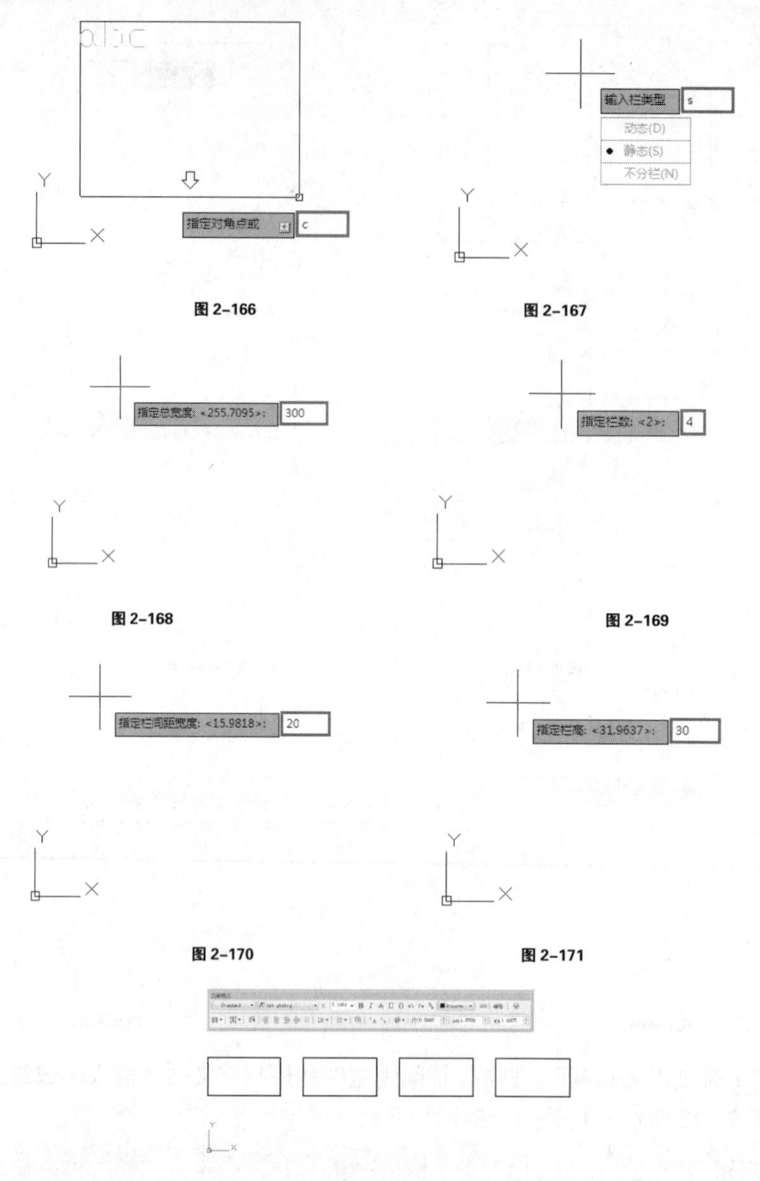

图 2-166　　图 2-167

图 2-168　　图 2-169

图 2-170　　图 2-171

图 2-172

● 不分栏：将不分栏模式设置给当前多行文字对象。

确定文本输入区域后，系统将打开“文字格式”编辑器，如图 2-173 和图 2-174 所示。无论前面是否精确设置了文本区域的输入范围，打开“文字格式”编辑器后，都可以手动调整其大小，如图 2-175 所示。

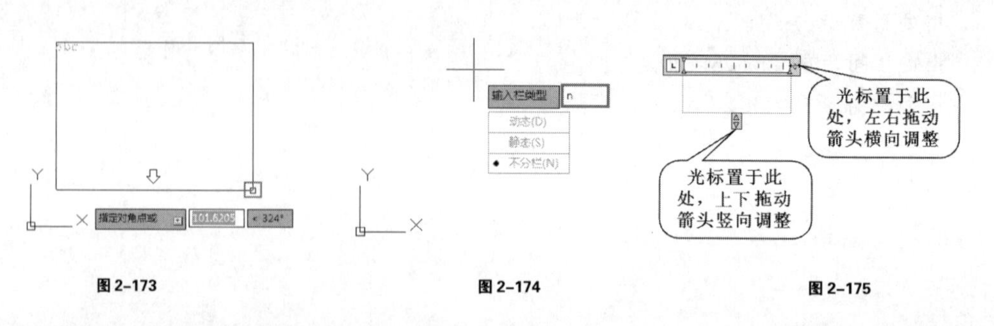

图 2-173　　图 2-174　　图 2-175

📖 要点提示——文字格式编辑器的其他功能

在“文字格式”编辑器中同样可以设置文字的样式、字体、高度、对正方式等，同时还可以对文字进行加粗、倾斜等操作。由于操作方法都比较简单，这里就不再详细介绍。完成文字的输入后，单击“确定”按钮即可退出“文字格式”编辑器。

4.编辑文字

对于已经存在的文字对象，用户可以使用多种方法对其进行编辑。

第 1 种：双击文字对象打开“文字格式”编辑器进行修改。

第 2 种：执行 Ddedit（编辑文字）命令，然后根据命令提示选择需要编辑的对象以打开“文字格式”编辑器进行修改，相关命令提示如下：

```
命令: DDEDIT
选择注释对象或 [放弃(U)]:        //选择需要编辑的文字对象
```

第 3 种：通过“特性”面板编辑文字，例如通过“特性”面板中将原本水平放置的文字设置为 45º 旋转，效果如图 2-176~图 2-178 所示。

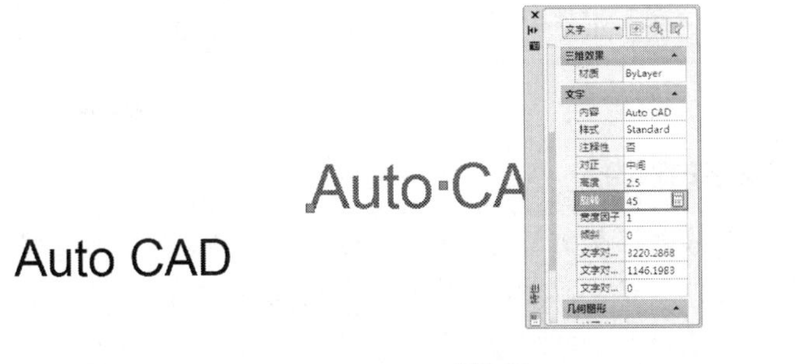

Auto CAD

图 2-176　　图 2-177　　图 2-178

📖 要点提示——单行文字与多行文字特性面板的区别

单行文字和多行文字的属性在“特性”面板中的区别，如图 2-179 所示。

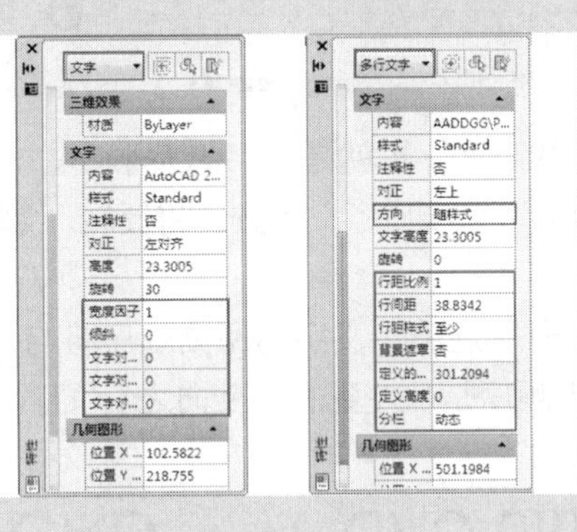

图 2-179

5.文字样式

无论是单行文字还是多行文字，都是以“文字样式”为文字的标准，输入完成的文字通过文字样式的调整可以快速调整字体、字高以及颜色等特征。而在室内设计施工图中为了方便辨认各种不同的数据，需要设置不同的文字样式进行控制，是文字输入都要参照的准则。通过文字样式可以设置文字的字体、字号、倾斜角度、方向以及其他一些特性。

命令执行方法如下。

➢ 执行“格式>文字样式”菜单命令。

➢ 单击“样式”工具栏中的“文字样式”按钮 。

➢ 在命令行输入 Style（简写为 St）并回车。

执行 Style（文字样式）命令将打开“文字样式”对话框，如图 2-180 所示。AutoCAD 为用户提供了一个标准（Standard）文字样式，将下来我们首先利用其了解一下“文字样式”中各参数的功能。

➢ 字体名：在下拉列表中可以选择不同的字体，常用的有宋体字、黑体字等，如图 2-181 和图 2-182 所示。

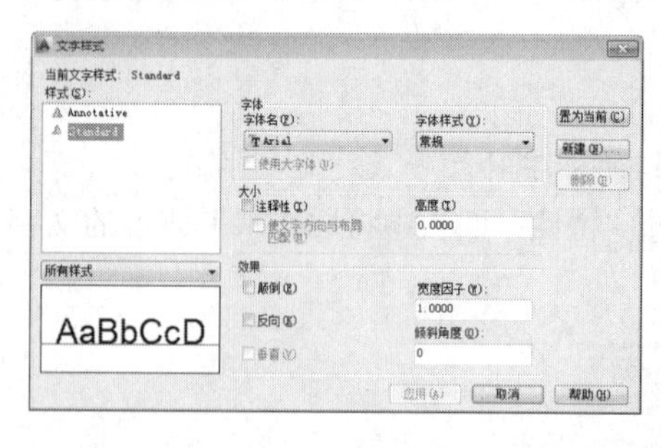

图 2–180

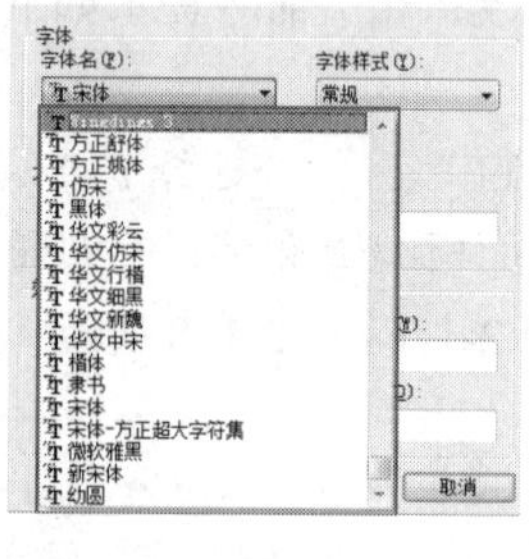

图 2–181

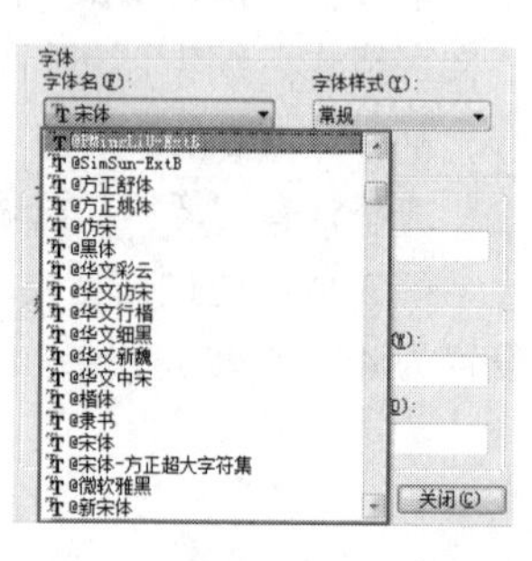

图 2–182

📖 要点提示——带@符号文字的功能

在图 2–182 中，可以发现有的字体名称前面有@符号，这表示此类文字的方向将与正常情况下的文字方向垂直。如图 2–183 所示，前者是正常情况下的文字样式，后者是带@符号的文字样式。

图 2–183

➢ 高度：控制文字的高度，也就是文字的大小。

➢ 颠倒：勾选“颠倒”选项后，文字方向将反转。如图 2-184 所示，这是文字颠倒后的效果。

➢ 反向：勾选“反向”选项，文字的阅读顺序将与开始输入的文字顺序相反。如图 2-185 所示，该文字的输入顺序是从左到右，反向之后文字顺序就变成从右到左。

图 2–184

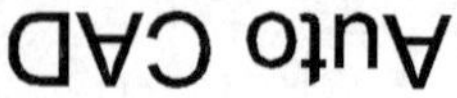

图 2–185

📖 要点提示——颠倒和反向效果的限制性

颠倒和反向效果只对单行文字有效，对于多行文字无效。

➢ 宽度因子：控制文字的宽度。正常情况下的宽度比例为 1，如果增大比例，那么文字将会变宽，缩小比例文字将变窄。如图 2-186 和图 2-187 所示，前者的宽度因子为 1，后者的宽度因子为 0.5。

Auto CAD

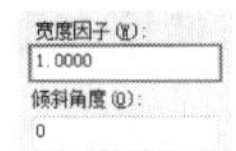

图 2-186

Auto CAD

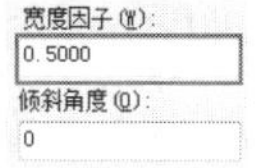

图 2-187

➢ 倾斜角度：控制文字的倾斜角度，用户只能输入 – 85° ~ 85° 的角度值，超过这个区间的角度值将无效，如图 2-188 所示为倾斜 45° 的文字效果。

➢ 置为当前[置为当前(C)]：将选定的文字样式设置为当前使用样式。

➢ 新建[新建(N)...]：用于新建一个文字样式，如图 2-189 所示。单击“新建”按钮然后设置好样式名称，确定后，单击确定再选择字体名为对应“黑体”并单击“应用”按钮即可设置好本书案例中常用的“黑体”字体样式。

Auto CAD

图 2-188

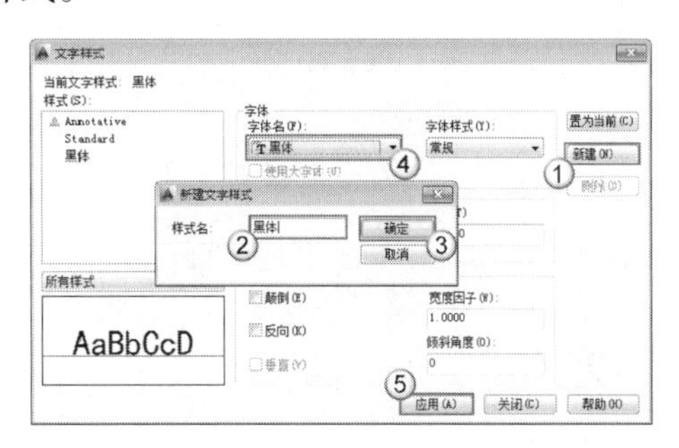

图 2-189

📖 要点提示——文字样式的命名

文字样式名称最长可包含 255 个字符，名称中可包含字母、数字和特殊符号（比如“$”、“_”、“-”等）。如果不指定文字样式名称，系统将自动命名为“样式 *n*”，其中 *n* 表示从 1 开始的数字。

➢ “删除”按钮[删除(D)]：用于删除选定的文字样式，无法删除当前应用的样式和 Standard 文字样式。

➢ “应用”按钮[应用(A)]：对文字样式进行修改后，需要单击该按钮来应用修改，如果没有应用修改就直接退出“文字样式”对话框，将弹出如图 2-190 所示的提示。

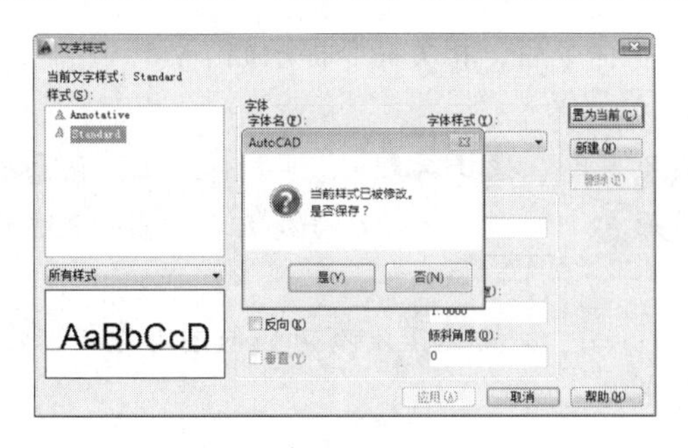

图 2-190

2.2.3 设置 AutoCAD 的标注

1.了解 AutoCAD 的标注及功能

在使用 AutoCAD 绘制室内设计施工图时，标注（主要为线性、角度以及半径标注）主要用于说明空间尺寸（墙体、门窗的高度、长度等），设计细部尺寸、角度大小、半径大小，如图 2-191~图 2-194 所示。此外较为常用的还有使用多重引线标示施工材质以及工艺手段，如图 2-195 所示（多重引线标注将在下一小节中详细讲解）。

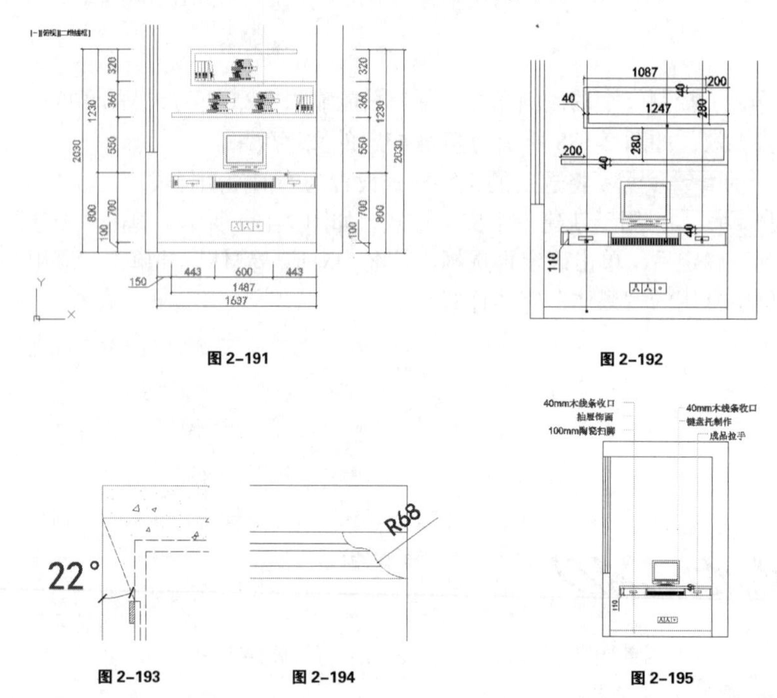

图 2-191　图 2-192

图 2-193　图 2-194　图 2-195

2.创建线性标注

线性标注主要用来标注水平、垂直以及旋转的长度尺寸，执行 Dimlinear（线性）命令可以标注线性尺寸，如图 2-196~图 2-199 所示。

命令执行方法如下。

- 执行“标注>线性”菜单命令。
- 单击“标注”工具栏中的“线性”按钮。
- 在命令行输入 Dimlinear 并回车。

命令子选项

执行 Dimlinear（线性）命令后，相关命令提示如下：

命令: _dimlinear

指定第一个尺寸界线原点或 <选择对象>:　　　　//任意拾取一点

指定第二条尺寸界线原点:　　　　//水平向右在适当位置拾取第二点（也可以在垂直方向拾取第二点）

创建了无关联的标注。　　　　//这里没有对任何图形进行标注，而是直接在绘图区域拾取点进行标注，因此会出现该提示

指定尺寸线位置或

[多行文字(M)/文字(T)/角度(A)/水平(H)/垂直(V)/旋转(R)]:　　　　//在尺寸界限原点

的垂直方向上拾取一点，确定尺寸线的位置

标注文字 ＝1087

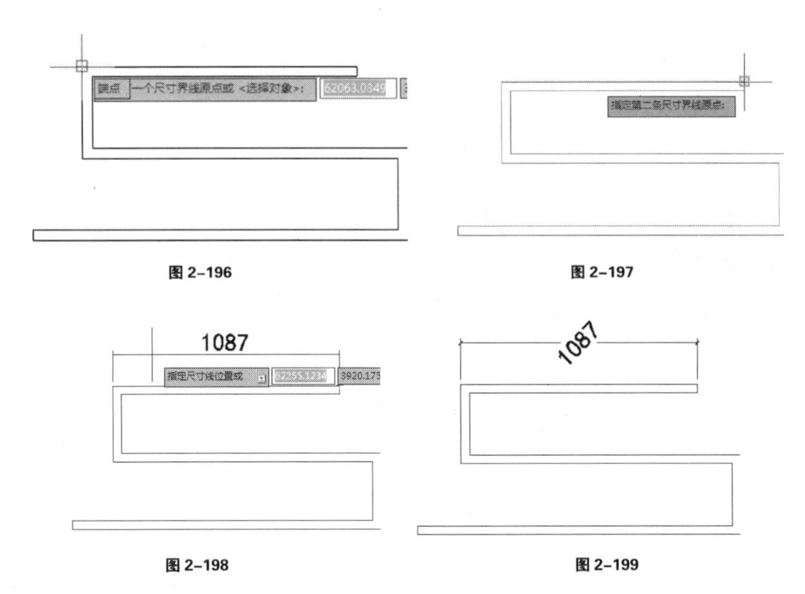

图 2-196　　图 2-197

图 2-198　　图 2-199

➢　多行文字：如果用户不打算使用系统默认的标注文本，而是要对标注文本进行修改，那么可以在命令提示后面输入 M 并按回车键，此时系统将打开“文字格式”编辑器，其中将显示当前尺寸标注的原始测量值。用户可以在“文字格式”编辑器对原始测量值进行修改，或者添加前缀和后缀，修改完毕后单击“确定”按钮即可，如图 2-200 所示，相关命令提示如下：

指定尺寸线位置或[多行文字（M）/文字（T）/角度（A）/水平（H）/垂直（V）/旋转（R）]: m ↙

图 2-200

➢　文字：与“多行文字”选项类似，该选项的功能也可以修改标注文本。在命令提示后面输入 T 并按回车键，系统将提示用户输入新的标注文本。新输入的标注文本将代替原始测量值，相关命令提示如下：

指定尺寸线位置或[多行文字(M)/文字(T)/角度(A)/水平(H)/垂直(V)/旋转(R)]: t↙

输入标注文字 <3.3933>: 任意数值↙　　//输入新的尺寸值替代原数值

➢　角度：指定标注文本的旋转角度，如图 2-201~图 2-203 所示，命令执行过程如下：

指定尺寸线位置或[多行文字(M)/文字(T)/角度(A)/水平(H)/垂直(V)/旋转(R)]: a↙

指定标注文字的角度: 45↙　　//输入文字的旋转角度

　　//指定好尺寸线位置，完成标注

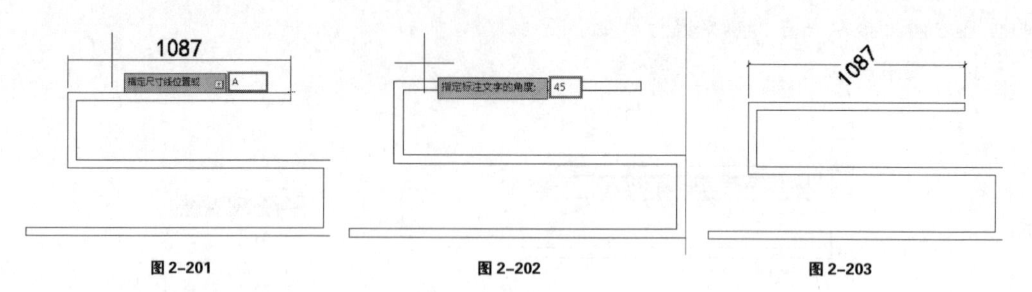

图 2-201　　图 2-202　　图 2-203

- 水平：强制进行水平尺寸标注。
- 垂直：强制进行垂直尺寸标注。
- 旋转：旋转型尺寸标注，操作步骤如图 2-204~图 2-206 所示。

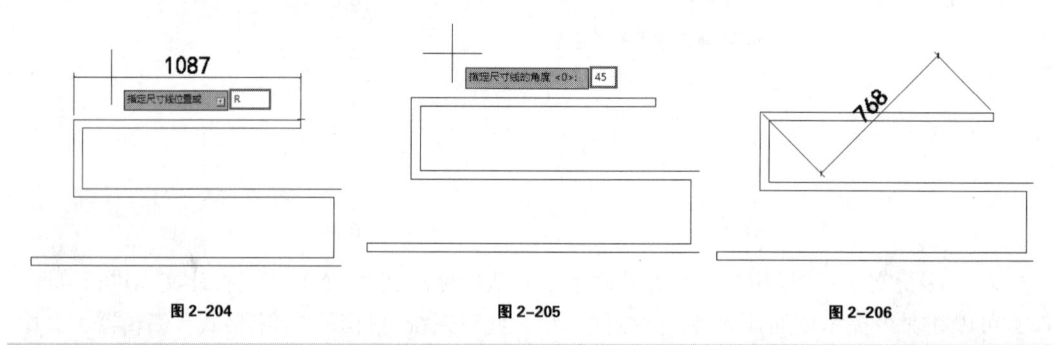

图 2-204　　图 2-205　　图 2-206

要点提示——连续标注的技巧

在室内设计时，通常要连续对墙体、门窗以及内部尺寸细节进行首尾相连的多个标注，如图 2-207 所示，此时可以对应使用 Dimcontinue（连续）命令快速完成该种标注。

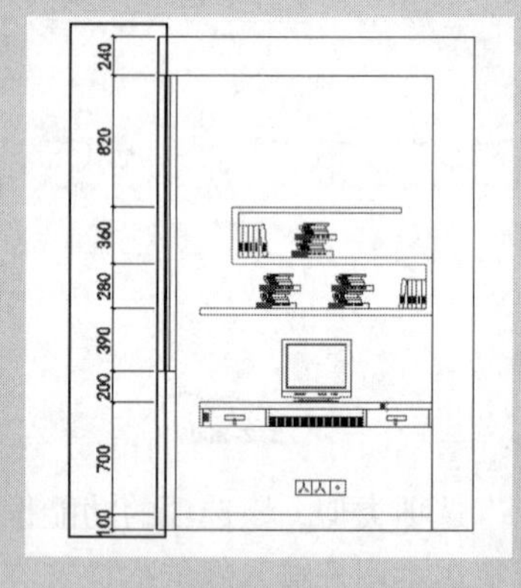

图 2-207

命令执行方法如下。

执行“标注>连续”菜单命令。

单击“标注”工具栏中的“连续”按钮。

在命令行输入 Dimcontinue 并回车。

创建连续标注之前也必须先创建线性（对齐或角度标注）作为参考标注，因此首先创建顶棚厚度标注，如图 2-208 所示。

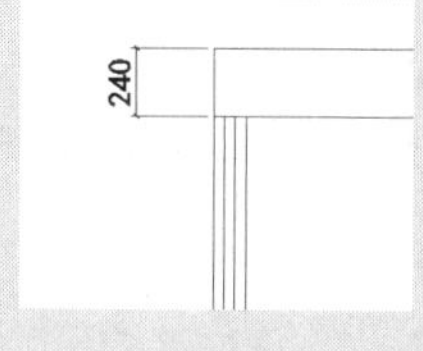

图 2-208

然后执行 Dimcontinue（连续）命令，相关命令提示如下。

命令: _dimcontinue

指定第二条尺寸界线原点或 [放弃(U)/选择(S)] <选择>:　　　　//拾取连续标注的第二点（连续标注的第一点自动拾取上一步完成的线性标注的终点），注意此时为了标注端点在同一垂直线上，在确定好标注的长度后，使用极轴追踪水平向左捕捉上一标注端点的垂直线的交点，如图 2-209~图 2-210 所示。

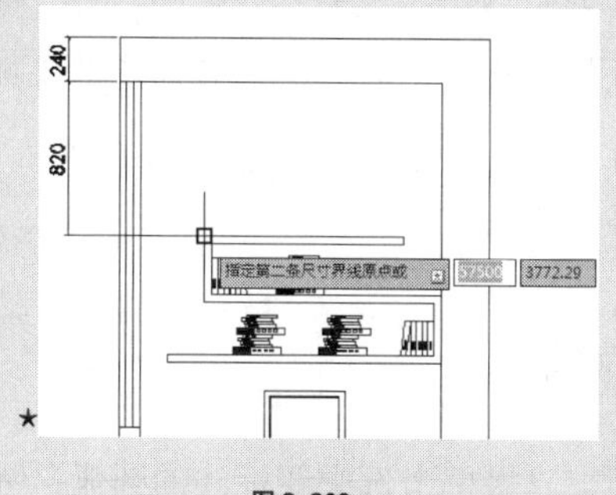

图 2-209

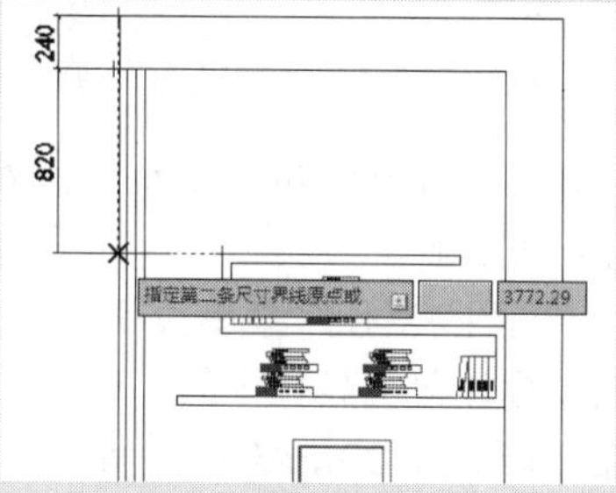

图 2-210

指定第二条尺寸界线原点或 [放弃(U)/选择(S)] <选择>:

标注文字 = 360

指定第二条尺寸界线原点或 [放弃(U)/选择(S)] <选择>:

标注文字 = 280

指定第二条尺寸界线原点或 [放弃(U)/选择(S)] <选择>:

标注文字 = 390

指定第二条尺寸界线原点或 [放弃(U)/选择(S)] <选择>:

标注文字 = 200

指定第二条尺寸界线原点或 [放弃(U)/选择(S)] <选择>:

标注文字 = 700

指定第二条尺寸界线原点或 [放弃(U)/选择(S)] <选择>:

标注文字 = 100

指定第二条尺寸界线原点或 [放弃(U)/选择(S)] <选择>: *取消

//标注完成后效果如图 2-211 所示。

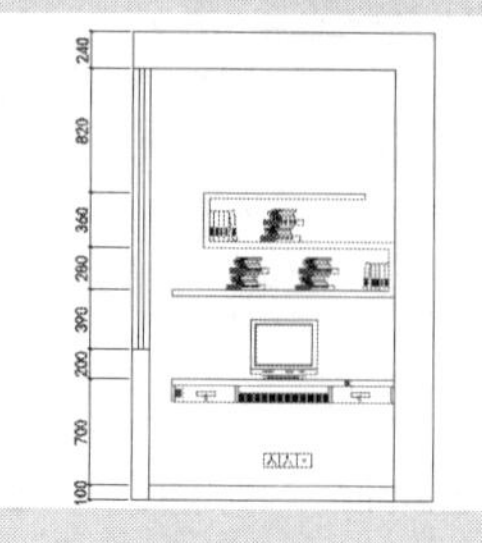

图 2-211

3.创建半径标注

Dimradius（半径）命令用于测量指定圆或圆弧的半径，在半径标注的文本前面将显示半径符号，如图 2-212 所示。

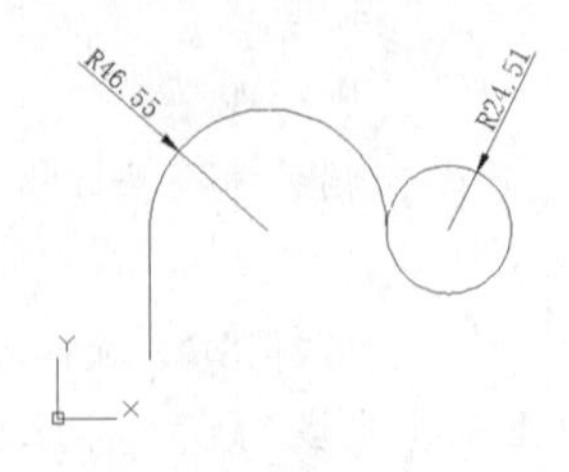

图 2-212

> 📖 **要点提示——半径标注的两种方式**
>
> 半径标注有两种方式，一种是标注在圆或圆弧内部，另一种是标注在圆或圆弧外部。

在 AutoCAD 中，执行 Dimradius（半径）命令可以对圆或圆弧标注半径。

命令执行方法如下。

- 执行“标注>半径”菜单命令。
- 单击“标注”工具栏中的“半径”按钮。
- 在命令行输入 Dimradius 并回车。

半径标注的方法也很简单，执行该命令后，直接单击选中要标注的圆弧，然后指定尺寸线的位置即可，如图 2-213~图 2-216 所示。相关命令提示如下：

命令: _dimradius

选择圆弧或圆: //选择要标注的圆或者圆弧

指定尺寸线位置或 [多行文字(M)/文字(T)/角度(A)]: //确定尺寸线的位置，旋转好标注即可

标注文字 = 928.59

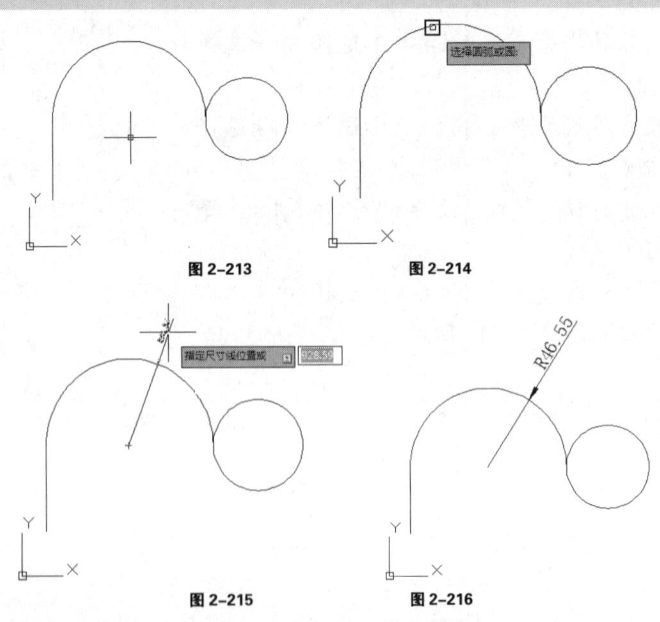

图 2-213 图 2-214

图 2-215 图 2-216

4.创建角度标注

角度标注是指测量两条非平行线之间的角度，使用 Dimangular（角度）命令可以创建角度标注。

命令执行方法如下。

- 执行“标注>角度”菜单命令。
- 单击“标注”工具栏中的“角度”按钮。
- 在命令行输入 Dimangular 并回车。

使用 Dimangular（角度）命令可以标注两条非平行直线之间的角度，也可以标注圆弧的角度，如图 2-217~图 2-219 所示，相关命令提示如下：

```
命令: _dimangular
选择圆弧、圆、直线或 <指定顶点>:                    //选择圆弧
指定标注弧线位置或 [多行文字(M)/文字(T)/角度(A)/象限点(Q)]:           //确定尺寸线的位置
标注文字 = 177
```

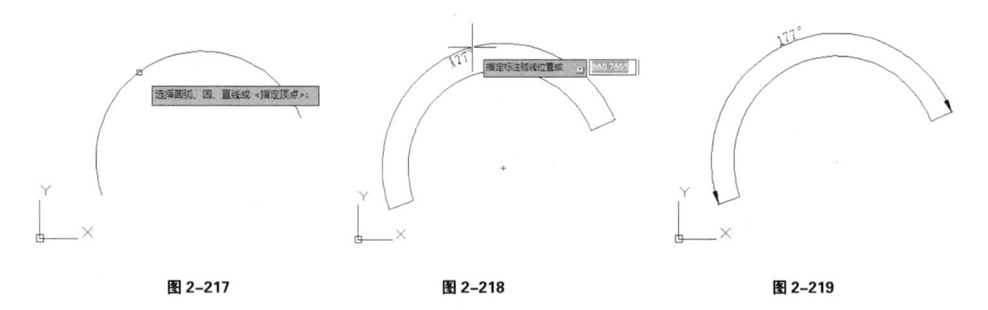

图 2-217　　图 2-218　　图 2-219

5.标注样式

AutoCAD 为用户提供了标注样式设置功能，通过该功能可以控制标注的外观，比如尺寸界线、尺寸箭头、文字等细节，如图 2-220 所示。用户可以创建标注样式，以快速指定标注的格式，并确保标注符合行业或项目标准。

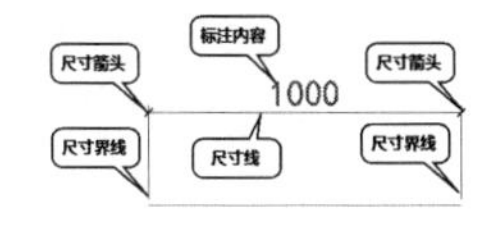

图 2-220

命令执行方法如下。

- 执行“标注>标注样式”菜单命令。
- 单击“样式”工具栏中的“标注样式”按钮。
- 在命令行输入 Dimstyle（简写为 D）并回车。

在进行标注之前，首先要选择一种尺寸标注样式，被选中的标注样式即为当前尺寸标注样式。如果没有选择标注样式，则使用系统默认的标注样式进行尺寸标注。用户可以根据图形的需要创建尺寸标注样式。

执行 Dimstyle（标注样式）命令将打开“标注样式管理器”对话框，如图 2-221 所示。

在“标注样式管理器”对话框中，单击“新建”按钮 新建(N)... 即可开始创建新的标注样

式，此时将打开“创建新标注样式”对话框，如图 2-222 所示。

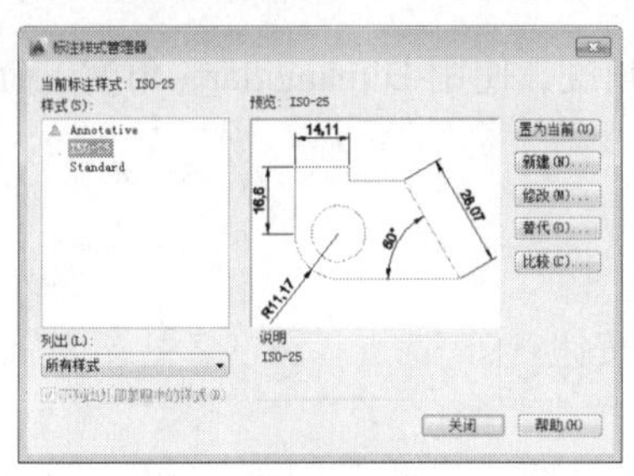

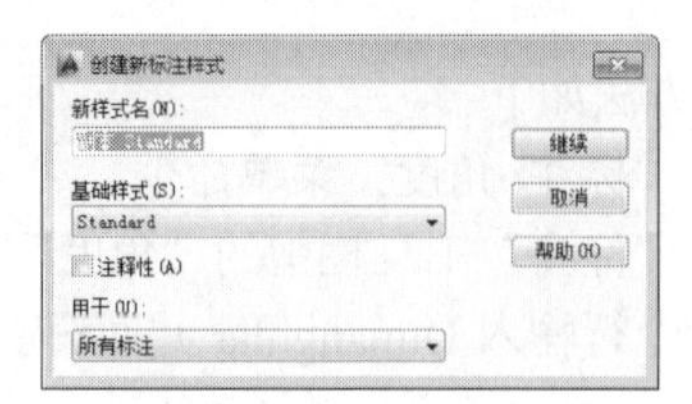

图 2-221　　图 2-222

在“创建新标注样式”对话框中，用户需要对新的样式进行命名，同时要选择一个基础样式作为参照；另外，用户还可以定义新样式的应用范围，如图 2-223 所示。

完成新样式的命名后，单击“继续”按钮 继续 打开“新建标注样式：副本 Standard”对话框，如图 2-224 所示。

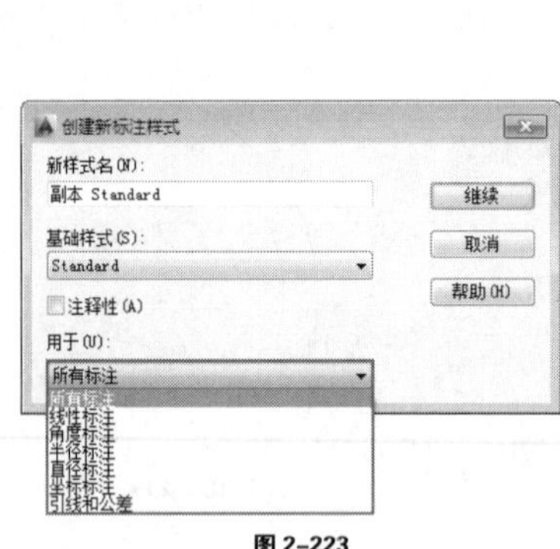

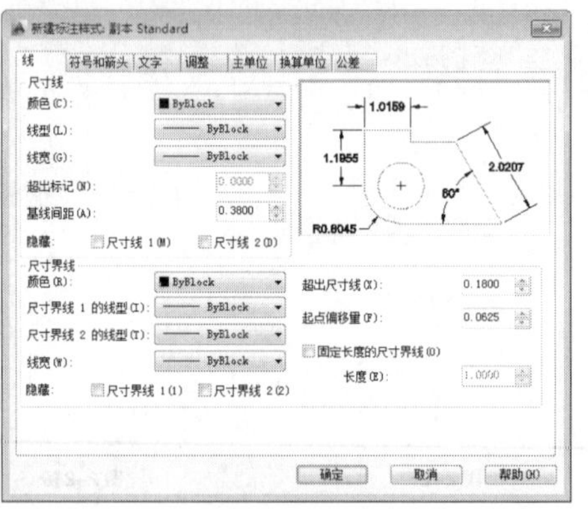

图 2-223　　图 2-224

➢　线

在“线”选项卡中，用户可以设置尺寸线和尺寸界线的颜色、线型和线宽等基本属性。但在实际工作中，尺寸线和尺寸界线的属性通常由尺寸标注所在的图层来决定，没有必要在这里设置。

这里需要重点注意的是“超出尺寸线”和“起点偏移量”两个参数，“超出尺寸线”控制超出尺寸线部分的尺寸界线的长度，如图 2-225 所示。“起点偏移量”控制尺寸标注与图形的距离，如图 2-226 所示。

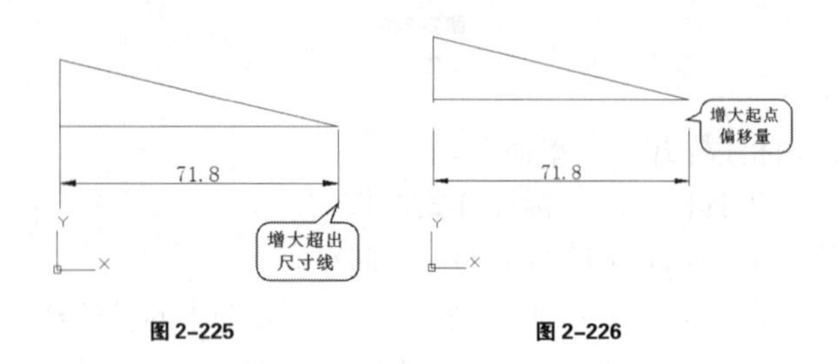

图 2-225　　图 2-226

➢　符号和箭头

“符号和箭头”选项卡中的参数用于设置箭头、圆心标记、弧长符号和折弯半径标注的格式和位置。单击切换至“符号和箭头”选项卡，其界面如图 2-227 所示。

●　箭头：对尺寸线与引线的箭头格式和大小进行设置，单击任意一个下拉按钮，将打开一个可供选择箭头样式的下拉菜单，如图 2-228 所示。

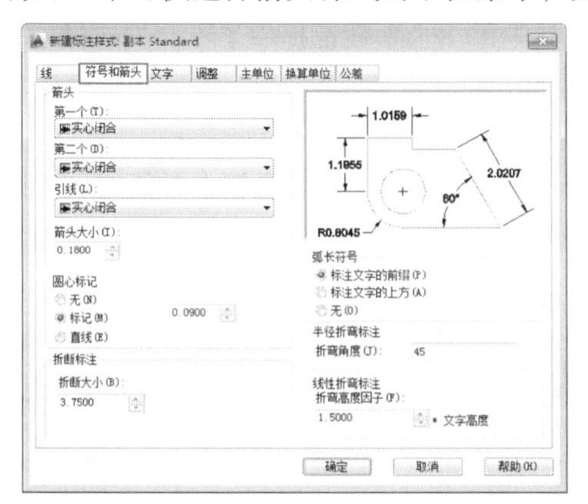

图 2-227

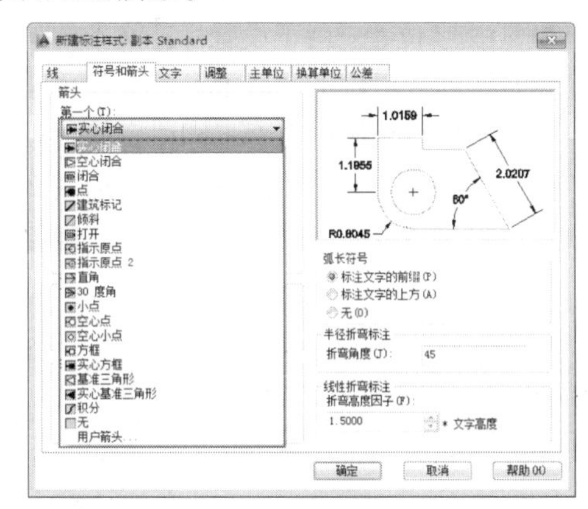

图 2-228

要点提示

对于尺寸线的箭头格式，用户设置了“第一个”后，“第二个”会自动更新为“第一个”选择的样式，如图 2-229 所示。此外对于每一种箭头格式的具体效果，大家可以选择对应的名称，然后通过右侧预览窗口查看（标注样式中其他参数亦可在该窗口预览调整效果），如图 2-230 所示。

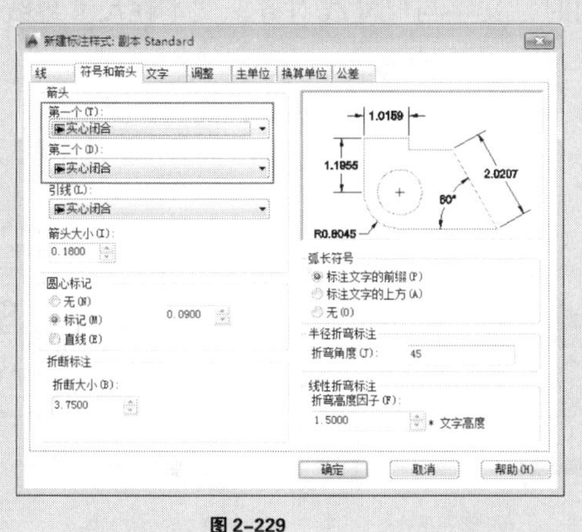

图 2-229

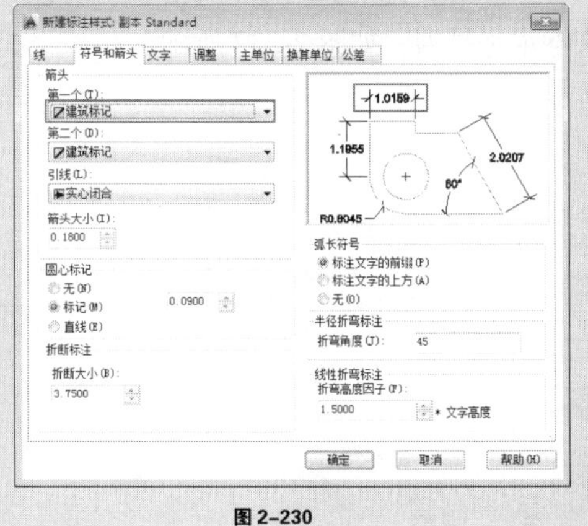

图 2-230

- 圆心标记：设置圆心标记的类型和大小。
- 折断标注：控制折断标注的间隙宽度。
- 弧长符号：控制弧长标注中，圆弧符号的显示。
- 半径折弯标注：控制折弯标注的角度。
- 线性折弯标注：控制线性标注折弯的显示。

➢ 文字

“文字”选项卡用于设置标注文本的外观、位置和对齐方式。单击切换至“文字”选项卡，界面如图 2-231 所示。

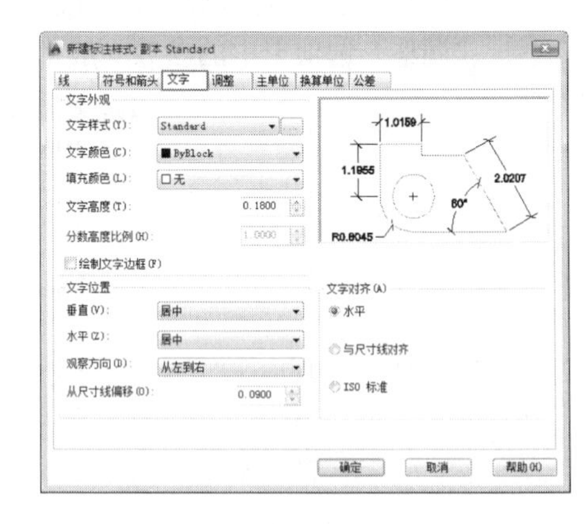

图 2-231

- 文本外观：用于设置标注文本的样式、颜色以及大小。在“文字样式”参数后面的[...]按钮上单击，将打开“文字样式”对话框。

- 文字位置：用于设置标注文本的位置，其中每一个参数都提供了不同的选择项，例如“垂直”参数提供了“居中”、“上”、“外部”、JIS 和“下”5 个选项，这些参数都比较简单，大家可以自行操作观看不同位置的效果。
- 从尺寸线偏移：该参数表示标注文本与尺寸线的距离，在进行较大数值的尺寸标注时，可以将该参数的值设置得大一些，避免文字与尺寸线相交，如图 2-232~图 2-234 所示。

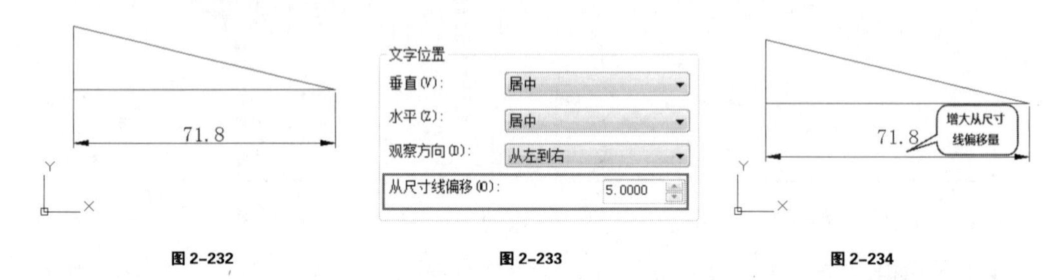

图 2-232　　图 2-233　　图 2-234

- 文字对齐：用于设置标注文本的对齐方式，包含“水平”、“与尺寸线对齐”和“ISO 标准”3 种方式。
- 水平：表示水平放置文字，如图 2-235 所示。
- 与尺寸线对齐：表示文字与尺寸线平行，如图 2-236 所示。
- ISO 标准：表示文本在尺寸界线内时，文字与尺寸线对齐；文本在尺寸界线外时，文本水平排列，如图 2-237 所示。

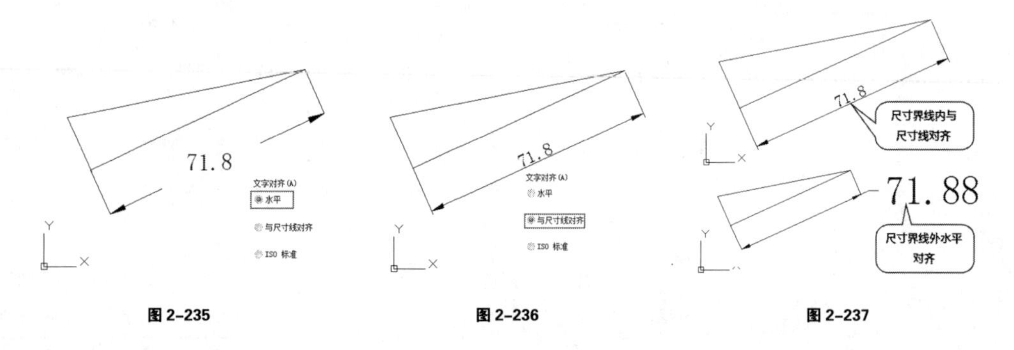

图 2-235　　图 2-236　　图 2-237

➢ 调整

“调整”选项卡控制箭头、标注文字及尺寸界线间的位置关系。在没有特殊要求的情况下，“调整”选项卡中的参数一般都保持默认设置，如图 2-238 所示。

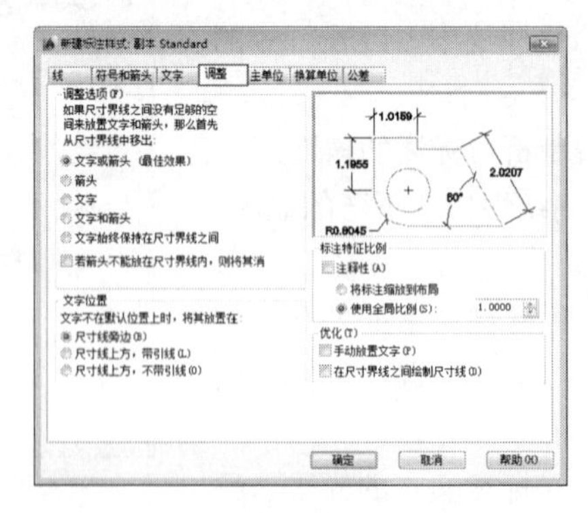

图 2-238

➢ 主单位

“主单位”选项卡用于设定主标注单位的格式和精度，并设定标注文字的前缀和后缀。“主单位”选项卡的界面如图 2-239 所示。

➢ 换算单位

“换算单位”选项卡用于指定标注测量值中换算单位的显示，并设定其格式和精度（此项功能的实际意义不大，一般情况下都不用管它），如图 2-240 所示。

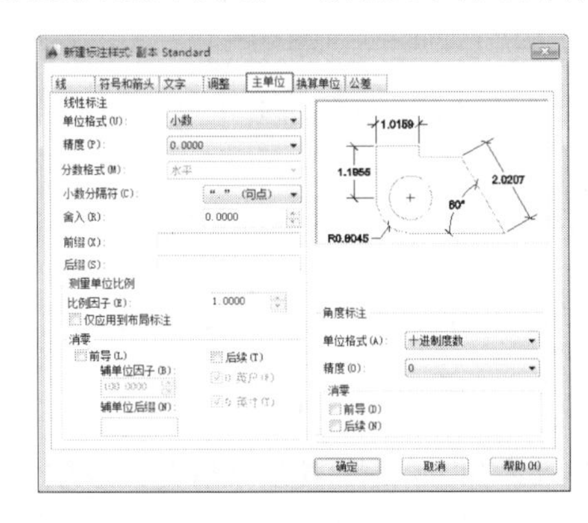

图 2-239

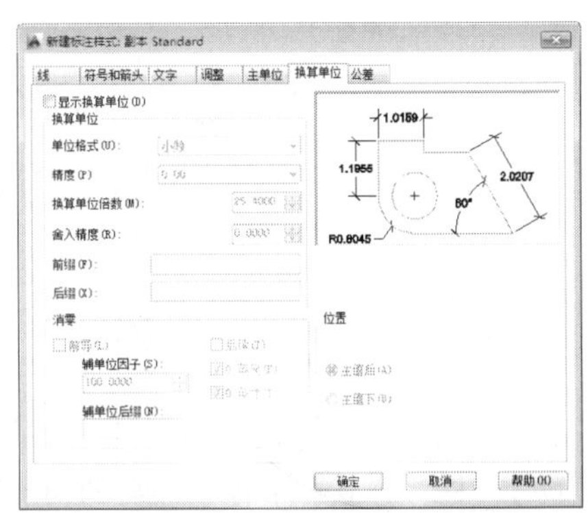

图 2-240

➢ 公差

“公差”选项卡在机械制图中标注公差时非常有用，可以定义公差的标注类型，也可以定义上下偏差的数值和精度，如图 2-241 所示。

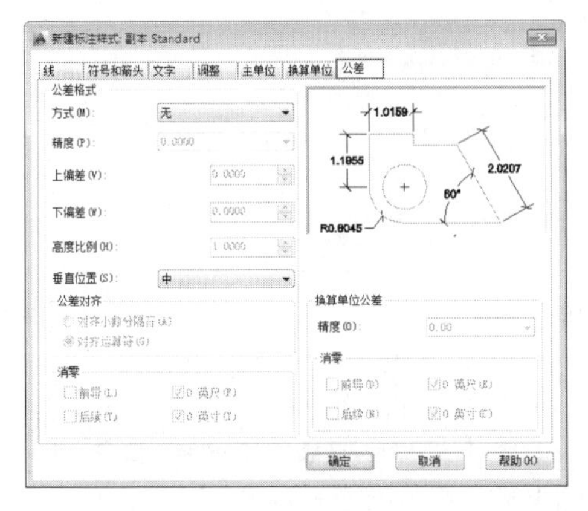

图 2-241

● 方式：设置公差样式，AutoCAD 2014 为用户提供了 4 种公差样式，分别为“对称”、“极限偏差”、“极限尺寸”和“基本尺寸”，其中“对称”和“极限偏差”是最常用的公差样式。

● 精度：设置公差精确到小数点后来位数。

● 上偏差/下偏差：定义上下偏差在标注中显示的精度数值。在设定上下偏差均为 0.0005，精度为 0.0000 的前提下，各种公差方式表达如图 2-242~图 2-245 所示。

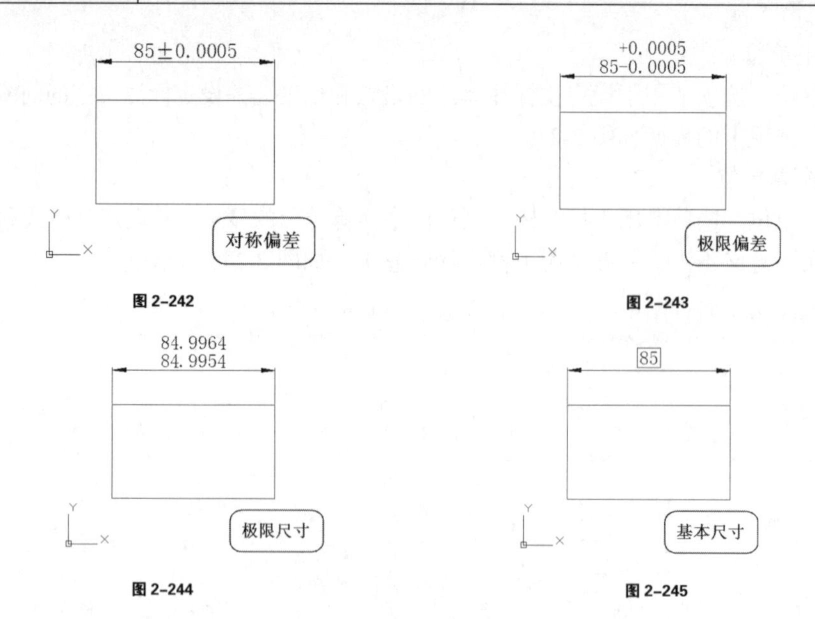

图 2-242　　图 2-243

图 2-244　　图 2-245

在了解了“标注样式”中各个参数的功能以及新建方法后，接下来请大家参考图 2-246~图 2-253 所示创建好本书中将使用到的“平面”标注样式。

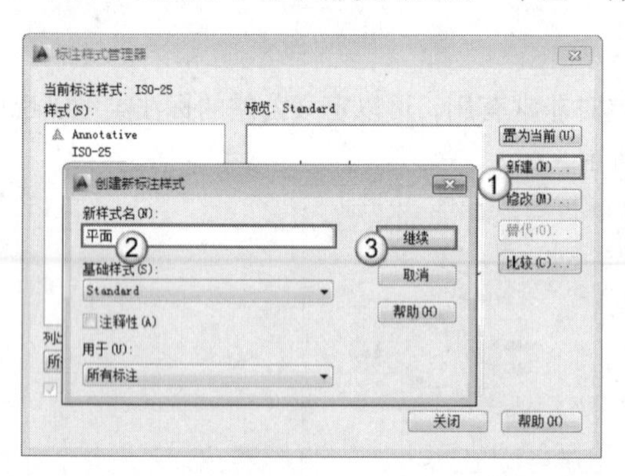

图 2-246

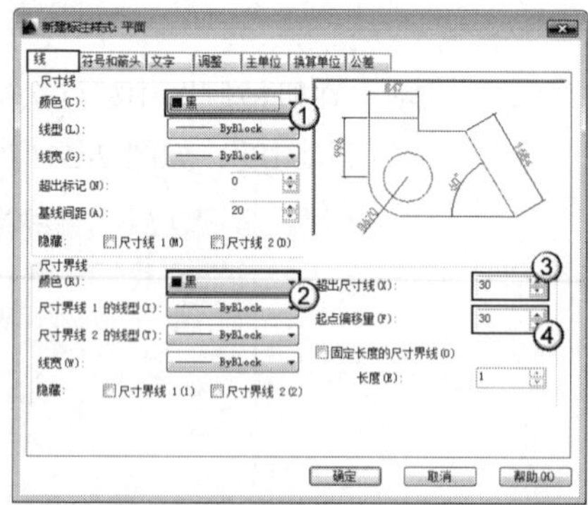

图 2-247

📖 要点提示

对于尺寸线颜色的设置，本书里出于印刷清晰的考虑，将其设置为“黑色”，效果如图 2-248 所示。在实际的工作中通常将其设置为与字体同色，在本例中也可以如图 2-249 所示设置为绿色，效果如图 2-250 所示。

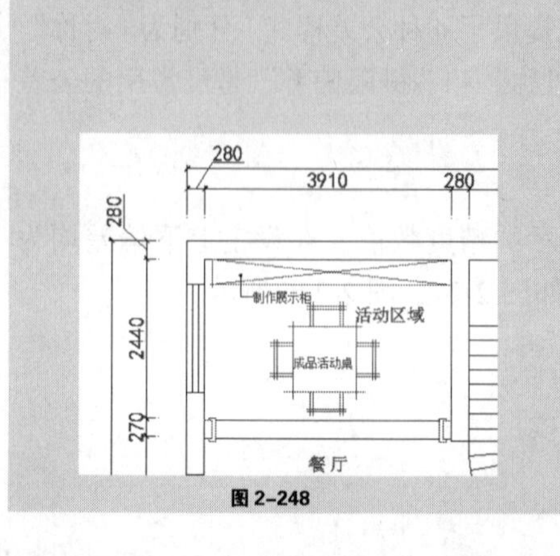

图 2-248

图 2-249

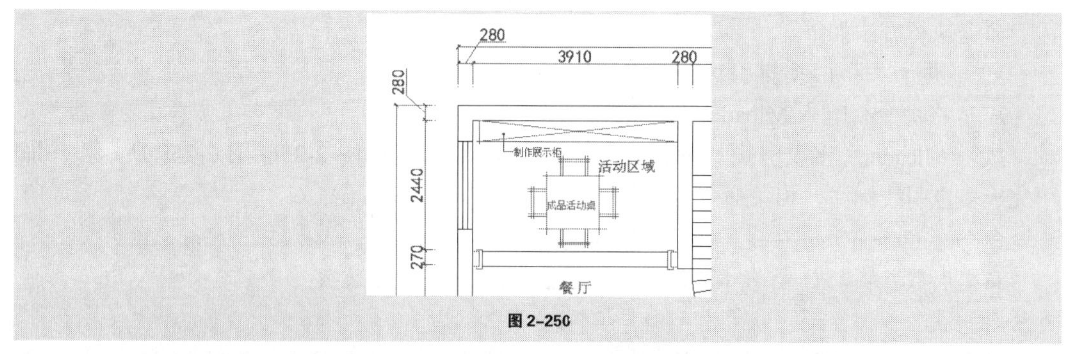

图 2-250

图 2-251　　图 2-252

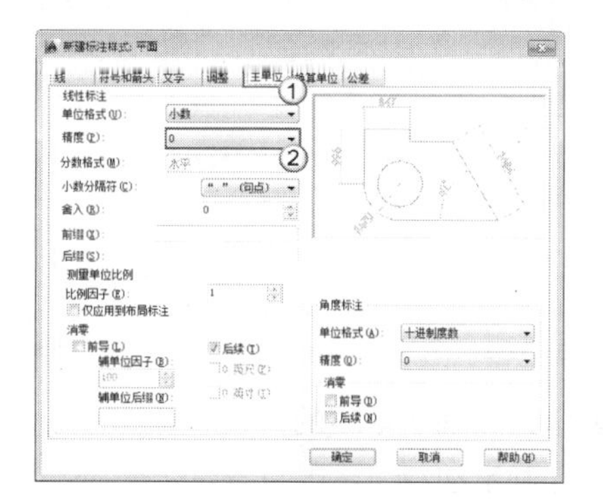

图 2-253

2.2.4 设置 AutoCAD 的多重引线

1.了解 AutoCAD 的多重引线及功能

在使用 AutoCAD 绘制室内设计施工图时，多重引线主要用于标示施工材质以及工艺手段，如图 2-254 和图 2-255 所示。

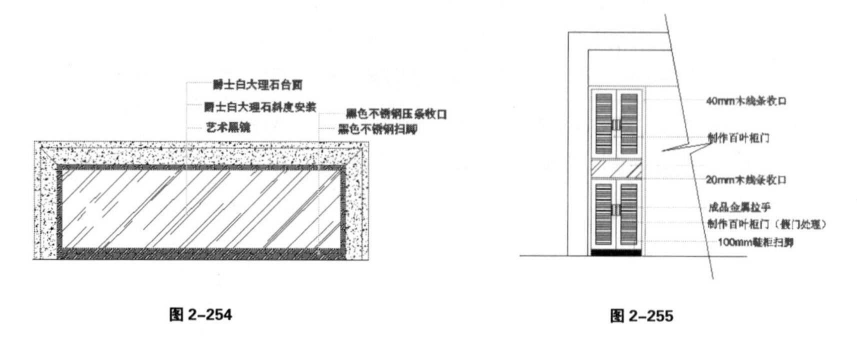

图 2-254　　图 2-255

命令执行方法如下。

- 执行“标注>多重引线”菜单命令。
- 在命令行输入 Mleader 并回车。

执行 Mleader（多重引线）命令将出现如下提示，通过如图 2-256~图 2-259 所示操作即可完成多重引线标注，相关命令提示如下：

命令: _mleader

指定引线箭头的位置或 [引线基线优先(L)/内容优先(C)/选项(O)] <选项>: //任意拾取一点

指定引线基线的位置: //拾取第二点，此时将弹出“文字格式”编辑器，输入相应文字后单击“确定”按钮完成创建

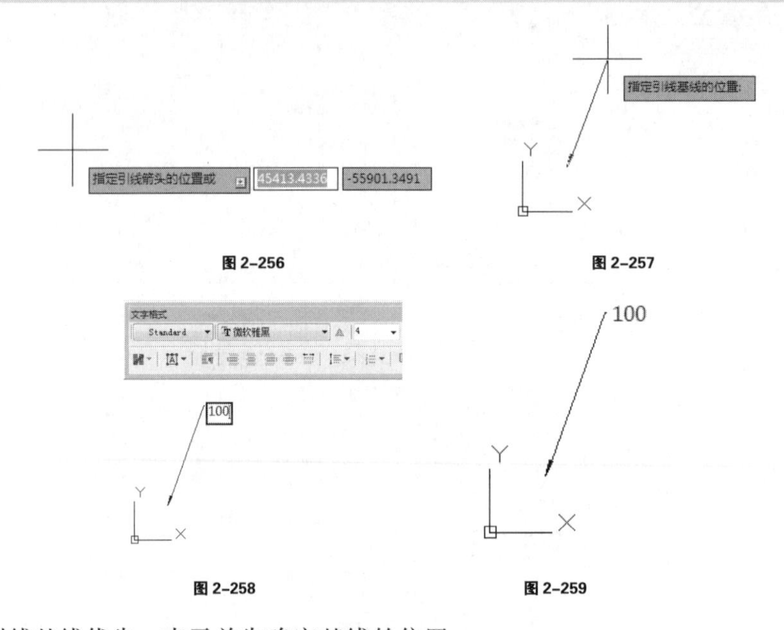

图 2-256　图 2-257

图 2-258　图 2-259

- 引线基线优先：表示首先确定基线的位置。
- 内容优先：表示首先确定注释文本的位置。

2.多重引线样式

AutoCAD 同样为用户提供了多重引线样式设置功能。通过该功能可以控制多重引线的外观，比如引线箭头样式、基线距离、文字等细节。

命令执行方法如下。

- 执行“标注>多重引线样式”菜单命令。
- 单击“样式”工具栏中的“标注样式”按钮。
- 在命令行输入 MleaderStyle（简写为 MLS）并回车。

以上任意一种方式打开“多重引线样式管理器”对话框，如图 2-260 所示。由于该管理器的新建以及相关参数与“标注样式管理器”类似，因此不再赘述其新建方法与相关参数。接下来请大家参考图 2-261~图 2-264 所示新建好本书案例中使用的多重引线样式。

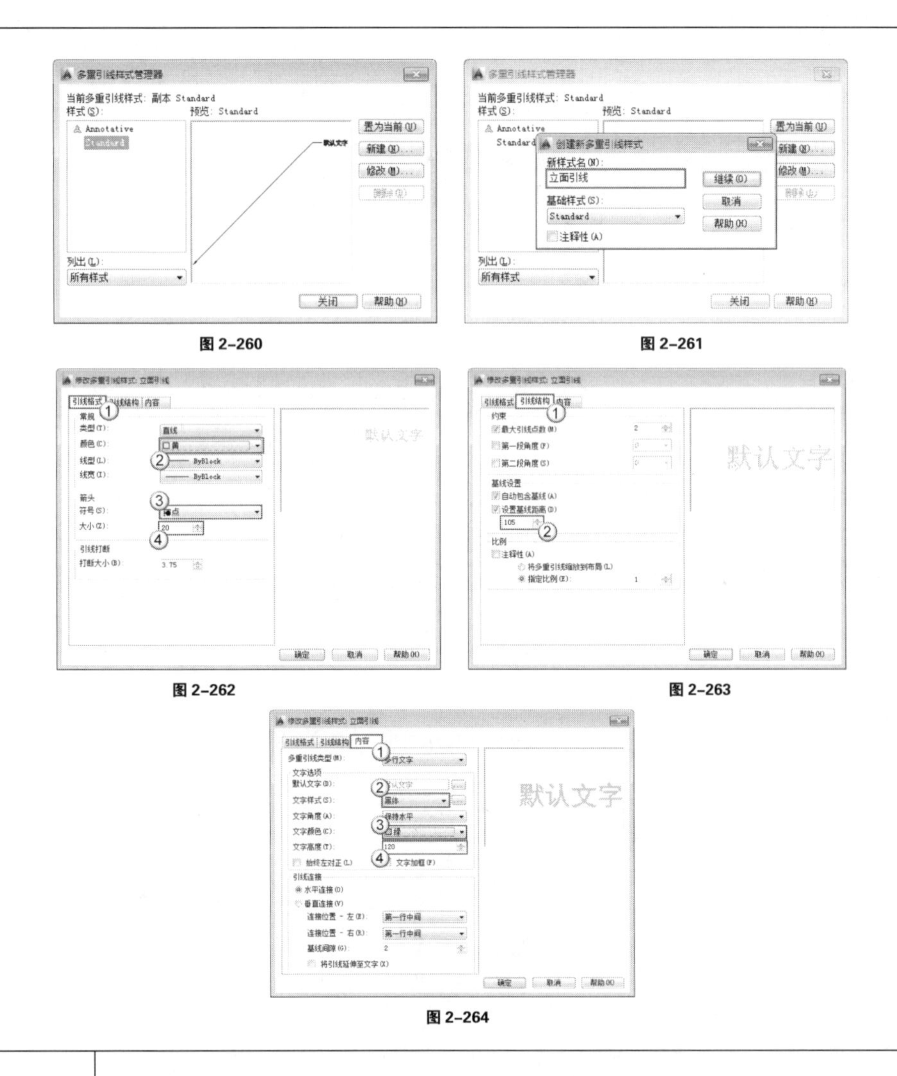

图 2-260

图 2-261

图 2-262

图 2-263

图 2-264

本章小结

在本章中主要针对 Autocad 初学者首先介绍了一些软件基本操作方法，从而使初学者可以快速了解 Autocad 并掌握一些基本的技能，以便于其在后面的实际案例中顺利地进行学习与练习。

此外针对室内设计的需要，在本章中还着重介绍了图层、文字、标注以及多重引线并详细介绍了相关设置方法，大家在接下来的案例中可以现学现用，快速进入一个良好的学习状态。

课后作业

（1）参考图 2-265 熟悉 AutoCAD2014 面板，并着重对其中菜单栏、绘图工具栏、修改工具栏以及图形状态中各个按钮进行单击操作，熟记各按钮名称为后面章节内容的学习打下基础。

（2） 结合相对坐标与绝对坐标的输入绘制如图 2-266 所示的矩形与等腰三角形。

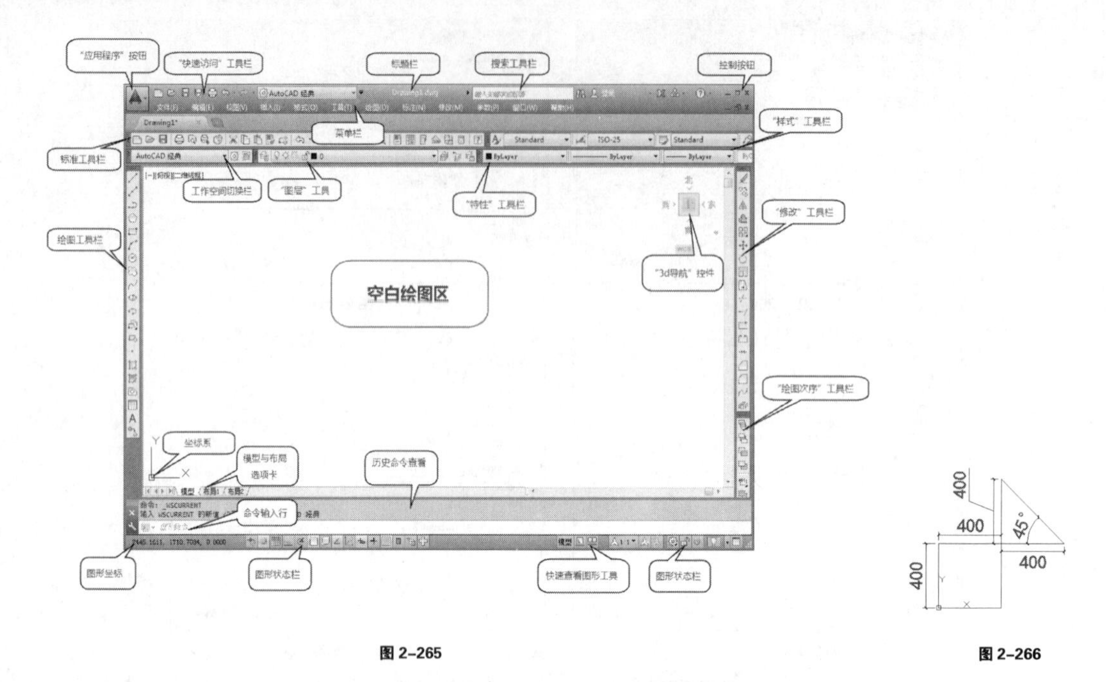

图 2-265　　图 2-266

（3）打开“图层特性管理器”，参考图 2-267 所示创建图层并保存文档。

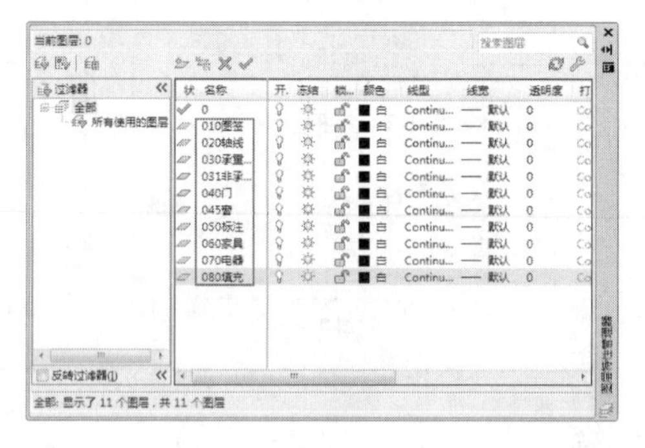

图 2-267

（4）打开配套光盘中如图 2-268 所示的文件，通过标注以及多重引线完成其尺寸、角度标注以及工艺材质说明至如图 2-269 所示。

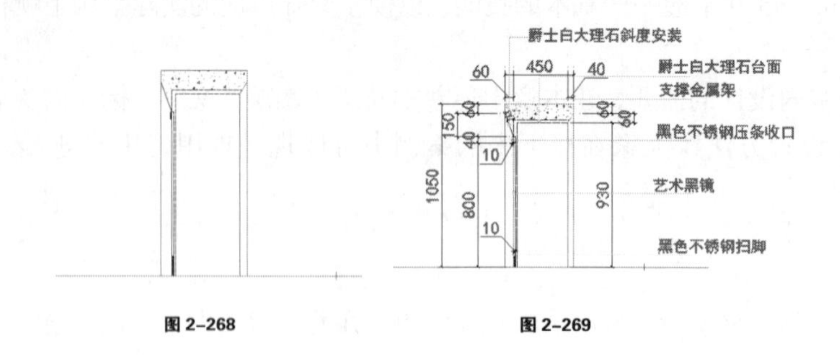

图 2-268　　图 2-269

第3章

绘制室内设计平面布置图

学习要点及目标

了解平面布置图原理与表达内容

熟悉图块的定义、保存以及调用方法

掌握各类型图块的绘制方法与技巧

掌握室内设计中原始框架图的绘制

掌握室内设计中平面布置图的绘制

本章导读

平面布置图所表达的是室内设计过程中最基础的内容，其涉及的设计内容主要包括空间的划分、交通流线的组织、各个功能空间内地面处理，功能家具、装饰软装以及绿化等元素的布置。在本章节中首先将了解平面布置图的原理与表达内容，然后再了解一些平面布置图中常用图块的常用尺寸与绘制方法，接下来再绘制好用于平面布置图参数的原始框架图，最后再完成室内平面布置图。

3.1 平面布置图原理与表达内容

平面布置图的原理是假想一个水平剖切平面沿门窗洞的位置将房屋剖开剖切面，如图 3-1 所示，剖切完成后从投影方向上从上向下所观察到的图样即为平面图，如图 3-2 所示。由于在平面图中既要能体现出空间整体的墙体轮廓、门窗位置，又要观察内部家具等元素的布置，考虑到窗台高度以及空间内如餐桌、书桌的高度，为了得到理想的投影面效果，剖切高度通常为 1200~1500mm。

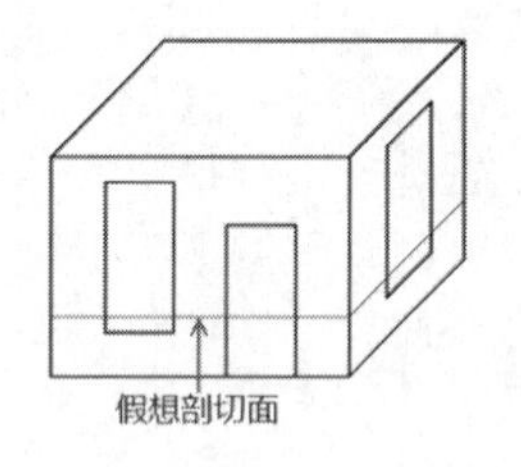

图 3-1

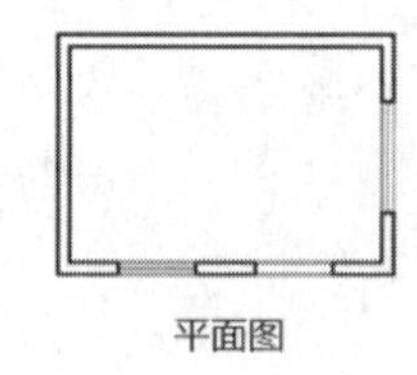

图 3-2

平面布置图表达的内容主要有以下几方面。

（1）建筑主体结构（一般为墙体与梁）轮廓线。

（2）各功能空间的家具的形状和位置。

（3）厨房、卫生间的橱柜、操作台、洗手台、浴缸、坐便器等形状和位置。

（4）家电的形状、位置。

（5）隔断、绿化、装饰构件、装饰小品。

（6）标注建筑主体结构的开间和进深等尺寸、主要装修尺寸。

（7）装修要求等文字说明。

在本章中经过以上步骤完成的平面布置图如图 3-3 所示。可以看到平面布置图中除了建筑墙体、门窗轮廓剖切线外，主要由各种家具图块构成，这些图块也应配套地完成，因此接下来我们首先将学习绘制一些常用的平面布置图块，以掌握 AutoCAD 基本绘图、编辑命令的使用、块的定义方法，同时熟悉常见的室内门窗、柜子、沙发以及桌椅等家具形式与人体工程学的实际应用。

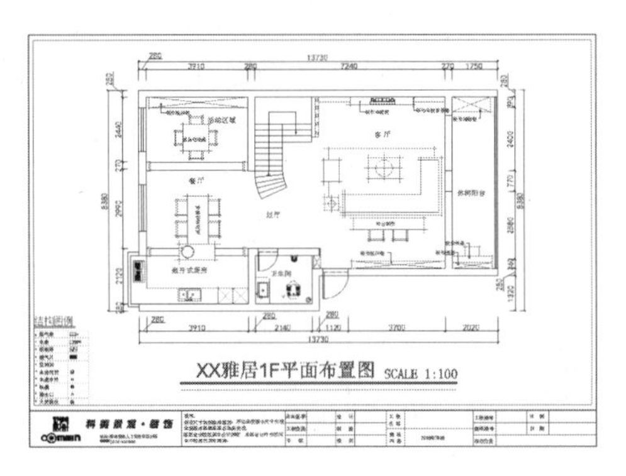

图 3-3

3.2 绘制平面布置图常用图块

平面布置图块主要指的是在平面布置图中常见而又通用的门窗、家具、装饰，有了这些图块可以使平面布置图绘制变得轻松。接下来我们首先了解 AutoCAD 中图块的定义与保存以及插入方法。

3.2.1 图块的定义与保存

（1）启动 AutoCAD2014，然后打开配套光盘内“常用图块”中的洗衣机 1.dwg 文件，如图 3-4 所示，其为一个绘制好的洗衣机图形。

（2）任意选择当前洗衣机组成图形，可以看到此时图形并未定义为图块，不能被整体选择，如图 3-5 所示。接下来开始将其定义为图块。

（3）输入“写块”快捷命令“W”打开“写块”对话框，然后选择“转换为块”参数，再单击选择对象按钮，如图 3-6 所示。

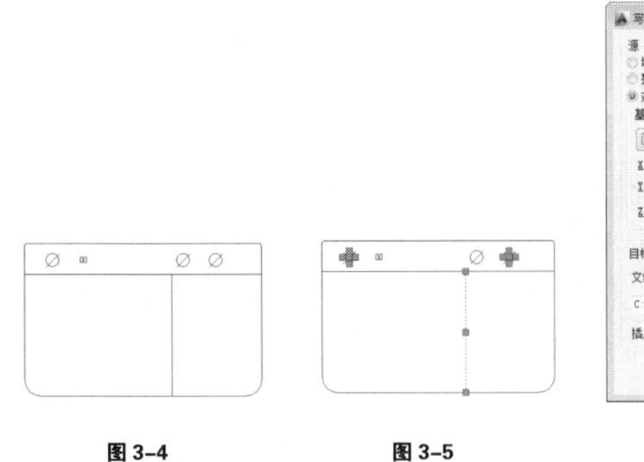

图 3-4　　图 3-5

图 3-6

要点提示——转换为块参数的功能

在“写块”对话框选择“转换为块”参数后，主要是为了完成所有写块操作后能将当前打开文件中的图形也即时定义为图块。如果保持默认的“保留”选项，则在写块完成后将只会保存新的图块，当前图形仍将保留为未定义块时的图形状态。

（4）在绘图区内通过框选方式选择到整个洗衣机图形，选择完成后按下空格键弹出“写块”对话框，然后再单击“基点”参数下方的拾取点按钮，如图3-7所示。

（5）在绘图区中指定洗衣机左下角角点为基点，如图3-8所示。选择完成后将自动弹出“写块”对话框，接下来为了保存好该图块，再单击“文件名和路径”参数下方的“浏览”按钮。

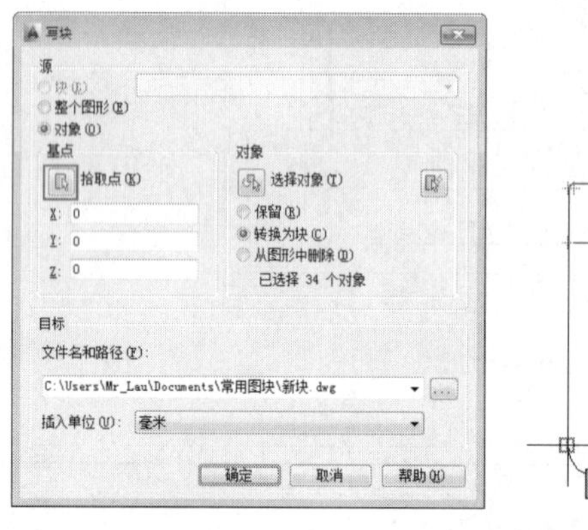

图3-7

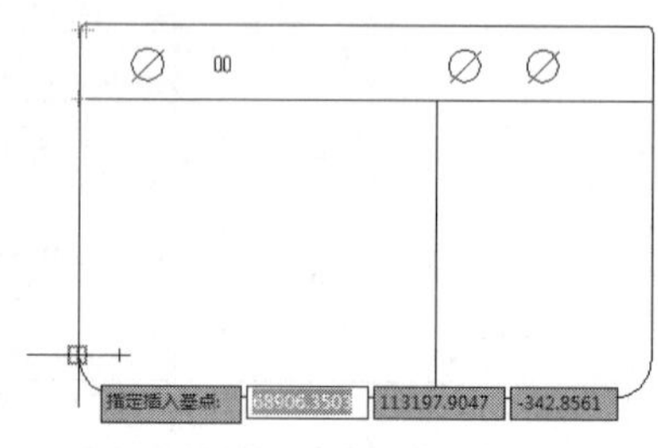

图3-8

（6）选择到合适的保存路径，然后将文件命名为“洗衣机”，最后再单击“保存”按钮 保存(S) ，如图3-9所示。

（7）在自动返回的“写块”对话框中单击“确定”按钮 确定 完成图块定义与保存。

（8）此时再次选择洗衣机图形可以发现其为整体图块图形，同时将在定义的基点处显示蓝色控制点，如图3-10所示。接下来再学习图块的插入方法。

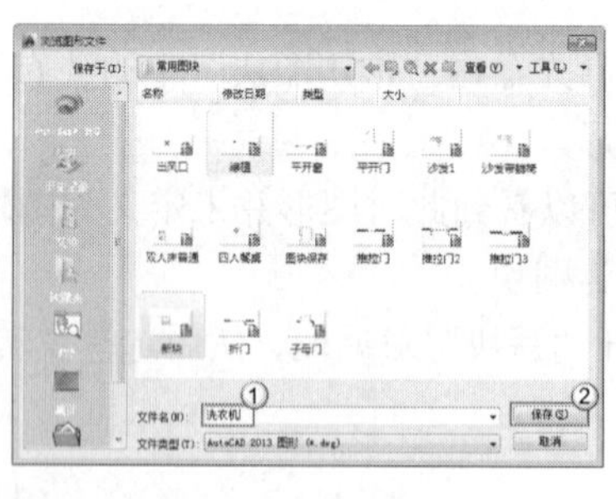

图3-9

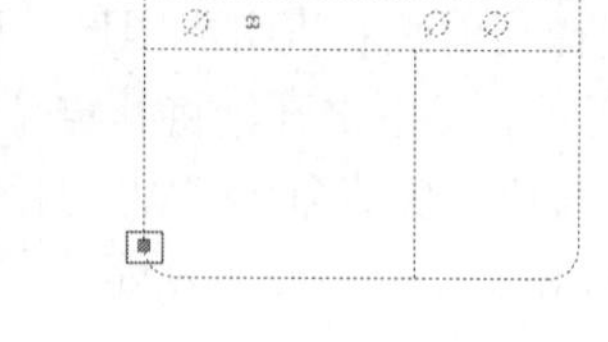

图3-10

3.2.2 图块的插入

（1）启动AutoCAD2014，然后输入“插入图块”快捷命令“I”。

（2）在弹出的“插入”对话框中单击“浏览”按钮 浏览(B)... ，如图3-11所示。

（3）在弹出的“选择图形文件”对话框中选择到上一小节中保存好的“洗衣机”图块，然后通过右侧预览窗口确定图形，最后再单击“打开”按钮 打开(O) ，如图3-12所示。

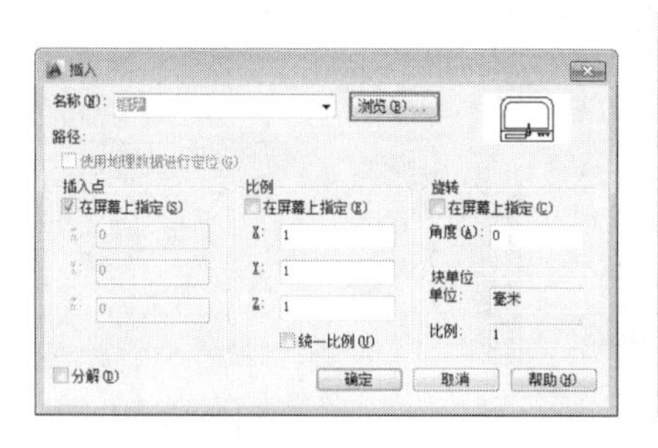
图 3-11

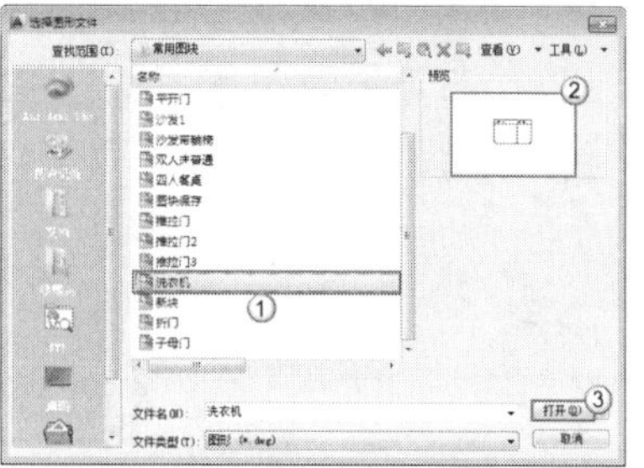
图 3-12

（4）在弹出的“插入”对话框中单击“确定”按钮 确定 确认插入，然后在绘图区内以之前定义的插入基点为参考点，通过光标移动放置好图块位置，如图 3-13 所示。

（5）位置确定完成后按下鼠标左键确认插入，完成效果如图 3-14 所示。

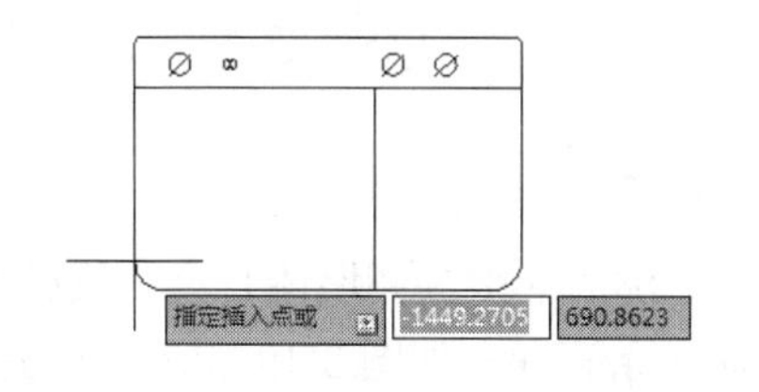

图 3-13

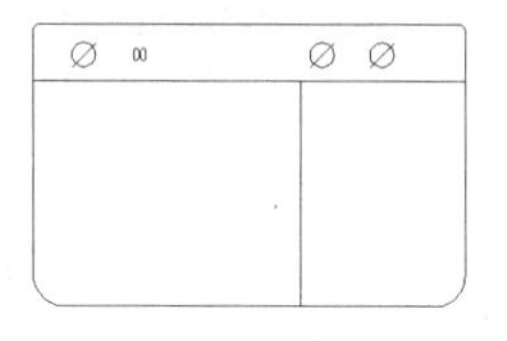
图 3-14

要点提示——快速插入图块

在执行“插入图块”快捷命令打开“插入”对话框后，注意“名称”参数后方的下拉按钮，如图 3-15 所示。单击该下拉按钮将显示一些最近定义以及插入过的图块名称，选择对应图块名字，然后再直接单击该面板中的确定按钮 确定 ，即可快速将对应图块插入至当前图形中，如图 3-16 所示。

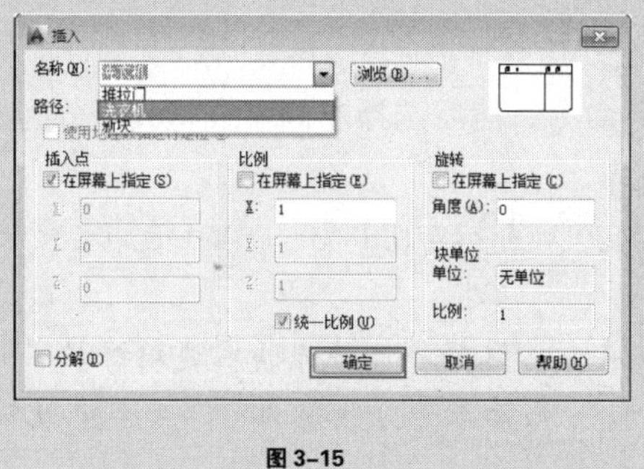
图 3-15

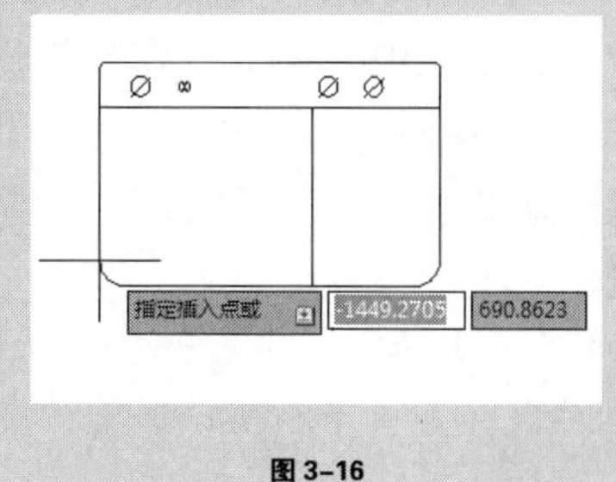

图 3-16

看似复杂的图块其实是通过简单的矩形、多段线组合、拼接而成。但如果想要绘制出实用而又美观的图块，首先要了解各种图块合适的尺寸大小（如沙发长度、深度），其次则要了解图块的细节功能（如柜子有门、无门），最后则需要掌握一定的绘制技巧（如绘制顺序、图块线宽控制），因此接下来我们首先将通过绘制常见门窗、桌椅、柜子、洁具、电器以及绿化盆栽熟悉对应的尺寸范围以及相关绘制技巧。

3.2.3 绘制窗户图块

在平面图中窗户的绘制十分简单，通常绘制四条平行线即可，以如图 3-17 所示常见的推拉窗为例，其绘制步骤如下。

图 3-17

（1）启动 AutoCAD2014，然后打开配套光盘内“常用图块”中的推拉窗 1.dwg 文件，如图 3-18 所示其为两段墙体组成的窗洞，接下来即利用其绘制推拉窗。

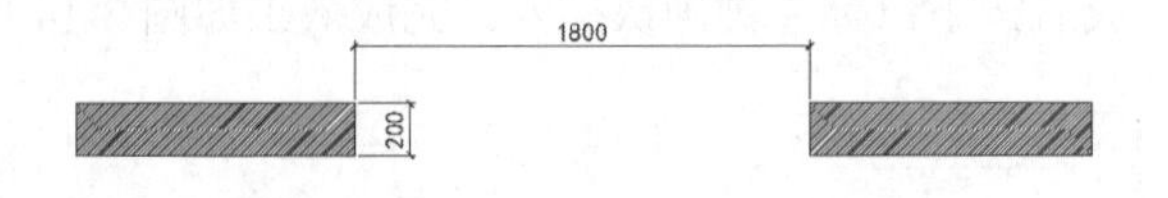

图 3-18

（2）输入“L”启动“直线”绘制命令，然后捕捉左侧墙体右上角顶点为线段起点，再捕捉右侧墙体左上角顶点为线段终点，绘制一条直线，如图 3-19 所示，相关命令提示如下：

命令: L↙　　　　　　　　　　//输入 L 并回车［L 是 Line（直线）命令的简写形式］

LINE　指定第一个点:　　　　　　//捕捉左侧墙体右上角顶点为线段起点

指定下一点或 [放弃(U)]:　　　　//捕捉右侧墙体左上角顶点为线段起点

指定下一点或 [放弃(U)]: *取消*　　//按“ESC”键完成本段直线的绘制

图 3-19

（3）输入“DIV”启动“定数等分”命令，然后选择左侧墙线将其等分为 3 段，如图 3-20 和图 3-21 所示，相关命令提示如下：

命令: DIV↙　　　　　　　　　//输入 DIV 并回车[DIV 是 DIVIDE（定数等分）命令的简写形式]

DIVIDE　选择要定数等分的对象:　　　//选择左侧墙线的右边端线

输入线段数目或 [块(B)]: 3 ↙　　　　//输入等分段数为 3，然后按回车键确认完成等分

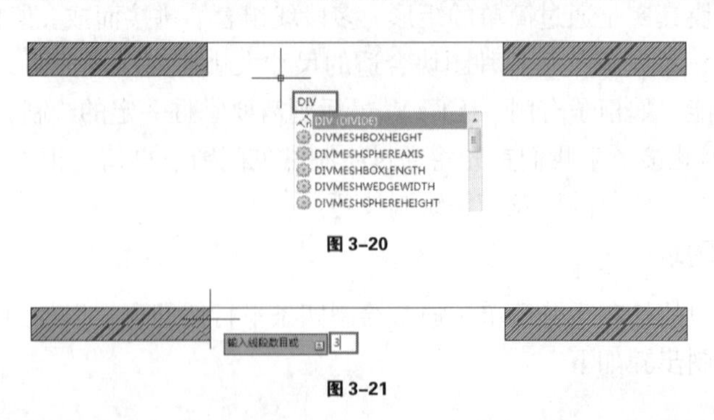

图 3-20

图 3-21

（4）输入“O”启动“偏移”命令，然后输入“T”设定为“通过”方式，最后再选择上方绘制的线段通过端点与节点捕捉偏移复制好所有窗线，如图 3-22~图 3-27 所示，相关命令提示如下：

命令: O↙　　//输入 O 并回车[O 是 OFFSET（偏移）命令的简写形式]

OFFSET　　当前设置: 删除源=否　图层=源　OFFSETGAPTYPE=0

指定偏移距离或 [通过(T)/删除(E)/图层(L)] <通过>: t↙　　//输入 T 并回车选择偏移方式为“通过”

选择要偏移的对象，或 [退出(E)/放弃(U)] <退出>:　　//选择绘制好的线段

指定通过点或 [退出(E)/多个(M)/放弃(U)] <退出>: _nod 于　//按住鼠标右键单击，选择临时捕捉为“节点”，然后捕捉到第一个等分点，复制出第二条线段。

选择要偏移的对象，或 [退出(E)/放弃(U)] <退出>:　　//选择上一步中偏移复制好线段

指定通过点或 [退出(E)/多个(M)/放弃(U)] <退出>: _nod 于　　//鼠标右键单击，选择临时捕捉为“节点”，然后捕捉到第二个等分点，复制出第三条线段。

选择要偏移的对象，或 [退出(E)/放弃(U)] <退出>:　　//选择上一步中偏移复制好线段

指定通过点或 [退出(E)/多个(M)/放弃(U)] <退出>:　　//捕捉下方端点偏移复制出第四条线段

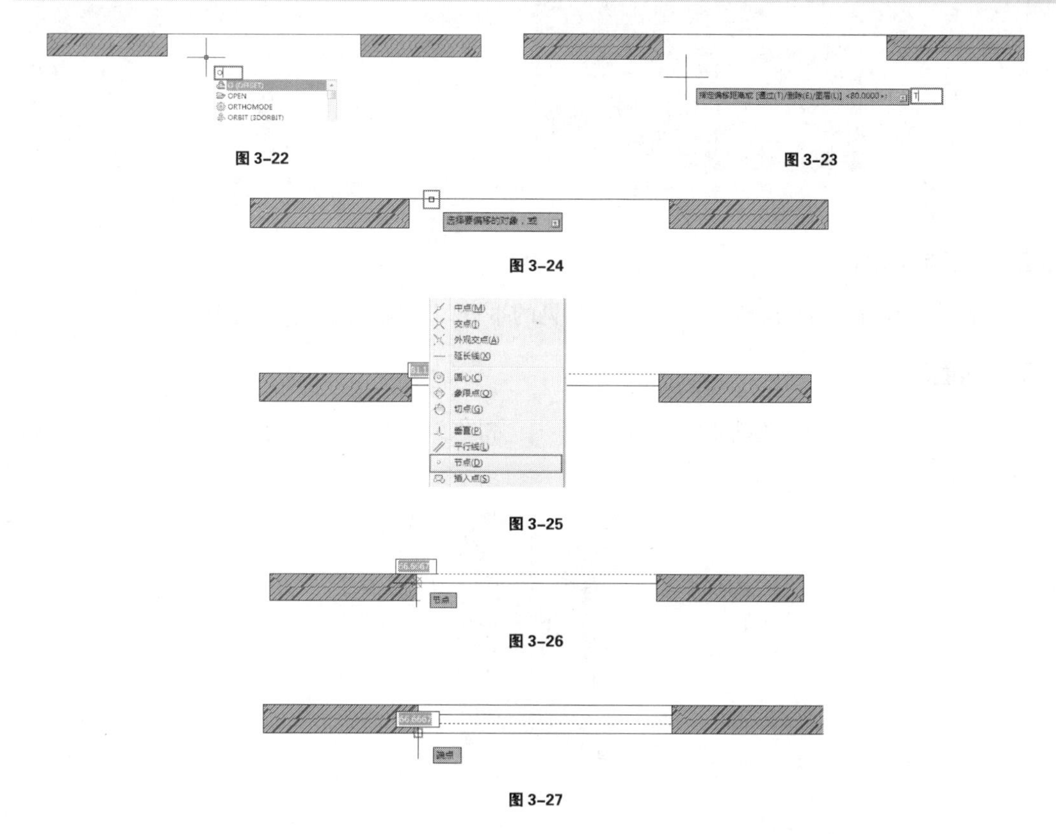

图 3-22　图 3-23

图 3-24

图 3-25

图 3-26

图 3-27

（5）经过以上步骤，推拉窗图块绘制完成，完成效果如图 3-28 所示。接下再通过之前介绍的方法将其创建为图块并保存。

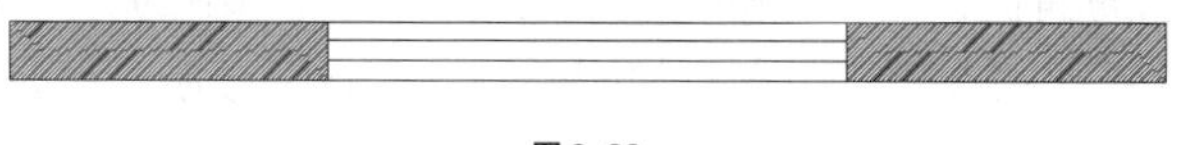

图 3-28

📖 知识拓展——其他常见窗户平面图块的绘制

除了直线型推拉窗外，较常见的还有如图 3-29 和图 3-31 所示的转角窗以及转角飘窗（飘窗与一般窗户的区别在于其下方有可休息的宽敞的窗台，其深度为 0.7 米左右,高度在 1.45 米左右），其在平面图中通过相同方法也可绘制完成，如图 3-30 和图 3-32 所示。

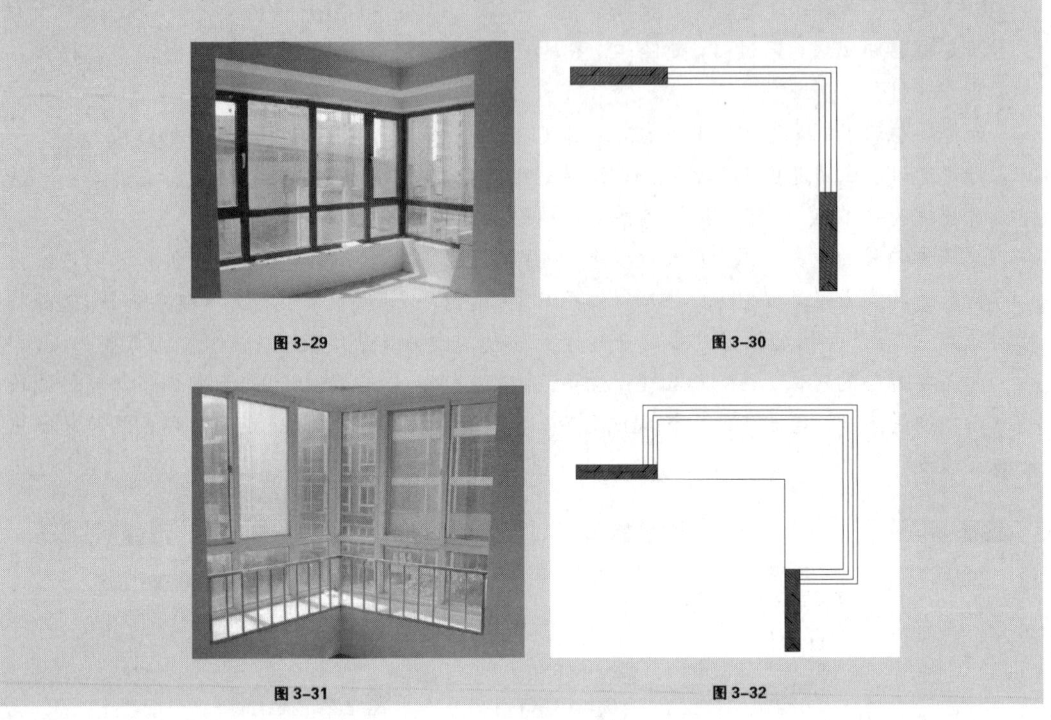

图 3-29　　图 3-30

图 3-31　　图 3-32

3.2.4　绘制门图块

在本小节将主要学习绘制室内设计中常见的平开门、推拉门、折门图块。

1.平开门图块

平开门是室内设计中最常用的门类型之一，如图 3-33 所示。接下来学习其常见的绘制步骤。

图 3-33

（1）启动 AutoCAD2014，然后打开配套光盘中的平开门 1.Dwg 文件，如图 3-34 所示。其为两段墙体组成的门洞，接下来即利用其绘平开门，首先将绘制门套。

（2）为了方便点的捕捉，输入“SE”打开“草图设置”中的“对象捕捉”选项卡，然后参考图 3-35 所示设置“端点”、“中点”、“圆心”、“交点”以及“垂足”为捕捉点。

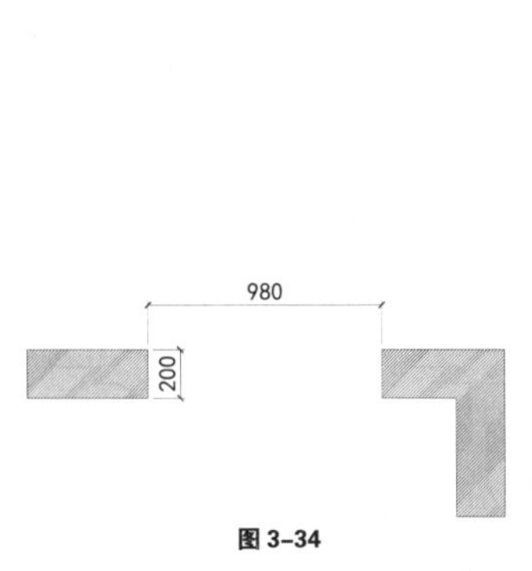

图 3-34

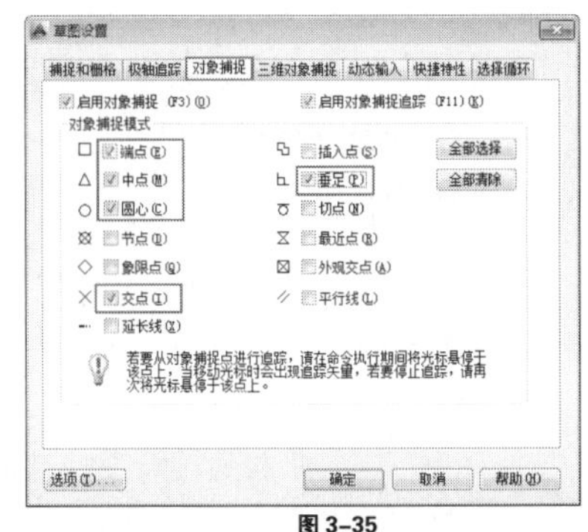

图 3-35

📖 要点提示

在本章后面的内容中都将使用该对象捕捉设置，限于篇幅不再一一赘述设置方式。

（3）输入“REC”启动“矩形”绘制命令，然后捕捉左侧墙体右下角顶点为第一个角点，再通过相对坐标输入绘制出 40×240 的矩形作为门套，如图 3-36 和图 3-37 所示，相关命令提示如下：

命令: REC↙ //输入 REC 并回车[REC 是 RECTANG（矩形）命令的简写形式]

RECTANG

指定第一个角点或 [倒角(C)/标高(E)/圆角(F)/厚度(T)/宽度(W)]: //捕捉左侧墙体右下角顶点为第一个角点

指定另一个角点或 [面积(A)/尺寸(D)/旋转(R)]: @40,240↙ //输入相对坐标确定矩形大小为 40×240（40 为门套宽度，而由于墙厚 200，为了制作内外各 20 厚度的门套线，故设置其深度为 240）

图 3-36　　图 3-37

（4）输入“M”启动“移动”命令，然后选择绘制好的门套线，接下来再捕捉左侧线段中点为基点，最后再捕捉左侧墙体端线中点为第二个点对齐好门套与门洞位置，如图 3-38~图 3-41 所示，相关命令提示如下：

命令: M↙ //输入 M 并回车[M 是 MOVE（移动）命令的简写形式]

MOVE

选择对象: 找到 1 个 //选择绘制好的门套并回车确认

选择对象:

指定基点或 [位移(D)] <位移>: //选择门套左侧线段中点为移动基点

指定第二个点或 <使用第一个点作为位移>: //选择左侧墙体右端线段中点为第二点完成移动

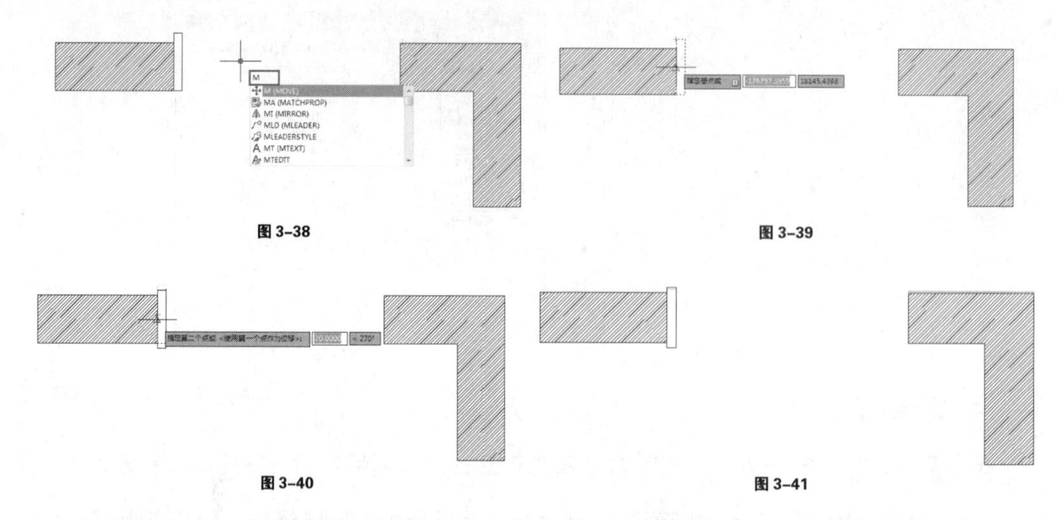

图 3-38　　图 3-39

图 3-40　　图 3-41

（5）输入“CO”启动“复制”命令，然后选择绘制好的门套，接下来将其向右水平移动，最后再输入 940 的移动距离复制出右侧门套，如图 3-42~图 3-44 所示，相关命令提示如下：

```
命令:CO↙              //输入 CO 并回车[CO 是 COPY（复制）命令的简写形式]
COPY
选择对象: 指定对角点: 找到 1 个  //选择之前绘制好的门套并按回车确认
选择对象:
当前设置: 复制模式 = 多个
指定基点或 [位移(D)/模式(O)] <位移>: //选择门套任意角点，然后向右水平移动
指定第二个点或 [阵列(A)] <使用第一个点作为位移>: 940↙    //输入 940 作为水平移动距离，然后回车确认完成移动与复制
指定第二个点或 [阵列(A)/退出(E)/放弃(U)] <退出>: *取消*
```

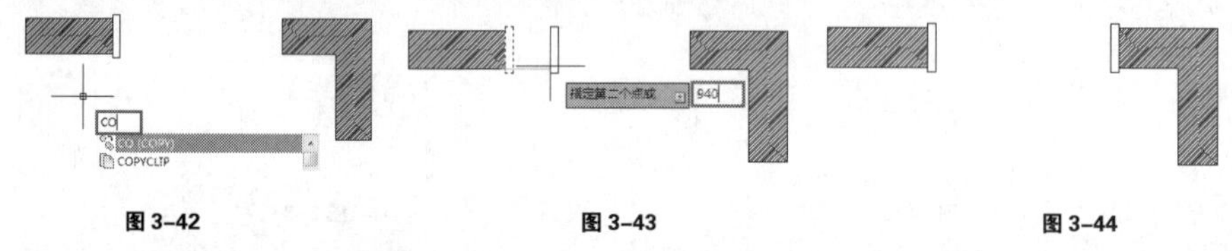

图 3-42　　图 3-43　　图 3-44

（6）接下来利用门套复制出门页初步造型，首先输入“CO”启动“复制”命令，然后选择左侧门套，然后以其右下角角点为复制基点，最后将门套复制至其左上角点，如图 3-45~图 3-47 所示，相关命令提示如下：

```
命令:CO↙              //输入 CO 并回车[CO 是 COPY（复制）命令的简写形式]
COPY
选择对象: 指定对角点: 找到 1 个  //选择右侧门套并按回车确认
选择对象:
当前设置: 复制模式 = 多个
指定基点或 [位移(D)/模式(O)] <位移>: //选择右侧门套右下角点为移动基点
指定第二个点或 [阵列(A)] <使用第一个点作为位移>:      //选择右侧门套左上角点并回车完成移动与复制
指定第二个点或 [阵列(A)/退出(E)/放弃(U)] <退出>: *取消*
```

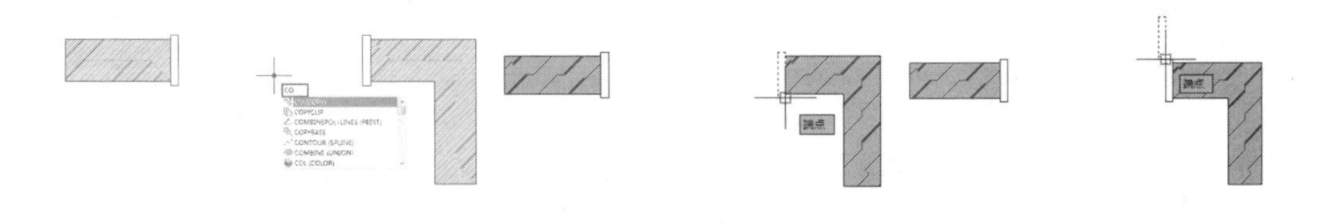

图 3-45　　图 3-46　　图 3-47

（7）接下来调整出门页造型，首先输入“S”启动“拉伸”命令，然后选择当前门套上部线段向上拉伸 660 制作好门页，如图 3-48~图 3-51 所示，相关命令提示如下：

命令: S↙　　//输入 S 并回车[S 是 STRETCH（拉伸）命令的简写形式]

STRETCH

以交叉窗口或交叉多边形选择要拉伸的对象

选择对象: 指定对角点，找到 3 个　//通过交叉选择方式选择至门页上部线段

选择对象:

指定基点或 [位移(D)] <位移>:　//指定门页右上角点为拉伸基点

指定第二个点或 <使用第一个点作为位移>: 660↙　　//垂直向上移动鼠标确定拉伸方向，然后输入 660 作为拉伸长度并回车完成拉伸

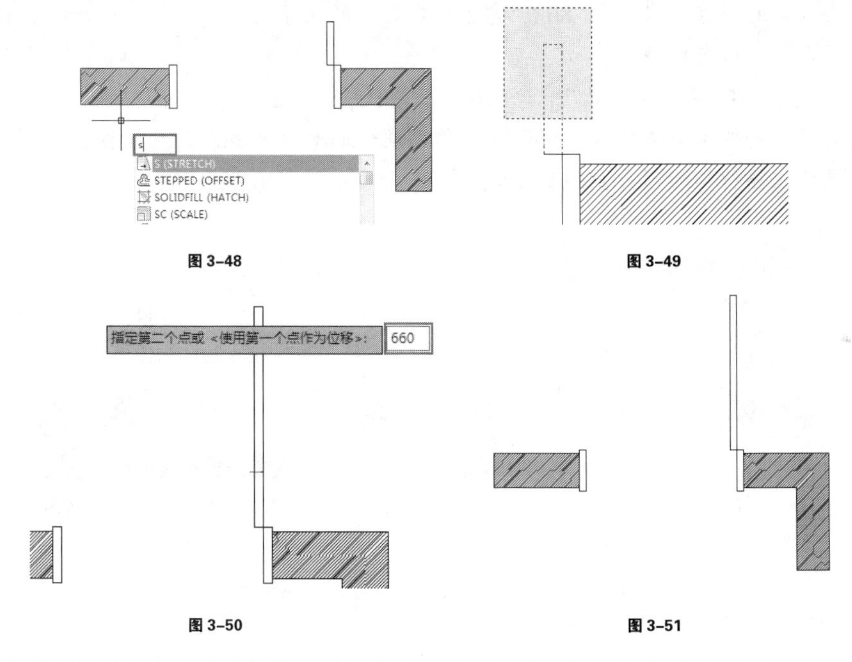

图 3-48　　图 3-49

图 3-50　　图 3-51

（8）接下来绘制门页开启线，首先输入“C”启动“圆”绘制命令，然后选择门页与右侧门套交点为圆心绘制一个半径为 900 的圆形，如图 3-52~图 3-54 所示，相关命令提示如下：

命令: C↙　　//输入 C 并回车[C 是 CIRCLE（圆）绘制命令的简写形式]

CIRCLE

指定圆的圆心或 [三点(3P)/两点(2P)/切点、切点、半径(T)]:　//捕捉门页与右侧门套交点为圆心

指定圆的半径或 [直径(D)] <900.0000>:　//向左捕捉左侧门套绘制一个半径为 900 的圆形，然后回车确认完成绘制

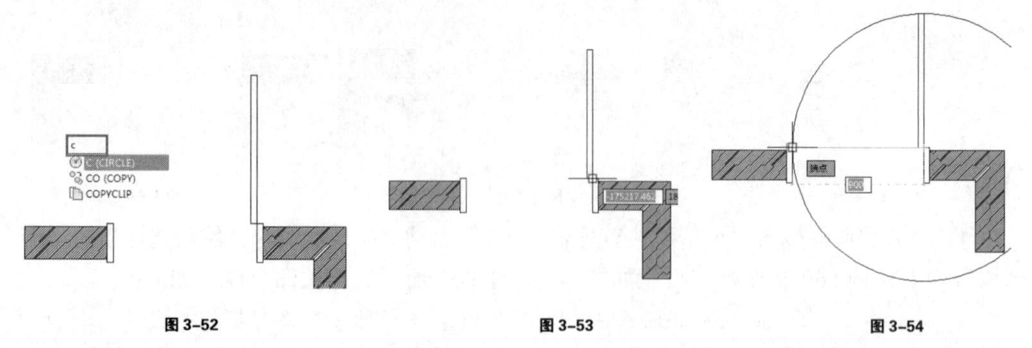

图 3-52　　图 3-53　　图 3-54

（9）最后修改门页开启线，首先输入“TR”启动“修剪”命令，然后修剪出门开启线，如图 3-55~图 3-57 所示，相关命令提示如下：

命令: TR↙　　//输入 TR 并回车[TR 是 TRIM（修剪）命令的简写形式]

TRIM

当前设置:投影=UCS，边=无

选择剪切边...

选择对象或 <全部选择>: ↙　　//再次按下回车键切换到直接修剪模式

选择要修剪的对象，或按住 Shift 键选择要延伸的对象，或　//鼠标左键单击圆与左侧门套交点下部弧线进行修剪

[栏选(F)/窗交(C)/投影(P)/边(E)/删除(R)/放弃(U)]:

选择要修剪的对象，或按住 Shift 键选择要延伸的对象，或　//鼠标左键其他未修剪完成弧线，最终仅保留作为门开户线的弧线

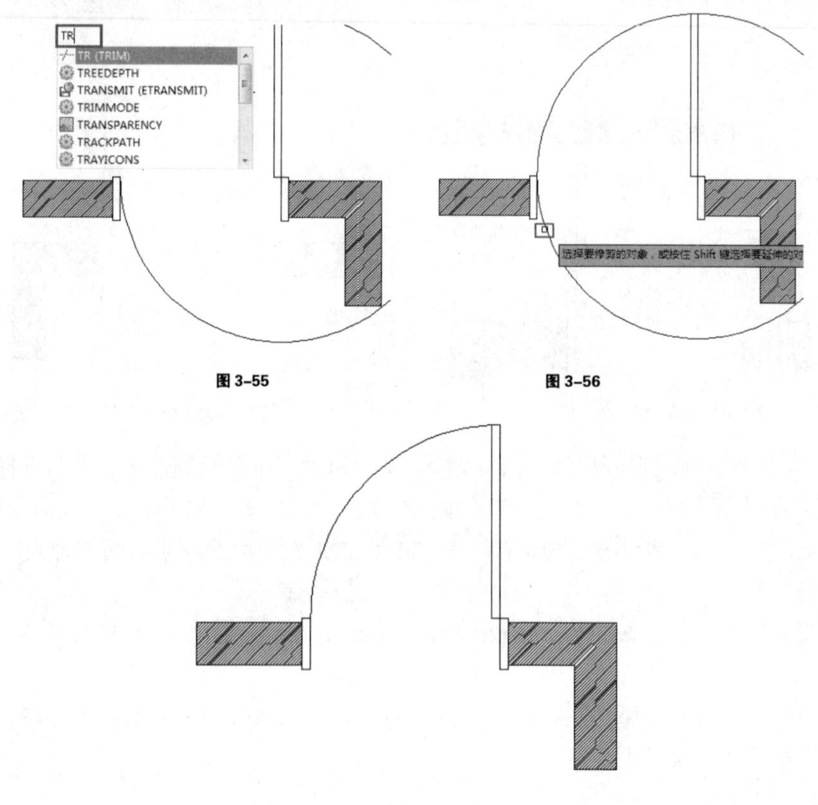

图 3-55　　图 3-56

图 3-57

📖 要点提示——平开门平面图的一些其他绘制方式

在上面的内容中介绍的是平开门的绘制的一般流程。要注意的是，在绘制的过程中有时为了美观可以绘制更为具体的门套，如图 3-58 所示。有时为了提高绘图效率也可以仅绘制门页与门开启线，如图 3-59 所示。

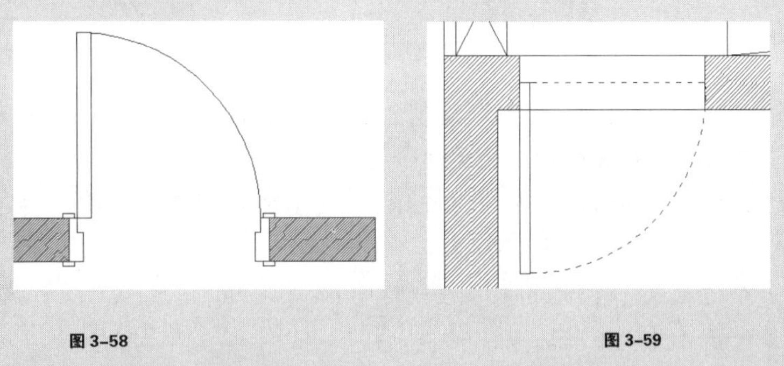

图 3-58　　图 3-59

此外，在室内通过平开方式的还有双开门或由一大一小两个门页构成的子母门，如图 3-60 和图 3-62 所示，其对应的平面图形如图 3-61 和图 3-63 所示。

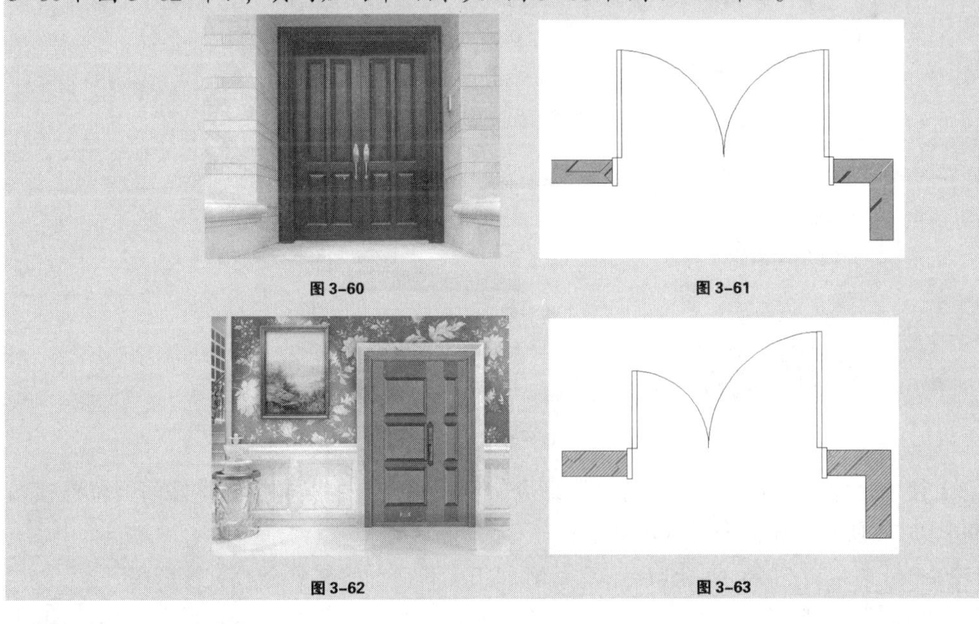

图 3-60　　图 3-61

图 3-62　　图 3-63

2.推拉门（滑门）图块

推拉门是室内设计中最常用的门类型之一，其开启时仅在原有门框内滑动而不占用新的空间，最常用于厨房与阳台，如图 3-64 所示。接下来学习其常见的绘制步骤。

图 3-64

（1）启动 AutoCAD2014，然后打开配套光盘中的推拉门 1.Dwg 文件，如图 3-65 所示。其为两段墙体与已经绘制好的门套，接下来首先绘制推拉门门页。

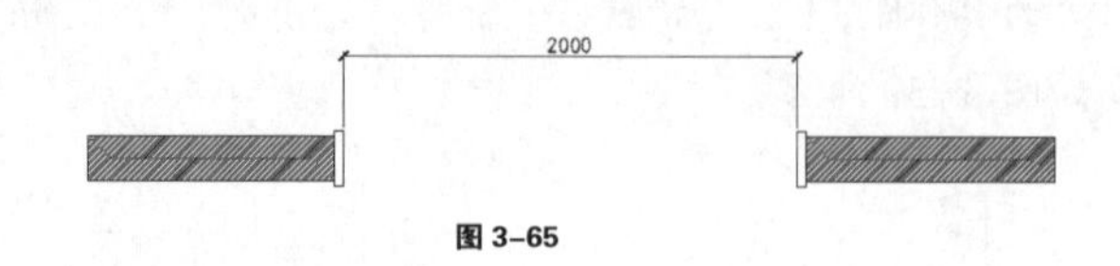

图 3-65

（2）输入“REC”启动“矩形”绘制命令，利用角点与相对输入绘制 40 × 1000 的推拉门门页，如图 3-66~图 3-68 所示，相关命令提示如下：

命令: REC↙　　//输入 REC 并回车[REC 是 RECTANG（矩形）绘制命令的简写形式]
RECTANG
指定第一个角点或 [倒角(C)/标高(E)/圆角(F)/厚度(T)/宽度(W)]:　//捕捉左侧门套右下角点为矩形第一角点并回车确认
指定另一个角点或 [面积(A)/尺寸(D)/旋转(R)]: @1000,40↙　　//通过相对坐标输入绘制出 40 × 1000 的推拉门门页

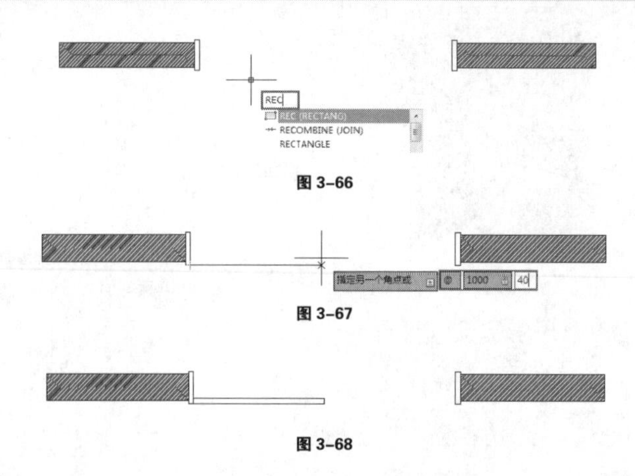

图 3-66

图 3-67

图 3-68

（3）接下来输入“M”启动“移动”命令，利用角点与中点捕捉调整好门页位置，如图 3-69~图 3-71 所示，相关命令提示如下：

命令:M↙　　//输入 M 并回车[M 是 MOVE（移动）绘制命令的简写形式]
MOVE
选择对象: 指定对角点，找到 1 个　//选择上一步绘制好的门页并回车确认
选择对象:
指定基点或 [位移(D)] <位移>:　//捕捉门页左上角点与移动基点
指定第二个点或 <使用第一个点作为位移>:　//捕捉左侧门套右端线中点完成移动

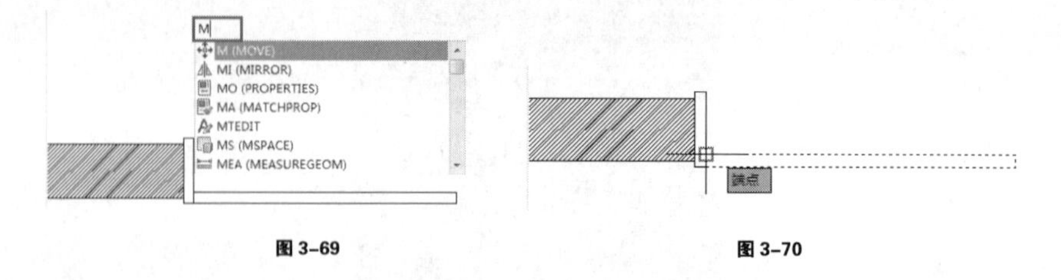

图 3-69　　图 3-70

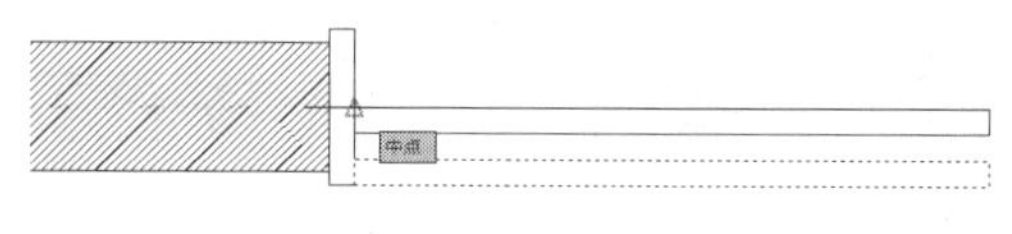

图 3-71

（4）接下来输入“CO”启动“复制”命令，利用端点捕捉复制并放置好右侧门页，如图 3-72~图 3-74 所示，相关命令提示如下：

```
命令:CO↙          //输入 CO 并回车[CO 是 COPY（复制）绘制命令的简写形式]
COPY
选择对象: 指定对角点: 找到 1 个    //选择上一步调整好的门页
选择对象:
当前设置:  复制模式 = 多个
指定基点或 [位移(D)/模式(O)] <位移>:    //指定门页右下角点为复制基点
指定第二个点或 [阵列(A)] <使用第一个点作为位移>:    //指定门页左上角点为复制完成点
指定第二个点或 [阵列(A)/退出(E)/放弃(U)] <退出>: *取消*  按 ESC 键完成复制操作
```

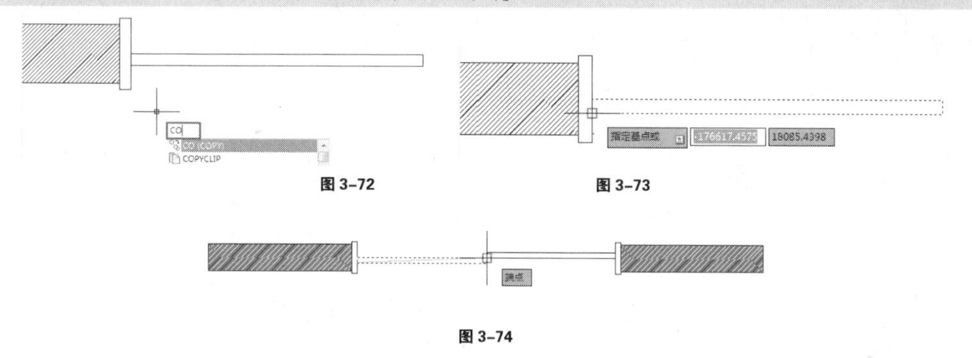

图 3-72　　图 3-73

图 3-74

（5）最后再使用直线工具绘制好门开启方向箭头即可，推拉门图块最终完成效果如图 3-75 所示。

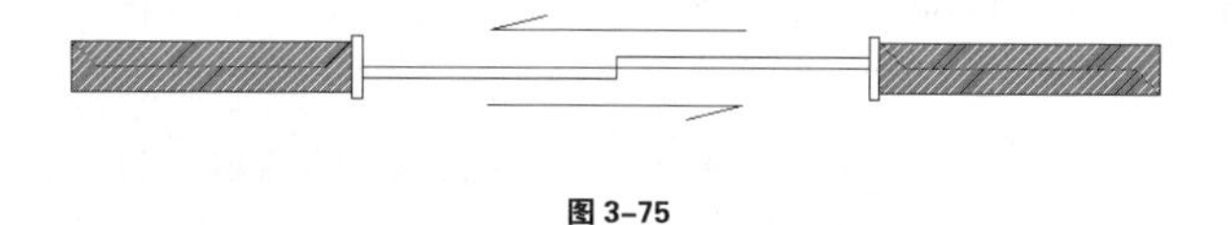

图 3-75

3.推拉暗门（隐形门）图块

推拉暗门（隐形门）常用于处理背景墙效果，如图 3-76 所示。使用该种门的原因在于背景墙原有长度不佳，因此需要将门处理成与背景墙相同材质与造型用于弥补长度，但有时纯粹为了背景墙统一的效果。接下来学习其绘制方法。

图 3-76

（1）启动 AutoCAD2014，然后打开配套光盘中推拉暗门 1.Dwg 文件，如图 3-77 所示。其为两段墙体与已经绘制好的门套，接下来首先制作推拉暗门门页。

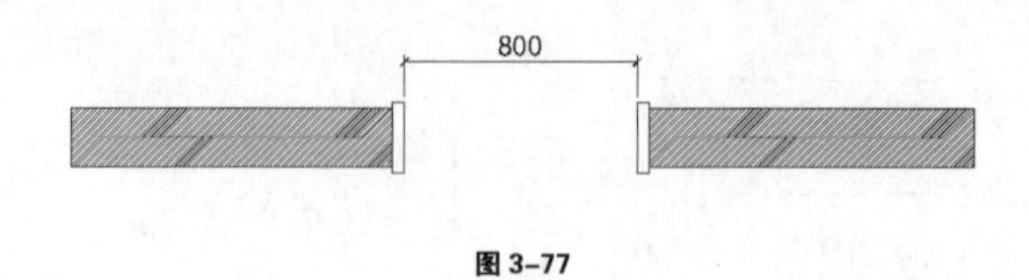

图 3-77

（2）输入“RO”启动“旋转”命令，然后利用旋转复制功能制作出门页初步造型，如图 3-78~图 3-80 所示，相关命令提示如下：

```
命令: RO↙          //输入 RO 回车[RO 是 ROTATE（旋转）命令的简写形式]
ROTATE
UCS 当前的正角方向:  ANGDIR=逆时针   ANGBASE=0
选择对象: 指定对角点: 找到 1 个    //选择绘制好的门套
选择对象:
指定基点:                          //指定门套左下角点为旋转基点
指定旋转角度，或 [复制(C)/参照(R)] <0>: c ↙   //按 C 键启用旋转的复制功能
旋转一组选定对象。
指定旋转角度，或 [复制(C)/参照(R)] <0>:    //移动光标确定好角度后单击，旋转复制出水平门页
```

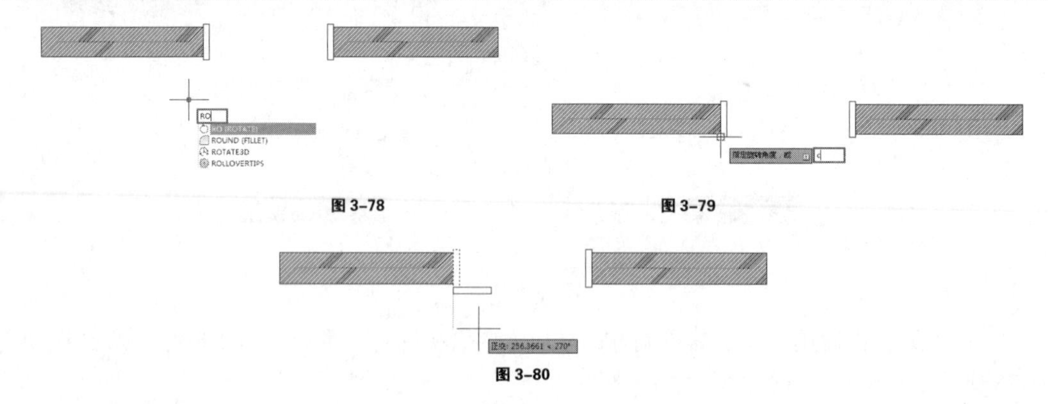

图 3-78　　图 3-79

图 3-80

（3）接下来输入“S”启动“拉伸”命令调整好门页长度，如图 3-81 与图 3-82 所示，相关命令提示如下：

```
命令: S↙                    //输入 S 回车[S 是 STRETCH（拉伸）命令的简写形式]
STRETCH
以交叉窗口或交叉多边形选择要拉伸的对象...
选择对象: 指定对角点: 找到 3 个  //选择门页右侧端线及上下线段
选择对象:
指定基点或 [位移(D)] <位移>:  //向右水平移动并捕捉左侧门套右下角点完成拉伸
```

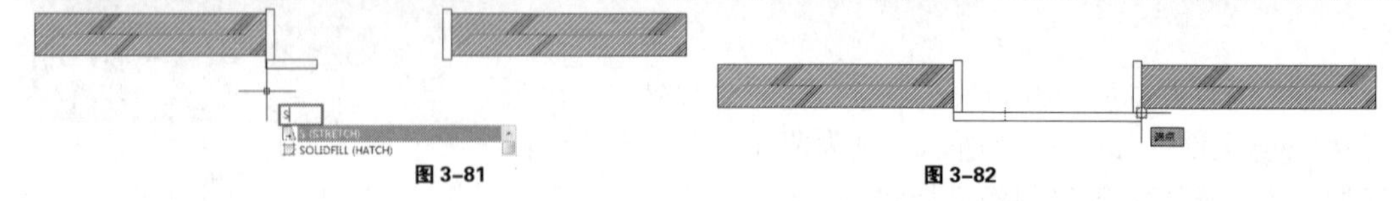

图 3-81　　图 3-82

（4）接下来输入“CO”启动“复制”命令调整好门页长度，复制制作好暗门开启位置，如图 3-83 和图 3-85 所示，相关命令提示如下：

命令: CO ↙ //输入 C 回车[C 是 COPY（复制）命令的简写形式]

COPY

选择对象: 指定对角点: 找到 4 个，总计 4 个 //选择到构成门页的四条线段

当前设置: 复制模式 = 多个

指定基点或 [位移(D)/模式(O)] <位移>: //指定门页左上角点为基点

指定第二个点或 [阵列(A)] <使用第一个点作为位移>: //指定门页右上角点完成复制

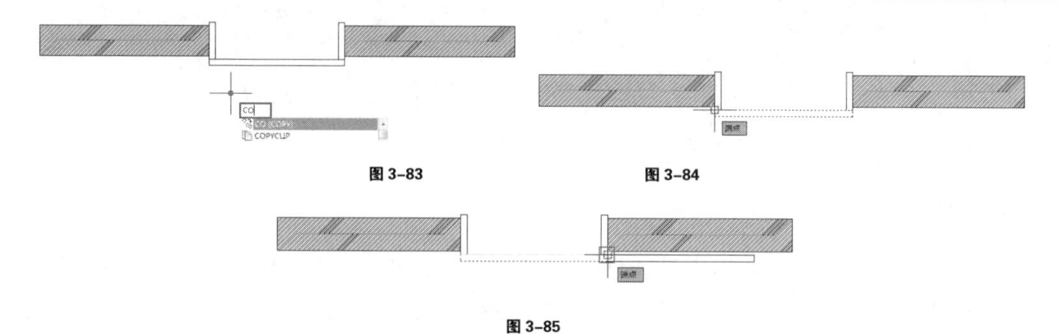

图 3-83　　图 3-84

图 3-85

（5）接下来选择复制的门页，调整其线型为“ACAD_ISOO3W100”，如图 3-86 所示。

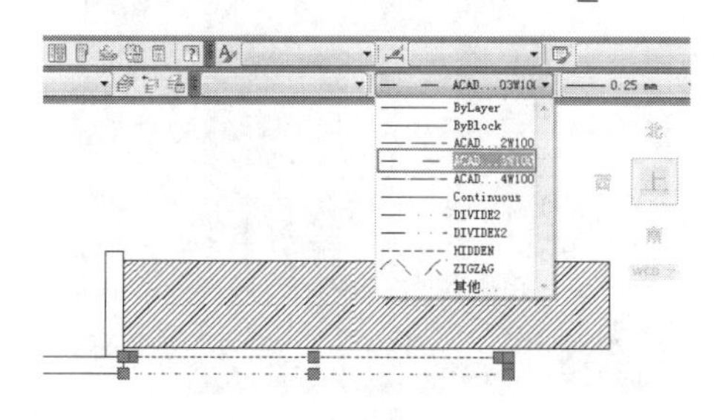

图 3-86

（6）为取得理想的虚线显示效果，按下“Ctrl+1”组合键打开特性面板，然后如图 3-87 所示设置线型比例为 4，比例调整完成后效果如图 3-88 所示。

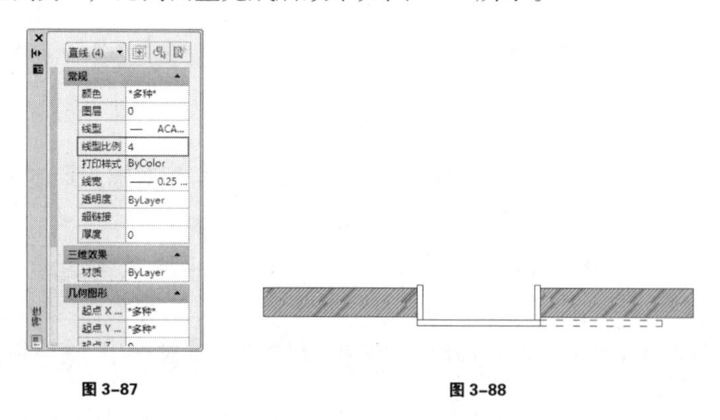

图 3-87　　图 3-88

（7）最后再使用直线工具绘制好推拉暗门开启方向箭头，最终效果参见图 3-89 所示。

图 3-89

📖 要点提示——其他类型暗门的平面图绘制方式

除了如上绘制的单扇暗门，常见的还有如图 3–90 所示的双扇暗门，此外考虑到美观以及施工要求等原因，还可以将暗门放置至墙内或是在开启位置添加装饰板，参见图 3–91 与图 3–92 所示。

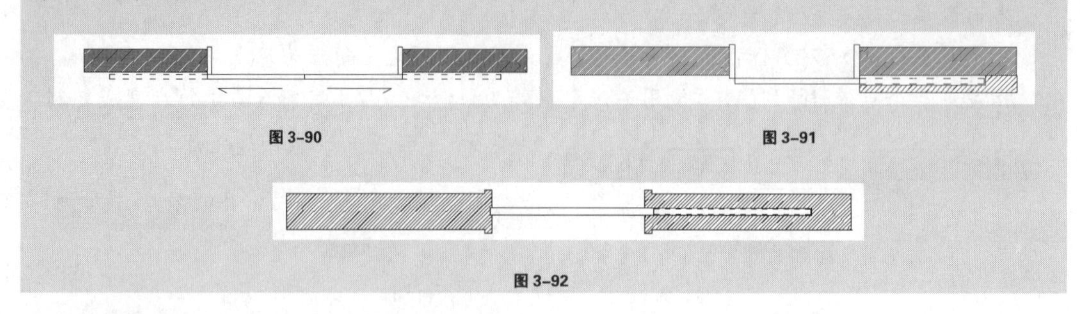

图 3–90

图 3–91

图 3–92

4.折门图块

折门在收拢后十分节省空间，同时处理为玻璃材质后十分透亮，因此常用于较为开放的空间，常见折门如图 3-93 所示。接下来学习其绘制方法。

图 3–93

（1）启动 AutoCAD2014，然后打开配套光盘中折门 1.Dwg 文件，如图 3-94 所示。其为两段墙体与已经绘制好的门套，接下来首先制作折门门页。

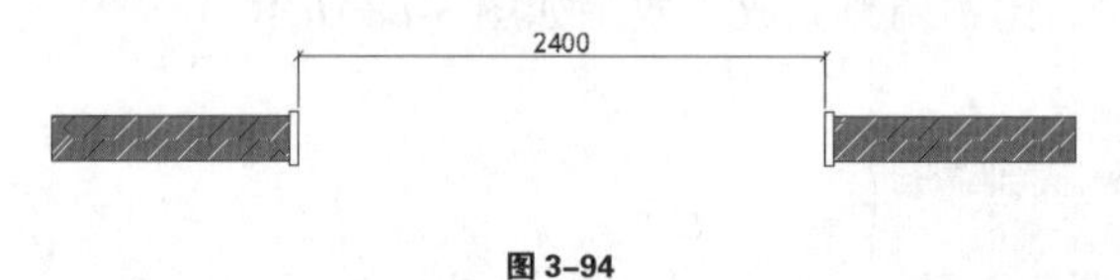

图 3–94

（2）输入“REC”启动“矩形”绘制命令，利用角点与相对输入绘制 40×600 的折门门页，如图 3-95~图 3-97 所示，相关命令提示如下：

命令: REC ↙　　//输入 REC 并回车[REC 是 RECTANG（矩形）绘制命令的简写形式]

RECTANG

指定第一个角点或 [倒角(C)/标高(E)/圆角(F)/厚度(T)/宽度(W)]:　//捕捉左侧门套右下角点为矩形第一角点并回车确认

指定另一个角点或 [面积(A)/尺寸(D)/旋转(R)]: @600,40 ↙　//通过相对坐标输入绘制出 40×600 的折门门页

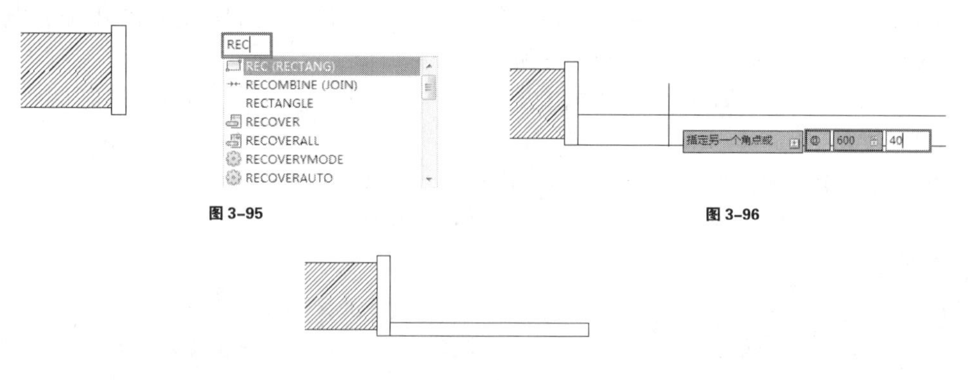

图 3-95

图 3-96

图 3-97

（3）选择绘制的门页，调整其线型为“ACAD_ISOO3W100”，然后按下“Ctrl+1”组合键打开特性面板如图 3-98 所示,设置线型比例为 2。

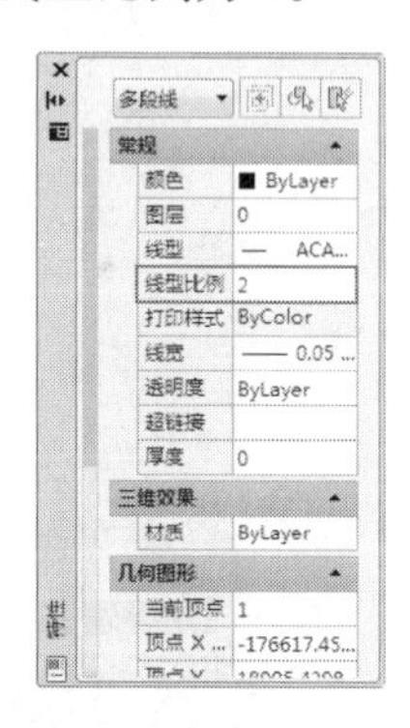

图 3-98

（4）输入“CO”启动“复制”命令，然后选择绘制好的门页向右复制三份，如图 3-99 所示，相关命令提示如下：

命令: CO ↙　　　//输入 CO 并回车[CO 是 COPY（复制）命令的简写形式]
COPY
选择对象: 指定对角点: 找到 1 个　//选择之前绘制好的门页并按回车确认
选择对象:
当前设置: 复制模式 = 多个
指定基点或 [位移(D)/模式(O)] <位移>: //指定门页左上角点为基点
指定第二个点或 [阵列(A)] <使用第一个点作为位移>: //向右捕捉门页右上角点复制出第二扇门页
指定第二个点或 [阵列(A)] <使用第一个点作为位移>: //向右捕捉第二扇门页右上角点复制出第三扇门页
指定第二个点或 [阵列(A)/退出(E)/放弃(U)] <退出>: //向右捕捉第三扇门页右上角点复制出第四扇门页

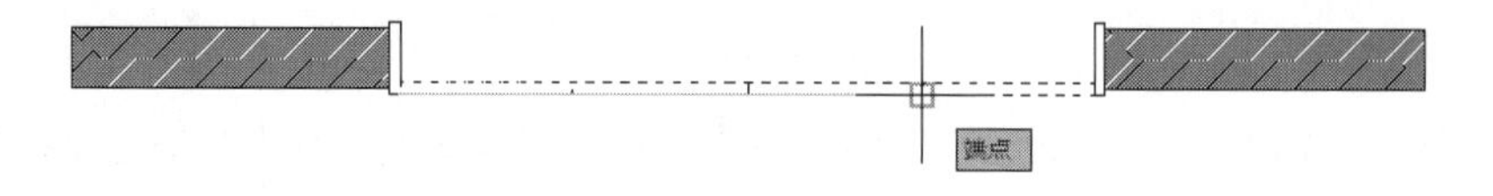

图 3-99

（5）接下来输入“RO”启动“旋转”命令，然后利用旋转复制功能制作出最右侧折门门页收拢后的效果，如图3-100~图3-102所示，相关命令提示如下：

命令: RO ↙　　//输入RO回车[RO是ROTATE（旋转）命令的简写形式）
ROTATE
UCS 当前的正角方向:　ANGDIR=逆时针　ANGBASE=0
选择对象: 指定对角点: 找到 1 个　　//选择最右侧门页
选择对象:
指定基点:　　　　　　　　　　　　//指定门套右下角点为旋转基点
指定旋转角度，或 [复制(C)/参照(R)] <0>: c↙　　//按C键启用旋转的复制功能
旋转一组选定对象。
指定旋转角度，或 [复制(C)/参照(R)] <0>: 90↙　//移动光标确定好旋转方向，然后输入90并回车完成旋转复制

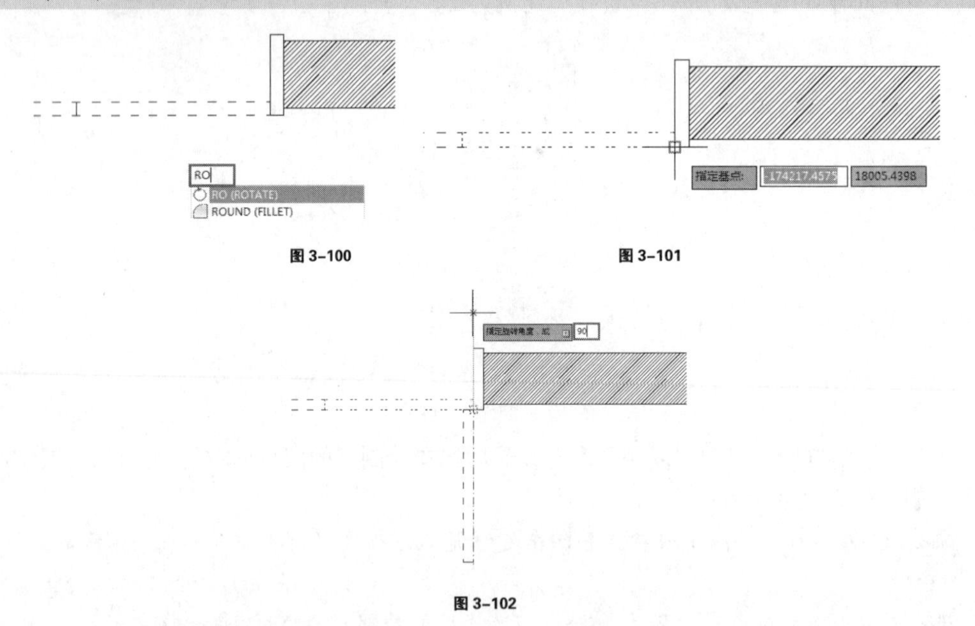

图3-100　　图3-101

图3-102

（6）选择旋转复制的折门调整其线型为“Bylayer(随图层)”使其呈实形显示，如图3-103所示。

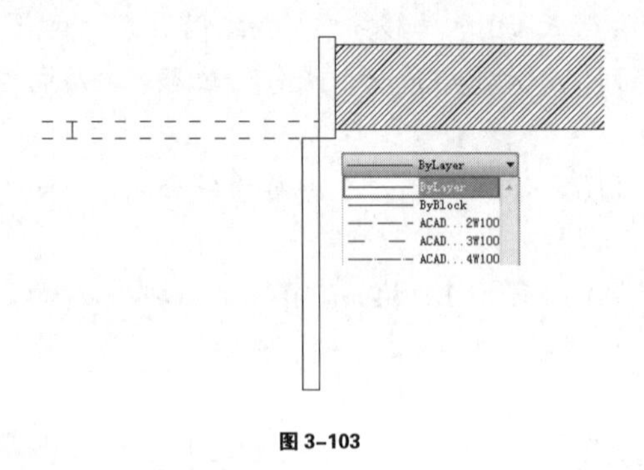

图3-103

（7）接下来输入“CO”启动“复制”命令，利用端点捕捉复制出其他三页折门门页，如图3-104和图3-105所示，相关命令提示如下：

命令:CO↙　　//输入 CO 并回车[CO 是复制（COPY）绘制命令的简写形式]

COPY

选择对象: 指定对角点: 找到 1 个　//选择上一步调整好的折门门页

选择对象:

当前设置: 复制模式 = 多个

指定基点或 [位移(D)/模式(O)] <位移>:　//指定门页右上角点为复制基点

指定第二个点或 [阵列(A)] <使用第一个点作为位移>:　//指定门页左上角点为复制完成点

指定第二个点或 [阵列(A)/退出(E)/放弃(U)] <退出>:　//指定上一次复制门页左上角点为复制完成点

指定第二个点或 [阵列(A)/退出(E)/放弃(U)] <退出>:　//指定上一次复制门页左上角点为复制完成点

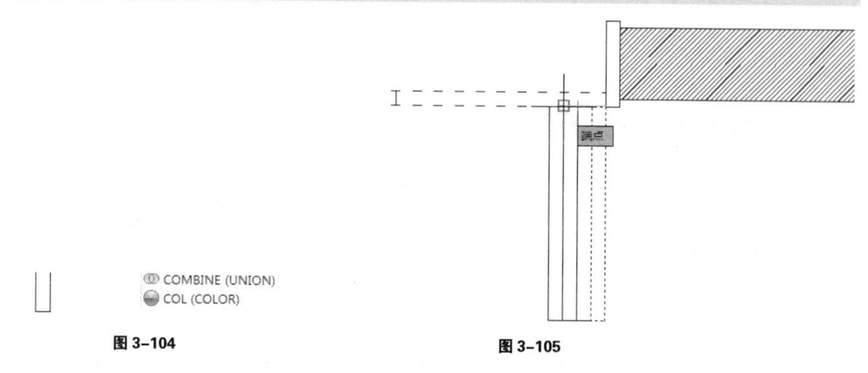

图 3-104　　图 3-105

（8）接下来输入“RO”启动“旋转”命令，然后调整最左侧门页为轻微打开效果，如图 3-106~图 3-108 所示，相关命令提示如下：

命令: RO↙　　//输入 RO 回车[RO 是 ROTATE（旋转）命令的简写形式]

ROTATE

UCS 当前的正角方向: ANGDIR=逆时针　ANGBASE=0

选择对象: 指定对角点: 找到 1 个　//选择最大侧门页

选择对象:

指定基点:　//指定门页右下角点为旋转基点

指定旋转角度, 或 [复制(C)/参照(R)] <0>:15↙　//移动光标向左确定好旋转方向, 然后输入 15 并回车完成旋转复制

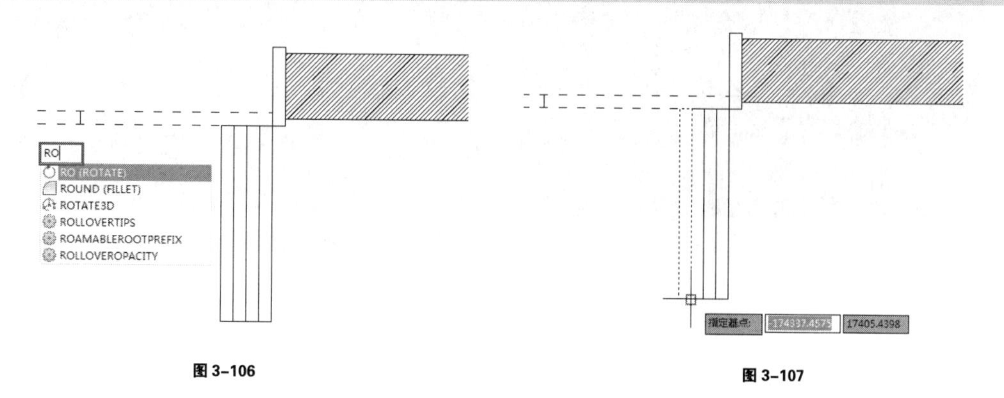

图 3-106　　图 3-107

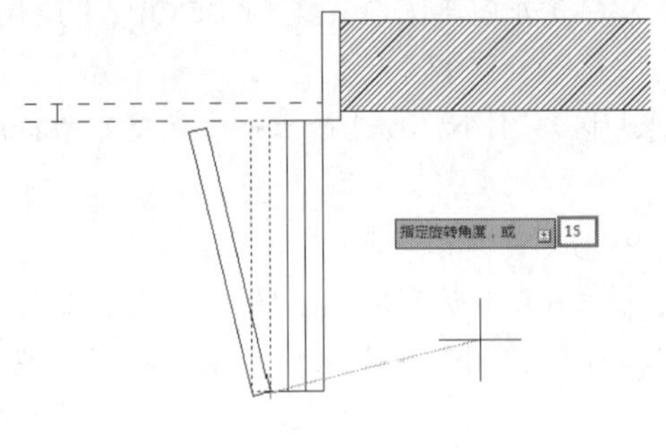

图 3-108

（9）最后再使用直线工具绘制好推拉暗门开启方向箭头，最终效果参见图 3-109 所示。

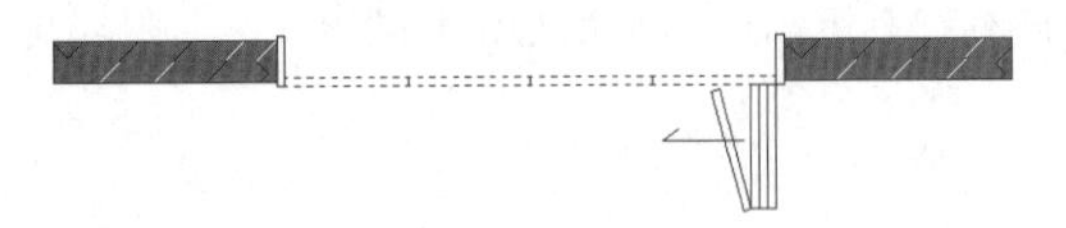

图 3-109

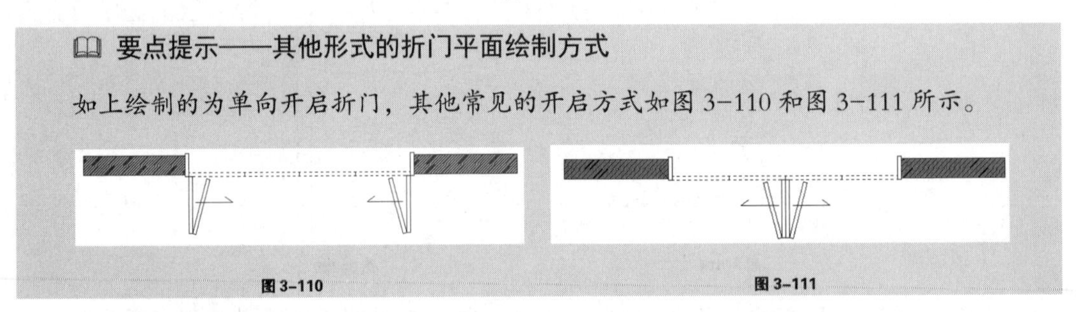

要点提示——其他形式的折门平面绘制方式

如上绘制的为单向开启折门，其他常见的开启方式如图 3-110 和图 3-111 所示。

图 3-110　　图 3-111

3.2.5 绘制柜子图块

在平面布置图中柜子的绘制比较简单，接下来主要从柜子的高度出发，为大家介绍下具体的表示方法。

1.矮柜图块

常见的矮柜有电视柜、边柜、书柜、床头柜等形式，实物图如图 3-112~图 3-115 所示。

图 3-112

图 3-113

图 3-114

图 3-115

对于该类柜体的 AutoCAD 平面图中只需要对应绘制出长宽轮廓线以及柜体分隔线即可，如图 3-116 所示。出于美观以及功能示意，可以对应地补充电视、书本、花瓶等装饰平面图形。要注意的是，该种图示并不仅能表示矮柜，只要是柜子下面着地，上面又不挨到顶棚即可以用该种方式表示。

图 3-116

2.吊柜图块

吊柜可以理解成下不着地，上不碰顶的悬空柜子，最常见的为厨房吊柜与搁物柜，如图 3-117 和图 3-118 所示。而由于吊柜不占地面空间的特点，在电视背景墙、书柜也可以适当运用，如图 3-119 与图 3-120 所示。

图 3-117

图 3-118

图 3-119

图 3-120

对于该类柜体的 AutoCAD 平面图中首先需要对应绘制出长宽轮廓线以及柜体分隔线，然后在柜体内绘制同向对角虚线表示其中悬空特征，如图 3-121 所示。

需要注意的是，在立面图中常见如图 3-122 所示的柜体及虚线表示，该种虚线表示柜门打开方向。在图 3-122 中表示该柜子打开方式为上掀。

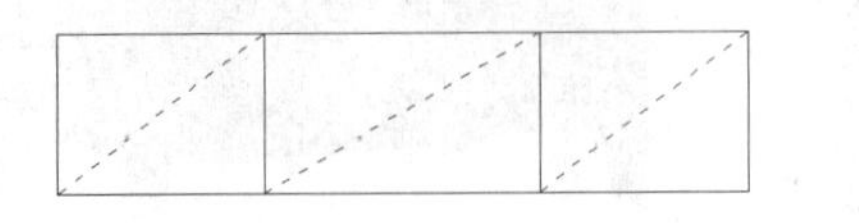

图 3-121

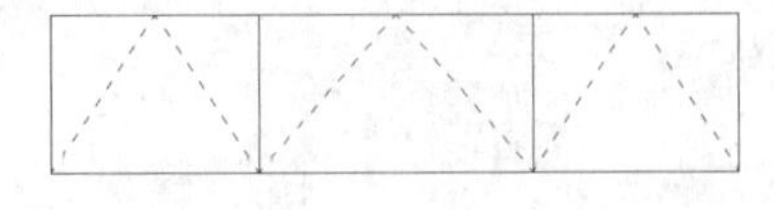

图 3-122

3.到顶高柜图块

到顶高柜的最大的特点是其顶部与空间顶棚相连接，最常见的为电视柜（墙）、书柜(展示柜)，以及局部鞋柜与厨柜等，如图 3-123~图 3-126 所示。

图 3-123

图 3-124

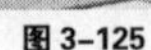

图 3-125

图 3-126

对于该类柜体的 AutoCAD 平面图中首先需要对应绘制出长宽轮廓线以及柜体分隔线，然后在柜体内绘制交叉对角实线表示其到顶特征，如图 3-127 所示。

图 3-127

4.衣柜图块

衣柜在设计中考虑到空间利用绝大部分情况下为到顶，顶部柜体通常用于放置棉被等季节性或是不常用的特品，如图 3-128 和图 3-129 所示。

图 3-128

图 3-129

区别于其他柜子在 AutoCAD 平面图中的表示，最为常见的衣柜图示首先应对应绘制出长宽轮廓线以及柜体分隔线，然后在柜体内绘制挂衣杆以及衣架表示其功能特征，如图 3-130 所示。

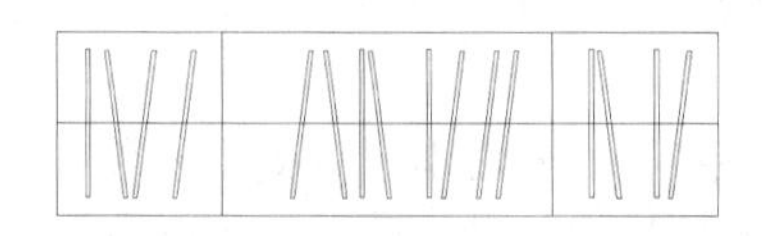

图 3-130

📖 要点提示——柜子图块其他细节的绘制

在实际的绘制过程，如果需要还可以绘制出柜板的厚度、打开方式等细节，参见图 3-131~图 3-133 所示。

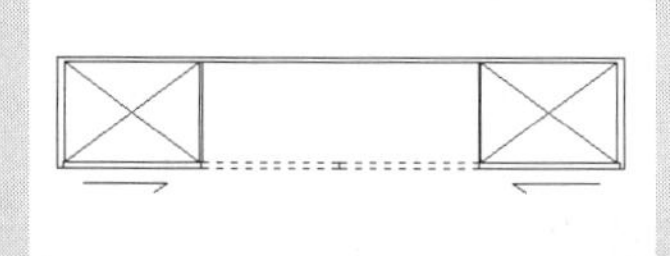

图 3-131

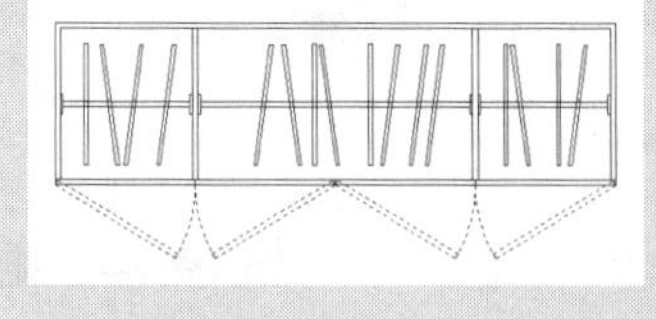

图 3-132

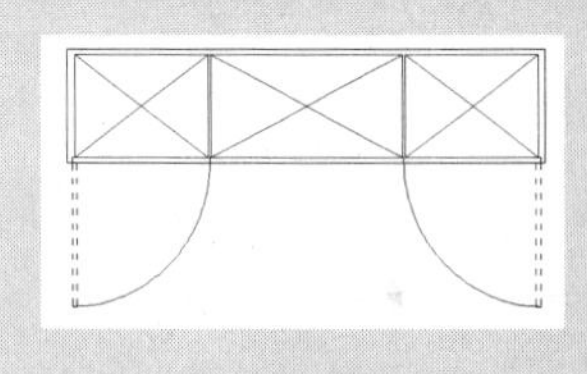

图 3-133

3.2.6 绘制桌椅图块

桌椅图块的绘制重点在于准确地表示桌椅的尺度、座位数量，在细节上根据要求可简可繁，参考图 3-134 和图 3-135 所示。接下来以图 3-136 所示细节较高的图形为例介绍其绘制方法。

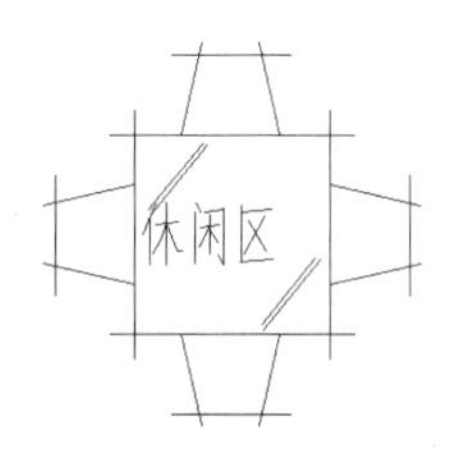

图 3-134

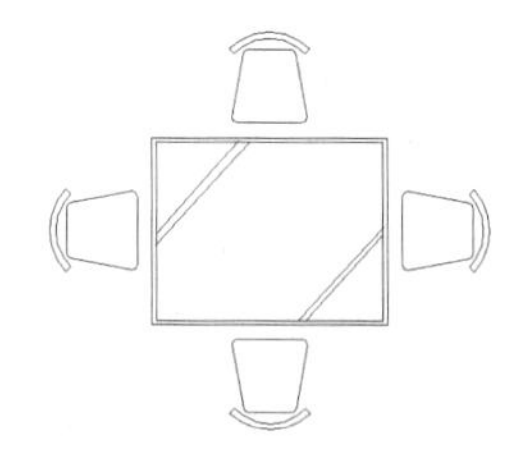

图 3-135

（1）启动 AutoCAD2014，然后输入“REC”启动“矩形”命令绘制一个 1800 × 1400 的矩形作为桌面，如图 3-136 和图 3-137 所示，相关命令提示如下：

```
命令: REC↙        //输入 REC 并回车[REC 是 RECTANG（矩形）绘制命令的简写形式]
RECTANG
```

指定第一个角点或 [倒角(C)/标高(E)/圆角(F)/厚度(T)/宽度(W)]: //任意指定一点为第一个角点

指定另一个角点或 [面积(A)/尺寸(D)/旋转(R)]: @1800,1400↙ //通过相对坐标输入绘制出 1800×1400 的桌面

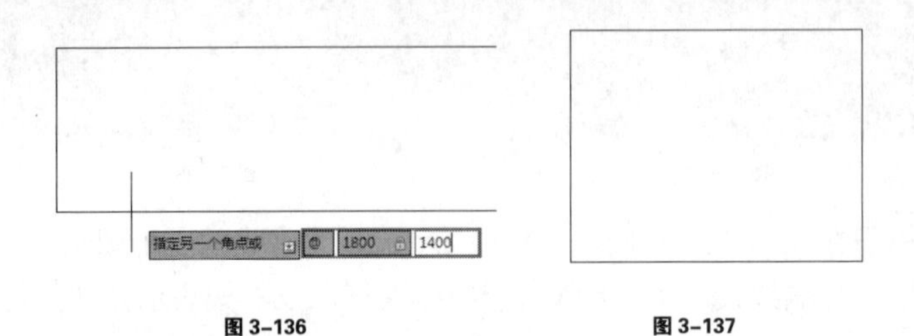

图 3-136　　　　图 3-137

（2）输入“O”启动“偏移”命令向内制作厚度 30 的边框，如图 3-138 所示，相关命令提示如下：

命令: O↙ //输入 O 并回车（O 是 OFFSET（偏移）命令的简写形式）

OFFSET 当前设置: 删除源=否 图层=源 OFFSETGAPTYPE=0

指定偏移距离或 [通过(T)/删除(E)/图层(L)] <通过>: 30↙ //输入 30 并回车设定偏移距离为 30

选择要偏移的对象，或 [退出(E)/放弃(U)] <退出>: //选择矩形

指定要偏移的那一侧上的点，或 [退出(E)/多个(M)/放弃(U)] <退出>: //将光标置于矩形内部并单击确定向内完成偏移

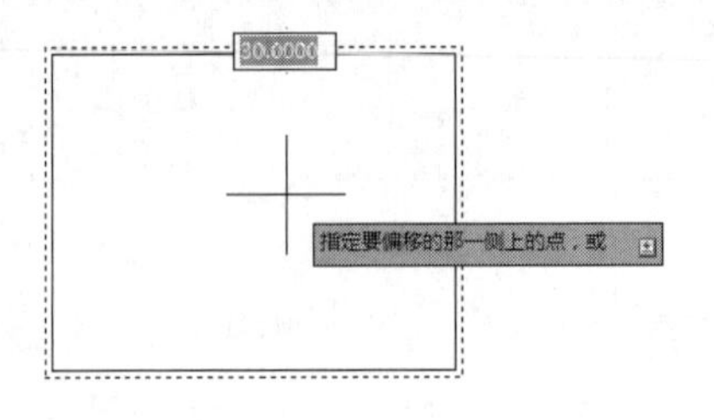

图 3-138

（3）使用直线命令在桌面内部绘制一些直线示意其为玻璃面，完成效果参考图 3-139 所示。接下来开始绘制座椅图形。

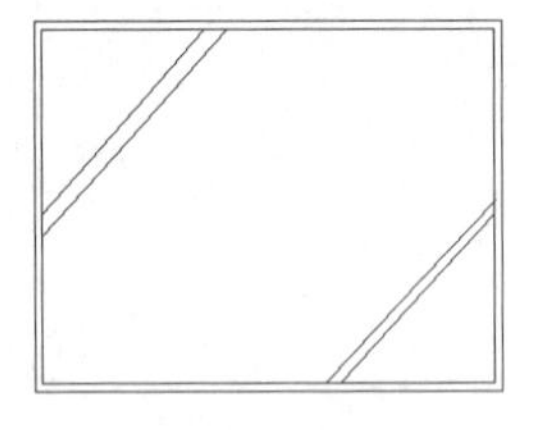

图 3-139

（4）使用直线命令通过坐标输入绘制好座椅轮廓，参见图 3-140 ~ 图 3-144 所示，相关命令提示如下：

命令: L↙ //输入 L 并回车[L 是 Line（直线）命令的简写形式]

LINE

指定第一个点: //参考桌面上端中线位置单击鼠标左键绘制座椅轮廓线起点

指定下一点或 [放弃(U)]: 600↙ //向右确定好直线绘制方向，然后输入 600 并回车确定好直线长度

指定下一点或 [放弃(U)]: @−100,550↙ //通过相对坐标输入确定好直线下一点

指定下一点或 [闭合(C)/放弃(U)]: 400↙ //向左确定好直线绘制方向，然后输入 400 并回车确定好直线长度

指定下一点或 [闭合(C)/放弃(U)]: <正交 关> C //输入 C 确定闭合当前直线，完成座椅轮廓线的绘制

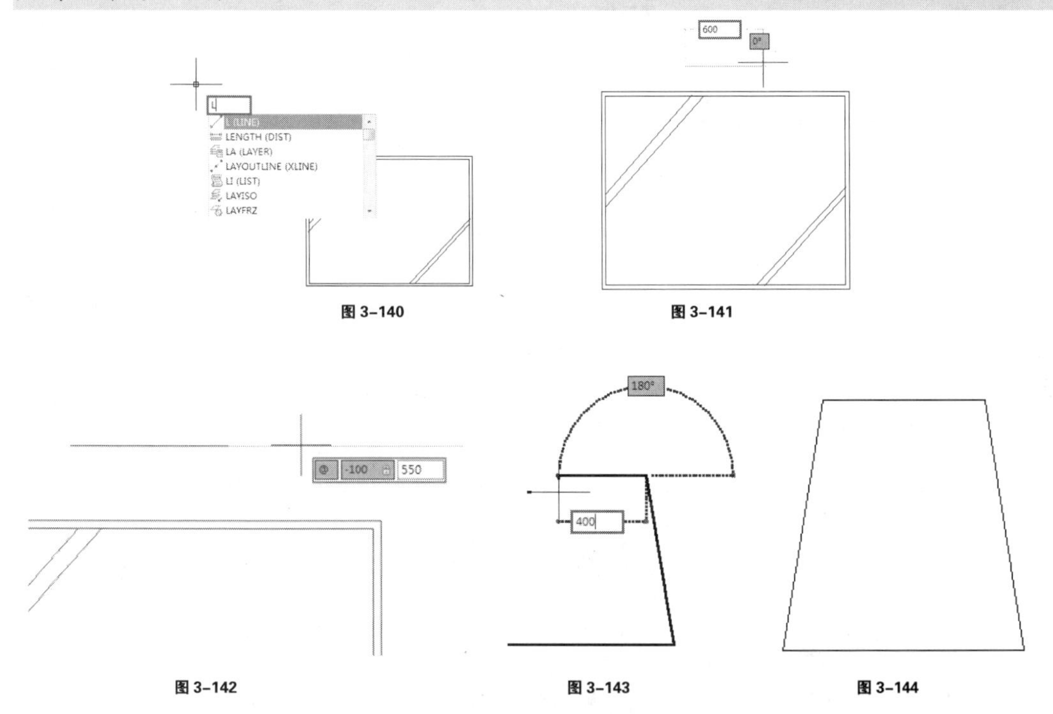

图 3-140　　图 3-141

图 3-142　　图 3-143　　图 3-144

（5）接下来输入“F”启动“圆角”命令为座椅四个角分别制作半径为 40 的圆角，参考图 3-145~图 3-153 所示，相关命令提示如下：

命令: F↙ //输入 F 并回车[F 是圆角（FILLET）命令的简写形式]

FILLET

当前设置: 模式 = 修剪，半径 = 1.0000

选择第一个对象或 [放弃(U)/多段线(P)/半径(R)/修剪(T)/多个(M)]: R↙ //输入 R 以调整圆角半径大小

指定圆角半径 <1.0000>: 40↙ //设置圆角半径大小为 40

选择第一个对象或 [放弃(U)/多段线(P)/半径(R)/修剪(T)/多个(M)]: M↙ //设置圆角模式为多个

选择第一个对象或 [放弃(U)/多段线(P)/半径(R)/修剪(T)/多个(M)]: //选择右侧线段

选择第二个对象，或按住 Shift 键选择对象以应用角点或 [半径(R)]: //选择底部线段完成第一个圆角

选择第一个对象或 [放弃(U)/多段线(P)/半径(R)/修剪(T)/多个(M)]: //选择底部线段

选择第二个对象，或按住 Shift 键选择对象以应用角点或 [半径(R)]: //选择左侧线段完成第二个圆角，接下来再以顺时针方向重复类似操作完成其他两处圆角

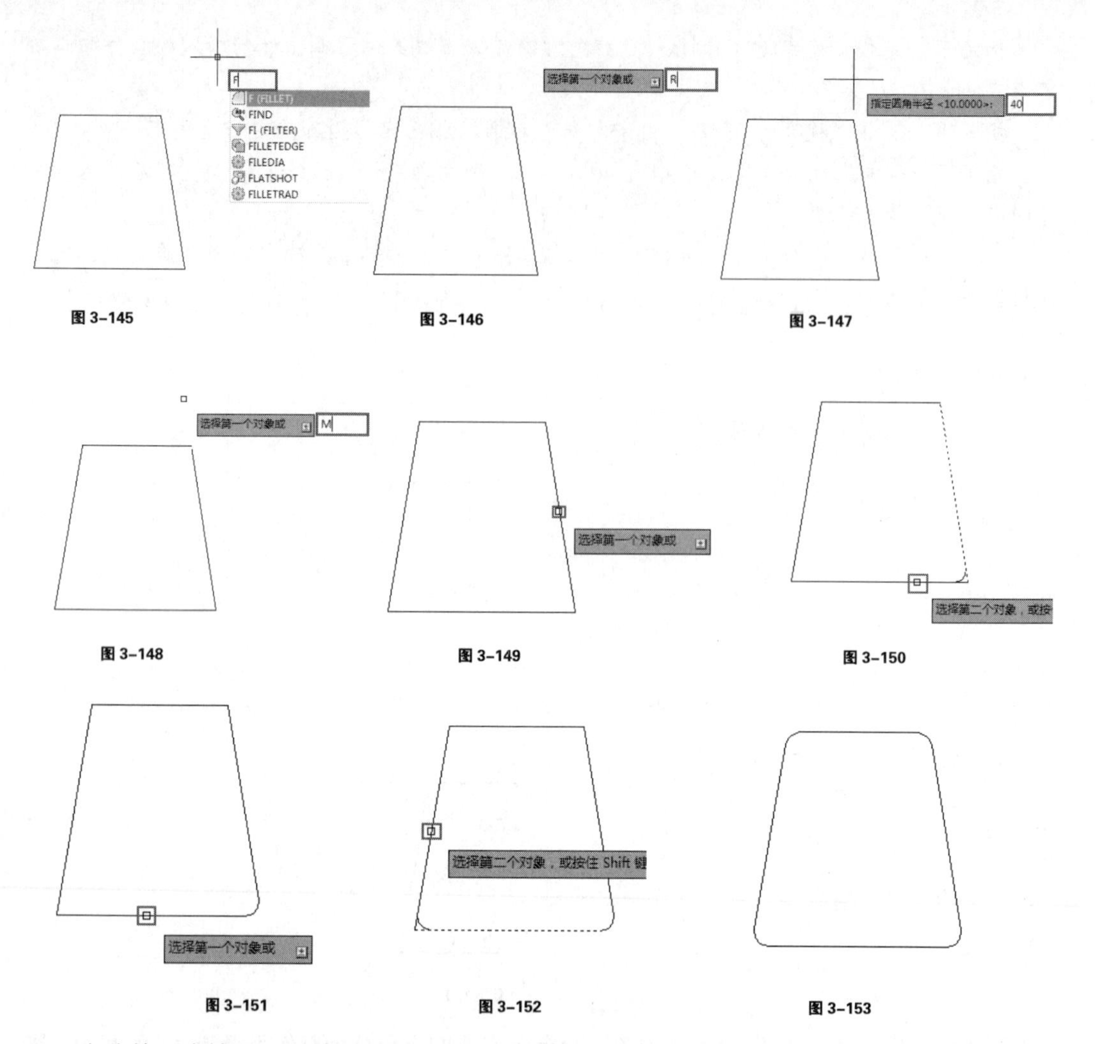

图 3-145　图 3-146　图 3-147

图 3-148　图 3-149　图 3-150

图 3-151　图 3-152　图 3-153

（6）接下来输入“A”启动“圆弧”命令制作座椅靠背内侧圆弧，参见图 3-154 ~ 图 3-159 所示，相关命令提示如下：

命令: A↙　　　　　　//输入 A 并回车[A 是 ARC（圆弧）命令的简写形式]

ARC

圆弧创建方向: 逆时针(按住 Ctrl 键可切换方向):　　//参考座椅左侧圆弧位置确定好圆弧起点

指定圆弧的起点或 [圆心(C)]:　　//上一次操作完成时本操作即完成

指定圆弧的第二个点或 [圆心(C)/端点(E)]: E↙　　//确定以端点方式创建圆弧第二点

指定圆弧的端点: 550↙　　　　//向右确定创建方向，然后输入 550 确定圆弧第二点位置

指定圆弧的圆心或 [角度(A)/方向(D)/半径(R)]: A↙　　//确定通过角度方式确认圆弧最终效果

指定包含角: −90↙　　　　//向上移动光标确定方向，然后输入−90 创建完成本段圆弧

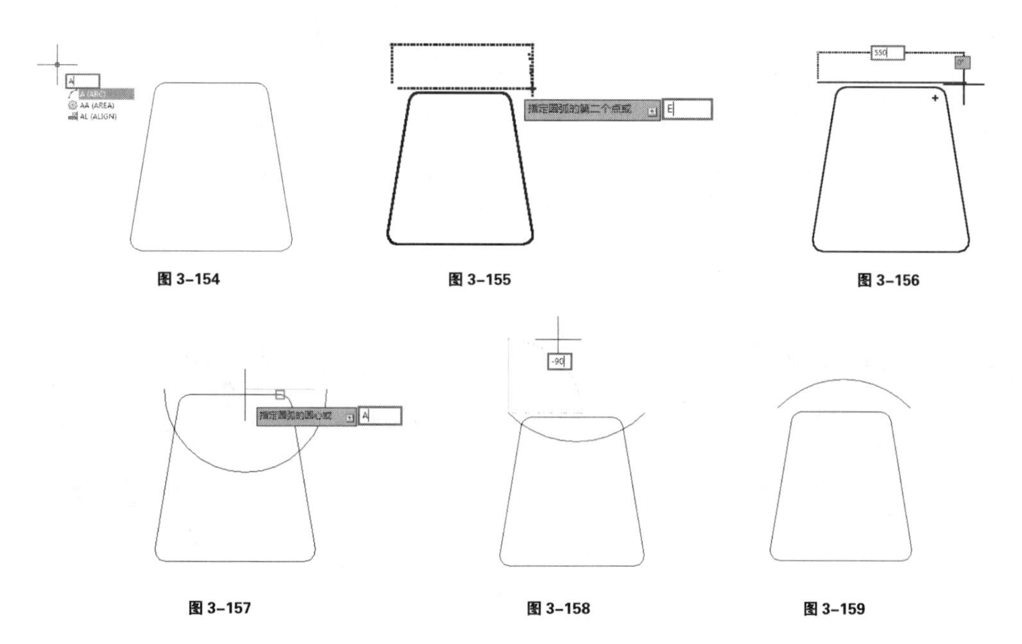

图 3-154　　图 3-155　　图 3-156

图 3-157　　图 3-158　　图 3-159

（7）输入“O”启动“偏移”命令，然后向外以 50 的距离制作靠背外侧圆弧，如图 3-160 ~ 图 3-161 所示，相关命令提示如下：

命令: O↙　　　　//输入 O 并回车[O 是 OFFSET（偏移）命令的简写形式]

OFFSET　　当前设置: 删除源=否　图层=源　OFFSETGAPTYPE=0

指定偏移距离或 [通过(T)/删除(E)/图层(L)] <通过>: 50↙　　//输入偏移距离为 50

选择要偏移的对象，或 [退出(E)/放弃(U)] <退出>:　　//选择上一步绘制好的圆弧

指定要偏移的那一侧上的点，或 [退出(E)/多个(M)/放弃(U)] <退出>: //向上移动鼠标确定偏移方向，然后单击完成圆弧偏移

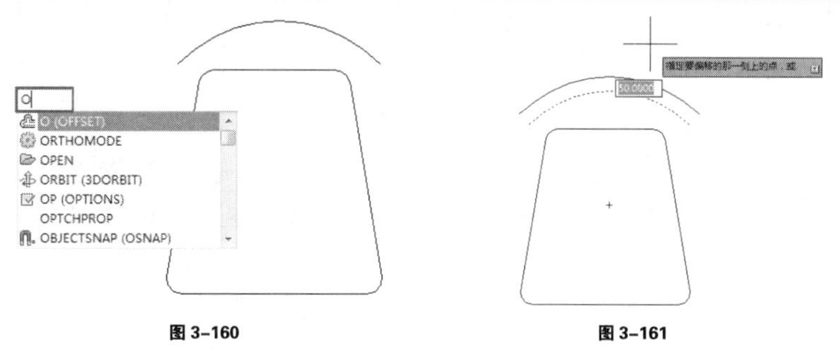

图 3-160　　图 3-161

（8）使用直线命令封闭圆弧两端，完成座椅靠背，完成效果参见图 3-162 所示。

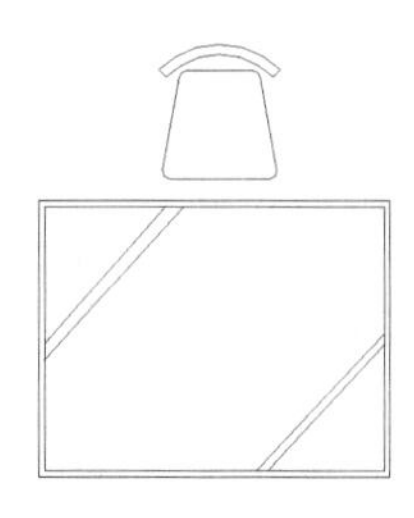

图 3-162

（9）使用“阵列”命令制作好另外三把座椅，如图 3-163~图 3-168，相关命令提示如下：

命令: AR↙ //输入 AR 并回车[AR 是 ARRAY（阵列）命令的简写形式]

ARRAY

选择对象: 指定对角点: 找到 12 个 //通过框选选择绘制好座椅

选择对象:

输入阵列类型 [矩形(R)/路径(PA)/极轴(PO)] <矩形>: PO↙ //设置阵列类型为极轴（圆形阵列）

类型 = 极轴 关联 = 是

指定阵列的中心点或 [基点(B)/旋转轴(A)]: //结合中点捕捉以及极轴追踪确定桌面中点为极轴阵列中心点

选择夹点以编辑阵列或 [关联(AS)/基点(B)/项目(I)/项目间角度(A)/填充角度(F)/行(ROW)/层(L)/旋转项目(ROT)/退出(X)] <退出>: I↙ //设置为项目模式

输入阵列中的项目数或 [表达式(E)] <6>: 4↙ //设置项目数量为 4 并回车完成座椅阵列复制

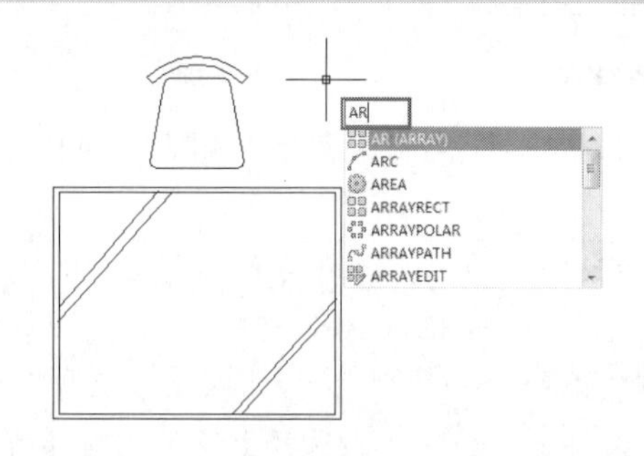

图 3-163

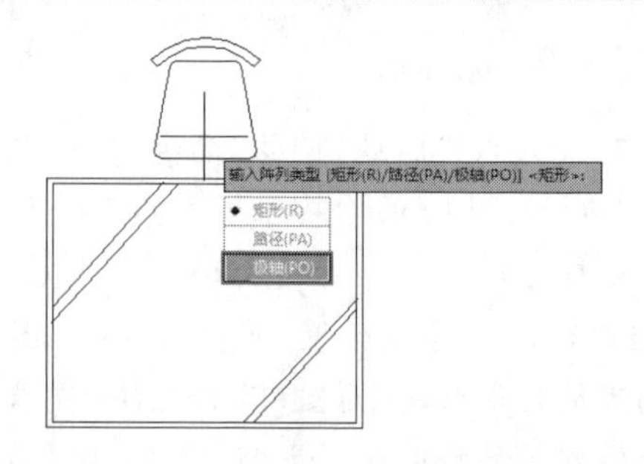

图 3-164

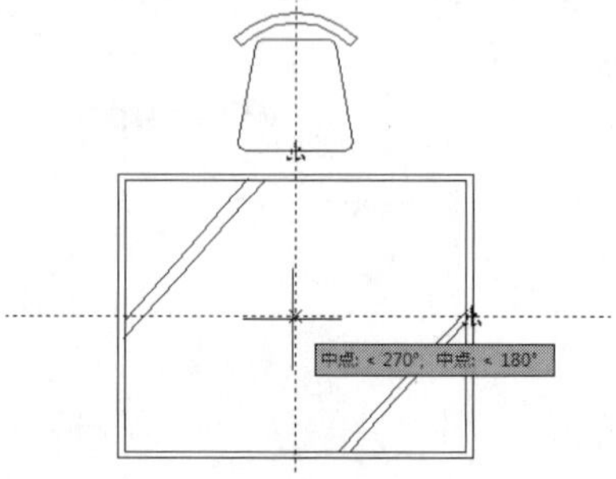

图 3-165

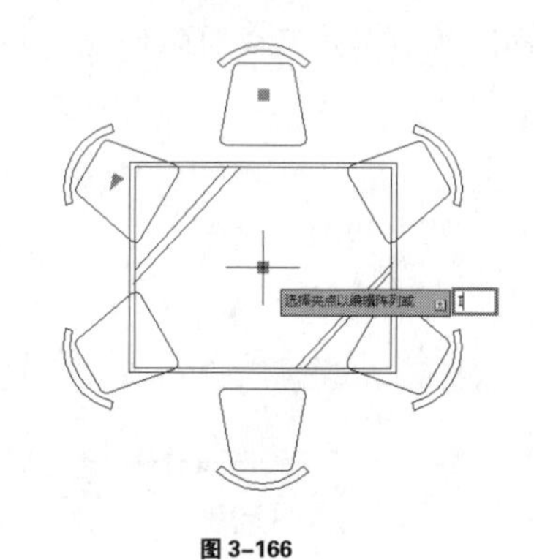

图 3-166

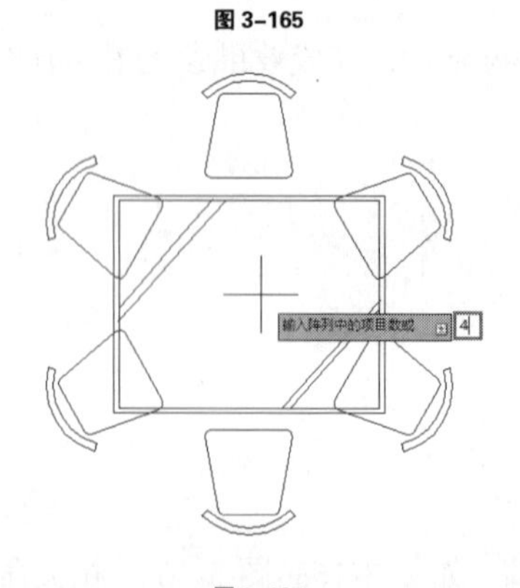

图 3-167

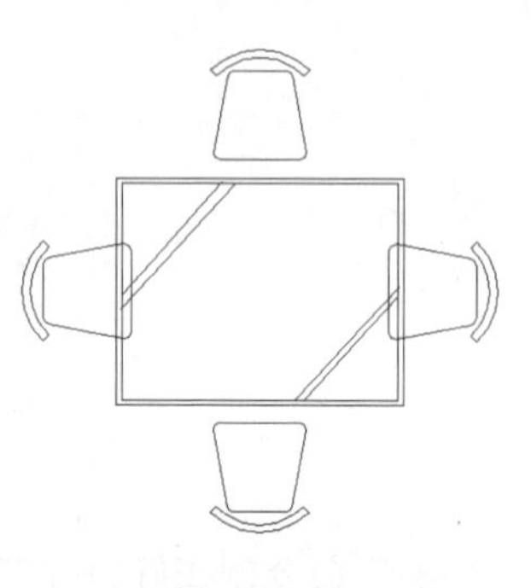

图 3-168

（10）通过阵列复制出另外三把座椅后，再通过移动调整好座椅位置完成整个图形的绘制，完成效果参见图 3-169 所示。

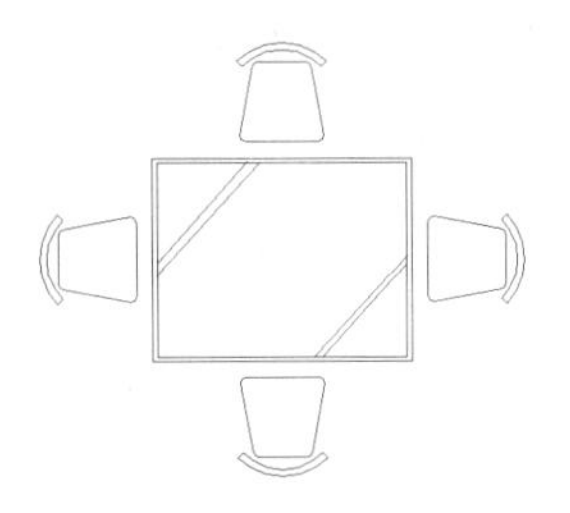

图 3-169

📖 要点提示——桌椅图块的使用技巧

在座椅的绘制或调用时，首先要明确设计风格以绘制或调用对应对应模型，如图 3-170 中所示座椅从左至右依次为中式、欧式以及现代简约。

此外也可需考虑座椅的功能，如图 3-171 中所示座椅主要功能从左至右依次为家居、办公以及休闲。

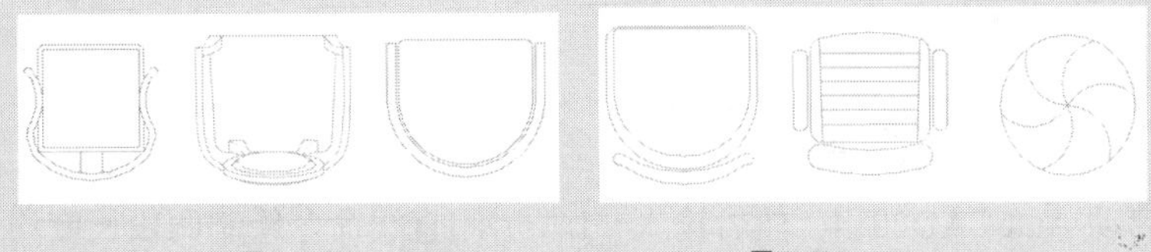

图 3-170　　图 3-171

最后座位数量需要从空间自身宽度进行考虑，在家居设计中矩形桌面最多配置 6 把座椅，如图 3-172 所示。如果需要配置更多座椅可以考虑使用圆桌，如图 3-173 所示。椭圆桌面虽然造型较为优美但相对而言配置座椅较少，如图 3-174 所示。

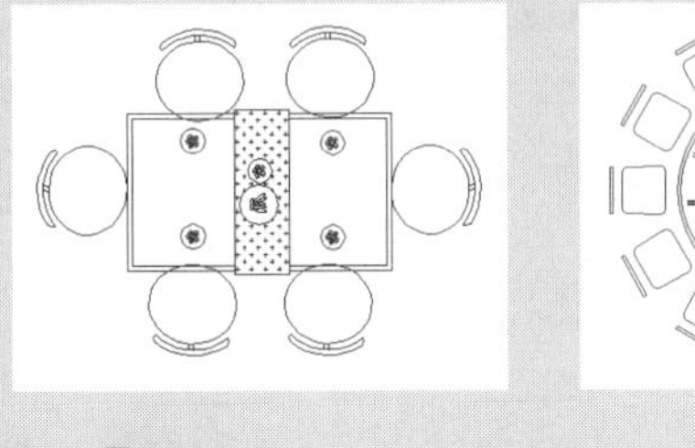

图 3-172

图 3-173

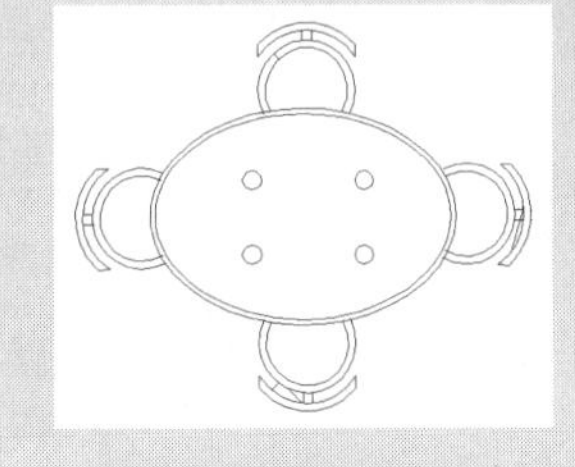

图 3-174

3.2.7 绘制沙发图块

无论客厅空间大小、风格，奢侈程度如何变化，沙发始终是客厅的活动中心与设计亮点，如图 3-175~图 3-177 所示。

图 3-175

图 3-176

图 3-177

要注意的是无论是哪种设计风格的沙发，其尺寸以及座位配置是比较统一的。以简约风格沙发为例，在家居设计中从尺寸大小以及座位配置上而言主要有单人沙发、双人沙发、三人沙发以及三人带躺椅沙发，如图 3-178~图 3-181 所示。接下来以其中最为复杂的三人带躺椅沙发学习其绘制过程与方法，通过实际演练的方式熟悉沙发相关尺度，具体步骤如下。

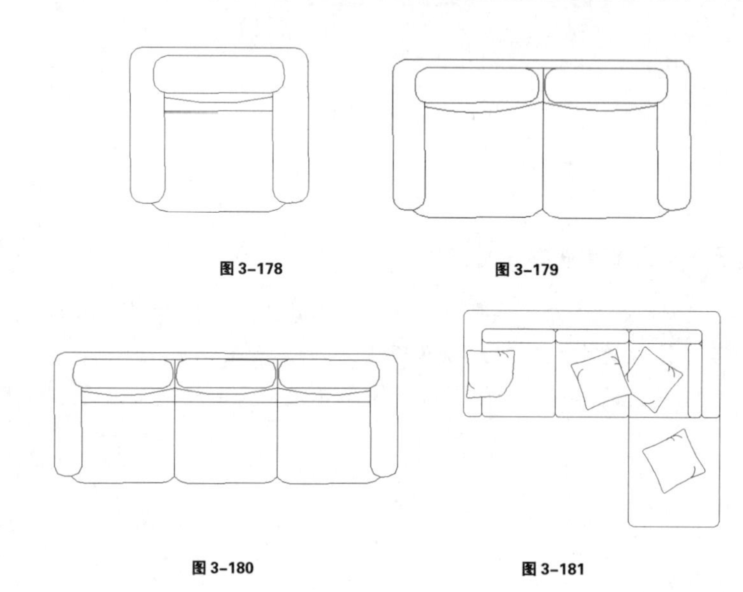

图 3-178　　图 3-179

图 3-180　　图 3-181

（1）启动 AutoCAD2014，然后输入“L”启用直线命令绘制两段长度均为 2600 并垂直相交的线段，参见图 3-182 所示。

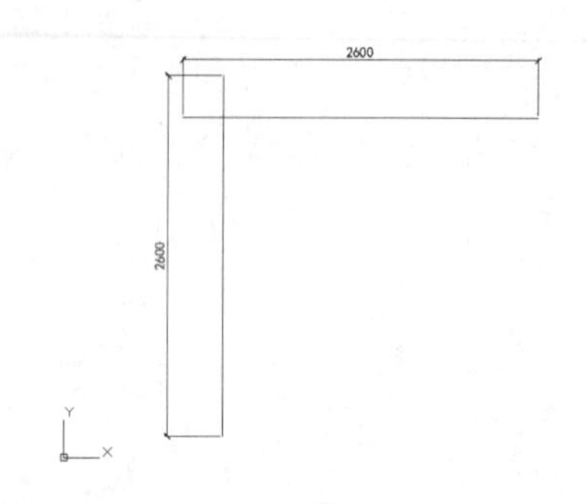

图 3-182

（2）接下来首先将确定沙发的总宽度，输入“O”启用偏移命令将竖直线段向右以 2100 的距离偏移复制，如图 3-183 与图 3-184 所示，相关命令提示如下：

命令: O↙　　//输入 O 并回车[O 是 OFFSET（偏移）命令的简写形式]

OFFSET

当前设置: 删除源=否　图层=源　OFFSETGAPTYPE=0

指定偏移距离或 [通过(T)/删除(E)/图层(L)] <150.0000>: 2100↙　//输入三个沙发总宽度为 2100

选择要偏移的对象，或 [退出(E)/放弃(U)] <退出>:　//选择左侧竖向线段

指定要偏移的那一侧上的点，或 [退出(E)/多个(M)/放弃(U)] <退出>:　//向右移动鼠标确定偏移方向，然后单击完成偏移

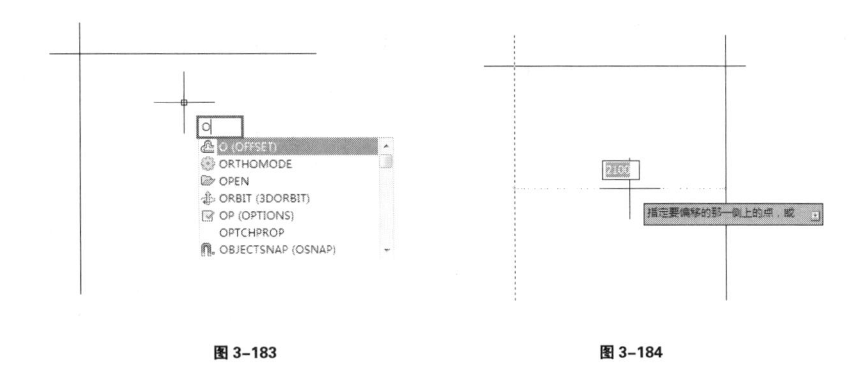

图 3-183　　　　图 3-184

（3）接下来将确定沙发两侧扶手宽度，输入“O”启用偏移命令在左右各制作 150 宽度的沙发扶手，如图 3-185 所示，相关命令提示如下：

命令: OFFSET↙ //由于上一次使用过偏移命令后未使用其他命令，因此按下回车键直接启用偏移命令

当前设置: 删除源=否 图层=源 OFFSETGAPTYPE=0

指定偏移距离或 [通过(T)/删除(E)/图层(L)] <2100.0000>: 150↙ //设置偏移值为沙发扶手常见宽度 150

选择要偏移的对象，或 [退出(E)/放弃(U)] <退出>: //选择左侧竖直线段

指定要偏移的那一侧上的点，或 [退出(E)/多个(M)/放弃(U)] <退出>: //向右确定方向并单击完成偏移复制

选择要偏移的对象，或 [退出(E)/放弃(U)] <退出>: //选择右侧竖直线段

指定要偏移的那一侧上的点，或 [退出(E)/多个(M)/放弃(U)] <退出>: //向左确定方向并单击完成偏移复制

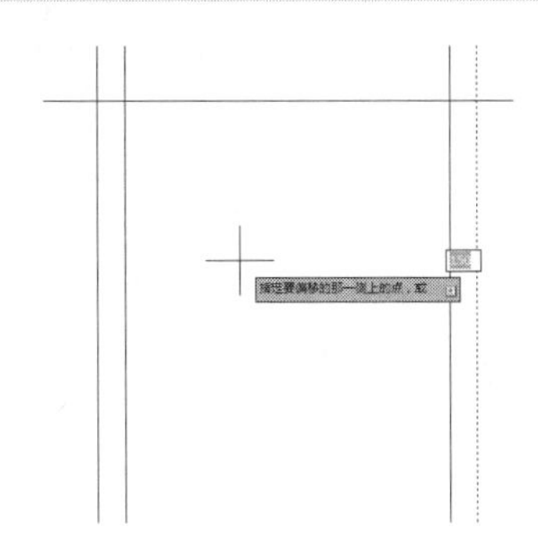

图 3-185

（4）接下来再确定沙发单个坐垫两侧扶手宽度，输入“O”启用偏移命令制作三个宽度均 600 的沙发坐垫，如图 3-186 所示，相关命令提示如下：

命令: OFFSET //按下回车键直接启用偏移命令

当前设置: 删除源=否 图层=源 OFFSETGAPTYPE=0

指定偏移距离或 [通过(T)/删除(E)/图层(L)] <2100.0000>: 600 //设置偏移值为沙发坐垫常见宽度 600

选择要偏移的对象，或 [退出(E)/放弃(U)] <退出>: //选择左侧第二条竖直线段

指定要偏移的那一侧上的点，或 [退出(E)/多个(M)/放弃(U)] <退出>: //向右确定方向并单击完成偏移复制

选择要偏移的对象，或 [退出(E)/放弃(U)] <退出>: //选择上一步偏移复制的线段

指定要偏移的那一侧上的点，或 [退出(E)/多个(M)/放弃(U)] <退出>: //向右确定方向并单击完成偏移复制

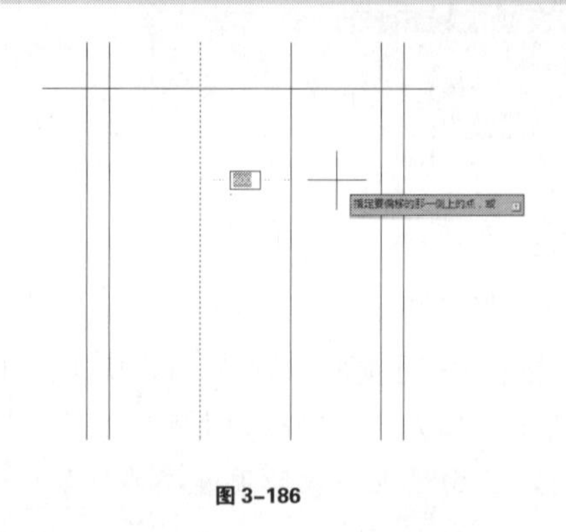

图 3-186

（5）接下来再确定沙发靠背厚度，输入“O”启用偏移命令制作 150 的沙发坐垫，如图 3-187 所示，相关命令提示如下：

命令: //按下回车键直接启用偏移命令

OFFSET

当前设置: 删除源=否 图层=源 OFFSETGAPTYPE=0

指定偏移距离或 [通过(T)/删除(E)/图层(L)] <600.0000>: 150↙ //设置偏移值为沙发靠背常见宽度 150

选择要偏移的对象，或 [退出(E)/放弃(U)] <退出>: //选择水平线段

指定要偏移的那一侧上的点，或 [退出(E)/多个(M)/放弃(U)] <退出>: //向下确定偏移方向后单击完成偏移复制

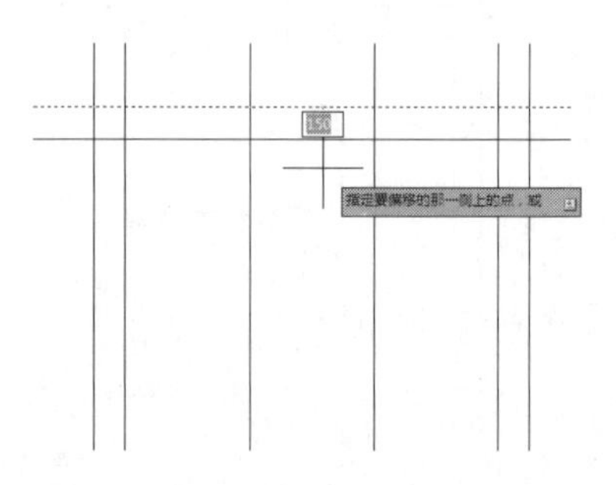

图 3-187

（6）接下来再确定沙发靠垫厚度，输入“O”启用偏移命令制作在上方至右侧均制作 110 的沙发靠垫，如图 3-188 和图 3-189 所示，相关命令提示如下：

命令: OFFSET //按下回车键直接启用偏移命令

当前设置: 删除源=否 图层=源 OFFSETGAPTYPE=0

指定偏移距离或 [通过(T)/删除(E)/图层(L)] <150.0000>: 110↙ //设置偏移值为沙发靠垫常见宽度 110

选择要偏移的对象，或 [退出(E)/放弃(U)] <退出>: //选择第二条水平线段

指定要偏移的那一侧上的点，或 [退出(E)/多个(M)/放弃(U)] <退出>: //确定向下偏移复制

选择要偏移的对象，或 [退出(E)/放弃(U)] <退出>:　//选择右侧第二条竖直线段

指定要偏移的那一侧上的点，或 [退出(E)/多个(M)/放弃(U)] <退出>:　//确定向左偏移复制

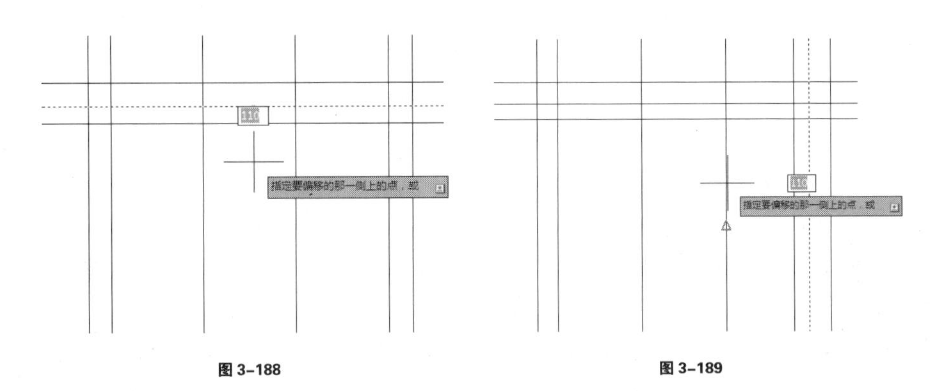

图 3-188　　图 3-189

（7）接下来再确定沙发坐垫深度，输入“O”启用偏移命令制作 600 深度的沙发坐垫（沙发坐垫最终深度为 710，即此次偏移值与上次靠垫偏移值之和），如图 3-190 所示，相关命令提示如下：

命令：OFFSET　//按下回车键直接启用偏移命令

当前设置：删除源=否　图层=源　OFFSETGAPTYPE=0

指定偏移距离或 [通过(T)/删除(E)/图层(L)] <110.0000>: 600↙　//设置 600 的沙发坐垫补充深度

选择要偏移的对象，或 [退出(E)/放弃(U)] <退出>:　//选择第三条水平线段

指定要偏移的那一侧上的点，或 [退出(E)/多个(M)/放弃(U)] <退出>:　//向下确定方向并单击完成偏移复制

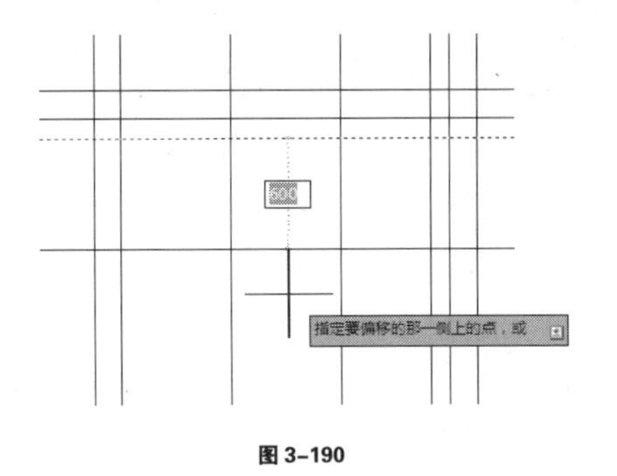

图 3-190

（8）接下来再确定躺椅深度，输入“O”启用偏移命令制作 880 的沙发坐垫，如图 3-191 所示，相关命令提示如下：

命令：OFFSET　//按下回车键直接启用偏移命令

当前设置：删除源=否　图层=源　OFFSETGAPTYPE=0

指定偏移距离或 [通过(T)/删除(E)/图层(L)] <600.0000>: 880↙　//输入躺椅常见深度 880

选择要偏移的对象，或 [退出(E)/放弃(U)] <退出>:　//选择第四条水平线段

指定要偏移的那一侧上的点，或 [退出(E)/多个(M)/放弃(U)] <退出>:　//向下确定方向并单击完成偏移复制

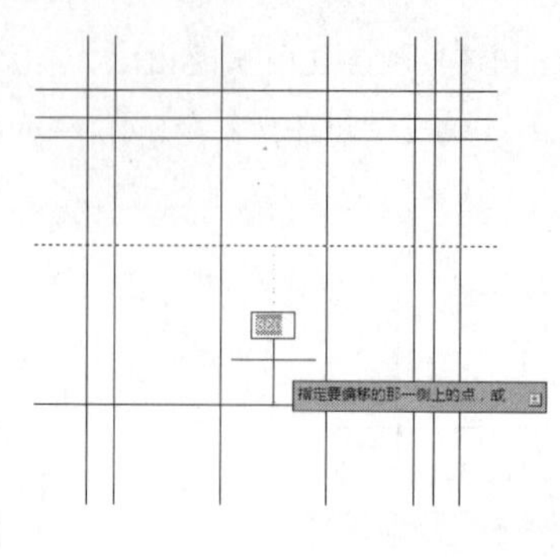

图 3-191

（9）经过以上步骤本例沙发基本尺度确定完成。接下来输入“TR”启用修剪命令首先处理好外部多余线条，如图 3-192 与图 3-193 所示，相关命令提示如下：

```
命令: TR↙                //输入 TR 并回车（TR 是 TRIM（修剪）命令的简写形式）
TRIM
当前设置:投影=UCS，边=无
选择剪切边...
选择对象或 <全部选择>:       //再次按下回车切换至直接修剪模式
选择要修剪的对象，或按住 Shift 键选择要延伸的对象，或      //通过框选处理好上部多余线条
[栏选(F)/窗交(C)/投影(P)/边(E)/删除(R)/放弃(U)]: 指定对角点:
选择要修剪的对象，或按住 Shift 键选择要延伸的对象，或      //通过框选处理好左下角多余线条
[栏选(F)/窗交(C)/投影(P)/边(E)/删除(R)/放弃(U)]: 指定对角点:
选择要修剪的对象，或按住 Shift 键选择要延伸的对象，或      //通过框选处理好左侧多余线条，完成外部线条的修剪
[栏选(F)/窗交(C)/投影(P)/边(E)/删除(R)/放弃(U)]: *取消*      //按 ESC 键结束本次修剪
```

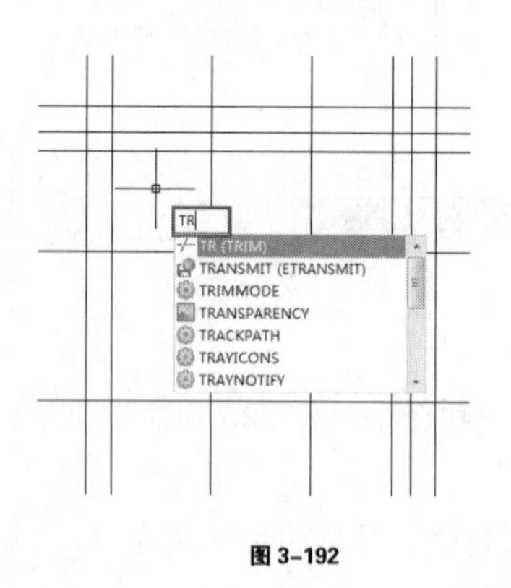

图 3-192

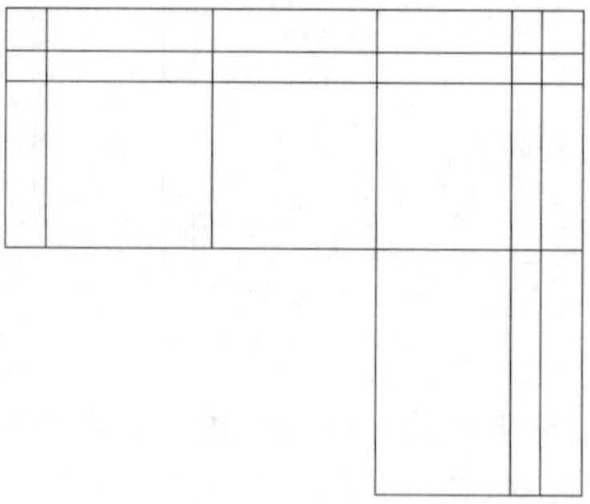

图 3-193

（10）外部多余线条处理完成后，再次启用修剪命令处理好内部多余线条，完成沙发效果至如图 3-194 所示。

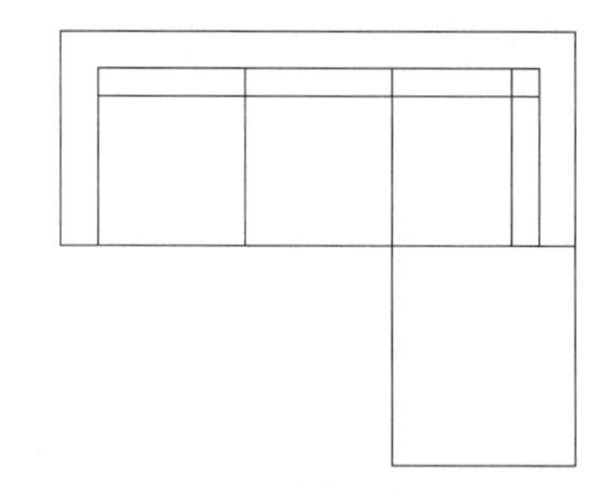

图 3-194

（11）接下来制作沙发细部造型，首先使用圆角命令处理好沙发外部圆角细节，如图3-195~图 3-199 所示，相关命令提示如下：

命令: F↙　　　　　　　　//输入 F 并回车（F 是 FILLET（圆角）命令的简写形式）

FILLET

当前设置: 模式 = 不修剪，半径 = 15.0000

选择第一个对象或 [放弃(U)/多段线(P)/半径(R)/修剪(T)/多个(M)]: R↙　//进入圆角半径设置

指定圆角半径 <15.0000>:50↙　　　//设置/圆角半径为 50

选择第一个对象或 [放弃(U)/多段线(P)/半径(R)/修剪(T)/多个(M)]: M↙　//设置当前圆角为多次圆角模式

选择第一个对象或 [放弃(U)/多段线(P)/半径(R)/修剪(T)/多个(M)]: //选择左侧扶手下部端线

选择第二个对象，或按住 Shift 键选择对象以应用角点或 [半径(R)]: //选择左侧扶手左侧线段处理完成第一个圆角，然后以顺时针方向重复类似操作制作好沙发外轮廓其他圆角效果

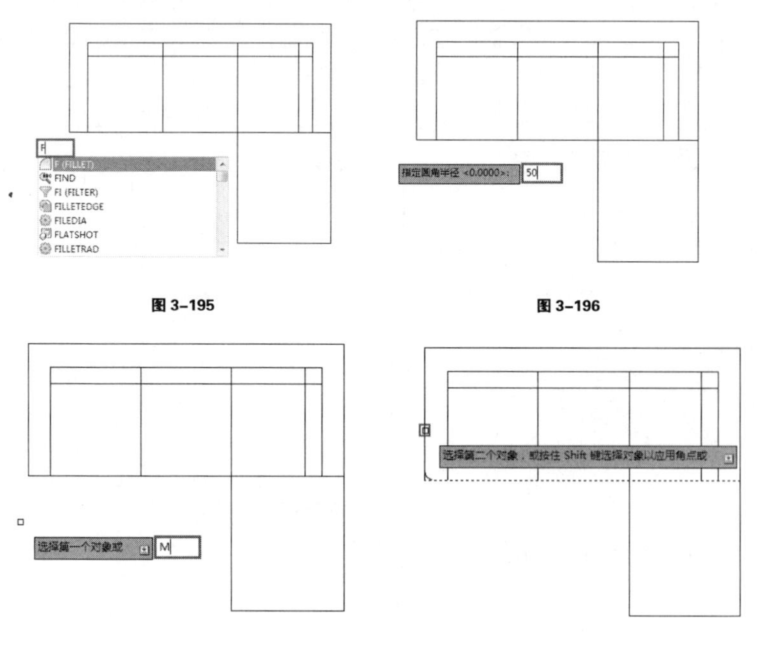

图 3-195　　图 3-196

图 3-197　　图 3-198

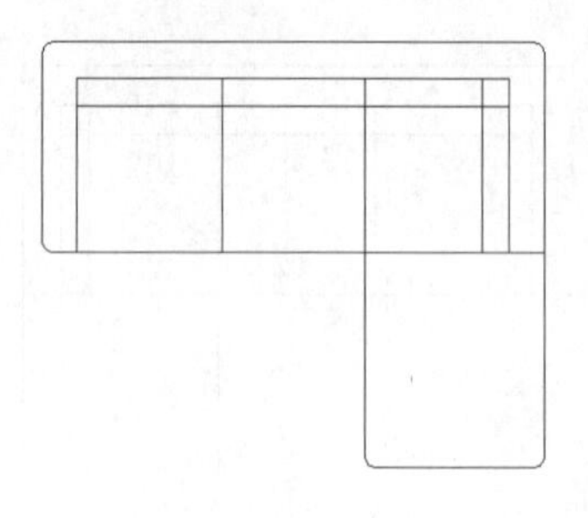

图 3-199

（12）再次使用圆角命令处理好沙发内部圆角细节，如图 3-200~图 3-207 所示，相关命令提示如下：

命令: FILLET　　　　//按回车键直接启用圆角命令

当前设置: 模式 = 不修剪，半径 = 50.0000

选择第一个对象或 [放弃(U)/多段线(P)/半径(R)/修剪(T)/多个(M)]: t↙　//进入圆角修剪模式选项

输入修剪模式选项 [修剪(T)/不修剪(N)] <不修剪>: N↙　//选择圆角同时不进行修剪

选择第一个对象或 [放弃(U)/多段线(P)/半径(R)/修剪(T)/多个(M)]: r↙　//进入圆角半径设置

指定圆角半径 <50.0000>:35↙　//设置圆角半径为 35

选择第一个对象或 [放弃(U)/多段线(P)/半径(R)/修剪(T)/多个(M)]: m↙　//设置为多次圆角模式

选择第一个对象或 [放弃(U)/多段线(P)/半径(R)/修剪(T)/多个(M)]: //选择左侧扶手下部端线

选择第二个对象，或按住 Shift 键选择对象以应用角点或 [半径(R)]: //选拔左侧扶手右侧线段完成该次圆角，然后再通过类似操作完成其他圆角

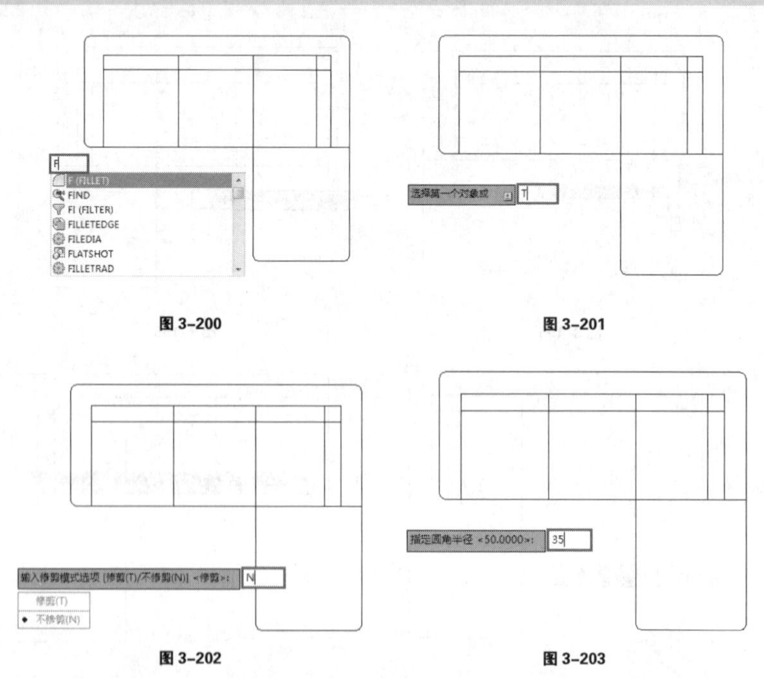

图 3-200　　图 3-201

图 3-202　　图 3-203

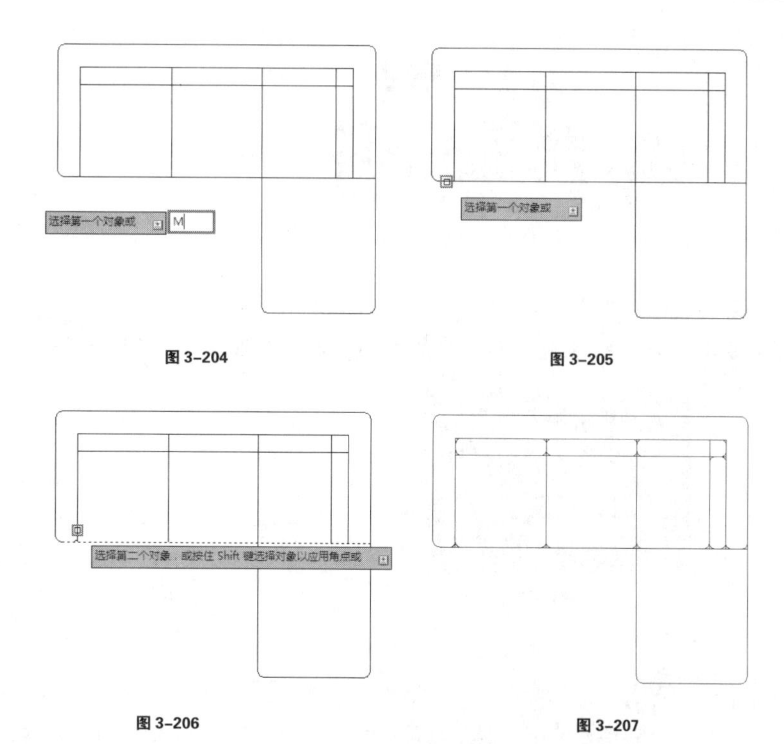

图 3-204　　图 3-205

图 3-206　　图 3-207

（13）再次使用修剪命令处理好沙发内部由于圆角细节产生的多余线段，完成效果参考图 3-208 所示。

（14）合并入抱枕图块并复制整体效果，如图 3-209 所示。

（15）修剪掉多余线段完成合沙发最终效果，如图 3-210 所示。

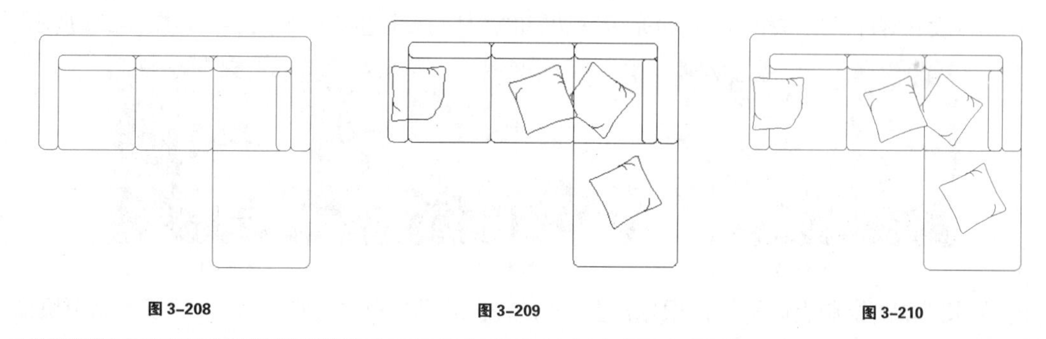

图 3-208　　图 3-209　　图 3-210

要点提示

在熟悉了沙发的基本尺度后，要注意的是沙发由于风格或材质上的区别，从而能准确地运用于对应设计要求内，图 3-211 和图 3-212 为欧式沙发与对应类型的平面图块，而图 3-213 和图 3-214 为皮质沙发与对应类型的平面图块。

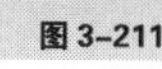

图 3-211

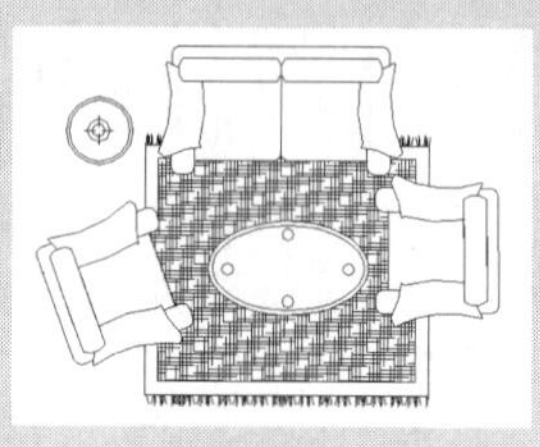

图 3-212

图 3-213

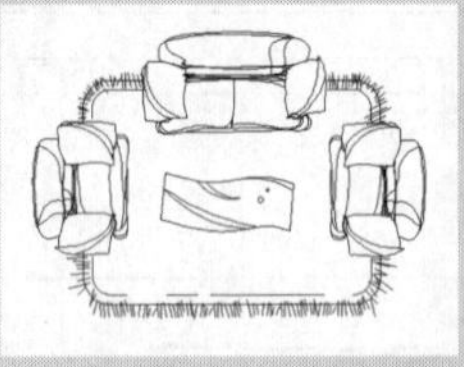

图 3-214

此外要注意的是除了客厅使用的沙发外，如图 3-215 与图 3-217 所示的贵妃椅与休闲躲椅也可以说是沙发的另一些形式，其对应的 CAD 平面造型如图 3-216 与图 3-218 所示。

图 3-215

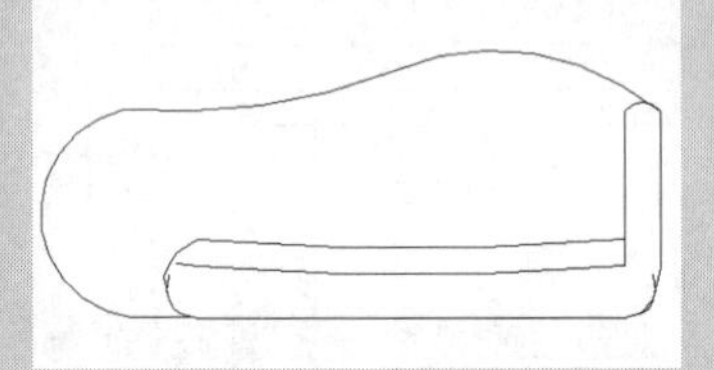

图 3-216

图 3-217

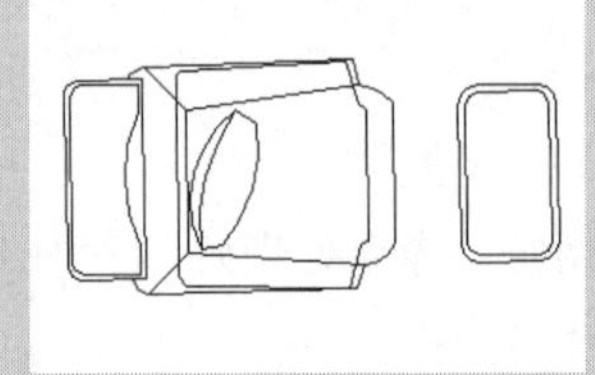

图 3-218

3.2.8　绘制床图块

与沙发在客厅的地位相同，床也是卧室功能的主体与设计重心，如图 3-219~图 3-221 所示。

图 3-219

图 3-220

图 3-221

在床图块的绘制上同样可以根据需要进行绘制出不同程序的细节，常见的双人床图块如图 3-222 与图 3-223 所示。可以看到不管细节程序如何，床图块都需要清楚地表示出床体、被褥以及枕头（枕头数量为 1 表示单人床，为 2 则为双人床）。接下来以细节较多的如图 3-223 所示的床图块为例学习绘制过程与方法，通过实际演练的方式熟悉床相关尺度，具体步骤如下：

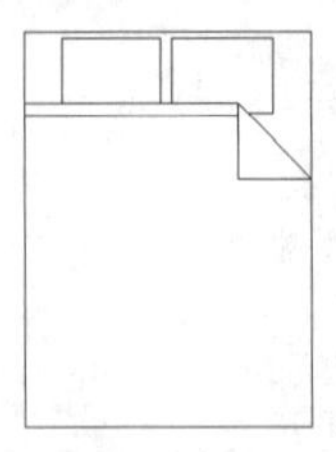

图 3-222

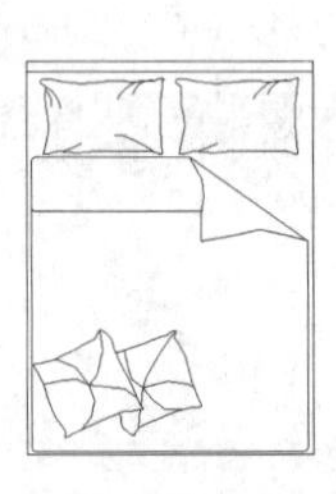

图 3-223

（1）启动 AutoCAD2014，启用矩形命令绘制 1500×2000 的矩形作为床主体，参考图 3-224 与图 3-225 所示，相关命令提示如下：

命令: REC↙　　　　　　　　　　//输入 REC 并回车[REC 是 RECTANG（矩形）命令的简写形式]

RECTANG

指定第一个角点或 [倒角(C)/标高(E)/圆角(F)/厚度(T)/宽度(W)]:　　//在合适位置单击确定第一个角点

指定另一个角点或 [面积(A)/尺寸(D)/旋转(R)]: @1500,−2000↙　　//输入相对坐标确定矩形大小为 1500×2000

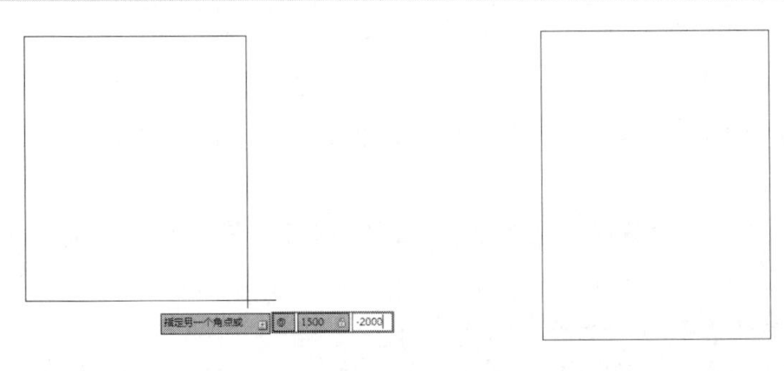

图 3-224　　　　　　图 3-225

（2）启用偏移工具将矩形向内偏移 30，参考图 3-226 所示，相关命令提示如下：

命令: O↙　　　　　　　　//输入 O 并回车[O 是 OFFSET（偏移）命令的简写形式]

OFFSET

当前设置: 删除源=否　图层=源　OFFSETGAPTYPE=0

指定偏移距离或 [通过(T)/删除(E)/图层(L)] <通过>: 30↙　　//设置偏移距离为 30，制作出床单轮廓

选择要偏移的对象，或 [退出(E)/放弃(U)] <退出>:　　　　//选择矩形

指定要偏移的那一侧上的点，或 [退出(E)/多个(M)/放弃(U)] <退出>:　　//指定到矩形内部，然后单击完成偏移

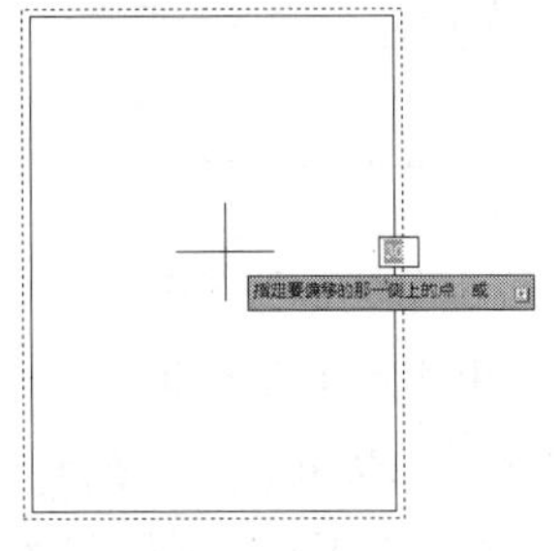

图 3-226

（3）选择偏移得到的线段上部夹点，然后将其向下移动 460 调整好床单位置，参考图 3-227 所示，相关命令提示如下：

命令:　　　　　　　　//选择内部矩形，然后选择顶端中部夹点

** 拉伸 **

指定拉伸点:460↙　　　　//竖起向下移动鼠标确定移动方向，然后输入 460 并回车调整好线段位置

（4）接下来为了方便图形的进一步细化，首先选择所有绘制好的图形使用 EXPLODE 命令将其炸开，如图 3-228 所示。

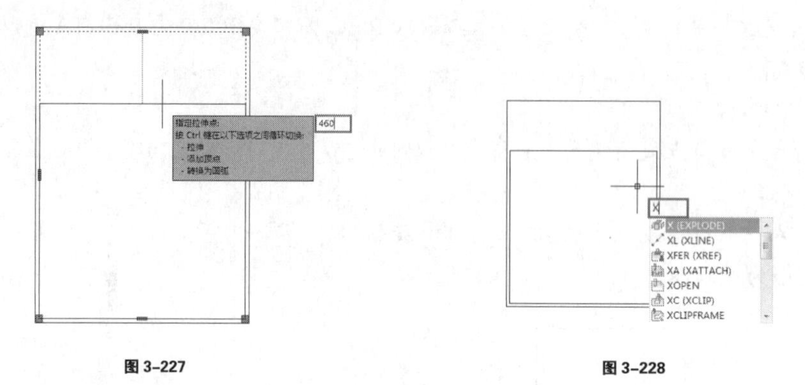

图 3–227　　　　图 3–228

（5）接下来使用偏移命令制作出床头板细节线条，参考图 3-229 所示，相关命令提示如下：

命令:O↙　　　　　　//输入 O 并回车[O 是 OFFSET（偏移）命令的简写形式]

OFFSET

当前设置: 删除源=否　图层=源　OFFSETGAPTYPE=0

指定偏移距离或 [通过(T)/删除(E)/图层(L)] <2.0000>: 52↙　//输入床头板厚度数值

选择要偏移的对象，或 [退出(E)/放弃(U)] <退出>:　　　//选择最上方水平线段

指定要偏移的那一侧上的点，或 [退出(E)/多个(M)/放弃(U)] <退出>: //向下移动鼠标确定好方向，然后单击完成偏移复制

选择要偏移的对象，或 [退出(E)/放弃(U)] <退出>: //按下回车键结束本次偏移

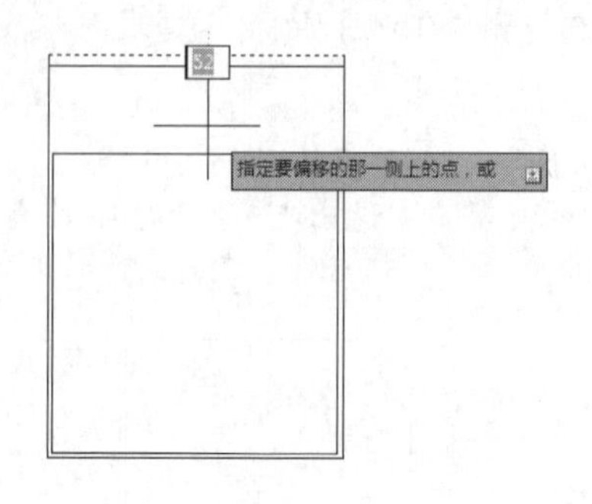

图 3–229

（6）再次使用偏移命令制作出床单细节线条，参考图 3-230 所示，相关命令提示如下：

命令: OFFSET　　　//按下回车键直接启动偏移命令

当前设置: 删除源=否　图层=源　OFFSETGAPTYPE=0

指定偏移距离或 [通过(T)/删除(E)/图层(L)] <52.0000>: 275↙　//输入床单细节线距离数值

选择要偏移的对象，或 [退出(E)/放弃(U)] <退出>: //选择当前床单上部轮廓线段

指定要偏移的那一侧上的点，或 [退出(E)/多个(M)/放弃(U)] <退出>: //向下移动鼠标确定好方向，然后单击完成偏移复制

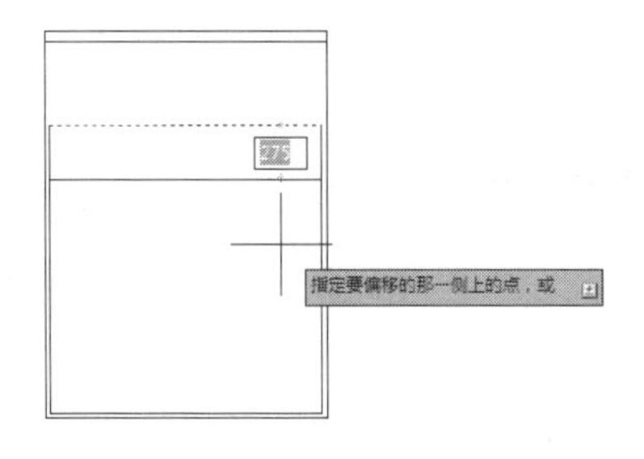

图 3-230

（7）接下来使用多段线命令绘制出床单折角细节线条，如图 3-231~图 3-237 所示，相关命令提示如下：

命令: PL↙　　　　//输入 PL 并回车[PL 是 PLINE（多段线）命令的简写形式]

PLINE

指定起点: _from 基点: <偏移>: 428↙　　//按住 Shift 键同时单击鼠标右键选择“自”菜单命令，然后指定被褥右上角为基点，再向下输入 428 作为折角线起点

当前线宽为 0.0000

指定下一个点或 [圆弧(A)/半宽(H)/长度(L)/放弃(U)/宽度(W)]: @-620,428↙　　//通过相对坐标输入确定折角另一点

指定下一点或 [圆弧(A)/闭合(C)/半宽(H)/长度(L)/放弃(U)/宽度(W)]:　//通过鼠标直接指定折角下一点

指定下一点或 [圆弧(A)/闭合(C)/半宽(H)/长度(L)/放弃(U)/宽度(W)]:　//通过鼠标直接指定折角下一点，完成折角线条绘制

图 3-231　　图 3-232

图 3-233　　图 3-234

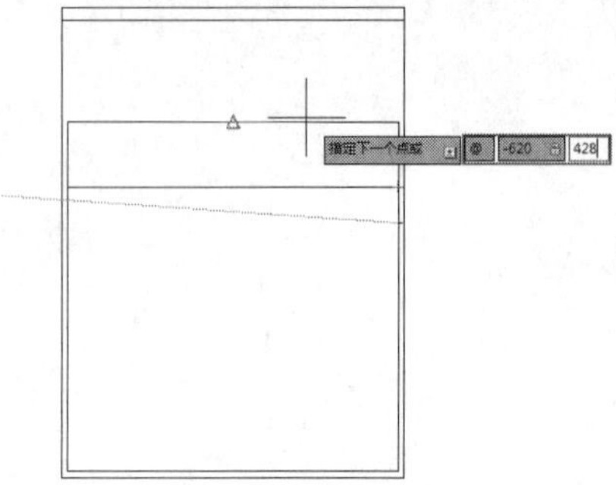

图 3-235 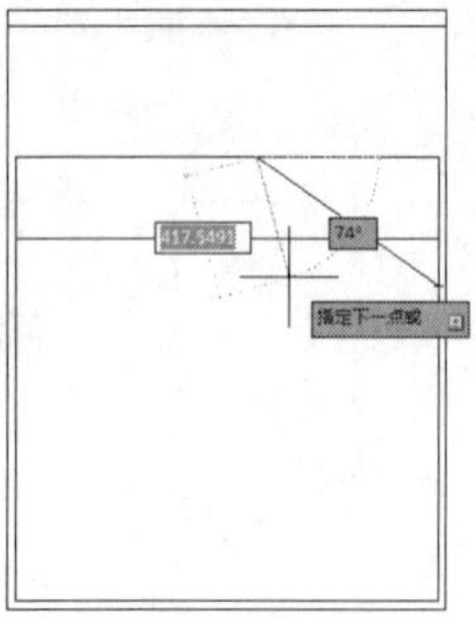　　图 3-236 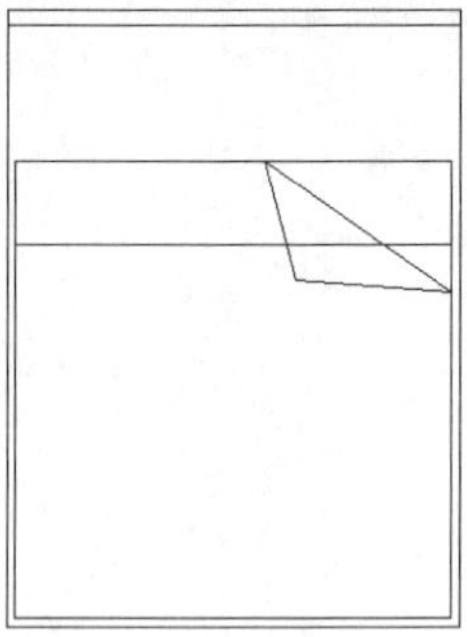　　图 3-237

（8）折角线段绘制完成后，接下来通过线段夹点编辑处理好线段造型，参考图 3-238~图 3-242 所示，相关命令提示如下：

```
命令:                          //选择上一步创建的多段线
** 转换为圆弧 **              //将光标置于夹点处，然后在弹出的菜单中选择“转换为圆弧”
指定圆弧段中点:               //通过光标移动指定好圆弧中点，确定圆弧形态
命令:
** 添加顶点 **                //将光标置于调整好的圆弧夹点处，然后在弹出的菜单中选择“添加顶点”
指定新顶点: <对象捕捉 关>      //将光标向右下角移动制作右折角尖顶细节，然后再重复类似操作制作出另一段多段线细节效果
```

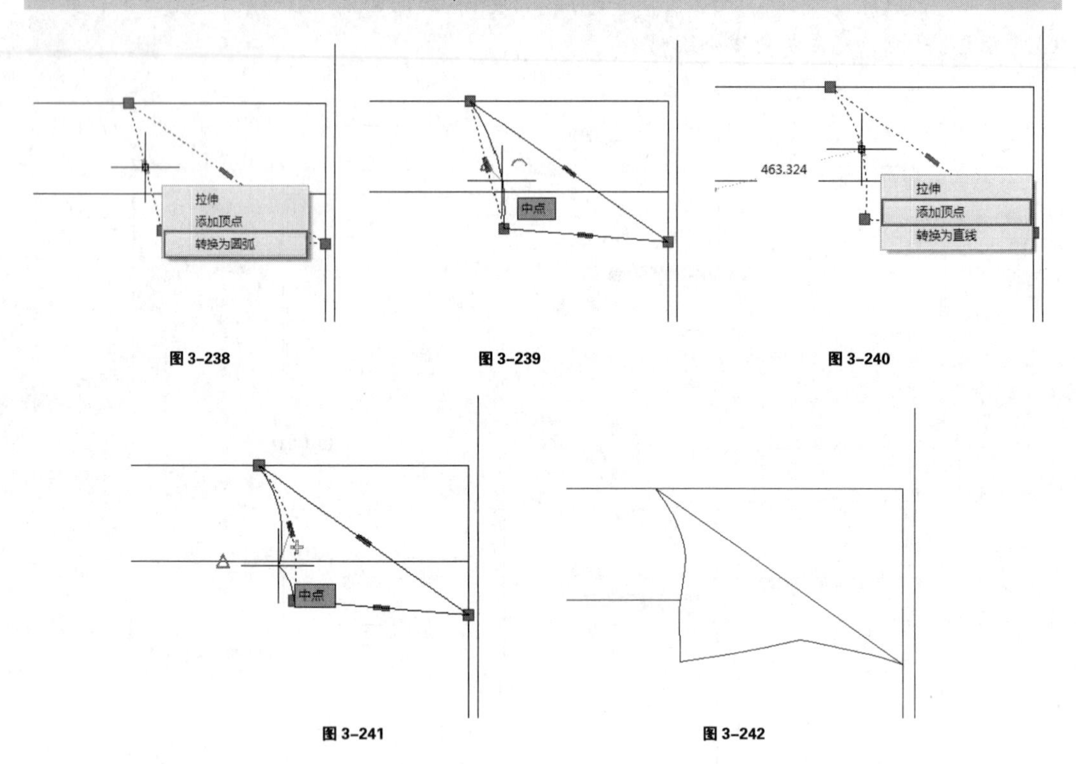

图 3-238　　图 3-239　　图 3-240

图 3-241　　图 3-242

（9）折角细节处理完成后，再使用圆角命令以半径为 50 处理好各处圆角细节，完成效果参考图 3-243 所示。

（10）最后再插入枕头以及抱枕图块，通过复制完成床图块效果至图 3-244 所示。

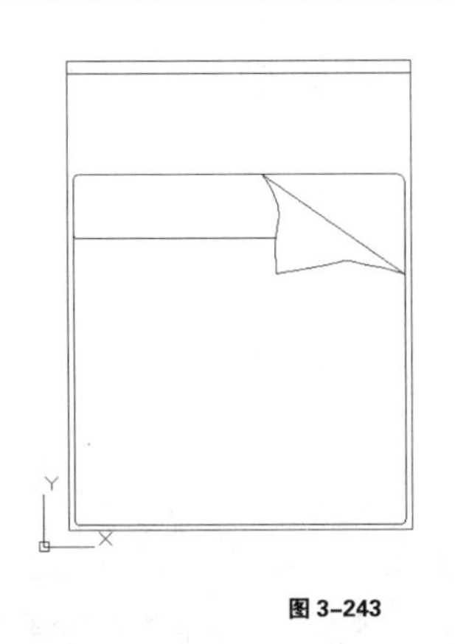

图 3-243

图 3-244

📖 要点提示

床图块的使用主要在于清晰表达单人床与双人床的区别，如图 3-245 所示，在风格细节的表述上适当的添加一些细节即可。如图 3-221 中的欧式四柱床的平面图对应如图 3-246 所示，可以看到仅对应地添加了床头板以及圆柱细节，对于复杂的床缦可以省略。

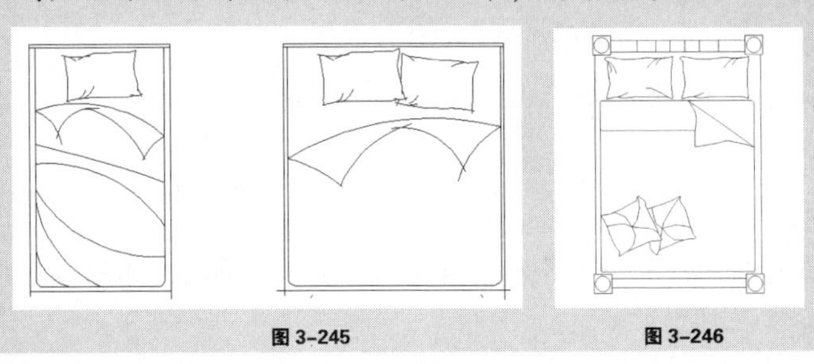

图 3-245　　图 3-246

3.2.9 绘制洁具图块

洁具是指在卫生间、厨房应用的陶瓷及五金家居设备，常见的有洗菜盆、洗手盆、马桶以及整体玻璃浴室等，如图 3-247~图 3-250 所示。接下来以其中的洗手盆为例为大家介绍绘制方法，具体步骤如下。

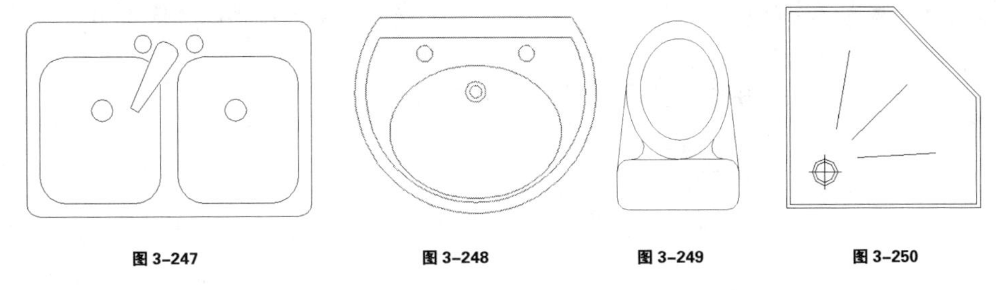

图 3-247　　图 3-248　　图 3-249　　图 3-250

（1）启动 AutoCAD2014，然后输入“L”启用直线命令绘制一条长度为 480mm 的水平直线，如图 3-251 所示。

图 3-251

（2）执行“绘图/圆弧/起点、端点、角度”菜单命令，绘制如图 3-252 所示的圆弧，相关命令提示如下：

命令: A↙　　　　//输入 A 并回车[A 是 ARC（圆弧）命令的简写形式]

ARC

圆弧创建方向: 逆时针(按住 Ctrl 键可切换方向):　　//捕捉水平直线的左端点

指定圆弧的起点或 [圆心(C)]:

指定圆弧的第二个点或 [圆心(C)/端点(E)]: e↙　　//设置下一步绘制第二点为圆弧端点

指定圆弧的端点:　　　　//捕捉水平直线的右端点

指定圆弧的圆心或 [角度(A)/方向(D)/半径(R)]: _a 指定包含角: 255↙ //指定圆弧包含角并回车

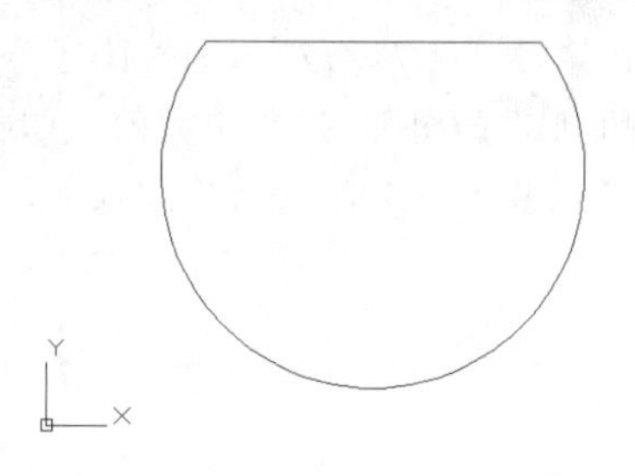

图 3-252

（3）使用直线命令再次绘制一条水平直线作为洗手盆内沿，如图 3-253 与图 3-254 所示，相关命令提示如下：

命令: L↙　　　　//输入 L 并回车[L 是 Line（直线）命令的简写形式]

LINE　　　　//按住 Shift 键再单击鼠标右键选择“自”菜单命令，然后选择顶端直线左侧端点为基点

指定第一个点: _from 基点: <偏移>: @0,−50↙　　//通过相对坐标输入确定直线第一点

指定下一点或 [放弃(U)]: @480,0↙　　//通过相对坐标输入确定直线第二点

指定下一点或 [放弃(U)]: ↙　　//按下回车完成本次直线绘制

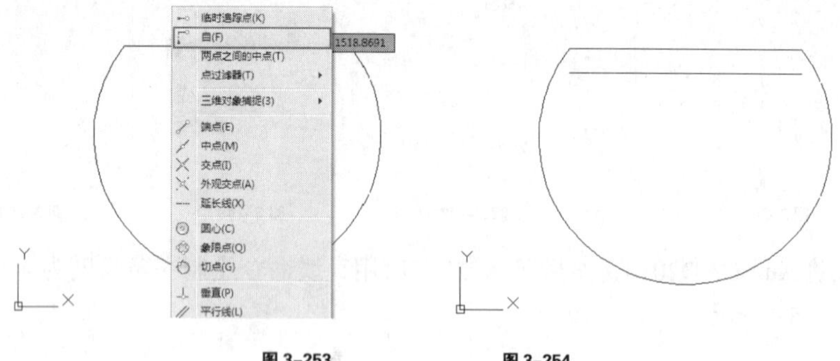

图 3-253　　　　图 3-254

（4）使用圆弧绘制工具绘制洗手盆内沿圆弧，如图 3-255 所示，相关命令提示如下：

命令: A　　　　//输入 A 并回车[A 是 ARC（圆弧）命令的简写形式]

ARC

圆弧创建方向: 逆时针(按住 Ctrl 键可切换方向): c↙　　//切换下一点的指定将为圆

弧的圆心

指定圆弧的起点或 [圆心(C)]: //捕捉圆弧 B 的圆心为本段圆弧的圆心

指定圆弧的圆心: 指定圆弧的起点: //捕捉直线 A 的左端点

指定圆弧的端点或 [角度(A)/弦长(L)]: //捕捉直线 A 的右端点完成本段圆弧的绘制

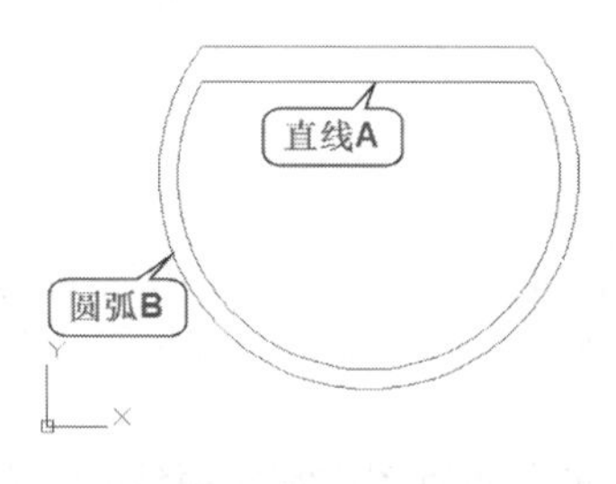

图 2–255

（5）使用椭圆工具绘制如图 3-256 所示的椭圆作为洗手盆内部轮廓线，相关命令提示如下：

命令: EL //输入 EL 并回车[EL 是 ELLIPSE（椭圆）命令的简写形式]

ELLIPSE

指定椭圆的轴端点或 [圆弧(A)/中心点(C)]: c //按住 Shift 键的同时单击鼠标右键，然后选择“自”命令

指定椭圆的中心点: _from 基点: <偏移>: @0,−100 //捕捉圆弧的圆心为基点，然后通过相对输入确定椭圆的中心点

指定轴的端点: @215,0↙ //通过相对输入确定椭圆一条轴的端点

指定另一条半轴长度或 [旋转(R)]: 165↙ //输入数值确定椭圆另一条轴的长度

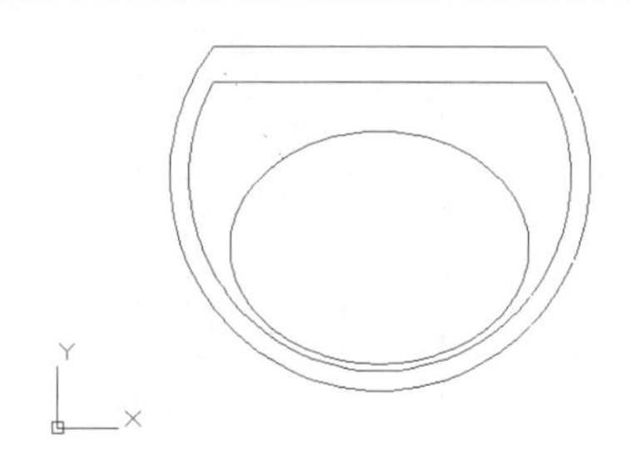

图 3–256

（6）使用圆工具绘制两个半径分别为 15mm 和 25mm 的同心圆作为洗手盆漏水孔，如图 3-257 所示，相关命令提示如下：

命令: C //输入 C 并回车[C 是 CIRCLE（圆形）命令的简写形式]

CIRCLE

指定圆的圆心或 [三点(3P)/两点(2P)/切点、切点、半径(T)]: //捕捉圆弧的圆心

指定圆的半径或 [直径(D)]: 15↙ //输入小圆的半径并回车完成该圆的绘制

命令: ↙ //按下回车键再次启动圆绘制命令

CIRCLE 指定圆的圆心或 [三点(3P)/两点(2P)/切点、切点、半径(T)]: //捕捉圆弧的圆心

指定圆的半径或 [直径(D)] <15.0000>: 25↙ //输入大圆的半径并回车完成该圆的绘制

（7）在适当位置绘制两个半径为 20mm 的圆作为阀门，洗水盆最终完成效果参考图 3-258 所示。

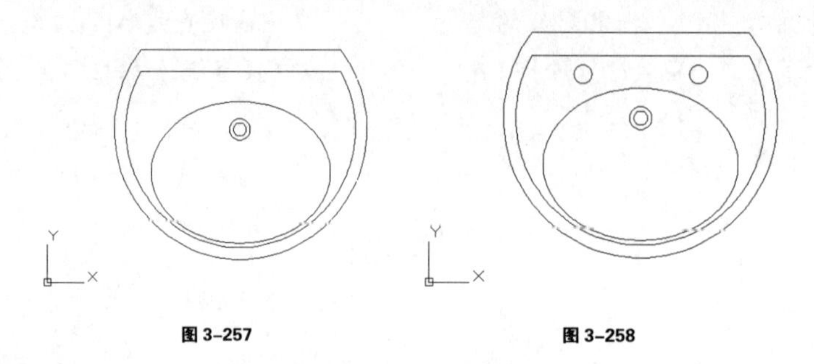

图 3-257　　图 3-258

3.2.10　绘制其他图块

除了上述的常用图块外，在平面布置图中常使用到的还有大型乐器、电器、灯具、消防用具以及绿植等图块，其中常见的一些形式如图 3-259~图 3-263 所示。接下来以其中的钢琴图块为例介绍绘制方法，具体步骤如下。

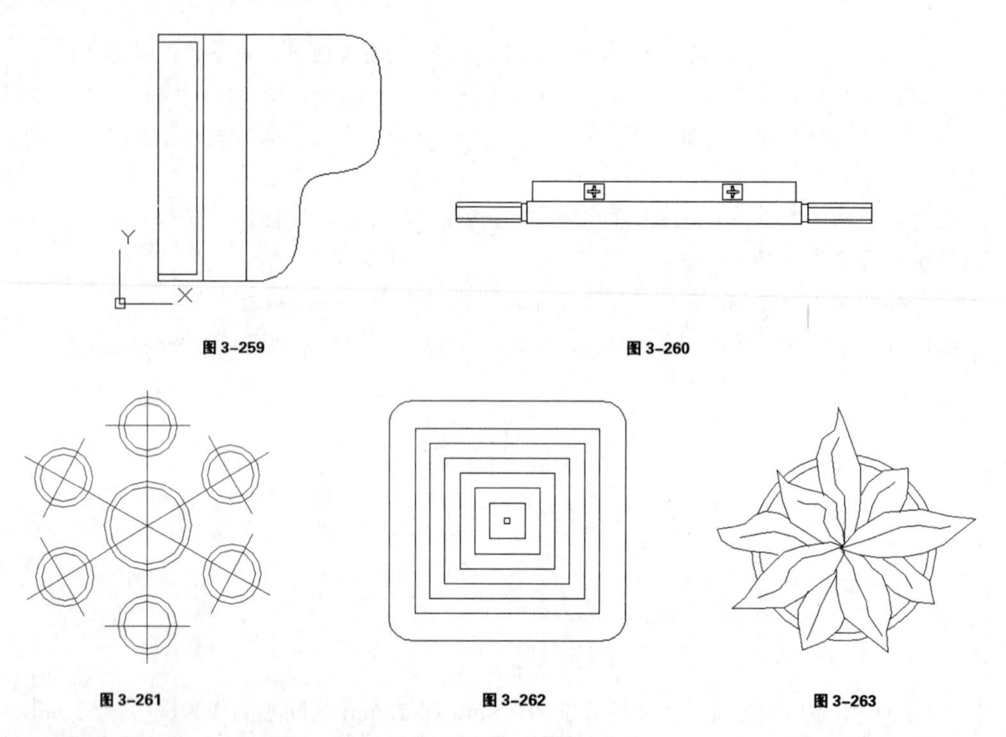

图 3-259　　图 3-260

图 3-261　　图 3-262　　图 3-263

（1）启动 AutoCAD2014，然后使用矩形命令绘制一个 520×1400 的矩形，如图 3-264 所示，相关命令提示如下：

命令：REC↙　　　　//输入 REC 并回车[REC 是 RECTANG（矩形）命令的简写形式]

RECTANG

指定第一个角点或 [倒角(C)/标高(E)/圆角(F)/厚度(T)/宽度(W)]:　//在绘图区域内拾取一点

指定另一个角点或 [面积(A)/尺寸(D)/旋转(R)]: @520,1400↙　//通过相对输入确定第二个角点

图 3-264

（2）使用直线工具捕捉矩形上下两端中点如图 3-265 所示的等分直线，相关命令提示如下：

命令: L↙　　　　//输入 L 并回车[L 是 LINE（直线）命令的简写形式]
LINE
指定第一个点:　　　　//捕捉点矩形上方中点
指定下一点或 [放弃(U)]:　　　　//捕捉点矩形下方中点

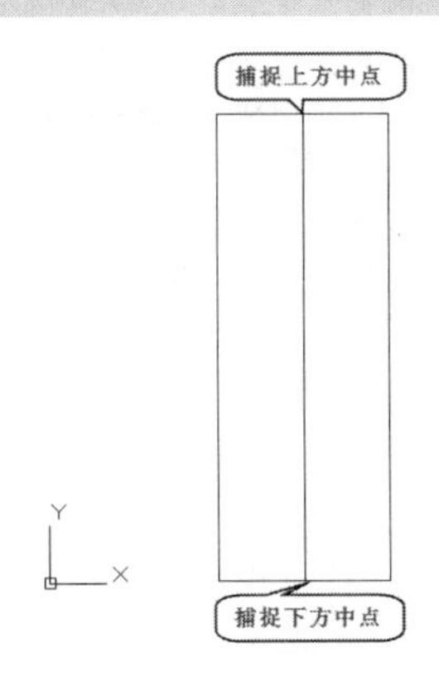

图 3-265

（3）使用直线工具并结合相对坐标输入绘制如图 3-266 所示的钢琴键处细节线型，相关命令提示如下：

命令: L↙　　　　//输入 L 并回车[L 是 LINE（直线）命令的简写形式]
LINE
指定第一个点: _from 基点: <偏移>: @0,-40↙ //捕捉矩形左上角顶点为基点，然后通过相对坐标在基点下方 40 位置确定直线起点
指定下一点或 [放弃(U)]: @220<0 ↙　　　　//通过相对坐标向右绘制长度为 220 的线段
指定下一点或 [闭合(C)/放弃(U)]: 1320↙　　　　//拖动鼠标向下确定好直线方向，然后直接输入长度 1320
指定下一点或 [闭合(C)/放弃(U)]:　　　　//拖动鼠标向左确定好直线方向，然后捕捉交点结束绘制

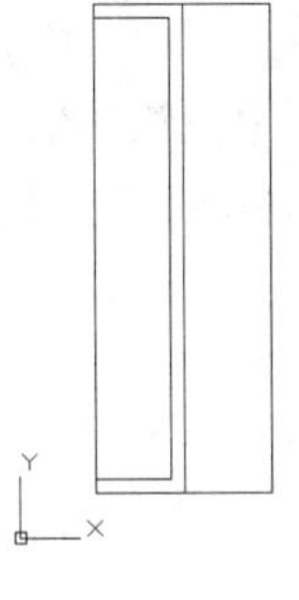

图 3-266

（4）使用直线工具捕捉矩形右侧端点绘制两条如图 3-267 所示的线段，以方便后面样条曲线的绘制，相关命令提示如下：

命令: L↙　　　　//输入 L 并回车[L 是 LINE（直线）命令的简写形式]

LINE
指定第一个点: //捕捉矩形右上角顶点为直线起点
指定下一点或 [放弃(U)]: 475↙ //拖动鼠标向右确定方向，然后直接输入直线长度按回车键结束
命令: //直接回车重启直线命令
LINE
指定第一个点: //捕捉矩形右下角顶点为直线起点
指定下一点或 [放弃(U)]: 75 ↙ //拖动鼠标向右确定方向，然后直接输入直线长度按回车键结束

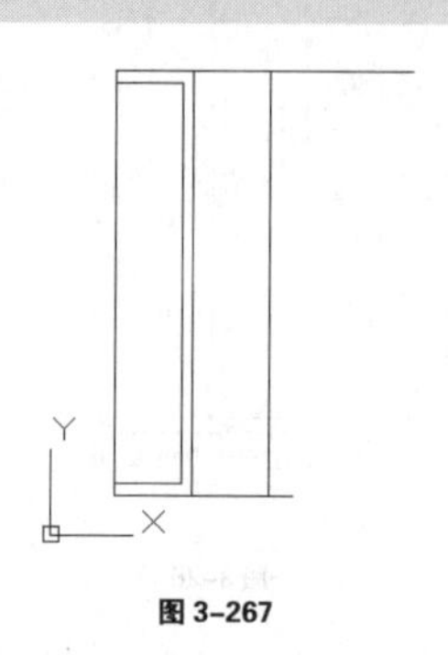

图 3-267

（5）执行“绘图>样条曲线>控制点”菜单命令，绘制如图 3-268 所示的样条曲线，相关命令提示如下：

命令: SPL //输入 SPL 并回车（SPL 是 SPLINE（直线）命令的简写形式）
SPLINE
当前设置: 方式=拟合 节点=弦
指定第一个点或 [方式(M)/节点(K)/对象(O)]: //捕捉上方线段右侧端点为起点
输入下一个点或 [端点相切(T)/公差(L)/放弃(U)]: //单击绘制控制点 1
输入下一个点或 [端点相切(T)/公差(L)/放弃(U)/闭合(C)]: //单击绘制控制点 2
输入下一个点或 [端点相切(T)/公差(L)/放弃(U)/闭合(C)]: //单击绘制控制点 3
输入下一个点或 [端点相切(T)/公差(L)/放弃(U)/闭合(C)]: //单击绘制控制点 4
输入下一个点或 [端点相切(T)/公差(L)/放弃(U)/闭合(C)]: //单击绘制控制点 5
输入下一个点或 [端点相切(T)/公差(L)/放弃(U)/闭合(C)]: //单击绘制控制点 6
输入下一个点或 [端点相切(T)/公差(L)/放弃(U)/闭合(C)]: //单击绘制控制点 7
输入下一个点或 [端点相切(T)/公差(L)/放弃(U)/闭合(C)]: //捕捉下方线段右侧端点为终点

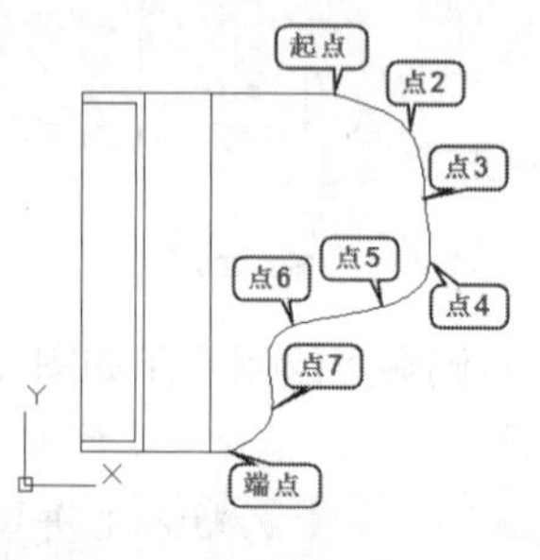

图 3-268

（6）绘制好曲线轮廓初步造型后，可以再通过调样条曲线的控制点调整弯曲细节，上部圆弧的调整过程如如图 3-269~图 3-271 所示，相关命令提示如下：

```
命令:                    //选择绘制好的样条线
命令:                    //选择三角形控制点将其调整为控制点
** 拉伸 **               //选择控制点参考前方直线调整圆弧，使衔接变得光滑
指定拉伸点或 [基点(B)/复制(C)/放弃(U)/退出(X)]:     //控制点调整完成
```

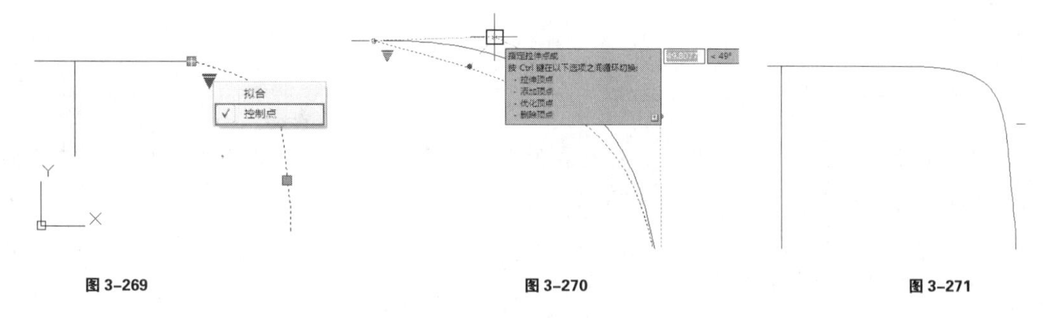

图 3-269　　图 3-270　　图 3-271

（7）通过类似调整方法如图 3-272 与图 3-273 所示处理好样条曲线其他细节，钢琴示意图最终效果参考图 3-274 所示。

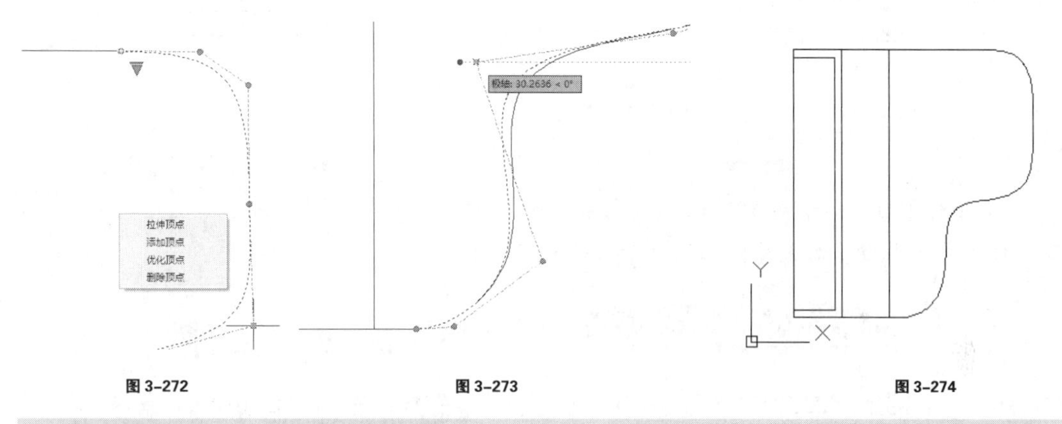

图 3-272　　图 3-273　　图 3-274

📖 要点提示——图块的使用技巧

在 AutoCAD 中自带了一些常用的图块，要调用这些图块首先按下 Ctrl+2 组合键打开“设计中心”对话框，然后逐步打开 AutoCAD 2014/Sample/zh-CN/DesignCenter 文件路径，如图 3-275 所示。

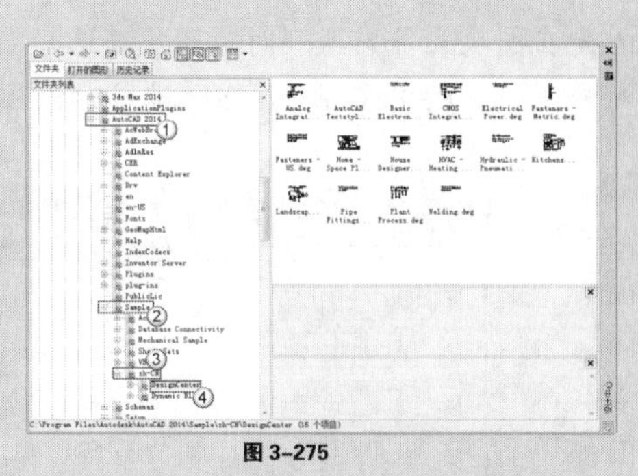

图 3-275

在 DesignCenter 文件夹内分门别类地保存了一些图块，比如选择其中的 Home-Space Planner.dwg 文件，然后单击其中的块图标，即可看到一些常用的室内家具平面图块，如图

3-276 与图 3-277 所示。

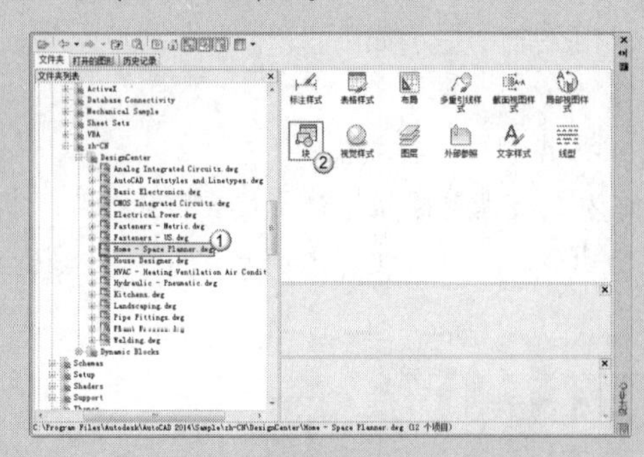

图 3-276

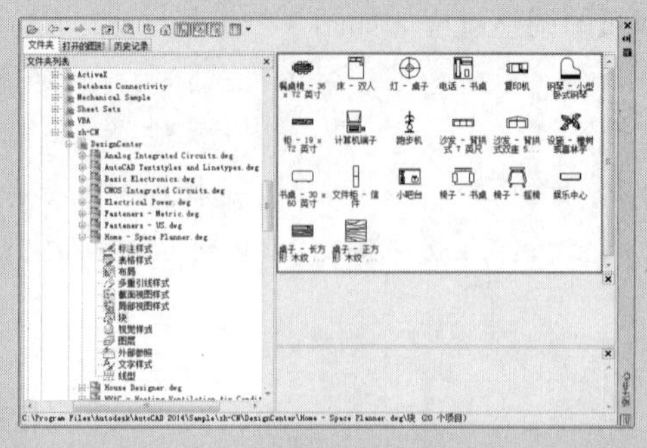

图 3-277

根据需要双击其中的一个图块，然后在弹出的“插入”对话框中单击确定按钮即可插入对应图块至当前的图形中，如图 3-278 与图 3-279 所示。

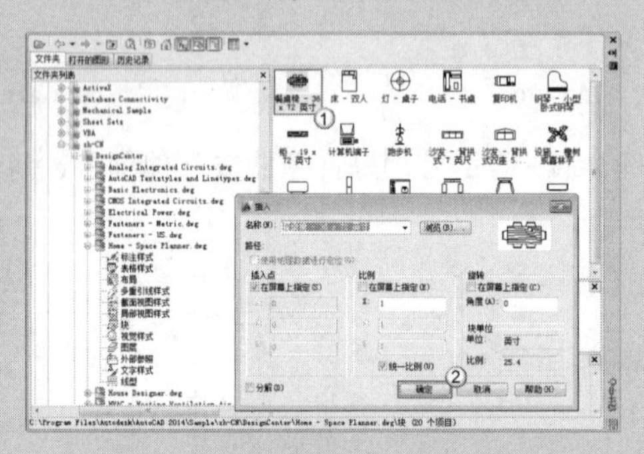

图 3-278

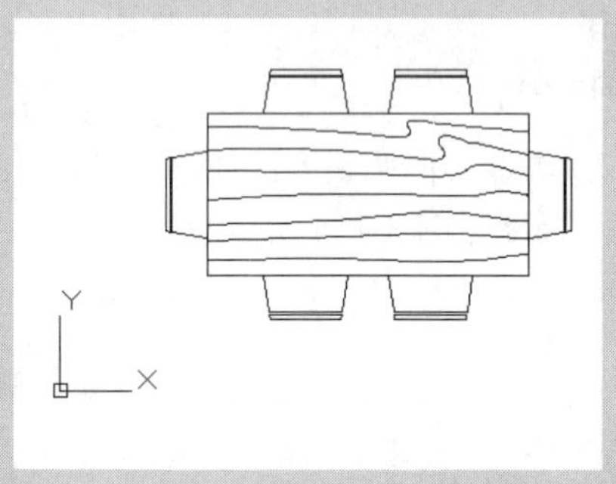

图 3-279

此外对于自己绘制或整理的一些图块，为了方便查看与调用最好按如图 3-280 与图 3-281 所示将其分门别类地归置到一个大的 CAD 图纸内。

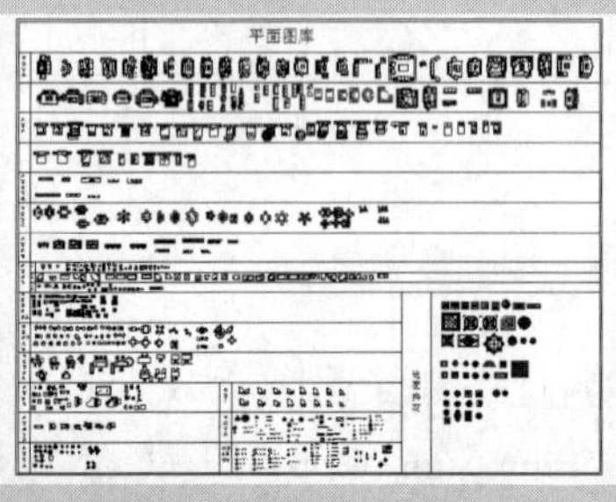

图 3-280

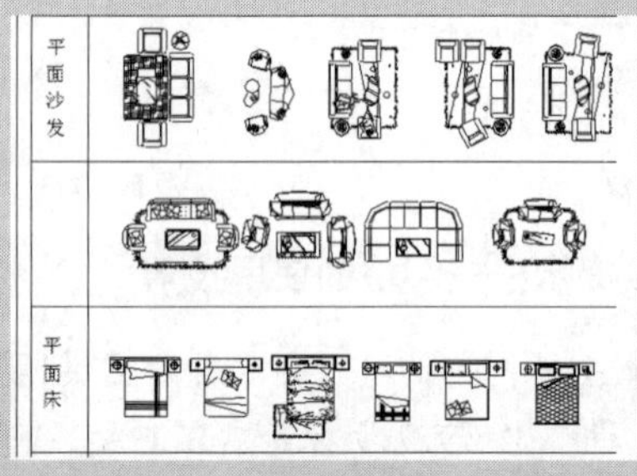

图 3-281

在需要使用图块时首先在图块文件内找到对应图块并选择，然后按下 Ctrl+C 组合键复制。复制好后再切换到对应图纸并按下 Ctrl+V 组合键粘贴，最后再调整好图块相对位置即可，如图 3-282 所示。

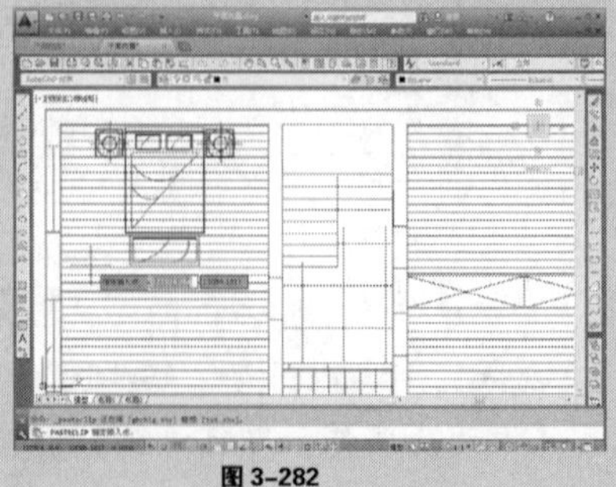

图 3-282

至此图块相关内容讲解完成，接下来将开始平面布置图的绘制。平面布置图的绘制必须以空间原始框架图为前提，因此接下来首先将学习绘制原始框架图。

3.3 绘制原始框架图

在本节内容中将完成的原始框架图如图 3-283 所示，可以看到该图纸主要表明了设计空间原有墙体、门窗、房梁以及楼梯的相关信息（主要是长宽数值、位置以及高度）。通过这样一张图纸可以准确地了解设计空间当前的面貌，为后续平面布置图的绘制提供良好的图形与数值参考。

3.3.1 设置绘图环境

（1）启动 AutoCAD2014，在正式绘制图形前打开图层管理器参考图 3-284 所示设置好图层。

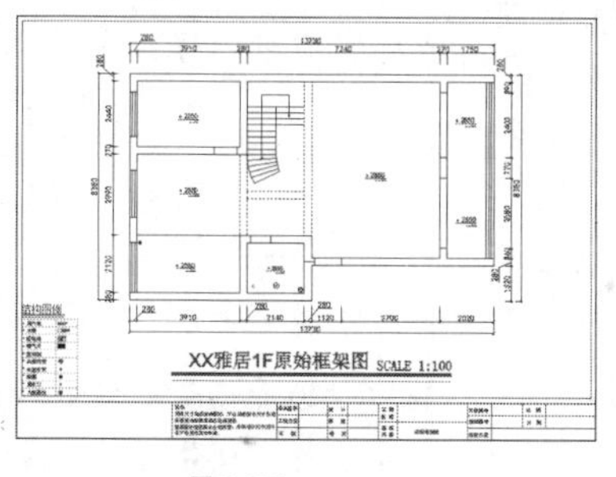

图 3-283

图 3-284

📖 要点提示——图层命名技巧

在实际的图形绘制过程中基本的图层为“图签”、“轴线”、“承重墙体”、“非承重墙体”、“柱子”、“门”、“窗”、“标注”、“填充”、“家具”等图层，而为了保证这些图层可以依次从上至下排列，并能避免插入图块时顺带添加的其他图层扰乱顺序，就需要在图层的命名上注意一些细节。接下来我们了解一下 AutoCAD 图层名称排序的依据。

① 打开图层特性管理器，首先单击新建图层按钮，新建 6 个空白图层，

② 接下来通过右击菜单或按下 F2 键依次将图层命名为“墙体”、“A”、“1”、“B”、“门窗”以及“2”，如图 3-285 所示。

③ 图层命名完成后关闭图层特性管理器，然后单击绘图区上方的图层管理下拉按钮，可以看到当前图层的顺序已经自动调整成了 1、2、A、B、门窗、墙体，如图 3-286 所示。

图 3-285

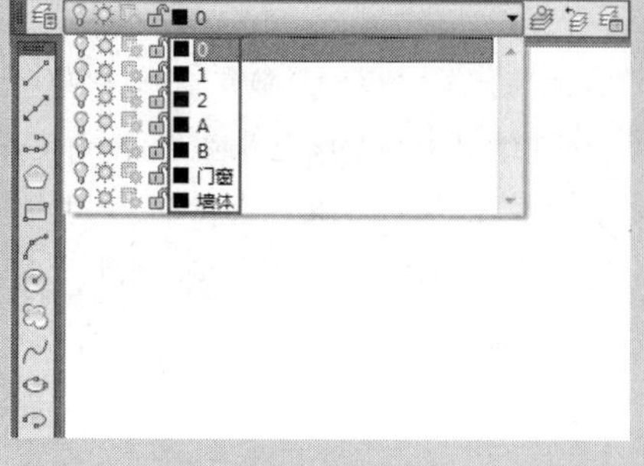

图 3-286

④ 再次打开图层特性管理器同样可以看到当前图层的顺序也已经自动调整成了 1、2、A、B、门窗、墙体，如图 3-287 所示。

图 3-287

⑤ 根据以上变化可以了解到在 AutoCAD 中图层排列顺序为数字优先，英文字母次之，中文最后。结合以上特点与工作中图层命名需要，我们可以通过数字控制图层顺序，如图 3-288 所示进行图层命名。这样既可以保证基本图层能整齐排列，在需要添加图层时，如添加拆除墙体图层时可以对应添加“032 拆除墙体”图层，这样仍旧可以保证相关图层位置紧挨，方便查找与修改，如图 3-289 所示。

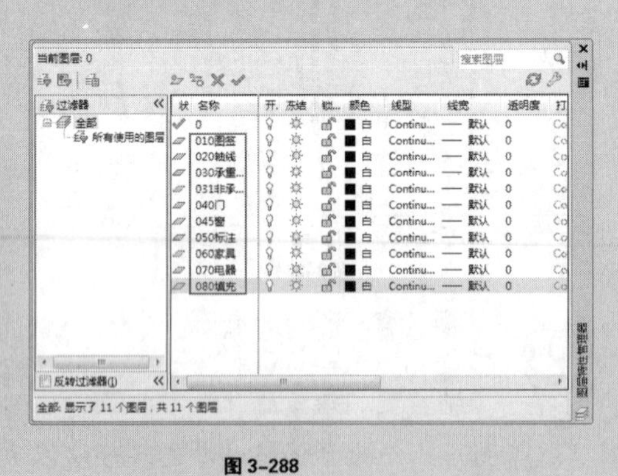

图 3-288

图 3-289

（2）为规范图纸绘制范围，启动图形界限命令限定本例图纸范围为 29700×21000，如图 3-290 与图 3-291 所示，相关命令提示如下：

命令: LIM↙　　　　//输入 LIM 并回车[LIM 是 LIMITS（图形界限）命令的简写形式]

LIMITS

重新设置模型空间界限:

指定左下角点或 [开(ON)/关(OFF)] <0.0000,0.0000>: 0,0　//指定图形界限左下角点为坐标原点

指定右上角点 <29700.0000,21000.0000>: 29700,21000　　//指定图形界限右上角点，确定大小为 29700×21000（该范围数值的确定需要考虑将绘制的图纸大小，不能比图纸尺寸大太多，更不能放置不下图纸，例如在本例中将测量到的空间大小为 13730×8380，再考虑到图框大小选择 29700×21000 恰好可以满足需求）

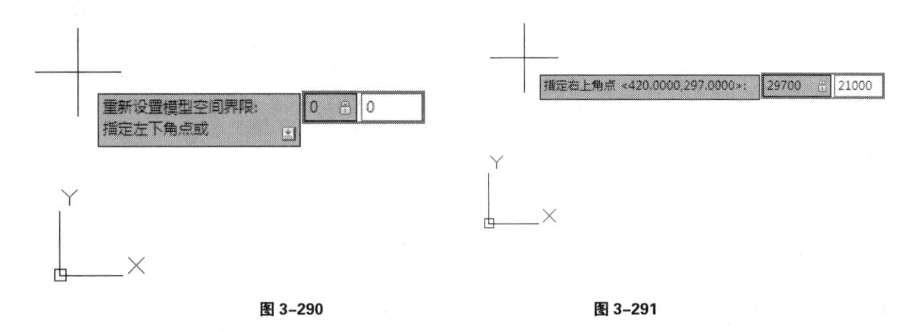

图 3-290　　图 3-291

（3）为显示图形界限输入“OS”打开“草图设置”对话框，然后在“捕捉和栅格”选项卡中取消“显示超出界限的栅格”参数，如图 3-292 所示。取消该参数后在绘图区只会在图形设置界限设置内显示栅格。

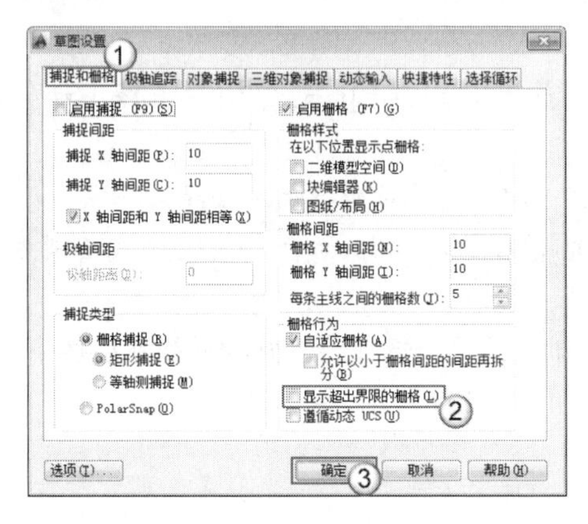

图 3-292

📖 要点提示——图形界限的功能

在设定了图形界限之后要开启限制功能，还需要再执行一次 LIMITS 命令并输入“ON”确认开启，如图 3-293 所示。

在开启了图形界限功能之后，首先只要是在超出设定的图形范围内绘制的图形都将无法绘制成功，并在文本输入框内显示“**超出图形界限”，如图 3-294 所示。这样就保证了在本张图纸内的尺寸误操作将不会生效。

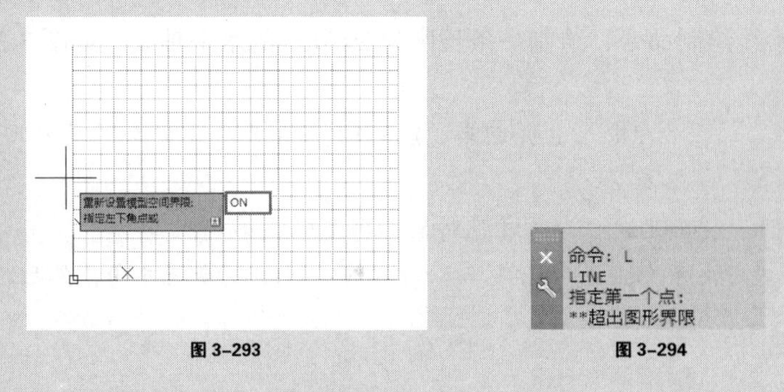

图 3-293　　图 3-294

此外在限定了图形界限之后，由于在界限之外不会有任何多余图形的存在，因此双击鼠标中键最大化图形显示时均将如图 3-295 所示最大化显示绘制内容，而不用担心有图纸某个角落有其他无用图形存在而出现如图 3-296 所示的不理想最大化显示效果。

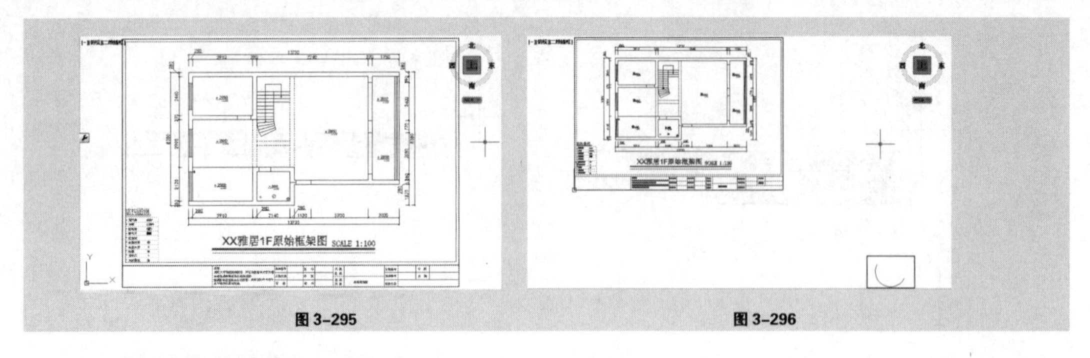

图 3-295　　图 3-296

3.3.2　绘制参考轴线

（1）为了准确地绘制墙线并便于后续门洞与窗洞的定位，首先应当绘制位置参考轴线，对应的首先切换图层至轴线图层。

（2）启动直线绘制命令，绘制一条长度为 21000 的竖直轴线，如图 3-297~图 3-298 所示，相关命令提示如下：

命令: L↙　　　　　//输入 L 并回车[L 是 LINE（直线）命令的简写形式]

LINE

指定第一个点: 500,0↙　//通过绝对坐标确定轴线第一点

指定下一点或 [放弃(U)]: 21000↙　　//向上确定好轴线绘制方向，然后输入数值确定轴线长度

（3）为了显示理想的轴线线型，选择绘制好的轴线然后按下“Ctrl+1”组合键打开特性面板设置线型比例为 50，如图 3-299 所示。

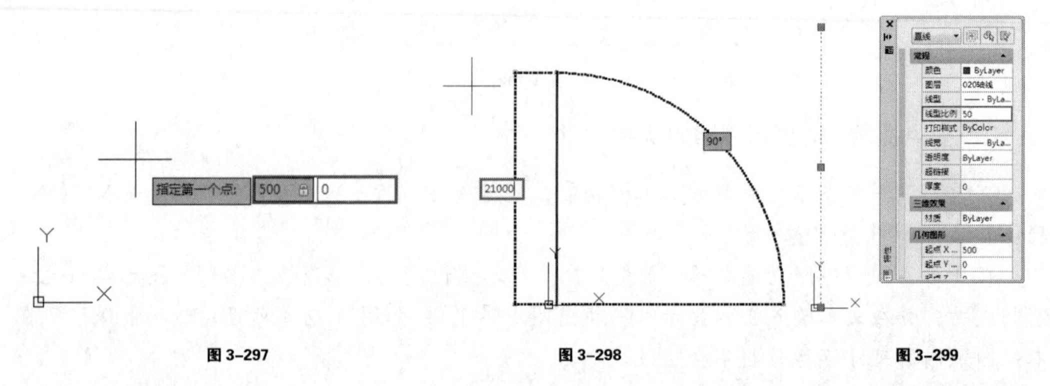

图 3-297　　图 3-298　　图 3-299

（4）启动直线绘制命令，绘制一条长度为 297000 的水平轴线，如图 3-300 所示，相关命令提示如下：

命令: L↙　　　　　//输入 L 并回车（L 是 LINE（直线）命令的简写形式）

LINE

指定第一个点: 0,20500↙　//通过绝对坐标确定轴线第一点

指定下一点或 [放弃(U)]: 29700↙　　//向右确定好轴线绘制方向，然后输入数值确定轴线长度

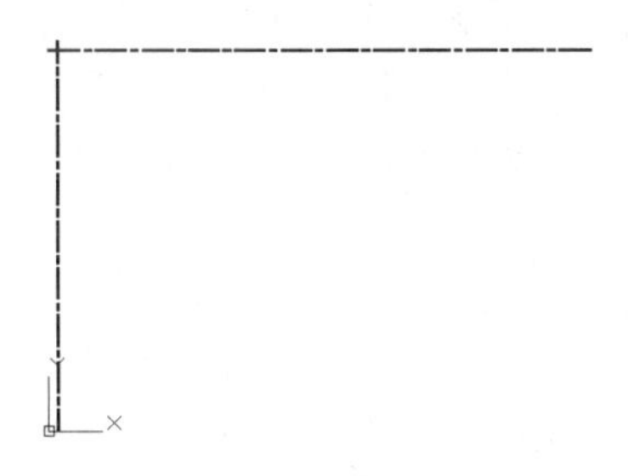

图 3-300

要点提示

之所以要在轴线的两端各留出 500 的线头，主要是为了在后续的尺寸标注时有参考点从而保证尺寸标注线与墙体有一个合适的距离，如图 3-301 所示。

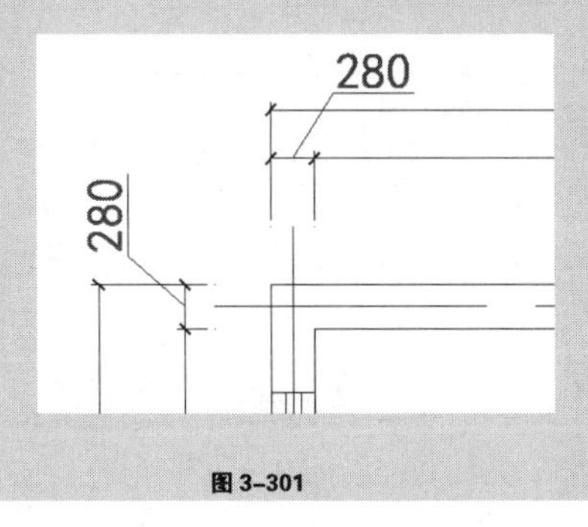

图 3-301

（5）启动偏移命令生成所有竖直轴线，参考图 3-302 所示，相关命令提示如下：

命令: O↙　　　　//输入 O 并回车[O 是 OFFSET（偏移）命令的简写形式]

OFFSET

当前设置: 删除源=否　图层=源　OFFSETGAPTYPE=0

指定偏移距离或 [通过(T)/删除(E)/图层(L)] <通过>: 4190↙　　//设定第一条轴线偏移距离

选择要偏移的对象，或 [退出(E)/放弃(U)] <退出>:　　//选择竖直轴线

指定要偏移的那一侧上的点，或 [退出(E)/多个(M)/放弃(U)] <退出>: //向右确定方向并单击完成该次偏移，接下来再重复相同命令，逐步以上一次偏移的轴线为参考分别以 2420、5095、1885 的距离生成另外三条竖直轴线

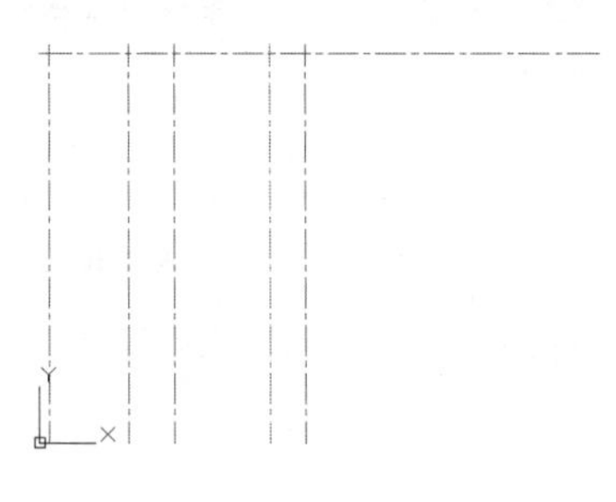

图 3-302

（6）启动偏移命令生成所有水平轴线，完成效果参考图 3-303 所示，相关命令提示如下：

命令: OFFSET　　//按回车键直接启动偏移命令

当前设置: 删除源=否　图层=源　OFFSETGAPTYPE=0

指定偏移距离或 [通过(T)/删除(E)/图层(L)] <2720.0000>: 2715↙　　//设定第一条轴线偏移距离

选择要偏移的对象，或 [退出(E)/放弃(U)] <退出>:　　//选择水平轴线

指定要偏移的那一侧上的点，或 [退出(E)/多个(M)/放弃(U)] <退出>: //向下确定方向并单击完成该次偏移，接下来再重复相同命令，逐步以上一次偏移的轴线为参考分别以3265、800、1320的距离生成另外三条水平轴线

（7）轴线生成完成之后，为了方便后续在右侧以及下端标注时对齐位置，再以500的距离各偏移生成一条轴线，完成效果参考图3-304所示。

（8）所有轴线生成完成之后再启动剪切命令修剪掉右侧及底部多余线条，完成效果至如图3-305所示。接下来开始绘制墙线。

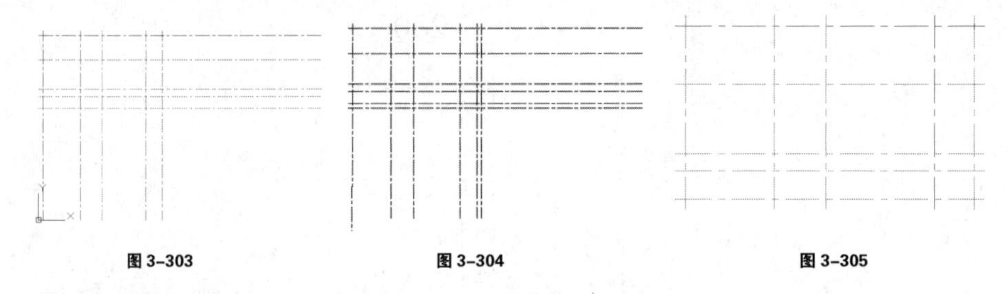

图 3-303　　图 3-304　　图 3-305

3.3.3　绘制墙线与梁

（1）墙线将使用多线命令进行绘制，接下来首先设置两端封闭的多线格式，执行“格式/多线样式”菜单命令打开“多线样式”面板，参考图3-306所示。

（2）在打开的“多线样式”对话框中单击修改按钮 修改(M)... ，如图3-307所示。

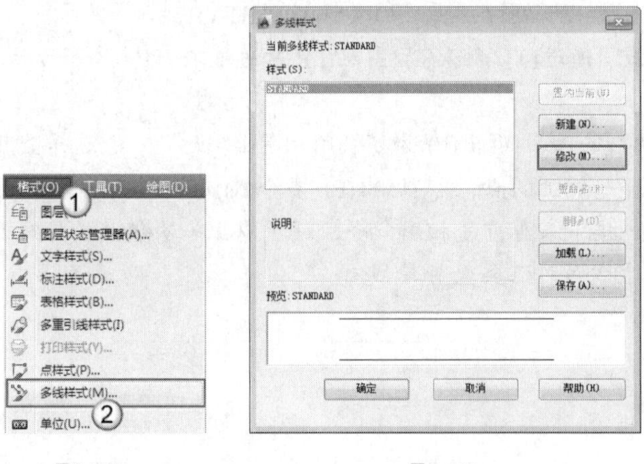

图 3-306　　图 3-307

（3）在“修改多线样式”对话框的“封口”参数下勾选直线起点与端点并单击确定按钮 确定 完成设置，如图3-308所示。

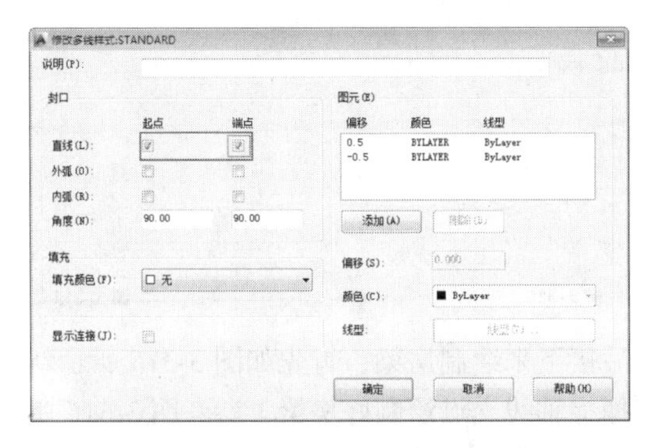

图 3-308

（4）在正式绘制墙体前输入 ML 命令，再逐步设置好多线对正方式以及比例以绘制出 280 厚度的墙体，如图 3-309~图 3-312 所示。

令: ML↙　　　　　//输入 ML 并按回车键[ML 是 MLINE（多线）命令的简写形式]

MLINE

当前设置: 对正 = 上，比例 = 20.00，样式 = STANDARD

指定起点或 [对正(J)/比例(S)/样式(ST)]: J↙　　//进入多线对正设置选项

输入对正类型 [上(T)/无(Z)/下(B)] <上>: Z↙　　//设置对正为无，即中心对正方式

当前设置: 对正 = 无，比例 = 20.00，样式 = STANDARD

指定起点或 [对正(J)/比例(S)/样式(ST)]: S↙　//进入多线比例设置

输入多线比例 <20.00>: 280↙　//默认多线宽度为 1，因此输入 280 并回车以产生 280 宽度的多线用于绘制墙体

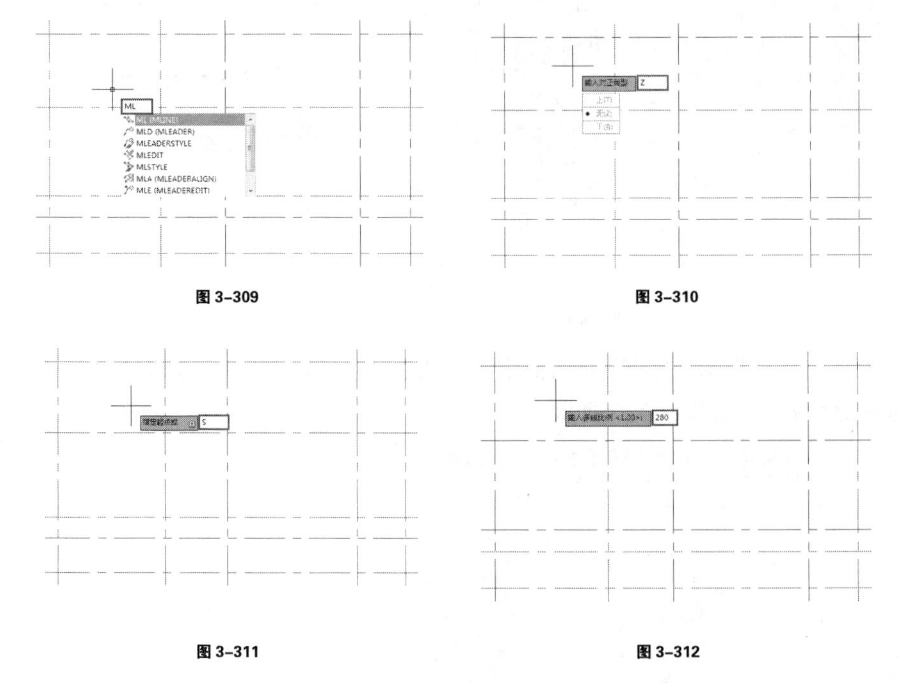

图 3-309　　图 3-310

图 3-311　　图 3-312

（5）多线设置完成后再次输入 ML，然后捕捉轴线交点绘制好外围墙线，如图 3-313 所示。

（6）重复类似操作逐步绘制好内墙，如图 3-314 所示。

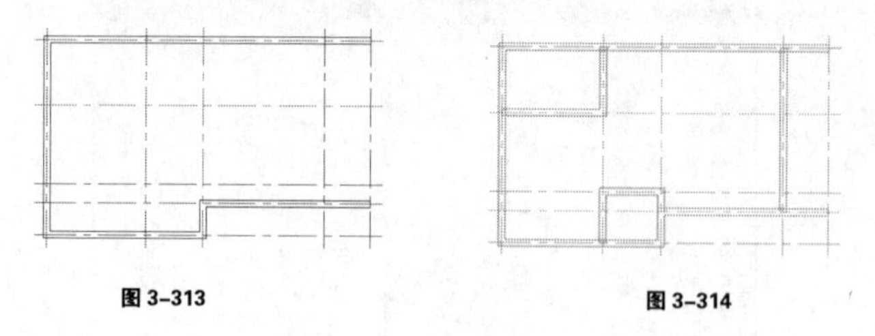

图 3-313　　图 3-314

（7）墙线绘制完成后接下来绘制房梁，首先如图 3-315 所示新建好“梁”图层。

（8）启用多线命令捕捉轴线交点绘制好房梁，参考图 3-316 所示新建好房梁。

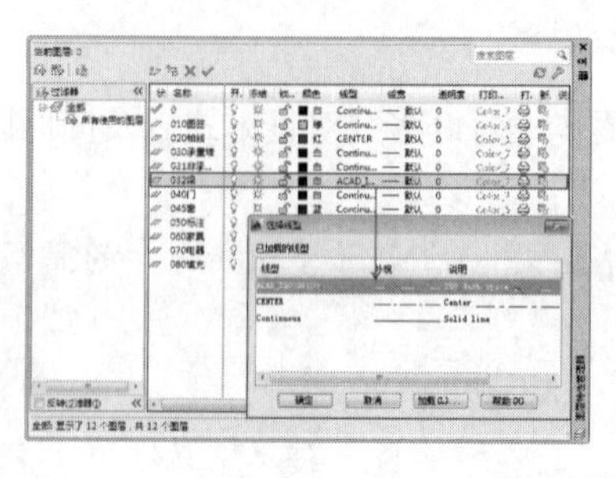

图 3-315

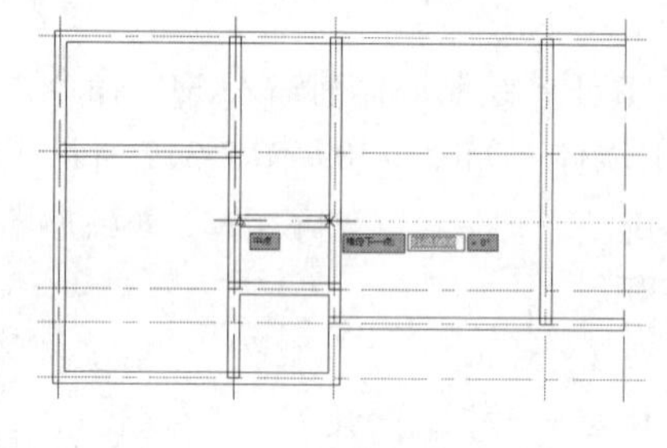

图 3-316

（9）为了显示理想的房梁线型，选择绘制好的房梁按下“Ctrl+1”组合键打开特性面板，参考图 3-317 调整线型比例为 20，调整完成后的显示效果如图 3-317 所示。

（10）接下来将通过多线编辑处理好墙体与房梁交叉处细节，首先执行 “修改/对象/多线”菜单命令打开“多线编辑工具”对话框，参考图 3-318 所示。

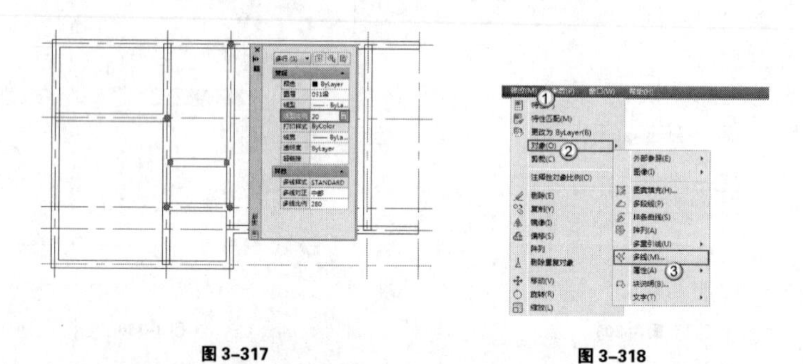

图 3-317　　图 3-318

（11）在“多线编辑工具”对话框中按如图 3-319 所示选择“T 形”打开。然后选择多线处理好交叉细节，如图 3-320 所示。

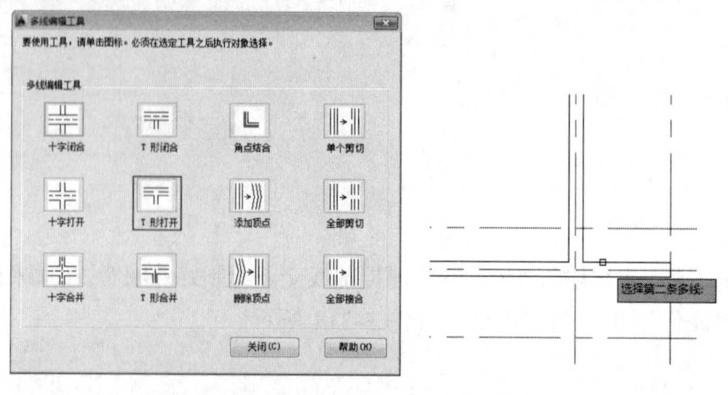

图 3-319　　图 3-320

📖 要点提示——多线编辑的使用技巧

多线编辑命令的使用有时会因为选择顺序的不同产生不一样的处理效果，如图 3-321 所示通过相反的顺序选择多线则产生了错误的处理效果，因此在进行多线编辑时如果产生的效果不理想，可以考虑以相反的顺序再进行一次处理。

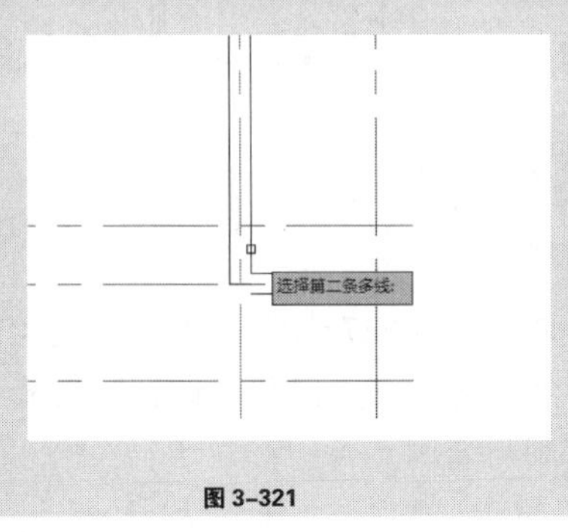

图 3-321

（12）在使用“多线编辑工具”处理好大部分多线交叉细节后，为了进一步处理细节，接下来选择所有多线将其炸开。

（13）启用修剪命令，按如图 3-322 所示修剪掉交叉处多余线条。

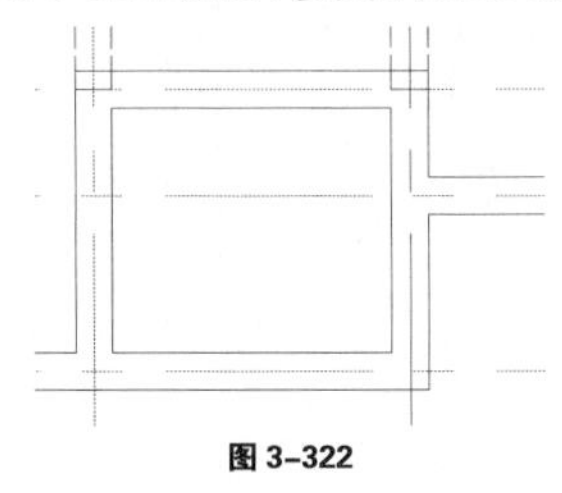

图 3-322

（14）由于部分墙体的宽度为 270，因此在修剪完成之后通过拉伸命令调整好其对应宽度，参考图 3-323~图 3-326 所示，相关提示命令如下：

命令: S↙　　　　　　//输入 S 并回车[S 是 STRETCH（拉伸）命令的简写形式]

STRETCH

以交叉窗口或交叉多边形选择要拉伸的对象...

选择对象: 指定对角点: 找到 3 个　　//选择要调整的墙线以及其两侧连接的墙线

选择对象:

指定基点或 [位移(D)] <位移>:　　　　//指定调整的墙线左侧端点为基点

指定第二个点或 <使用第一个点作为位移>: 5↙　　　//向下确定拉伸方向，然后输入数值向下调整 5，接下来再重复类似操作选择下端墙线向上调整 5

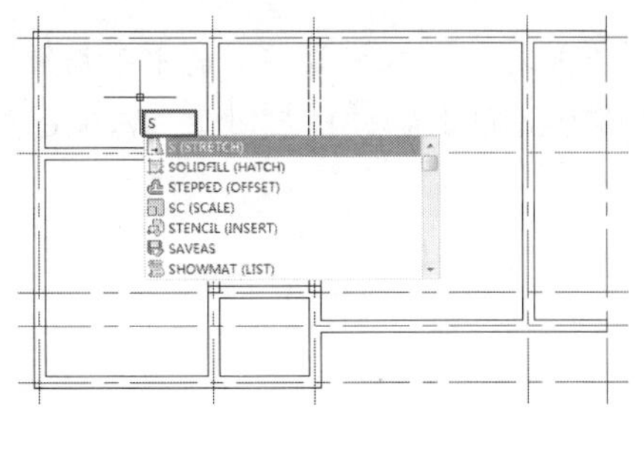

图 3-323

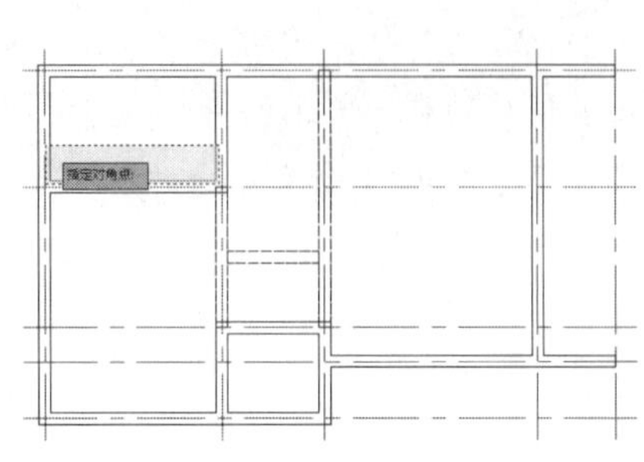

图 3-324

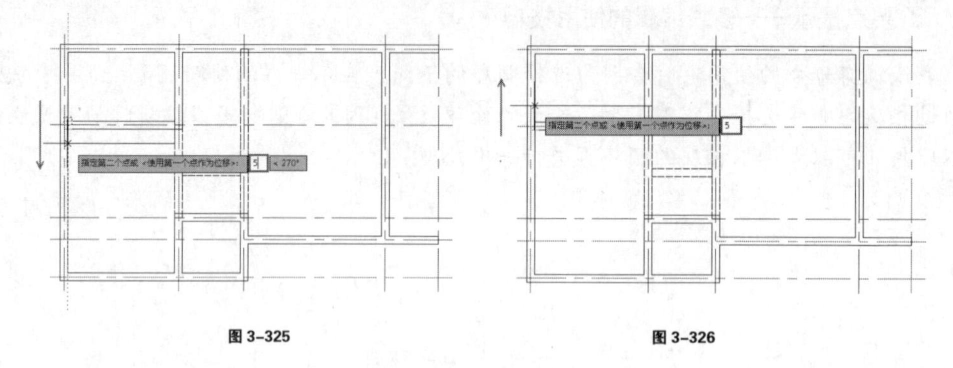

图 3-325　　　　图 3-326

（15）通过类似方式再调整图 3-327 中所示墙体宽度至 270，接下来再调整房梁细节。

（16）选择房梁图形，然后通过交点的移动调整其与墙线连接细节，如图 3-328 所示。调整完成后接下来将绘制门洞与窗洞。

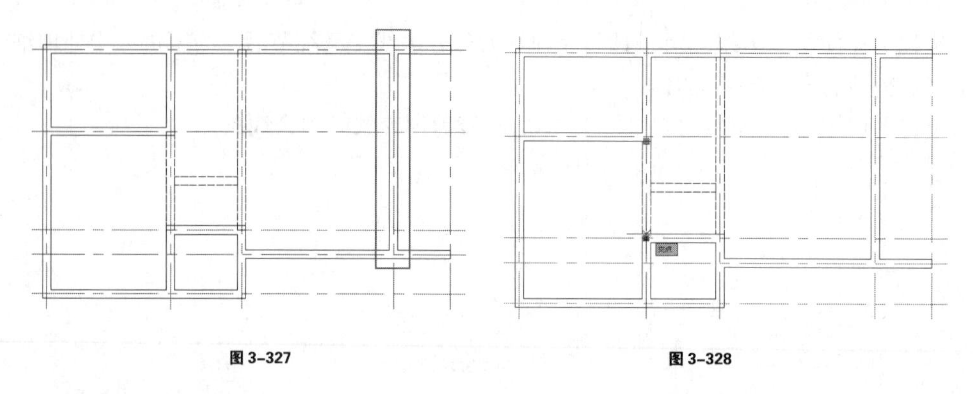

图 3-327　　　　图 3-328

3.3.4　绘制门洞与窗洞

（1）接下来主要以绘制右侧阳台处门洞为例为大家介绍绘制方法。首先启用偏移命令利用轴线确定门洞位置，参考图 3-329 与图 3-330 所示，相关命令提示如下：

```
命令: O↙                      //输入 O 并回车[O 是 OFFSET（偏移）命令的简写形式]
OFFSET
当前设置: 删除源=否   图层=源   OFFSETGAPTYPE=0
指定偏移距离或 [通过(T)/删除(E)/图层(L)] <通过>: 530↙    //确定上方门洞与其上侧墙体距离（即门垛宽度）
选择要偏移的对象，或 [退出(E)/放弃(U)] <退出>:      //选择最上方的水平轴线
指定要偏移的那一侧上的点，或 [退出(E)/多个(M)/放弃(U)] <退出>:  //通过鼠标确定方向向下，然后单击确定按钮
选择要偏移的对象，或[退出(E)/放弃(U)] <退出>:    //选择最下方的水平轴线
指定要偏移的那一侧上的点，或 [退出(E)/多个(M)/放弃(U)] <退出>:  //通过鼠标确定方向向上，然后单击确定按钮
```

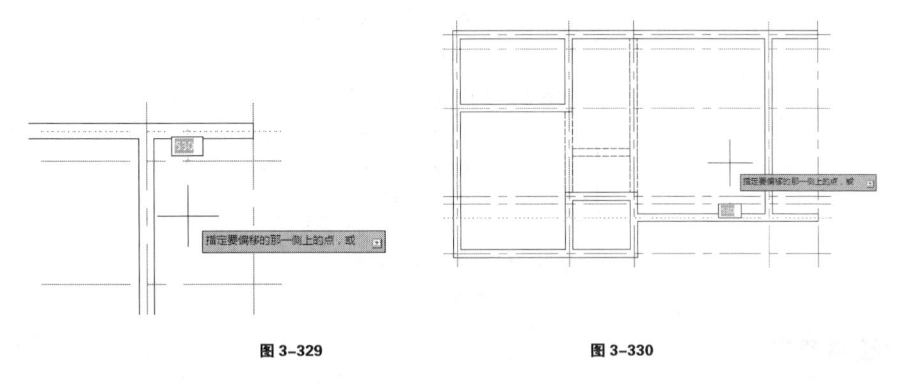

图 3-329　　　　图 3-330

（2）接下来再使用偏移命令利用轴线确定好门洞宽度，参考图 3-331 和图 3-332 所示，相关命令提示如下：

命令: OFFSET↙　　　　　　　　　　//直接按下回车重启偏移命令

当前设置: 删除源=否　图层=源　OFFSETGAPTYPE=0

指定偏移距离或 [通过(T)/删除(E)/图层(L)] <530.0000>: 2400　//输入上方门洞宽度

选择要偏移的对象，或 [退出(E)/放弃(U)] <退出>:　//选择上一步用于确定上方门垛宽度的偏移生成的轴线

指定要偏移的那一侧上的点，或 [退出(E)/多个(M)/放弃(U)] <退出>:　//通过鼠标确定方向向下，然后单击确定，接下来再通选择下方门垛轴线用类似方法确定好下方门洞宽度

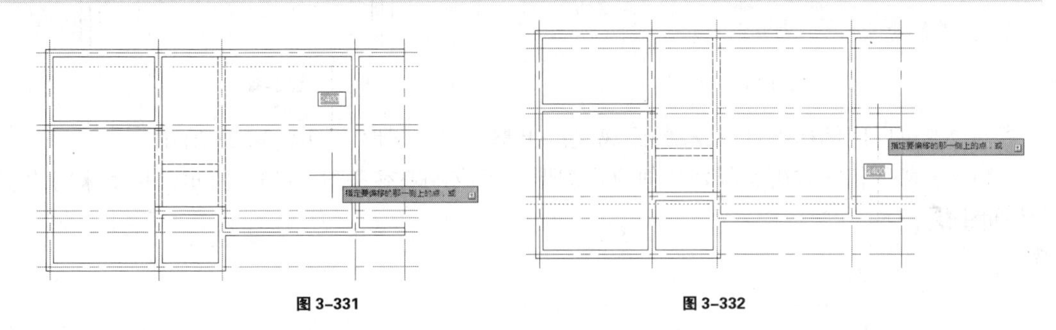

图 3-331　　　　图 3-332

（3）通过轴线确定好门洞位置与宽度后，接下来将相关轴线调整至墙体图层，如图 3-333 所示。

（4）启用修剪命令处理掉多余线条，制作好该处门洞，参考图 3-334 所示。

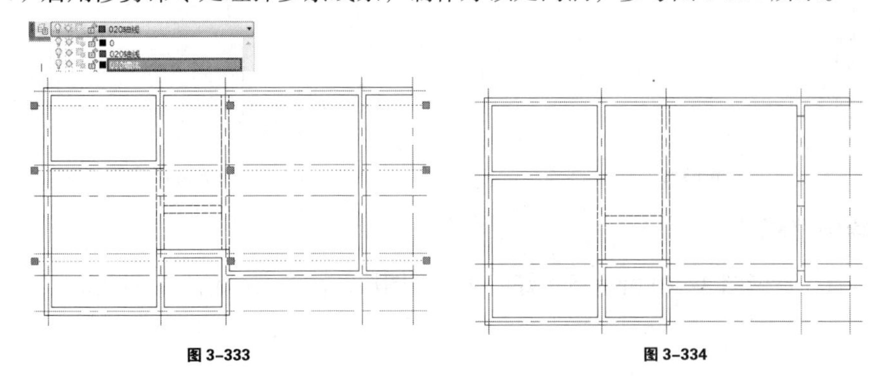

图 3-333　　　　图 3-334

（5）通过相同方法参考图 3-335 所示的尺寸数值制作好其他门洞与窗洞，接下来再绘制窗户。

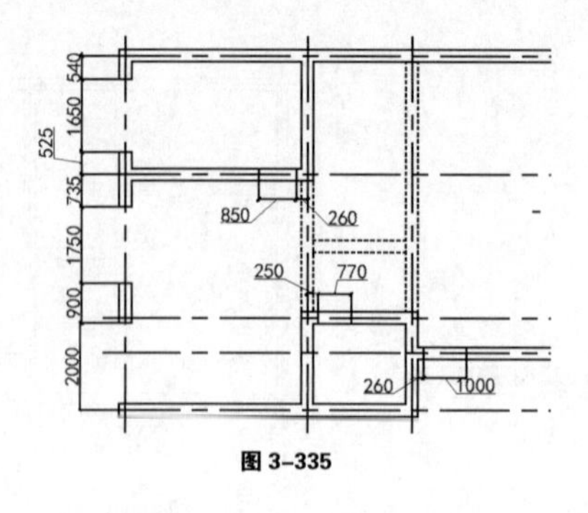

图 3-335

3.3.5　绘制窗户

（1）首先调整图层至对应的“窗”图层，然后执行直线命令绘制两侧窗线，参考图 3-336 和图 3-337 所示。

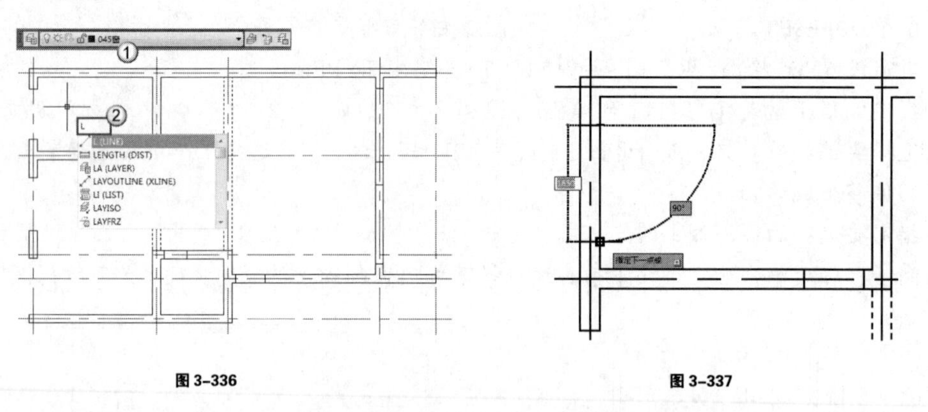

图 3-336　　图 3-337

（2）再启用偏移工具以 90 的距离复制出整个窗户图形，如图 3-338 所示。

（3）通过相同方法绘制好其他窗户图形，完成效果参考图 3-339 所示。接下来将绘制楼梯图形。

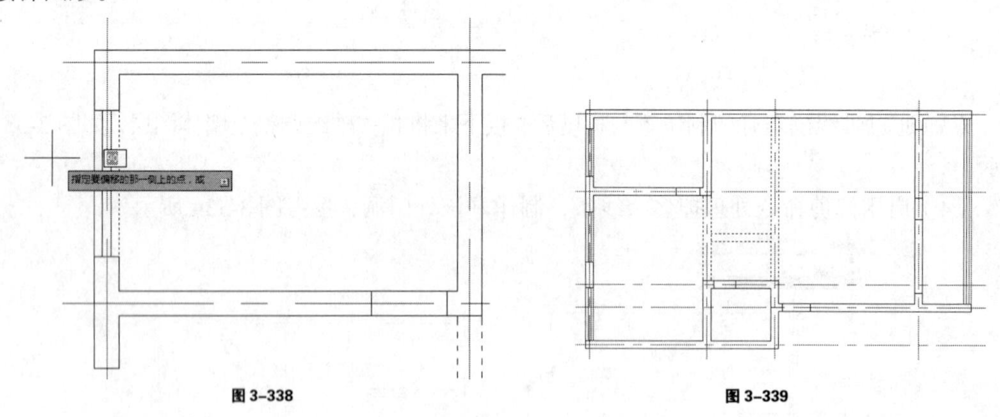
图 3-338　　图 3-339

3.3.6　绘制楼梯

（1）首先参考图 3-340 所示新建好“楼梯”图层，注意其颜色为 8 号色。

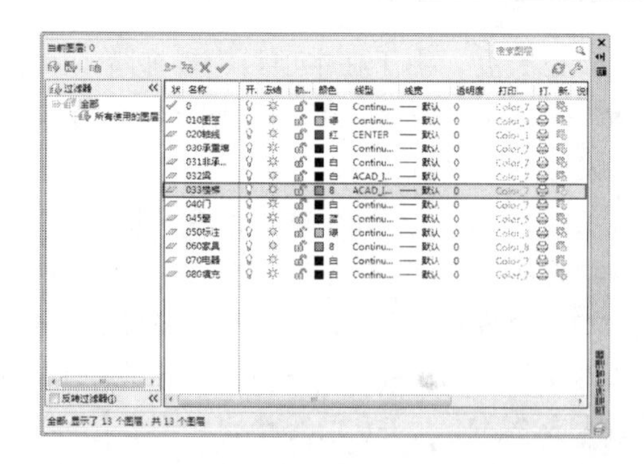

图 3-340

📖 知识拓展——楼梯的一般构成

楼梯主要由踏步、休息平观以及栏杆构成，如图 3-341 所示。接下来首先将确定楼梯平台位置，然后再绘制踏步。

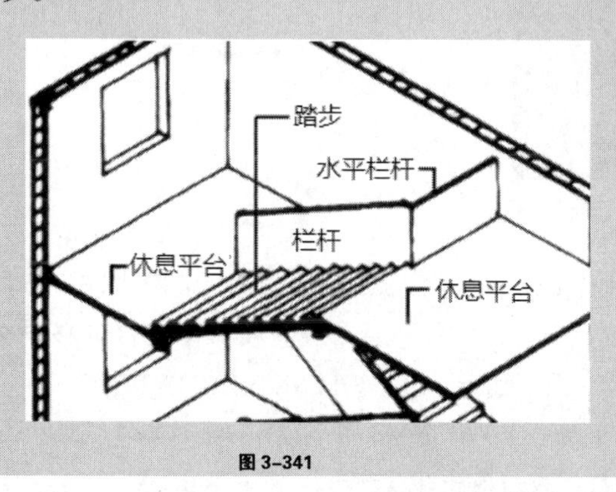

图 3-341

（2）首先启用偏移命令利用轴线确定好楼梯平台位置与宽度，如图 3-342 所示，相关命令提示如下：

命令: O↙　　　　　　　　//输入 O 并按回车键[O 是 OFFSET（偏移）命令的简写形式]
OFFSET
当前设置: 删除源=否　图层=源　OFFSETGAPTYPE=0
指定偏移距离或 [通过(T)/删除(E)/图层(L)] <90.0000>: 940↙　　//确定楼梯平台宽度
选择要偏移的对象，或 [退出(E)/放弃(U)] <退出>:　　　　//选择第一条水平轴线
指定要偏移的那一侧上的点，或 [退出(E)/多个(M)/放弃(U)] <退出>:　//通过鼠标确定方向向下，然后单击完成

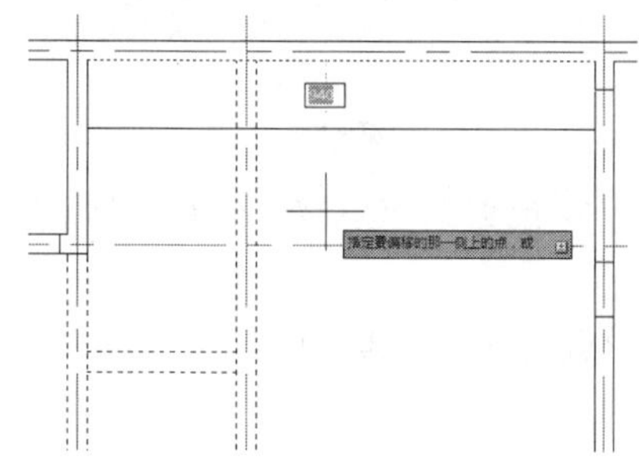

图 3-342

（3）接下来再确定踏步总长度，由于在本项目中楼梯踏步由一段直线踏步与一段弧形踏步构成，如图 3-343 所示，因此接下来首先将使用偏移命令再确定直线性踏步长度，如图 3-344 和图 3-345 所示，相关命令提示如下：

命令: OFFSET↙ //直接回车重启偏移命令
当前设置: 删除源=否 图层=源 OFFSETGAPTYPE=0
指定偏移距离或 [通过(T)/删除(E)/图层(L)] <940.0000>: T↙ //设定偏移为通过模式
选择要偏移的对象,或 [退出(E)/放弃(U)] <退出>: //选择上一次偏移生成的楼梯平台线
指定通过点或 [退出(E)/多个(M)/放弃(U)] <退出>: //捕捉左侧墙线并单击端点确定好该段踏步长度

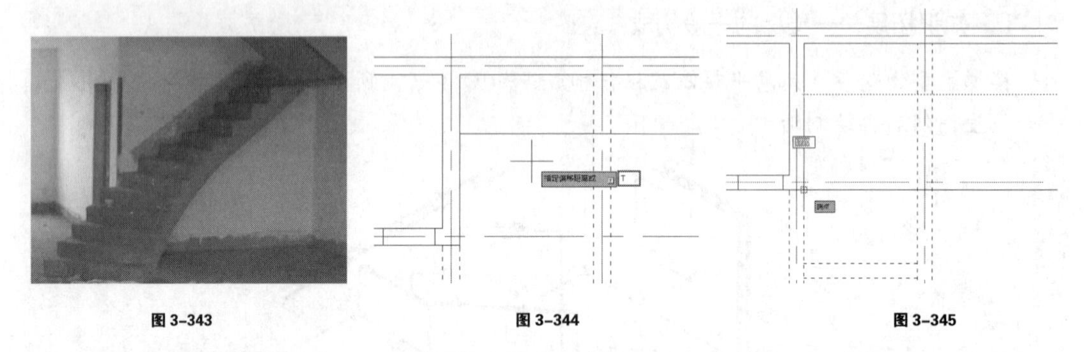

图 3-343 图 3-344 图 3-345

（4）接下来使用偏移命令再确定弧形踏步长度，参考图 3-346 所示，相关命令提示如下：

命令: OFFSET↙ //直接回车重启偏移命令
当前设置: 删除源=否 图层=源 OFFSETGAPTYPE=0
指定偏移距离或 [通过(T)/删除(E)/图层(L)] <通过>: 1125 //设定弧形踏步长度
选择要偏移的对象，或 [退出(E)/放弃(U)] <退出>: //选择上一步偏移生成的踏步线段
指定要偏移的那一侧上的点，或 [退出(E)/多个(M)/放弃(U)] <退出>: //通过鼠标确定方向向下，然后单击完成偏移复制

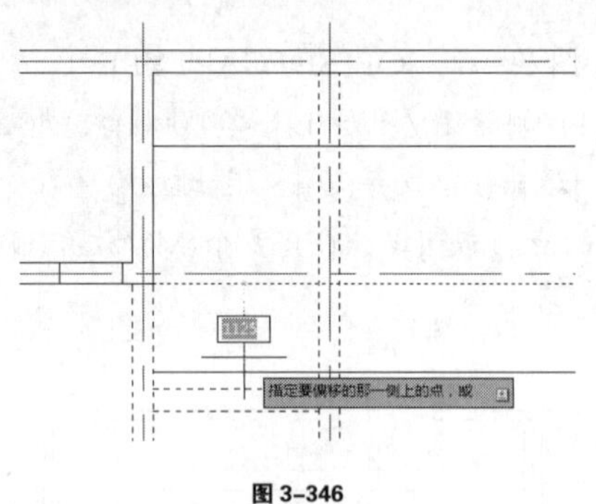

图 3-346

（5）启用修剪命令处理好多余线段，然后将保留线段调整至楼梯图层，如图 3-347 所示。接下来开始绘制踏步细节。

（6）启用直线工具结合中点捕捉绘制楼梯中分线，如图 3-348 所示。

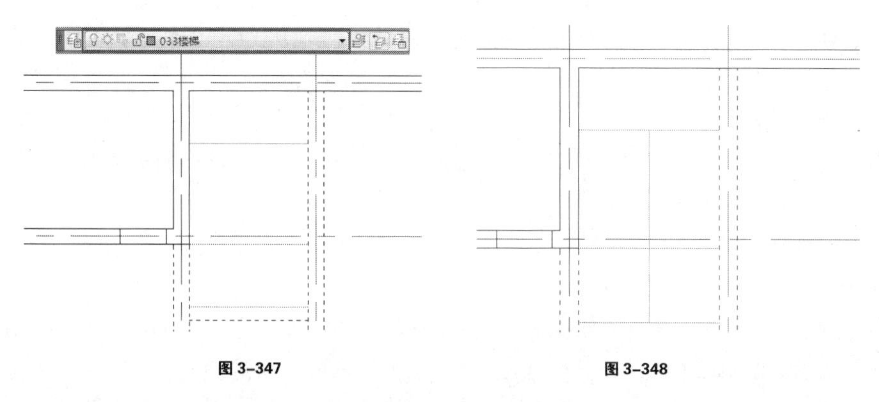

图 3-347　　　　图 3-348

（7）接下来主要将使用阵列命令绘制踏步。由于直线踏步与弧形踏步宽度并不一致，因此首先启用打断命令处理好直线，如图 3-349 ~ 图 3-351 所示。

```
命令: BR↙                       //输入 BR 并回车[BR 是 BREAK（打断）命令的简写形式]
BREAK
选择对象:                       //选择楼梯中分线
指定第二个打断点 或 [第一点(F)]: F  //选择指定打断第一点
指定第一个打断点:               //选择楼梯中分线为打断第一点
指定第二个打断点:               //选择楼梯中分线与下方线段交点为打断第二点
```

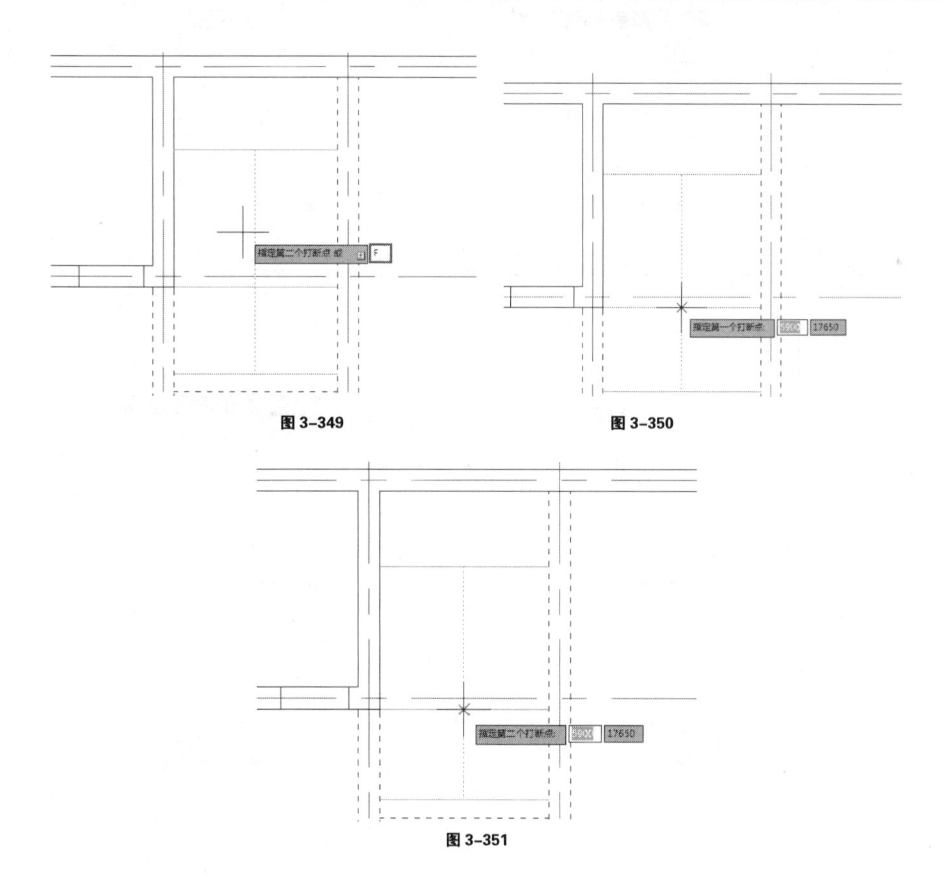

图 3-349　　　　图 3-350

图 3-351

（8）启用阵列命令通过路径方式中的定数等分快速制作好直线踏步，如图 3-352~图 3-358 所示，相关命令提示如下：

命令: AR↙　　　　　　　　//输入 AR 并回车[AR 是 ARRAY（阵列）命令的简写形式]

ARRAY

选择对象: 找到 1 个

选择对象: 输入阵列类型 [矩形(R)/路径(PA)/极轴(PO)] <路径>: PA↙　//选择阵列方式为路径

类型 = 路径　关联 = 是

选择路径曲线:　　//选择楼梯中分线为路径

选择夹点以编辑阵列或 [关联(AS)/方法(M)/基点(B)/切向(T)/项目(I)/行(R)/层(L)/对齐项目(A)/Z 方向(Z)/退出(X)] <退出>: M↙　　//进行阵列方法选项

输入路径方法 [定数等分(D)/定距等分(M)] <定距等分>: D↙　　//选择以定数等分进行阵列

选择夹点以编辑阵列或 [关联(AS)/方法(M)/基点(B)/切向(T)/项目(I)/行(R)/层(L)/对齐项目(A)/Z 方向(Z)/退出(X)] <退出>: I↙　　//选择以项目方式完成阵列

输入沿路径的项目数或 [表达式(E)] <1>: 9↙　　//输入阵列数值并回车完成操作

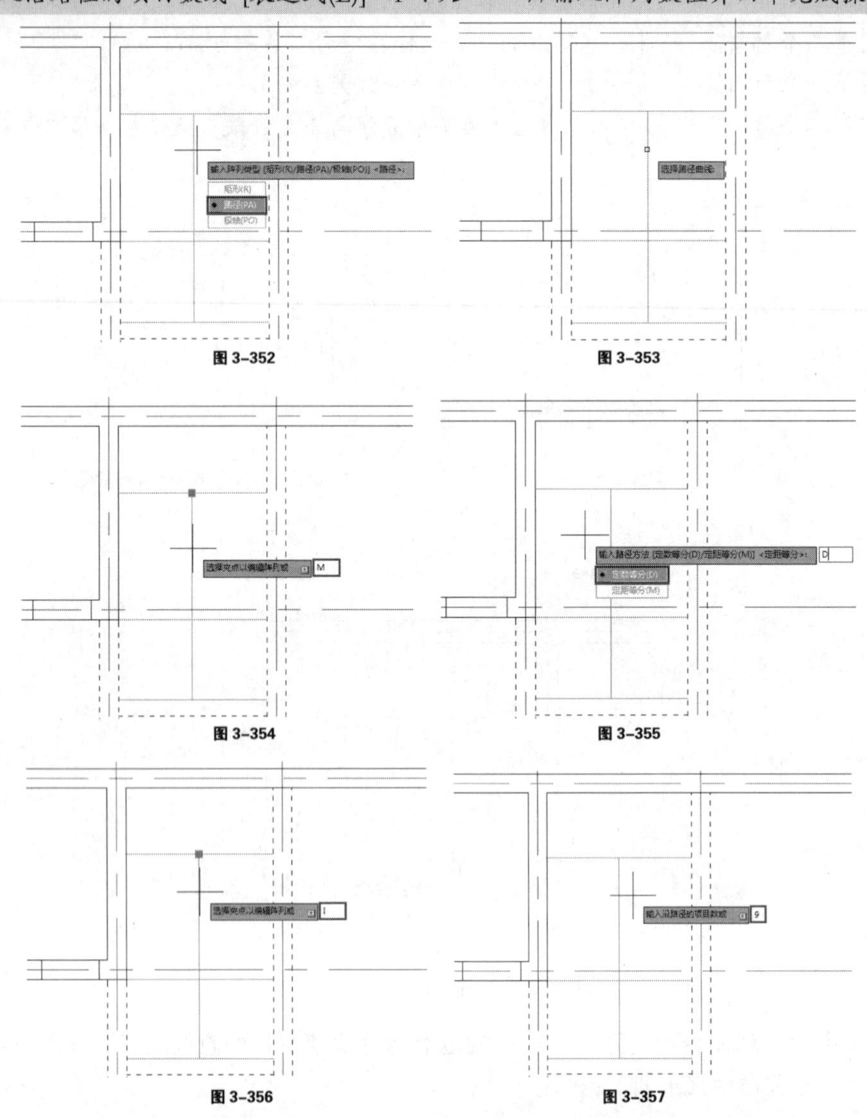

图 3-352　图 3-353

图 3-354　图 3-355

图 3-356　图 3-357

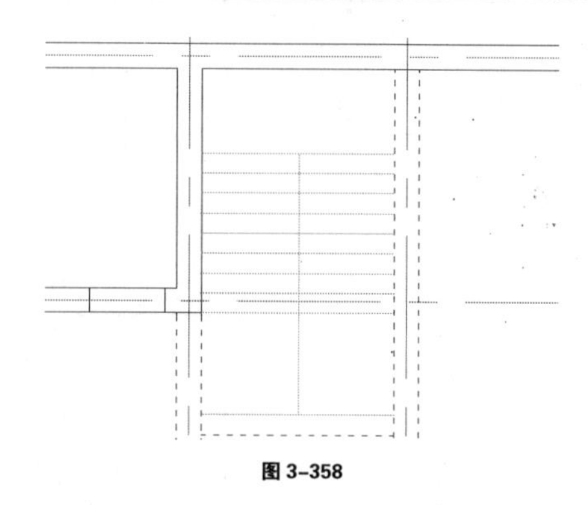

图 3-358

（9）通过相同方式制作好弧形踏步细节，完成效果参考图 3-359 所示。接下来将调整出弧形踏步造型效果。

（10）选择阵列生成的弧形跑步线条将其炸开，以方便后续的编辑，如图 3-454 所示。

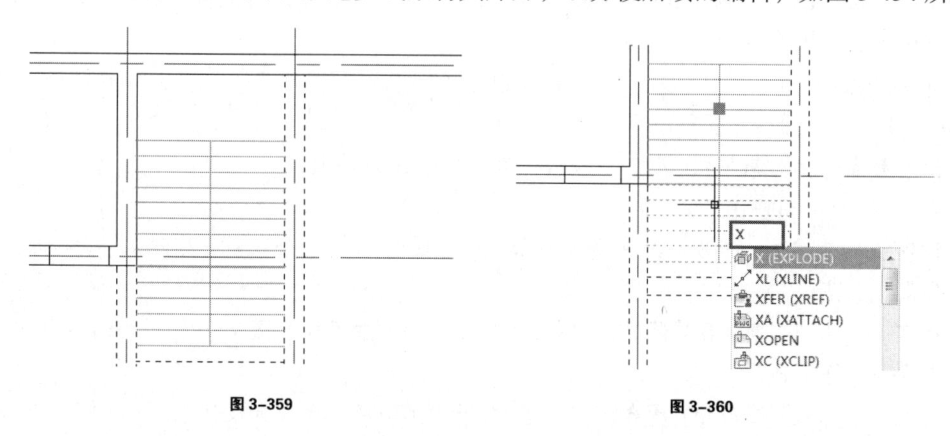

图 3-359　　图 3-360

（11）启用圆弧命令绘制弧形踏步轮廓线，完成效果参考图 3-361 所示。

（12）选择弧形踏步线条，逐步向上调整制作好弧形踏步线型，参考图 3-362 所示。

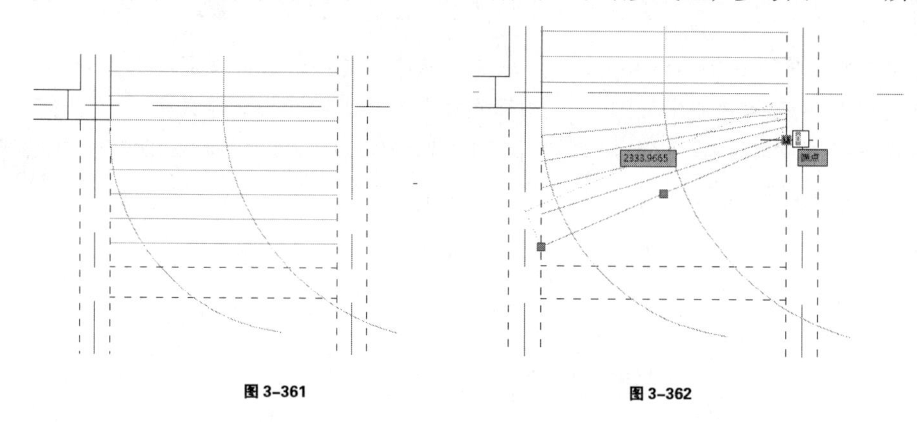

图 3-361　　图 3-362

（13）启用修剪命令处理掉多余线条制作完成弧形踏步，完成效果参考图 3-363 所示。

（14）接下来再通过类似操作处理好直线踏步，完成效果参考图 3-364 所示。

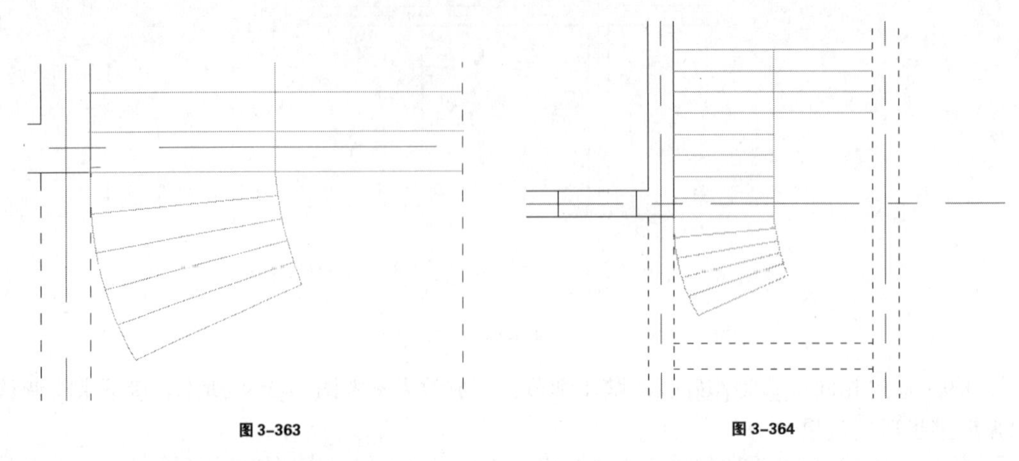

图 3-363　　图 3-364

（15）楼梯图形绘制完成后，接下来启用多段线命令绘制好方向箭头，参考图 3-365 和图 3-366 所示，相关命令提示如下：

命令: PL↙　　//输入 PL 并回车[PL 是 PLINE（多段线）命令的简写形式]

PLINE

指定起点: <对象捕捉 开>　　//捕捉直线踏步中点为起点

当前线宽为 0.0000

指定下一个点或 [圆弧(A)/半宽(H)/长度(L)/放弃(U)/宽度(W)]: //向上参考休息平台中点指定下一点

指定下一点或 [圆弧(A)/闭合(C)/半宽(H)/长度(L)/放弃(U)/宽度(W)]: //向右参考右侧楼梯中点指定下一点

指定下一点或 [圆弧(A)/闭合(C)/半宽(H)/长度(L)/放弃(U)/宽度(W)]: //向下捕捉右侧楼梯踏步中点指定下一点

指定下一点或 [圆弧(A)/闭合(C)/半宽(H)/长度(L)/放弃(U)/宽度(W)]: H↙　　//进入多段线宽度设置

指定起点半宽 <0.0000>: 30↙　　//设置起点半宽（即箭头尾部宽度）

指定端点半宽 <30.0000>: 0↙　　//设置端点半宽（即箭头头部宽度）

指定下一点或 [圆弧(A)/闭合(C)/半宽(H)/长度(L)/放弃(U)/宽度(W)]: 100↙　　//输入箭头长度并回车完成操作

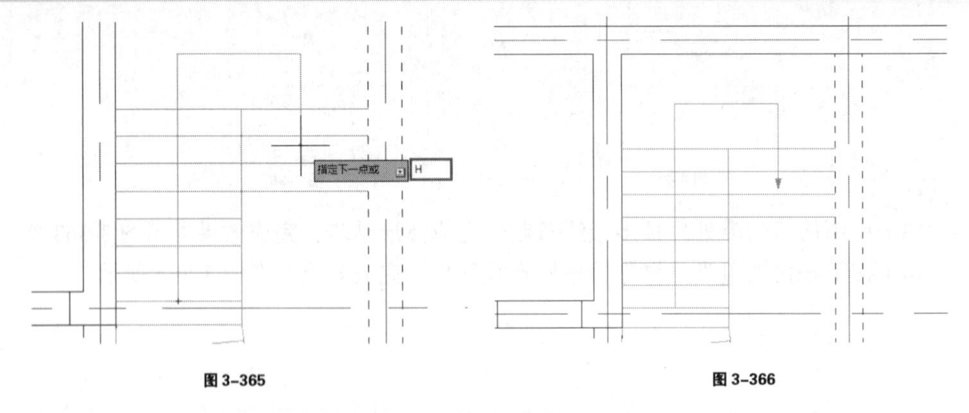

图 3-365　　图 3-366

（16）方向箭头绘制完成后，再启用单行文字标注方向为上，参考图 3-367 所示，相关命令提示如下：

```
命令: DT↙                        //输入 DT 并回车[DT 是 TEXT（单行文字）命令的简写形式]
TEXT
当前文字样式: "Standard"  文字高度: 2.5000  注释性: 否  对正: 左
指定文字的起点 或 [对正(J)/样式(S)]:    //在方向线尾部确定文字起点
指定高度 <2.5000>: 120↙         //设置文字高度
指定文字的旋转角度 <0>: 0↙     //设置文字角度，回车确认后即可输入文字"上"
```

（17）方向文字输入完成后，再调整文字位置等细节完成楼梯最终效果至图 3-368 所示。至此原始框架图基本绘制完成，接下来将完成图例、标高、尺寸线的绘制。

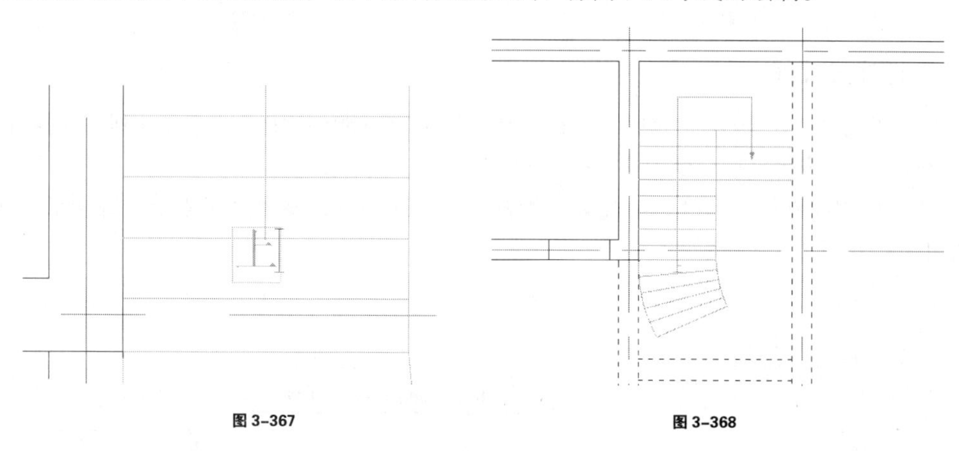

图 3-367　　　　图 3-368

3.3.7 添加图例与标高

（1）打开配套光盘中的"平面配置图例"素材文件，标注好厨房以及卫生间的主排污管、大便器位、排水口以及地漏，完成效果如参考图 3-369 和图 3-370 所示。

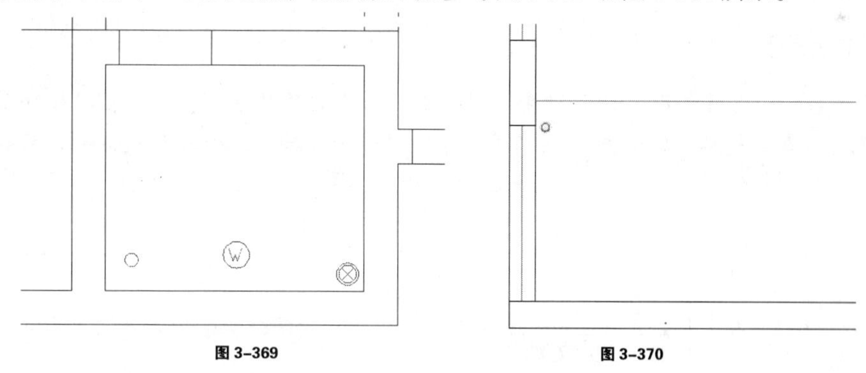

图 3-369　　　　图 3-370

（2）接下来插入标注符号，然后启用多行文字标注好地面标高，完成之后将其放置至"标高"图层再复制至全图各处，完成效果如图 3-371 所示。

（3）复制并旋转地面标高，然后修改好文字，标注好房梁标高，完成效果如图 3-372 所示。接下来标注尺寸线。

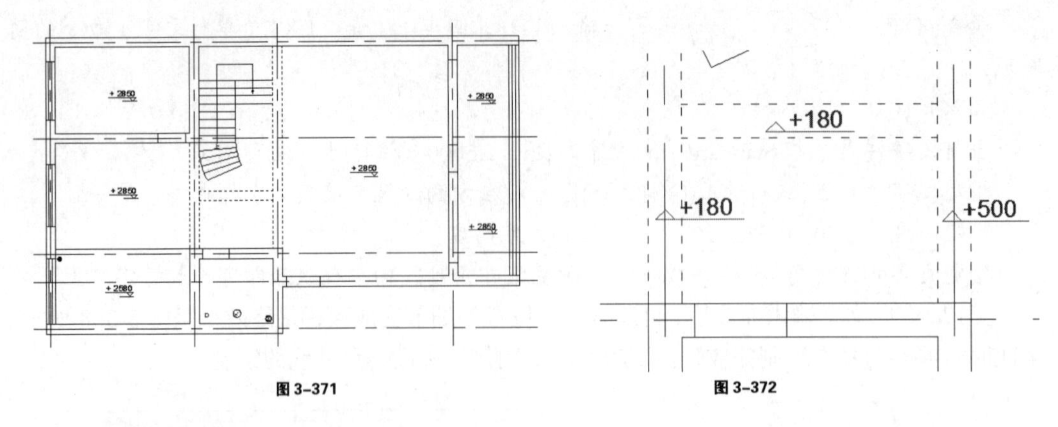

图 3-371　　图 3-372

3.3.8　标注尺寸线

（1）由于图形已经绘制完成，而标注尺寸线会有可能超出图形界限，因此此时再次输入“LIM”启用图形界限命令，然后输入 OFF 关闭图形界限。

（2）启用线性标注命令，首先在左侧标注好墙体厚度，参考经过以上步骤图纸完成效果如图 3-373~图 3-375 所示。

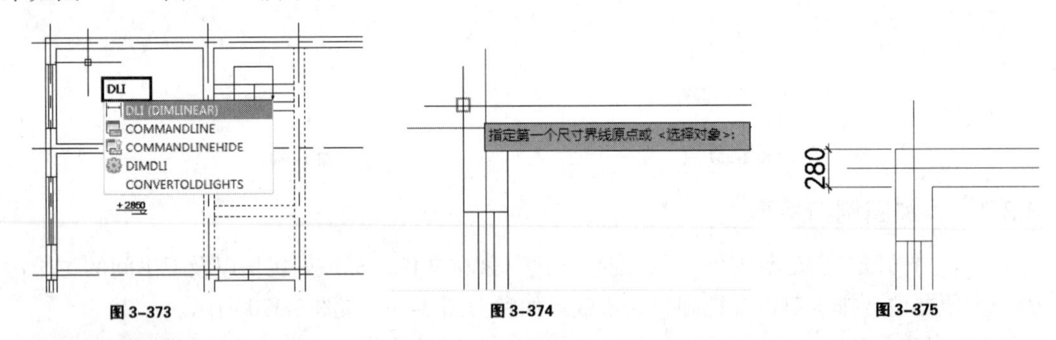

图 3-373　　图 3-374　　图 3-375

📖 要点提示

在指定第二条尺寸线时，为了产生准确的数值与垂直的尺寸线，首先可以按如图 3-376 所示捕捉墙体交点，然后按如图 3-377 所示通过追踪向左捕捉到与墙线交点确定好位置。

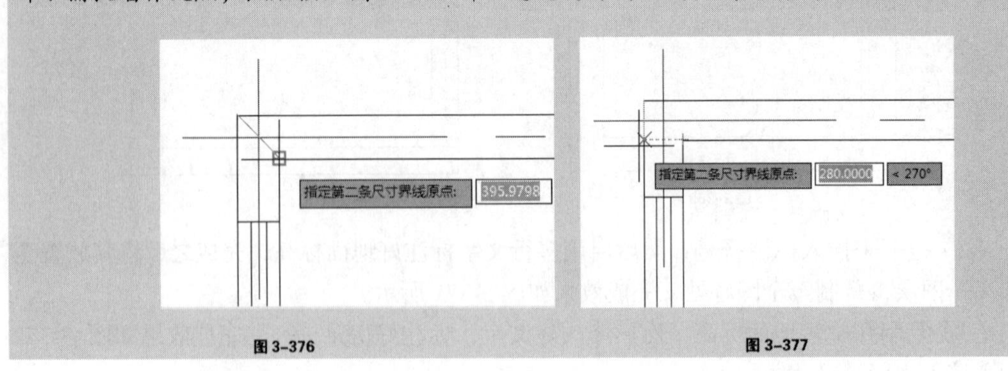

图 3-376　　图 3-377

（3）启用连续线性命令继续标注其他墙厚与空间净宽，完成效果如 3-378 所示。

（4）接下来再启用标注命令完成空间左侧总宽度的标注，完成效果参考图 3-379 所示。

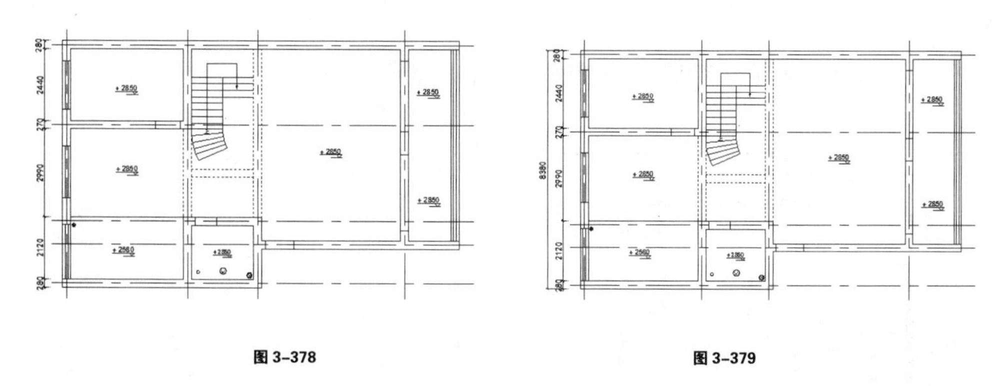

图 3-378　　　　图 3-379

（5）标注完成后，为了避免标注数字与尺寸界线重叠，选择标注并将光标置于文字控制点，然后先按“随引线移动”调整好文字位置，参考图 3-380 和图 3-381 所示。

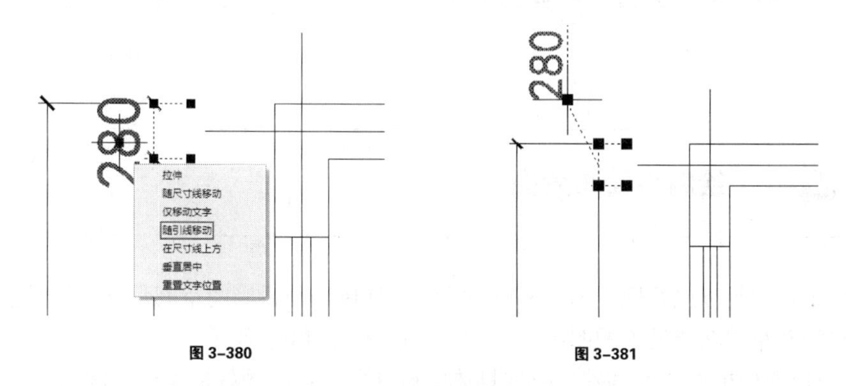

图 3-380　　　　图 3-381

（6）通过相同方式完成其他标注，完成后的效果参考图 3-382 所示。最后将添加图名、比例以及图框等细节。

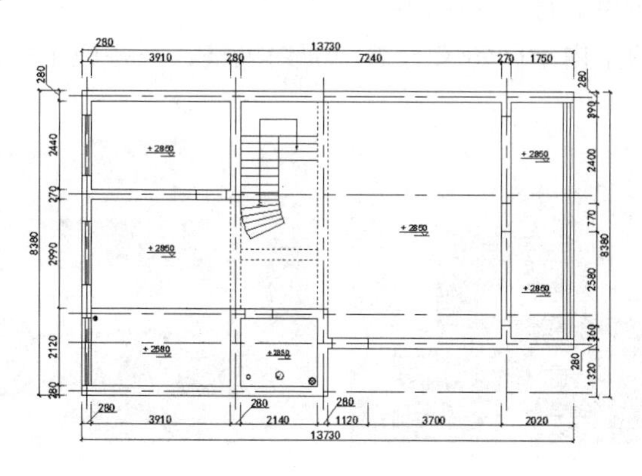

图 3-382

3.3.9　添加图名比例以及图框

（1）结合多行文字以及多段线绘制好图名以及比例，完成效果参考图 3-383 所示。

XX雅居1F原始框架图 SCALE 1:100

图 3-383

（2）插入图框并调整好位置，完成效果参考图 3-384 所示。

（3）插入结构图例并将其放置至图框左下角，完成本案例 1 层原始框架图至图 3-385 所示。

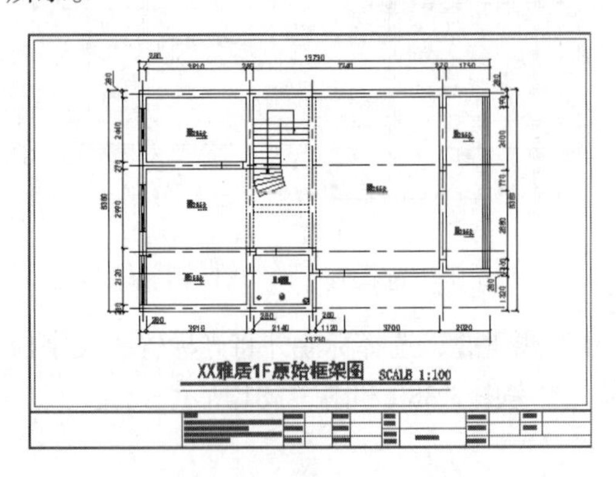

图 3-384

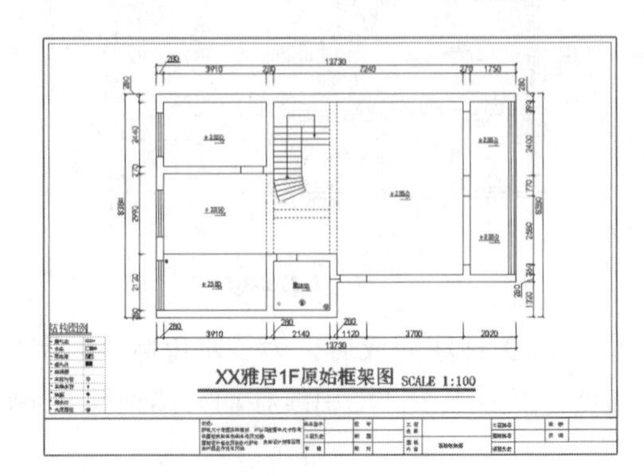

图 385

3.4 绘制平面布置图

平面布置图是以原始框架图为基础，结合设计风格与适当的空间尺寸在设计空间内划分出功能空间并布置功能设施的图纸，其主要绘制步骤如下。

（1）以原始框架图为基础，根据具体的设计要求重新画好框架内空间。

（2）画出厨房设备、家具、卫生洁具、电器设备、隔断、装饰构件、绿化等的布置。

（3）标注尺寸、图例名称、文字说明。

本案例图纸相关的室内空间定义为黑白简约风格，一些施工完成后的照片效果如图 3-386~图 3-390 所示。

图 3-386

图 3-387

图 3-388

图 3-389

图 3-390

了解了平面布置图功能、大致绘制步骤以及本案例的设计风格后，接下来我们就利用上一节中绘制的1层原始框架图完成1层平面布置图。

3.4.1 复制原始框架图并调整图名

（1）启动AutoCAD2014，打开上一节绘制完成的1层原始框架图，再按下“Ctrl+A”全选图形，然后按下“Ctrl+C”组合键复制。

（2）按下“Ctrl+N”组合键新建图纸，然后在弹出的“选择样板”对话框内选择“acadiso”并单击打开按钮 打开(O) 创建新的空白文档，如图3-391所示。

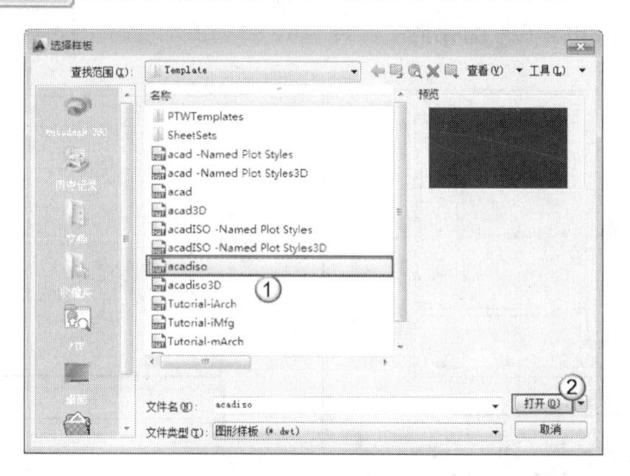

图 3-391

（3）进入新建空白文档，按下“Ctrl+V”组合键粘贴复制的1层平面原始图纸内容，注意指定插入点为原点，如图3-392所示，粘贴完成效果如图3-393所示。

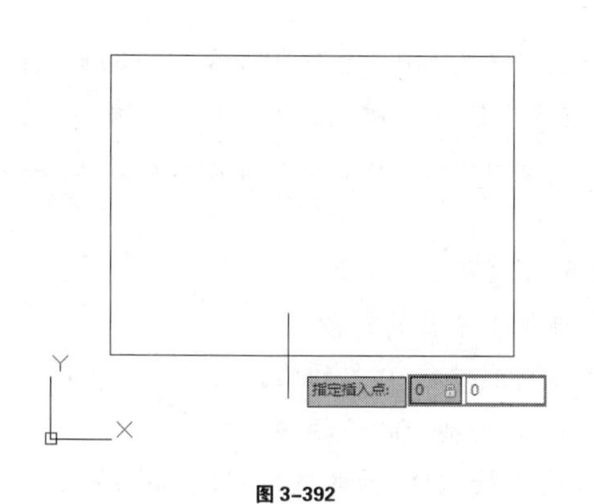

图 3-392

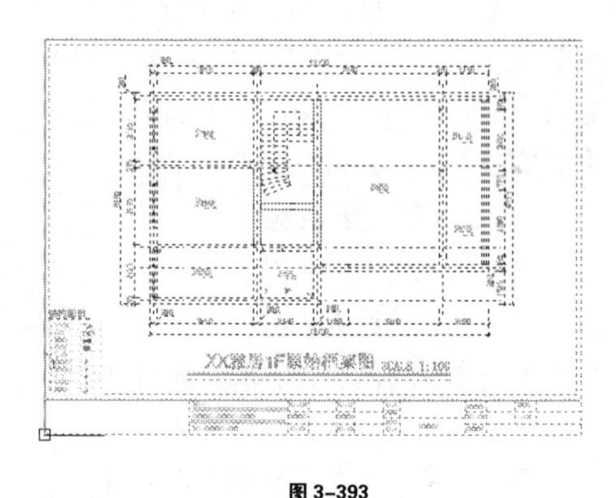

图 3-393

（4）双击进入当前图名，然后按如图3-394所示修改其为“XX雅居1F平面布置图”。接下来将处理门窗细节。

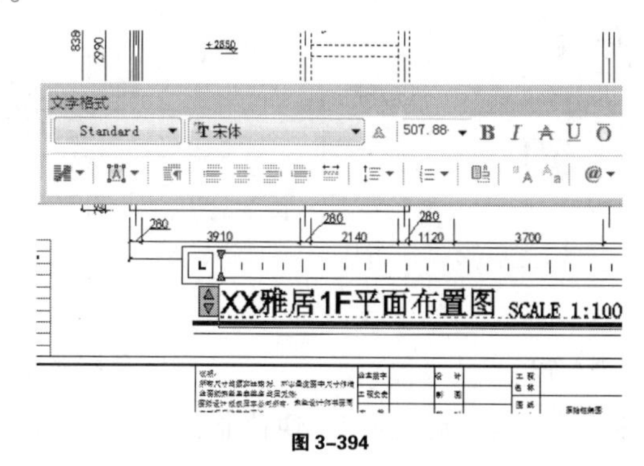

图 3-394

3.4.2　处理门窗细节

门窗的处理主要是根据重新定义的空间功能而定，比如在图 3-395 中所标示的①处，原为宽 850 的门洞，再将房间定义休闲活动区后将其门洞拓宽并处理为无门页，如图 3-396 所示。这样做的好处主要有两点，其一是方便活动较为频繁的休闲活动区内人的出入，其二是将其与前方的餐厅功能区贯通，这样在就餐人员比较多时，可以将休闲活动区转换为餐厅，而在需要更多的休闲娱乐空间时，则可以在餐厅内进行常见的棋牌娱乐。但如果标示的①处后方的空间定义为书房或是影音室，那么处于隔音以及隐秘性的考虑，又将是另外一种处理方式。接下来学习详细的图纸处理步骤。

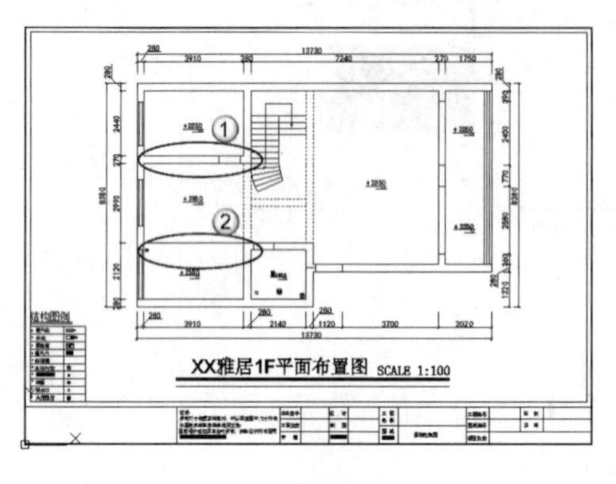

图 3-395

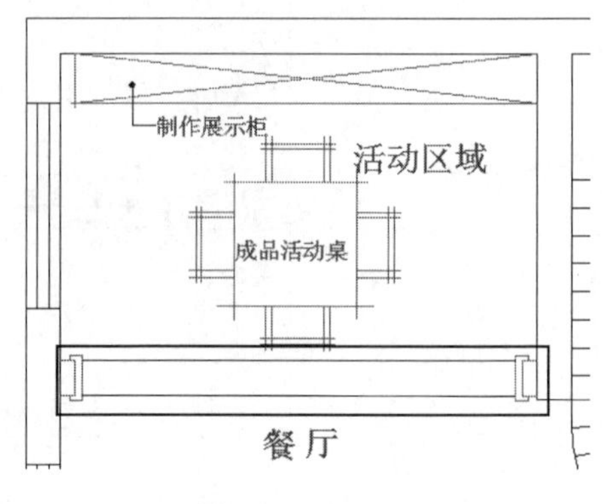

图 3-396

（1）切换当前层至“门”图层，然后启用直线工具结合“自”功能绘制好右侧门套，相关尺寸参考图 3-397 所示，相关命令提示如下：

```
命令: L↙                       //输入 L 并回车[是 L 是 LINE（直线）命令的简写形式]
LINE                           //按住“Shift”键单击鼠标右键选择“自”菜单命令
指定第一个点: _from 基点: <偏移>: 50    //选择如图 3-398 所示的交点为基点，然后向右偏移 50 作为门套线绘制起点
指定下一点或 [放弃(U)]: 40↙          //向上绘制 40 长的线段
指定下一点或 [放弃(U)]: 108↙         //向左绘制 108 长的线段
指定下一点或 [闭合(C)/放弃(U)]: 350↙   //向下绘制 350 长的线段
指定下一点或 [闭合(C)/放弃(U)]: 108↙   //向右绘制 108 长的线段
指定下一点或 [闭合(C)/放弃(U)]: 40↙    //输上绘制 40 长的线段完成门套绘制
```

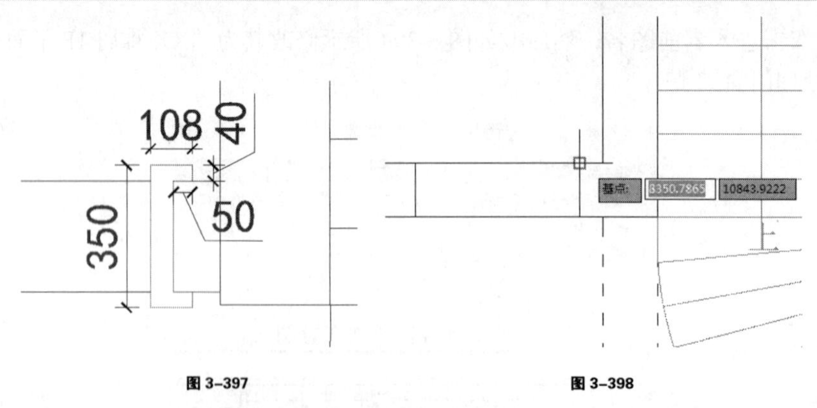

图 3-397　　图 3-398

（2）启用镜像工具利用左侧绘制好的门套快速制作出右侧门套，注意两侧门垛宽度保

持一致，完成效果参考图 3-399 所示。

（3）通过相同方法处理好厨房门洞处细节，完成效果参考图 3-400 所示。接下来处理窗户细节。

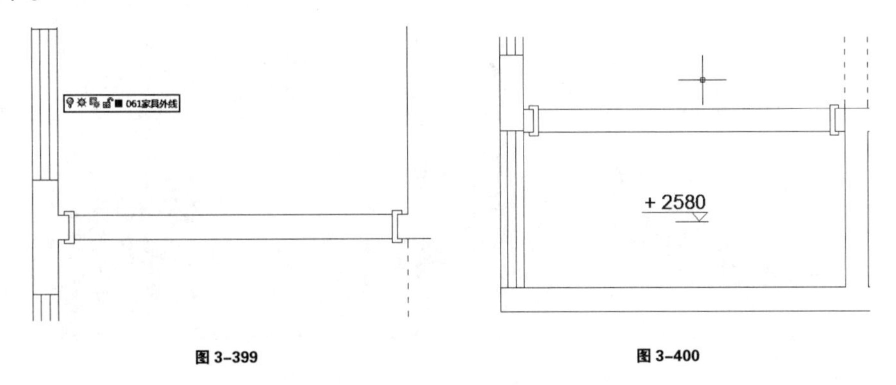

图 3-399　　图 3-400

（4）当前的窗户为如图 3-401 所示的直线形窗户，由于在此处空间将处理成厨房，为了容纳入厨柜将其改造成如图 3-402 所示的 U 形窗。

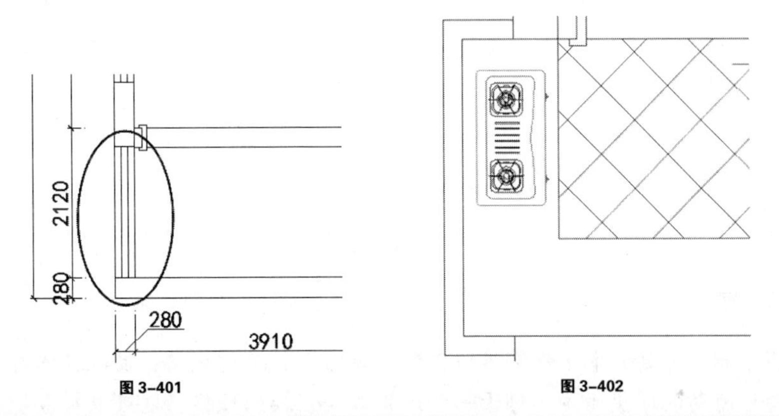

图 3-401　　图 3-402

📖 要点提示

要注意的是，上面所做的窗户改动能执行的原因在于本处住宅为私人别墅且该层为第一层，向外延伸窗台在相关条例以及施工上都不存在障碍。如果是商业住宅则此处改动就没有可行性。

（5）删除当前窗户线条，然后启用多段线绘制好 U 形窗户内侧线条，具体尺寸参考图 3-403 所示。

（6）启用偏移命令选择上一步绘制的窗线，向外以 120 的距离偏移复制出外侧窗线，完成效果参考图 3-404 所示。

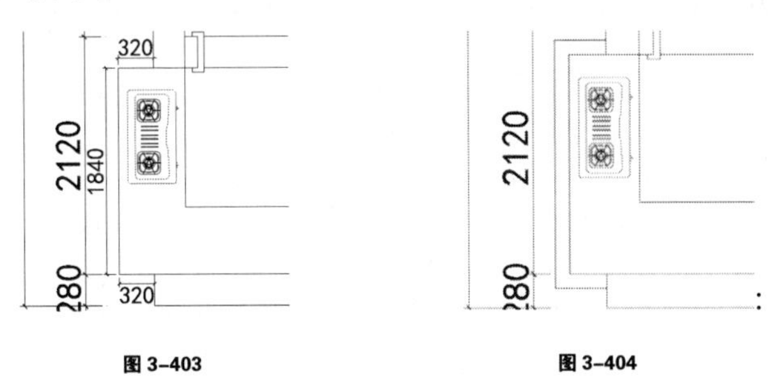

图 3-403　　图 3-404

3.4.3 处理入户玄关与客厅空间

在入户玄关处通常配置鞋柜用于放置鞋子、雨伞、钥匙等物品，如图 3-405 所示，同时鞋柜也可以赋予一定的装饰功能，如图 3-406 所示。接下来完成本例玄关的处理。

图 3-405

图 3-406

（1）通过图块调用处理好入户门，完成效果参考图 3-407 所示。

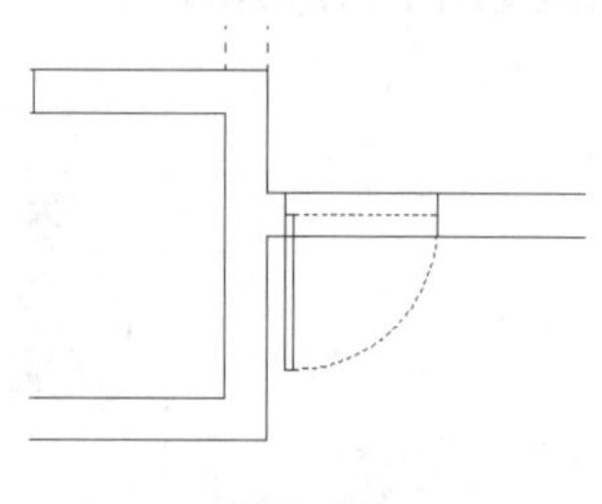

图 3-407

要点提示

如本节开始时所述，本案例图纸所在的项目为现代简约风格，因此在图块的使用上以线条明快、造型简约的图块为主，对于一些形式较为复杂的风格，也可以对应使用细节较多的图块，如图 3-408 所示。

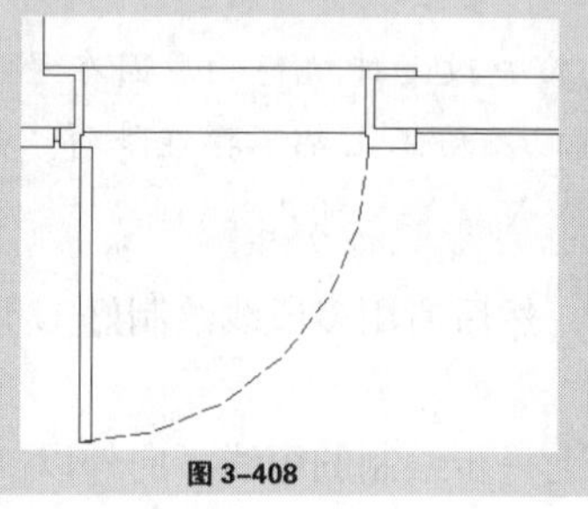

图 3-408

（2）启用直线工具在左侧墙体空档处绘制好鞋柜，具体尺寸参考图 3-409 所示的鞋柜。接下来处理客厅细节。

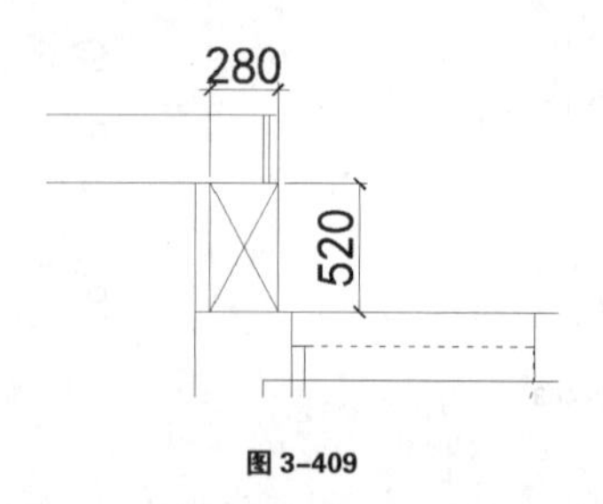

图 3-409

知识拓展——浅鞋柜的处理方法

鞋柜的标准深度在 350mm 左右，在本案例中限于原始框架只能将其深度做到 280mm，此时如果需要加大深度可以将内部搁板倾斜处理，同时为了方便打扫，在尾部与背板间必须留有缝隙及圆孔（通过该种处理方法鞋柜的尝试可以在最小值为 280mm 左右），如图 3-410 所示。

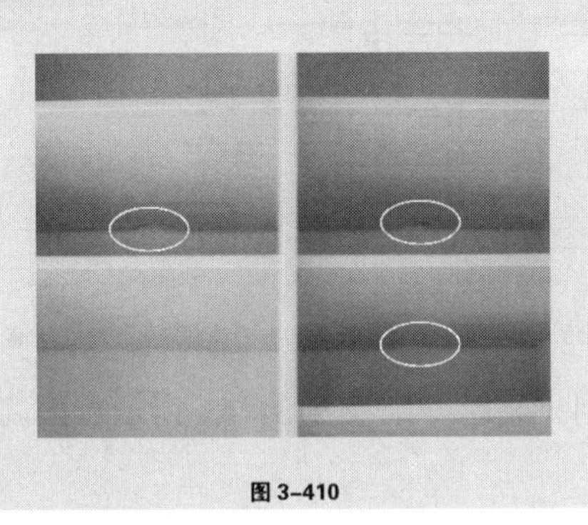

图 3-410

（3）启用直线工具参考图 3-411 的尺寸绘制好展示柜与吧台。

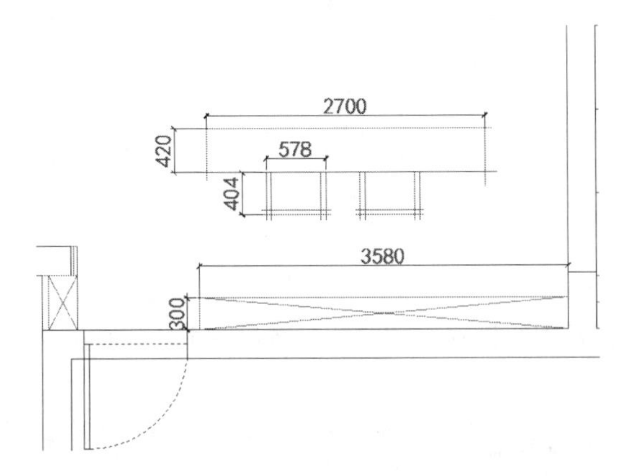

图 3-411

知识拓展——吧台设计时的小细节

在室内设置吧台，必须将吧台看作是完整空间的一部分，而不是一件能轻松活动的家具，因此在设计时必须要好好考虑动线走向等因素。如在本例中吧台后方并不是空白的墙体，还有一处展示柜（主要用于储存、摆放酒水）。为了便于行动与操作，吧台座椅与展示柜的距离最好不要低于 600，如图 3-412 所示。

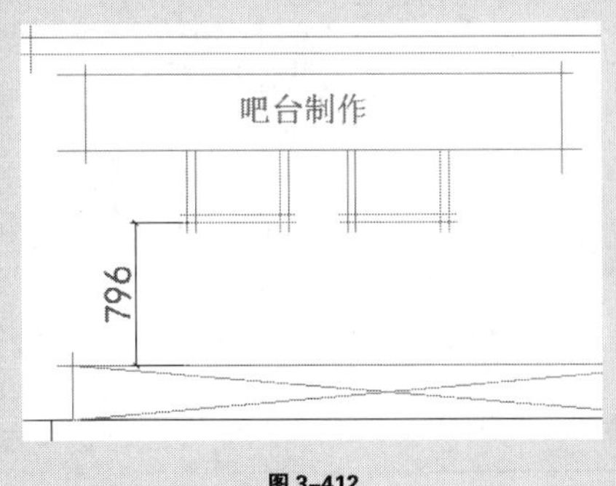

图 3-412

（4）启用直线工具参考图 3-413 的尺寸绘制好沙发以及茶几。

（5）启用直线工具绘制好电视背景墙，然后插入电视图块，完成效果与具体尺寸参考图 3-414 所示。

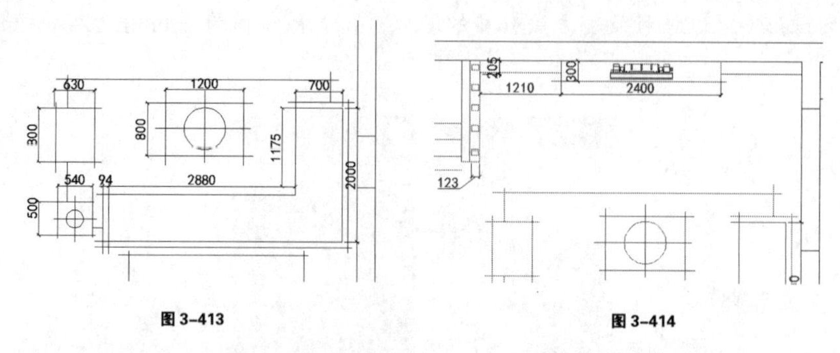

图 3-413 图 3-414

（6）客厅相关图形绘制完成后再参考图 3-415 所示数据调整好相对位置，接下来将进行一些简单的文字说明。

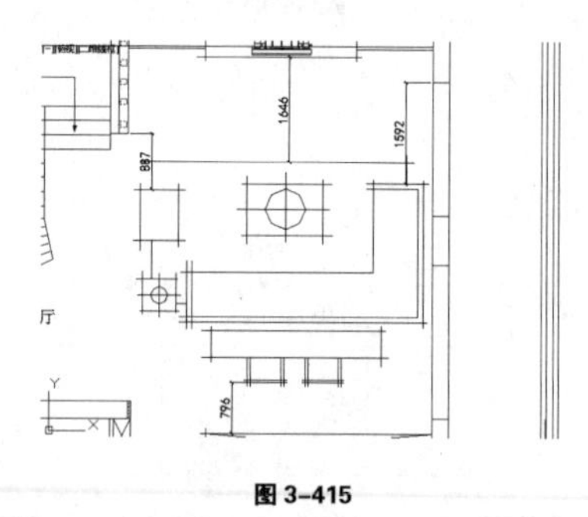

图 3-415

（7）执行"格式/多重引线样式"菜单命令新建一个"家具标注"，如图 3-416~图 3-421 所示。

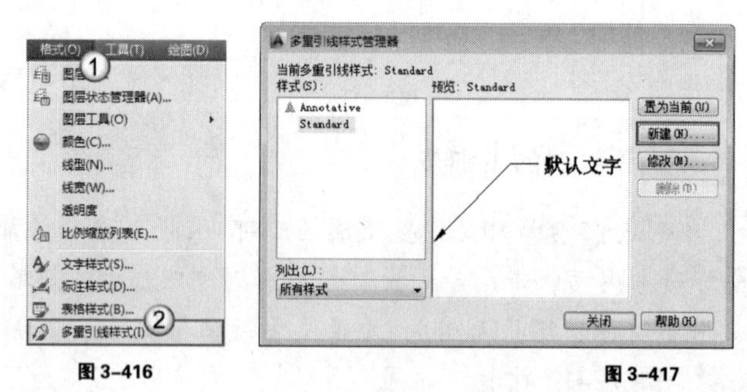

图 3-416 图 3-417

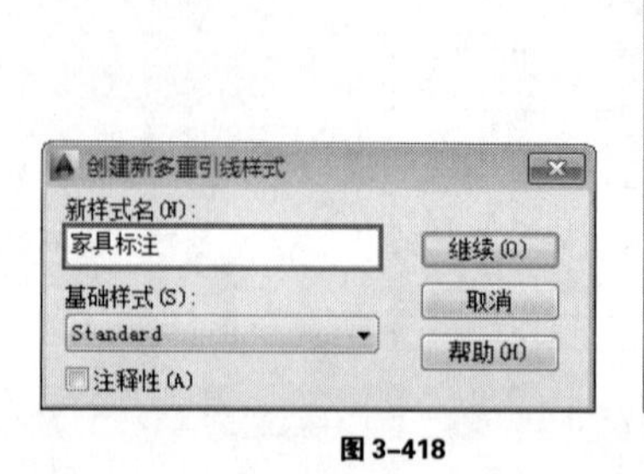

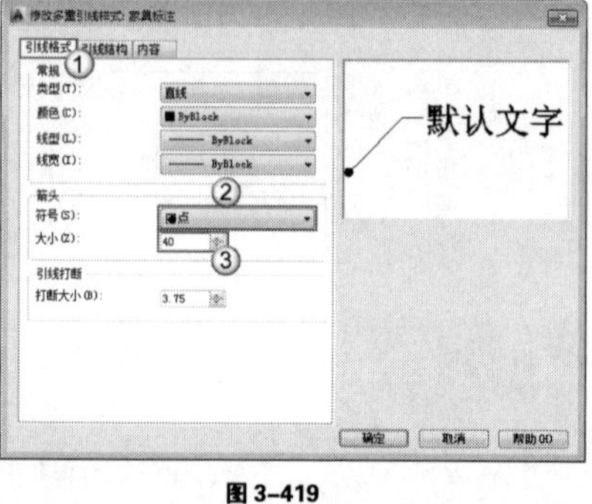

图 3-418 图 3-419

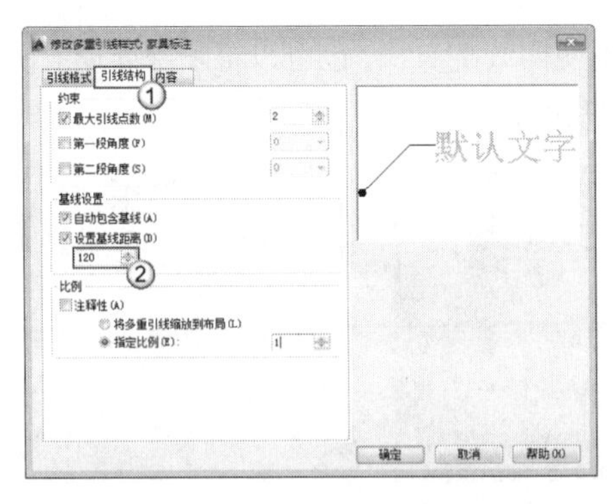

图 3-420

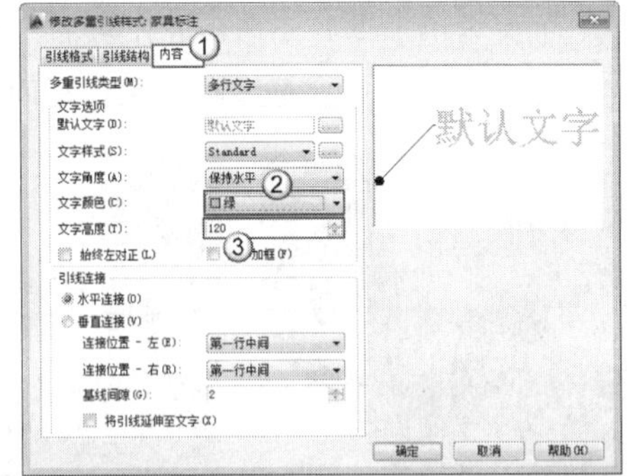

图 3-421

（8）选择新建好的“家具标注”多重引线样式，如图 3-422 所示将其置为当前。

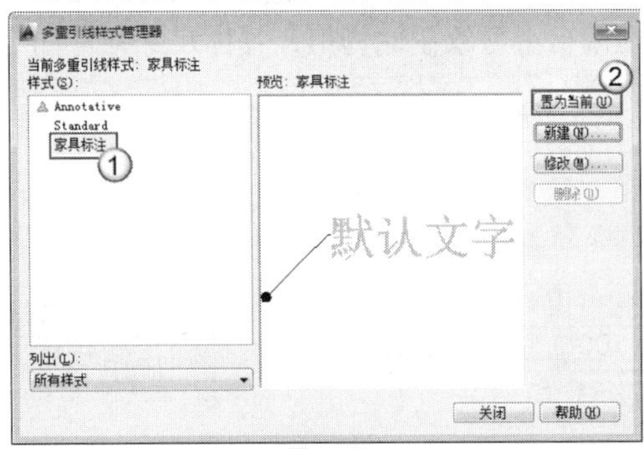

图 3-422

（9）输入“MLD”执行多重引线命令，为展示柜标注“制作展示柜”文字说明，参考图 3-423 所示。

（10）通过相同方法标注好其他家具，完成效果参考图 3-424 所示。

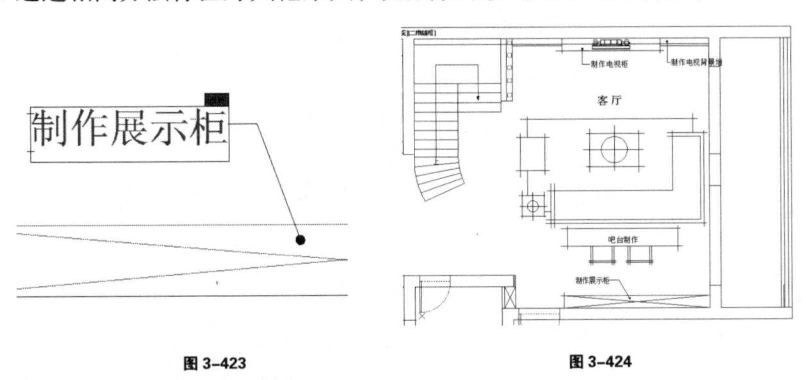

图 3-423　　　图 3-424

> 📖 **要点提示——平面图中家具标示的功能**
>
> 在平面布置图中对于家具以“制作 xxx”进行标示，意义在于说明该处家具需要在施工时在现场制作，而如果将其标示为带有“成品”的字样，则表明该家具是在外订购成品而不在现场制作。

3.4.4 处理休闲阳台

阳台通常有充足的采光并能惬意地观赏窗外景色，在设计处理上从休闲娱乐的角度出发可以将其处理为休闲阳台或是阳台书房等效果，如图 3-425 和图 3-426 所示。从现实功能的角度出发，如果室内卫浴及厨房空间比较拥挤不便摆放洗衣机，也可以将阳台处理成洗衣房，如图 3-427 所示。接下来完成本项目阳台平面的绘制。

图 3-425

图 3-426

图 3-427

（1）启用直线工具在阳台下方绘制书架与书桌，具体尺寸参考图 3-428 所示。

（2）启用直线工具在阳台上方绘制储物柜，具体尺寸参考图 3-429 所示。

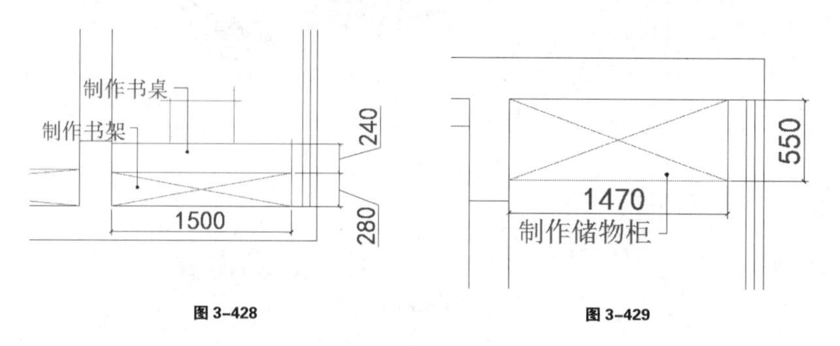

图 3-428　　图 3-429

（3）插入休闲椅图块并放置好位置，完成休闲阳台至如图 3-430 所示。接下来处理开放式式厨房与餐厅。

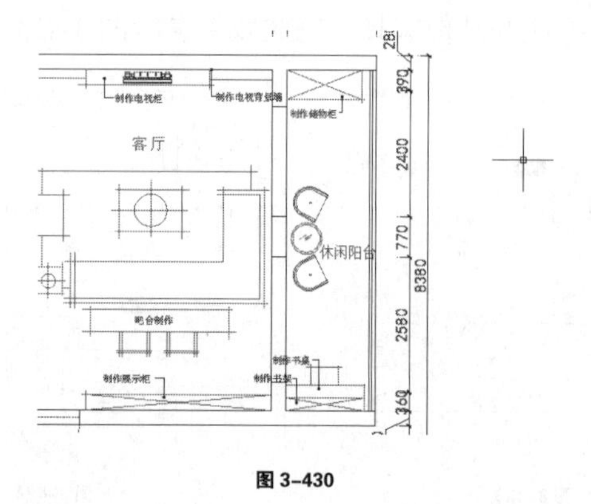

图 3-430

3.4.5 处理开放式厨房与餐厅

开放式厨房是指巧妙利用空间，将实用美观的餐桌与厨房紧密相连，形成一个开放式的烹饪就餐空间。开放式厨房营造出温馨的就餐环境，让居家生活的贴心快乐从清早开始就伴随全家人，常见的开放式厨房效果如图 3-431 与图 3-432 所示。

图 3-431

图 3-432

由于西方人烹饪产生油烟很少，因此其使用开放式厨房并没有太大顾忌，但中式烹饪会产生极大的油烟，因此在选择开放式厨房时首先需要保证厨房有良好的通风，此外再通过配备大功率的低位侧吸式抽油烟机尽可能地吸走油烟，如图 3-433 所示。

图 3-433

📖 要点提示——抽油烟机的种类与特点

抽油烟机主要分为顶吸式抽油烟机与侧吸式抽油烟机两种。

顶吸式抽油烟机常见造型与安装效果如图 3-434 所示，顶吸式抽油烟机是安装在离灶面上方 70cm 左右处，通过强大的抽风机把油烟吸走，但是由于离灶有 70cm 的距离，并不能将四处飘散的油烟全都吸走。

图 3-434

侧吸式抽油烟机常见造型与安装如图 3-435 所示，侧吸式抽油烟机则是安装在灶的侧边上，能较近距离吸取油烟，因此吸烟效果会比顶吸式好。

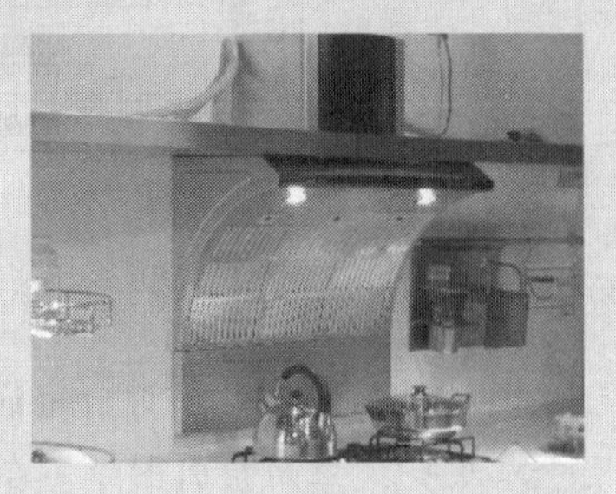
图 3-435

（1）启用直线工具绘制餐桌以及料理台，具体尺寸参考图 3-436 所示。

（2）结合直线工具与图块绘制好厨房常用设备，完成效果参考图 3-437 所示。

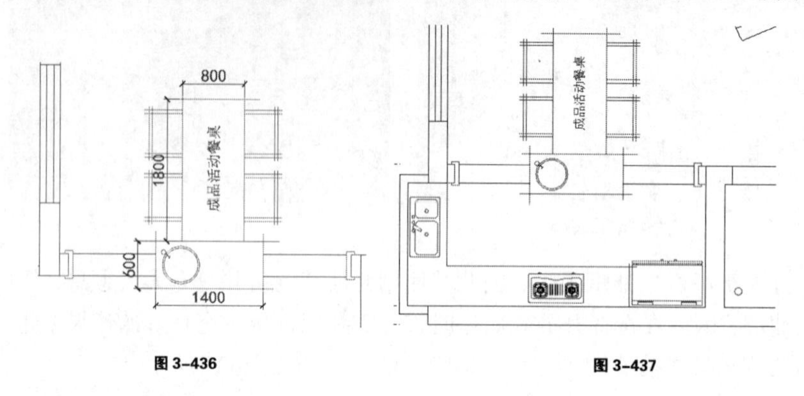

图 3-436　　图 3-437

3.4.6　处理活动休闲厅

本案例活动休闲厅比较简单，启用直线工具绘制好展示柜以及成品活动桌即可，具体尺寸参考图 3-438 所示。

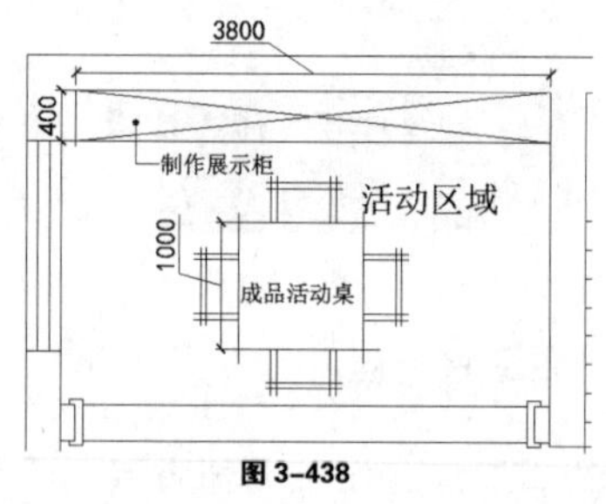

图 3-438

3.4.7　处理卫生间

卫生间的处理注意以原有排污管、下水管等管道位置为参考，再结合空间大小合理安排洗手盆、马桶（蹲便器）以及沐浴龙头（玻璃浴室或浴缸）即可。在本例中通过图块插入即可快速完成，各位置摆放参考图 3-439 所示。

经过以上步骤，本例 1 层平面布置图绘制完成，整体效果如图 3-440 所示。

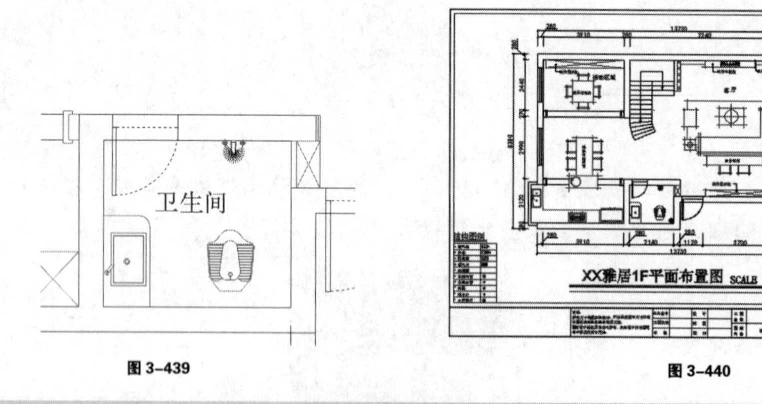

图 3-439　　图 3-440

知识拓展——平面布置图中的其他内容

在绘制平面布置图时也可以再添加如图 3-441 所示的铺地以及如图 3-442 所示立面索引符号，用于表示铺地材质、尺寸以及查找立面索引图纸。在本书中为了让大家更好地掌握铺装图以及立面索引图的绘制方法与技巧，在第 4 章中进行了单独的绘制方法讲解，相关内容请大家查看第 4 章中详细内容。

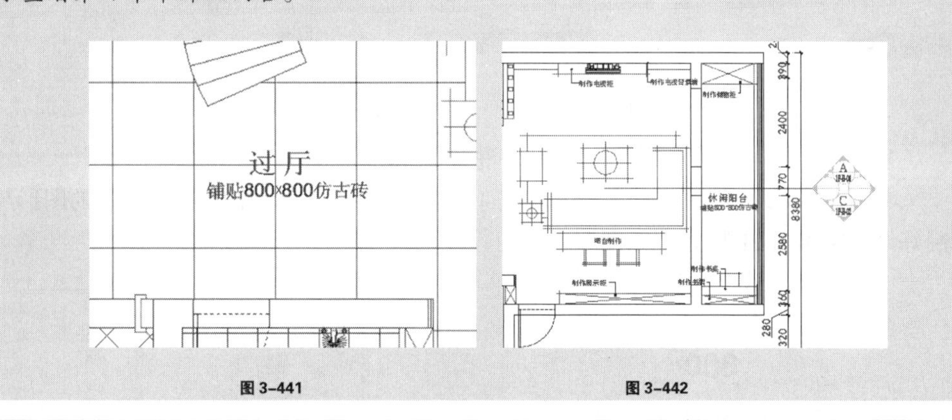

图 3-441　　图 3-442

本章小结

在本章中首先详细讲解了平面布置图中所常用的门窗、柜子、桌椅以及沙发等家具平面图块的绘制与使用技巧，这样既可以帮助我们学习 Autocad 常见绘图、修改命令的使用，也能在绘制的同时熟悉相关家具的尺寸，加强对人体工程学的理解。

接下来详细讲解了室内设计中原始框架图以及平面布置图的绘制，其中原始框架图是后续室内设计系统图纸的最初参照，因此在绘制时准确是最基本也是最重要的要求。哪怕是细微的墙体厚度区别也要如实在图纸中绘制，不能马虎了事，否则发生错误后续所有图纸都将面临修改。

而平面布置图纸则是后续室内设计系统图绘制的重要桥梁，无论是像平面铺装、插座布置、水电线路这样的平面系统图纸还是立面详细都将根据平面布置图进行设计与绘制，因此平面布置图绘制决定了整个设计的好坏。在绘制的过程中首先要充分考虑到空间尺度，保证合理性，然后再去追求图面美观等外在效果，切忌为了图面的好看而堆放图块。

课后作业

（1）打开配套光盘本章文件夹中如图 3-443 所示的子母门练习文件，然后参考图 3-444 的数据绘制子母门图块。

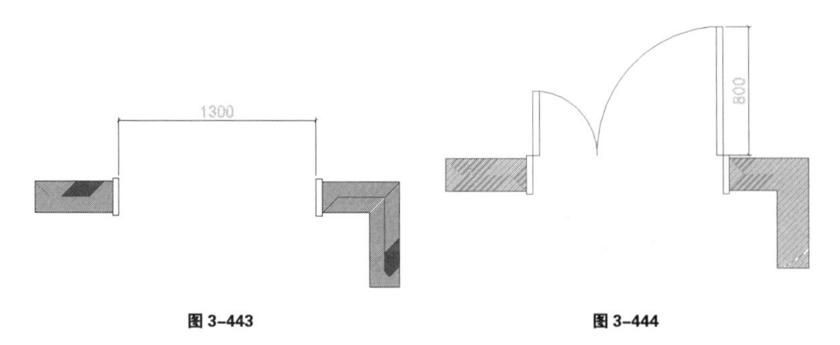

图 3-443　　图 3-444

（2）打开配套光盘本章文件夹中如图 3-445 所示的折门练习文件，然后参考图 3-446 的数据绘制折门图块。

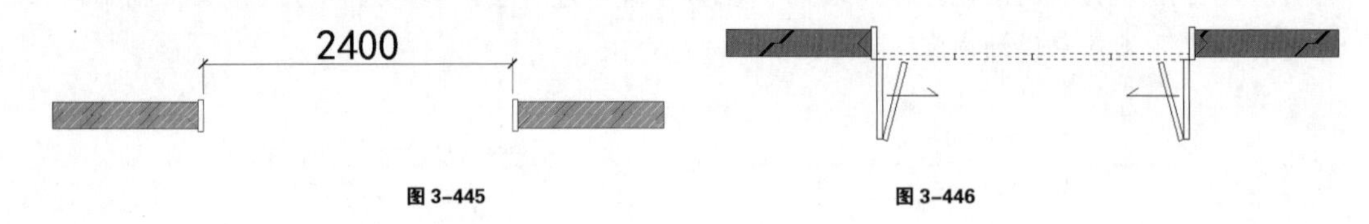

图 3-445　　图 3-446

（3）参考图 3-447 所示的数据绘制好洗菜盆图块。

（4）利用本章中绘制好的“× ×雅居 1F 原始框架图”参考图 3-448 所示的图形与数据绘制好“× ×雅居 2F 原始框架图”。

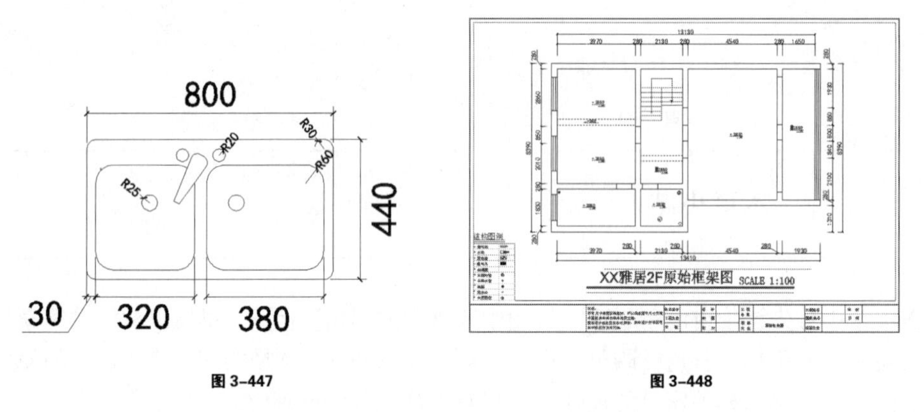

图 3-447　　图 3-448

（5）利用本章中绘制好的“× ×雅居 1F 平面布置图”参考图 3-449 所示的图形与数据绘制好“× ×雅居 2F 平面布置图”。

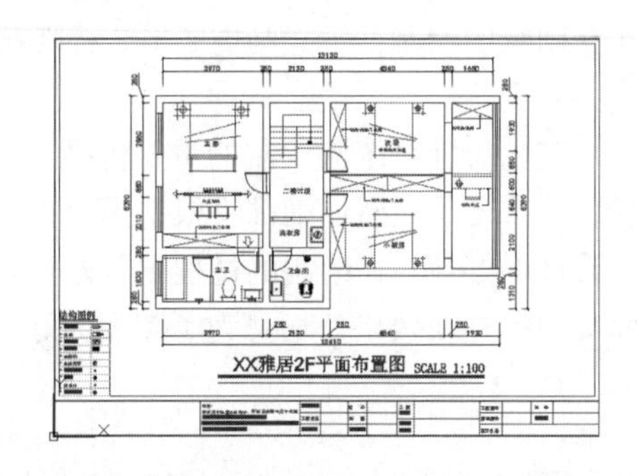

图 3-449

第4章

绘制室内设计系统平面图

学习要点及目标

熟悉室内设计系统平面图所包括的图纸

熟悉室内设计系统平面图中常用符号

掌握室内设计系统平面图中常用材质填充效果的制作

掌握室内设计系统平面图中相关图纸的绘制方法与步骤

本章导读

室内系统平面图指的是利用原始框架平面图以及平面布置图，根据室内设计中不同侧重点，绘制好立面索引图、地面铺装图、吊顶方案图、开关线路图、插座布置图以及水路布置图，如图 4-1~图 4-6 所示。

在本章的内容中我们首先将认识一些系统平面图中常出现的符号以掌握阅读图纸的能力，然后再学习系统平面图中常用填充效果的制作。在掌握了这些基本技能之后，再逐一学习绘制以上所提及的系统平面图的方法与技巧。

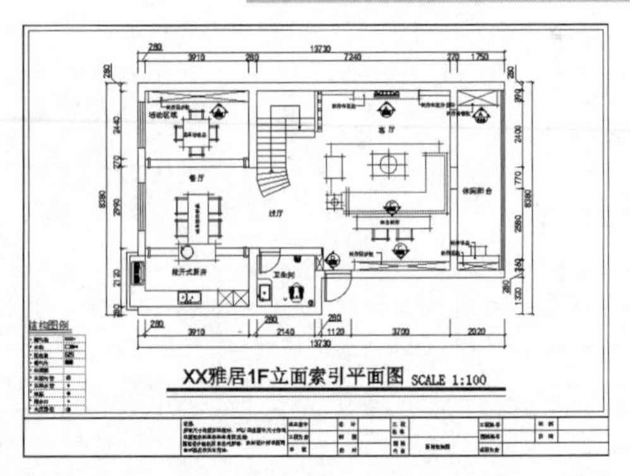

图 4-1

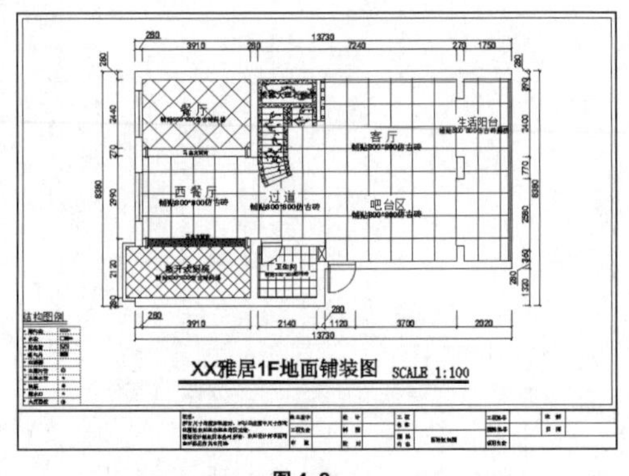

图 4-2

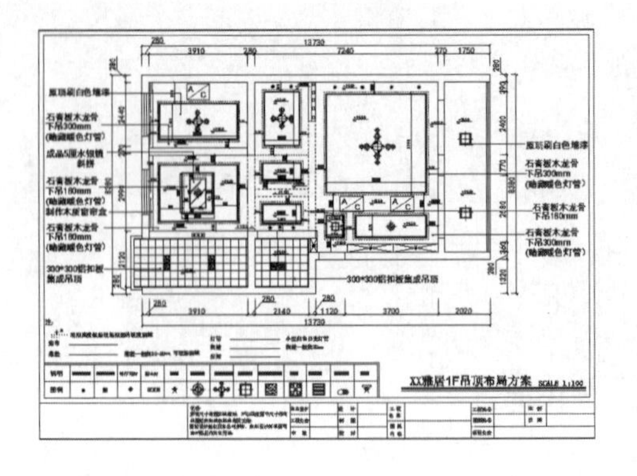

图 4-3

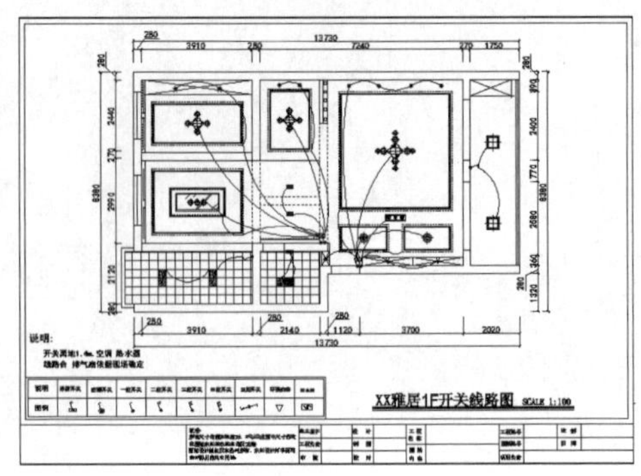

图 4-4

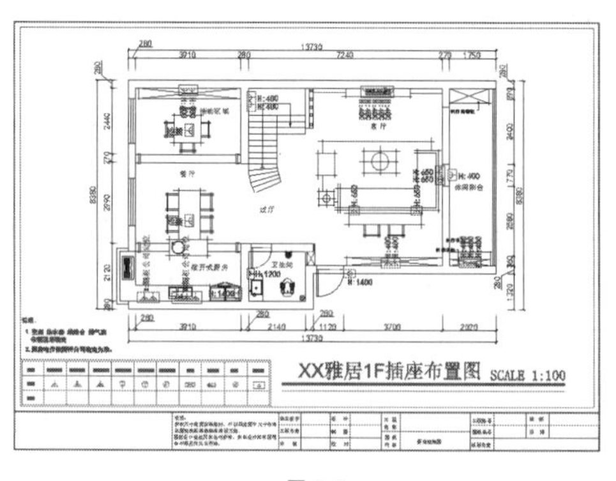

图 4-5

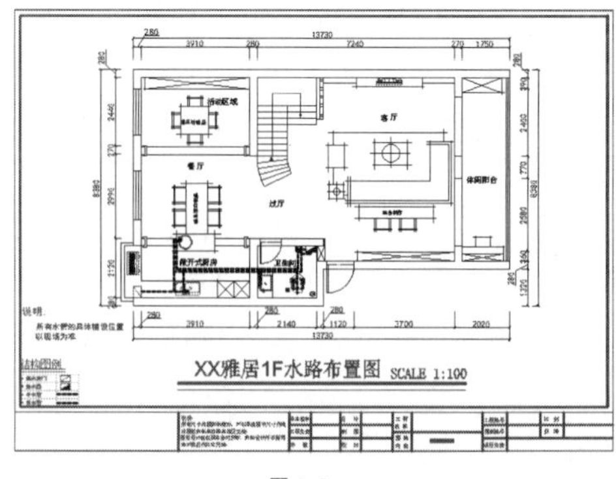

图 4-6

4.1 系统平面图中常用符号

符号是构成室内设计图纸的基本元素之一，符号的功能通常有三种，第一种是便于整套施工图的管理与阅读，如图 4-7 所示的详图索引指向符号；第二种用于标注某个数据，如图 4-8 所示的标高符号；第三种则是用于减少绘图量，提高工作效率，如图 4-9 所示的剖断省略线符号。接下来我们就来熟悉一些设计图纸中常用的图符的意义与功能。

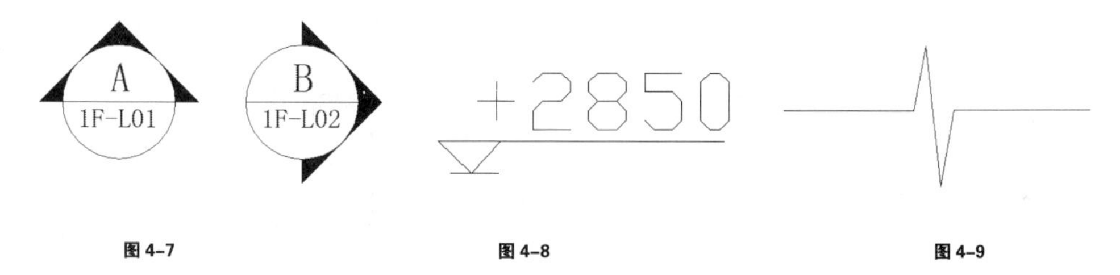

图 4-7　　图 4-8　　图 4-9

4.1.1 定位轴线编号

定位轴线在施工图中通常将房屋的基础、墙、柱、墩和屋架等承重构件的轴线画出，并进行编号，以便于施工时定位放线和查阅图纸。这些轴线称为定位轴线，轴线末端带圆圈的数字或字母即为其编号，如图 4-10 所示。

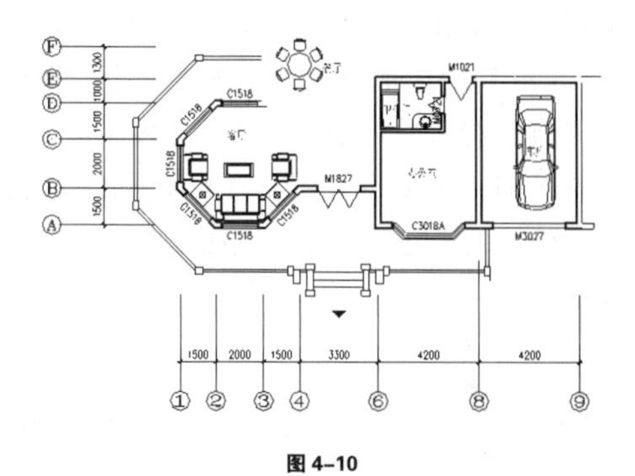

图 4-10

“国标”规定，定位轴线用细点画线绘制。轴线编号的圆圈用细实线绘制，其直径为 8mm，在圆圈内写上编号，如图 4-10 所示平面图上水平方向的编号用阿拉伯数字，从左向右依次编写（如图 4-10 中由 1 到 9 所示）。垂直方向的编号，用大写英文字母自下而上顺次编写（如图 4-10 中由 A 到 F 所示）。I、O 及 Z 三个字母不得作轴线编号，以免与数字 1、0 及 2 混淆。通常在较简单或对称的房屋中，平面图的轴线编号一般标注在图形的下方及左侧，对于较复杂或不对称的房屋，为了方便标注与阅读，图形上方和右侧也可以标注。

对于一些与主要承重构件相联系的次要构件，它的定位轴线一般作为附加轴线，编号用分数表示，如图 4-11 中的“1/B”与“1/C”所示，其中分母表示前一轴线的编号，如“B”；分子表示附加轴线的编号，用阿拉伯数字顺序编写。

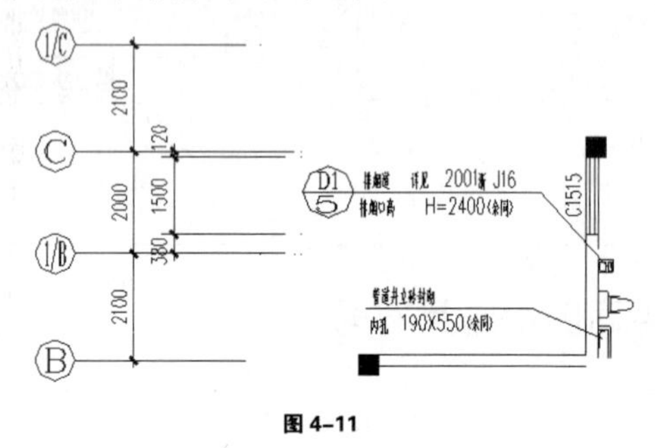

图 4-11

4.1.2 标高符号

标高符号常用于在总平面图、平、立、剖面图上，表示某一位置的详细高度。其通常由一个 45 度等腰三角形以及正/负数值加上/下横线构成，如图 4-12 所示。

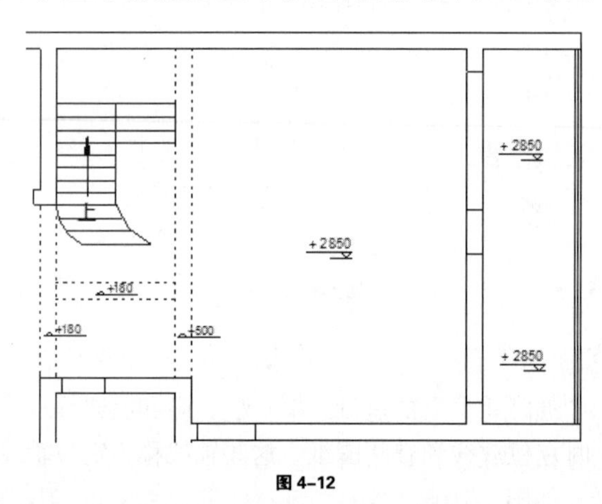

图 4-12

标高符号均以细实线绘制，标高数值以米为单位，一般注至小数点后三位（总平面图中为二位数）。图中的标高数字表示其完成面的数值，如标高数字前有“－”号的，表示该处完成面低于零点标高。如数字前没有符号或有“+”号，表示高于零点标高。

标高符号根据标注功能的区别，主要有如图 4-13 所示的几种形式。要注意的是，在实际的室内施工图应用中，标高符号的大小并没有严格的规定，主要是参照图纸总大小，能做到比例恰当、清晰准确即可。

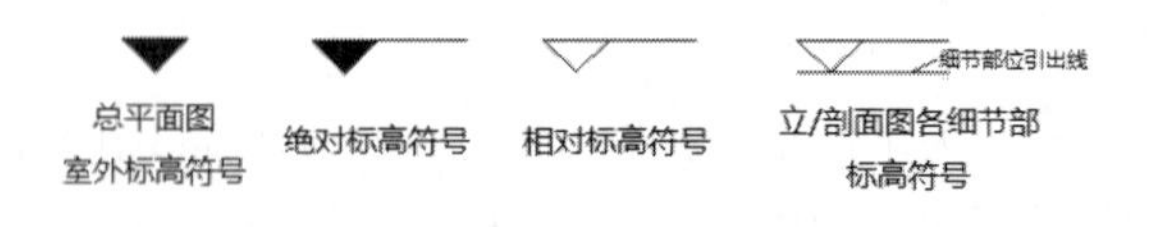

图 4-13

> 📖 要点提示——Autocad 中特殊符号输入方法
>
> 在 AutoCAD 软件进行实际绘图中，我们经常需要输入一些特殊字符，如表示正负值的 ±、表示直径的 Φ 等，这些特殊字符无法直接从键盘上输入。AutoCAD 软件为这些字符的输入提供了一些简捷的控制码，常用的控制码与字符对应关系如下：
>
> %%P 表示正负公差　%%C 表示直径　%%D 表示角度　%%% 表示百分比　%%U 表示下画线开关　%%O 表示上画线开关。

4.1.3 引出线

引出线是由圆点箭头及引线组成，如图 4-14 所示。引出线（即多重引线）最常用于引出说明材质、制作工艺，如图 4-15 所示。引出线在标注时应保证清晰规律，在满足标注准确的前提下，保证整齐美观。

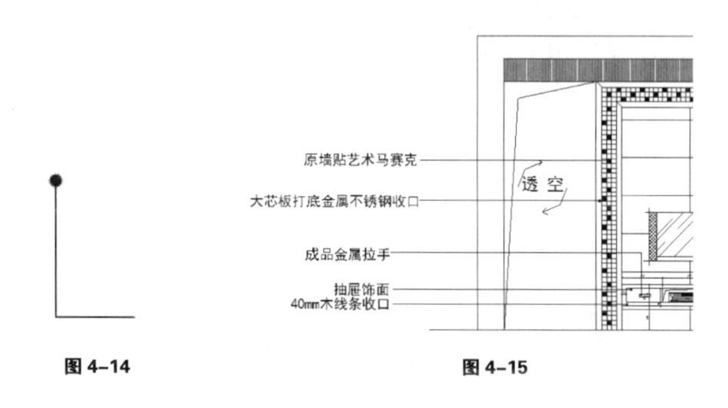

图 4-14　　图 4-15

4.1.4 详图索引符号

为方便施工时查阅图样，同时为了更清晰地查看图样中的某一局部或构件细节，通常会另画详图，此时就需要使用索引符号注明画出详图的位置、详图的编号及详图所在的图纸编号。详图索引符号由实线圆、等分线以及上下文字构成，如图 4-16 所示，其中上方文字表明详图号，下方文字表明详图所在图纸的图号。如果所在图纸仅该份详图，可以用短实线代替详图号，如图 4-17 所示。

如果在详图内可能还需要绘制更为细致的节点信息，此时需要使用虚线（根据情况使用矩形虚线框或圆形虚线框）标示节点范围，然后再通过详图索引符号以及引线进行标明，如图 4-18 所示即为吊顶灯槽及窗帘盒节点详图索引形式。

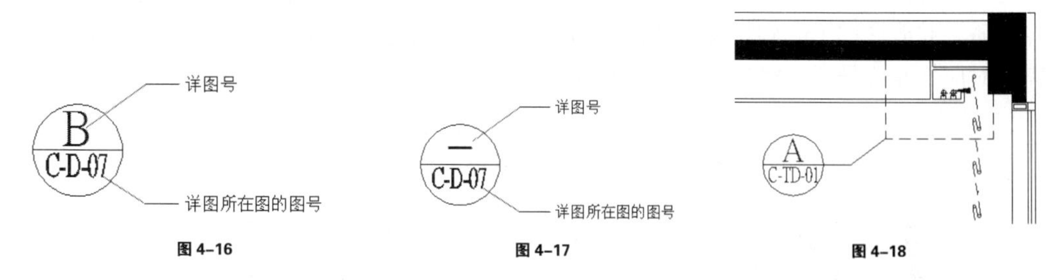

图 4-16　　图 4-17　　图 4-18

4.1.5 立面详图索引符号

绘制完成平面布置以后，为了便于查找后续的立面详图，需要在平面图中通过立面详图索引符号标明对应立面位置以及立面图纸图号，如图 4-19 所示。

如果在同一空间相同位置需要表示多个方向的立面详图，比如需要表示四个方向时，可以对应地使用如图 4-20 所示的图符。注意，为了便于图纸的查找，图纸中 ABCD 的顺序均分别指向上右下左。

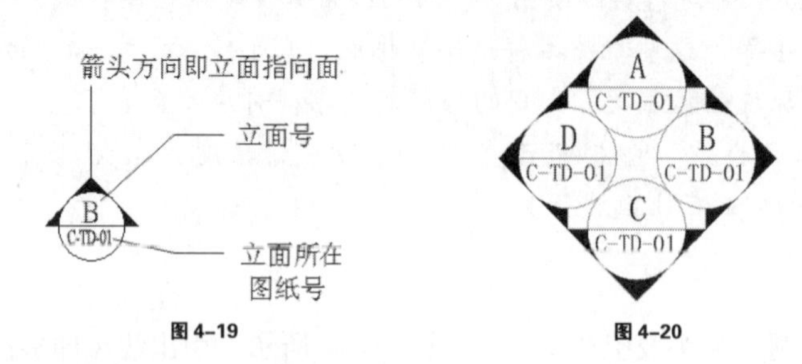

图 4-19　　图 4-20

而如果需要绘制多个相连空间内长幅的立面详图，可以通过如图 4-21 所示通过虚线连接两个相同的立面详图索引符表示较明确的范围。

此外如果需要对某区域进行剖切详图绘制，可以使用如图 4-22 所示的剖切详细索引符号，或是通过虚线连接两个相同的立面。

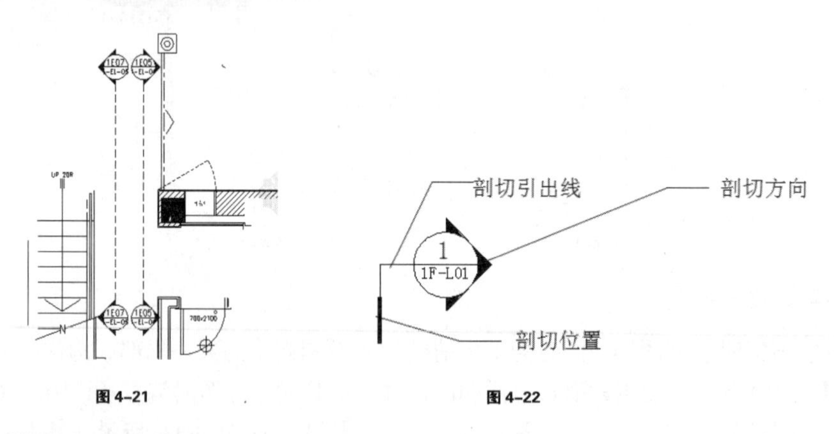

图 4-21　　图 4-22

4.1.6 其他常见索引符号

除了常见的详细、立面详图索引符号外，根据图纸的精细程序还可以绘制材料、灯具、艺术装饰品等索引符号，这些符号并没有十分严格的规定，主要是通过引线表明所在位置，然后通过符号、字母以及数字对应地标示所用材料、灯具或艺术装饰品代号即可。

如在图 4-23 中通过引线、椭圆以及代号表明了卫生间地面材料为“ST-05”，此时查看之前编写的《材料表》并找到对应代号，即可清楚地了解到该位置使用的是“亚伦金真石纸皮石”材质，并能详细了解到材质规格，如图 4-24 所示。这样做的好处是在材质进行更改时，只需要对应修改代号后方描述，而避免修改图纸中众多的材质代号。

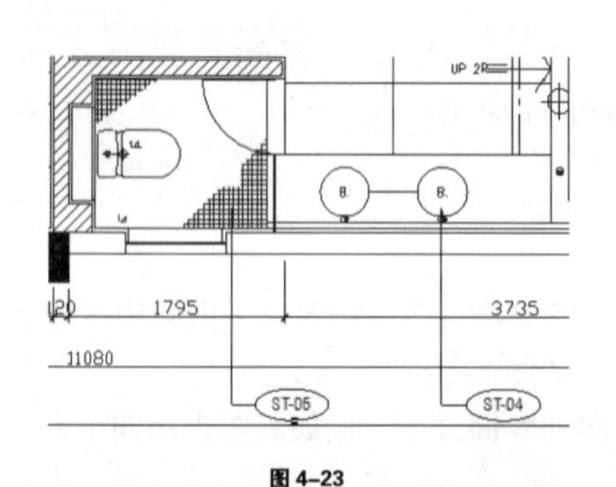

图 4-23

Material List 材料表

项目名称 Project Description　MR. Lau'S RESIDENCE
项目编号 Project Number　015A
日期 DATE　2013/05/15

材料代码 ITEM NO.	材料名称 DESCRIPTION	规格 REFERENCE
石材		
ST-01	米黄石	地面石厚度最小20mm，墙身石厚度最小10mm
ST-02	仿古米黄石	药水处理，仿古面，地面石厚度最小20mm，墙身石厚度最小10mm
ST-03	黄洞石	水晶面处理，地面石厚度最小20mm，墙身石厚度最小10mm
ST-04	黑金沙	地面石厚度最小20mm，墙身石厚度最小10mm
ST-05	亚伦金真石纸皮石	每粒石20x20mm，厚度10mm
ST-06	烧面黑麻石	烧面处理，地面石厚度最小20mm，墙身石厚度最小10mm
底料		
UM-01	石膏板	12mm厚

图 4-24

4.1.7 剖断省略线符号

剖断省略线符号主要由直线与折线完成，如图 4-25 所示。在单个使用时通常用于图纸的省略，如图 4-26 所示。而使用两个该符号时则常用于图纸的截取，如图 4-27 所示。

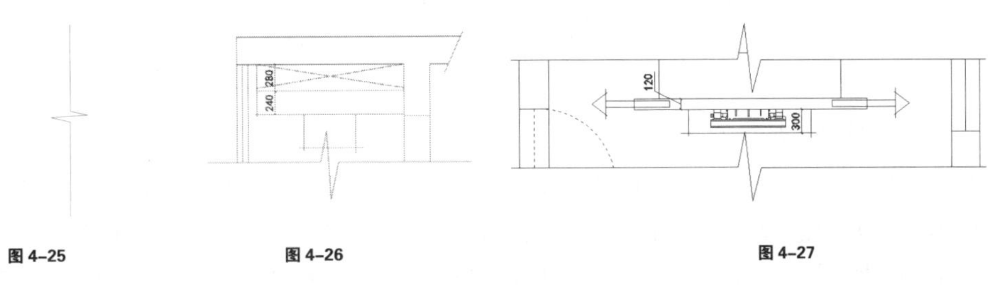

图 4-25　　图 4-26　　图 4-27

4.1.8 对称符号

对称符号通常由对称线和分中符号组成，如图 4-28 所示。该符号主要用于图纸中一些对称的装饰性构件省略对称图形中其中一侧的绘制，如图 4-29 所示。

图 4-28　　图 4-29

4.1.9 修订云符号

修订云符号主要由修订云线命令（REVCLOUD）绘制完成，外弧修订云可表示图纸内的修改内容调整范围，后方三角形内的数字或字母用于表示修订日期或修订次数，如图 4-30 所示。如果使用内弧修订云可表示图纸内容为确定好的范围，如图 4-31 所示。

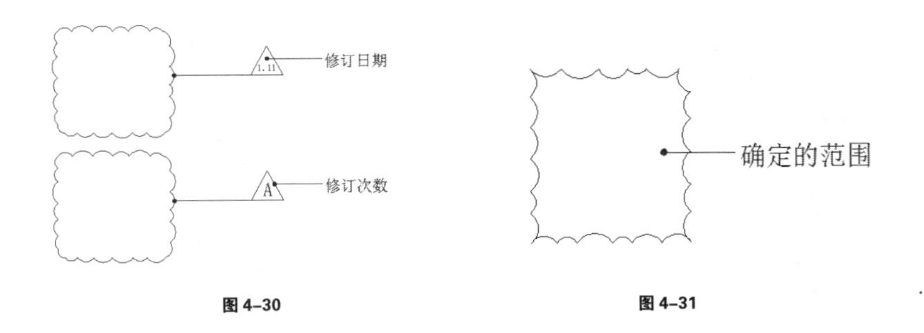

图 4-30　　图 4-31

4.2 系统平面图常用填充效果

填充主要用于表示地面铺砖材质、吊顶方法以及家具材质，如图 4-32~图 4-34 所示。接下来我们就通过填充工具认识一些常见室内装修材质，然后再学习对应效果的制作方法与技巧。

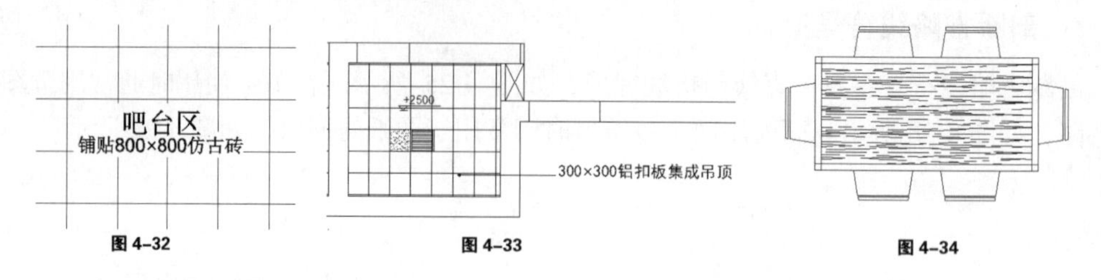

图 4-32　　图 4-33　　图 4-34

4.2.1 地面玻化砖填充效果

玻化砖是地砖的一种，其由石英砂、泥按照一定比例烧制而成，经打磨光亮后表面如玻璃镜面一样光滑透亮，是所有瓷砖中最硬的一种，其在吸水率、边直度、弯曲强度、耐酸碱性等方面都优于普通釉面砖、抛光砖及一般的大理石。由于玻化砖能够达到天然石材的装饰效果，但是没有天然石材危害健康的辐射性，因此广泛应用于地面、墙面的装修美化，常见效果如图 4-35 所示。接下来即学习利用填充绘制玻化砖地面的方法。

图 4-35

（1）启动 AutoCAD2014，然后打开配套光盘中本章文件夹中的玻化砖 1.dwg 文件，如图 4-36 所示为一个客厅空间，接下来为其填充玻化砖材质。

（2）为了顺利完成填充，首先启用直线工具将客厅地面处理完成一个封闭图形，如图 4-37 所示。

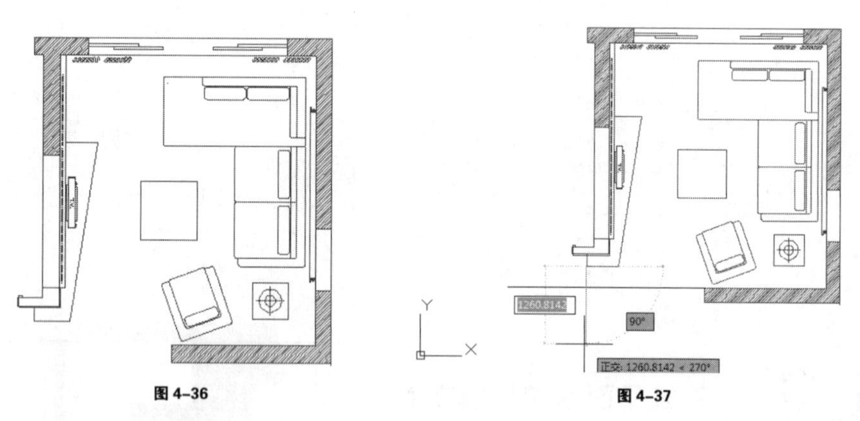

图 4-36　　图 4-37

（3）输入“H”（填充命令全称为 HATCH）并回车启动填充工具，如图 4-38 所示。接下来首先选择填充图案。

（4）在弹出的“图案填充和渐变色”对话框中单击样例后方的图框，然后在弹出的“填充图案选项板”中切换至“ANSI”选项卡，最后选择其中的“ANSI37”图案并按下确定按钮 确定 返回上级对话框，如图 4-39 所示。

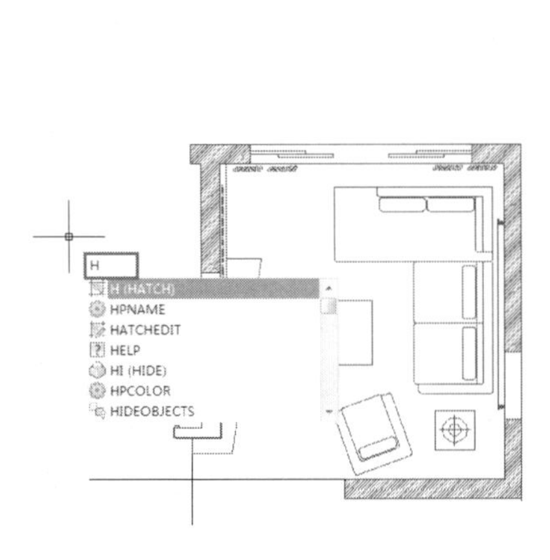

图 4-38

图 4-39

（5）接下来选择填充范围，首先在“图案填充和渐变色”对话框内单击“边界”下方的“添加：拾取点”按钮，如图 4-40 所示。

（6）将光标置于客厅内部并单击确定范围，如图 4-41 所示。确定完成再按下回车键返回“图案填充和渐变色”对话框。

图 4-40

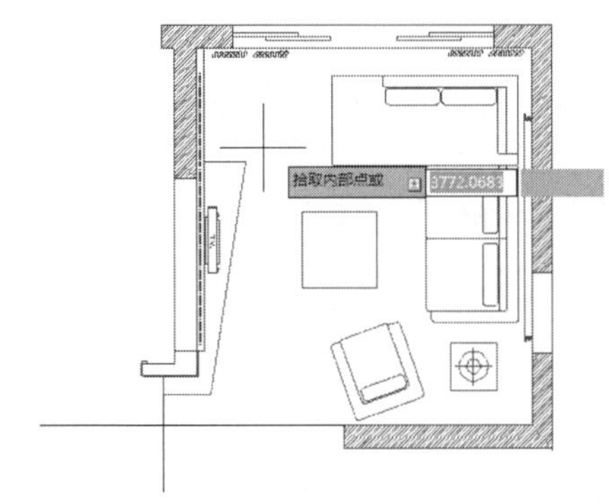

图 4-41

（7）填充范围确定完成后，在“图案填充和渐变色”对话框内单击预览按钮 预览 ，如图 4-42 所示。此时将显示如图 4-43 所示的填充预览效果。

图 4-42

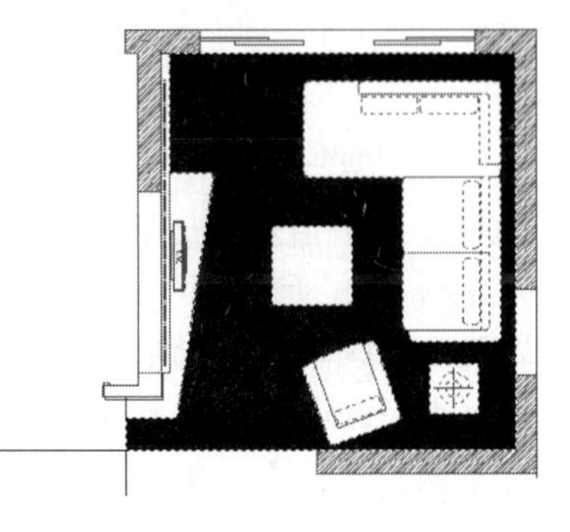

图 4-43

（8）通过预览可以看到填充图案过密，因此按下空格键返回“图案填充和渐变色”对话框内，然后增大比例至 160，再次单击预览按钮[预览]，如图 4-44 所示。

（9）经过比例调整后的预览效果如图 4-45 所示，可以看到当前地砖为 45 度斜拼效果。接下来我们首先调整好该种拼贴方式的细节，然后再学习制作水平铺贴填充效果的方法。

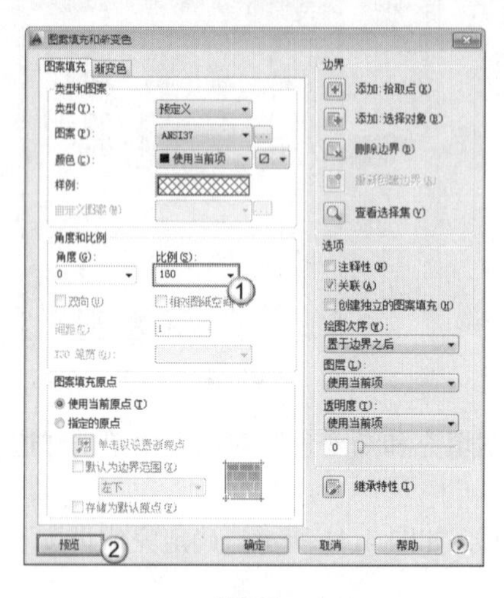

图 4-44

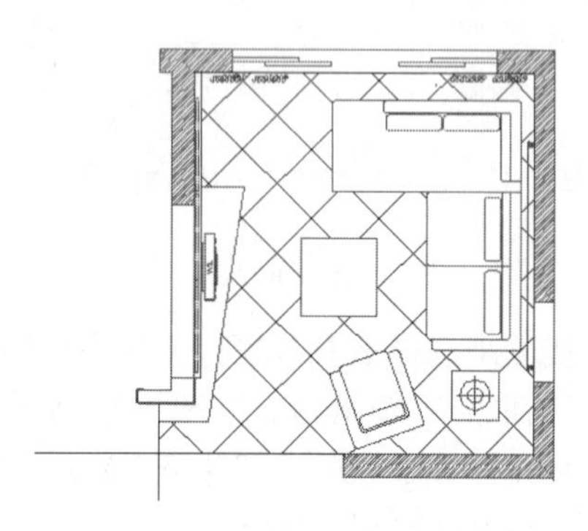

图 4-45

（10）观察图 4-45 可以看到斜拼石材靠近墙线处十分零碎，影响美观与施工，因此按下空格键返回“图案填充和渐变色”对话框，然后勾选“指定的原点”，再单击下方的“单击设置新原点”按钮，参考图 4-46 所示。

（11）在绘图区内如图 4-47 所示捕捉顶部边线中点为新的填充原点，然后按下空格键返回“图案填充和渐变色”对话框。

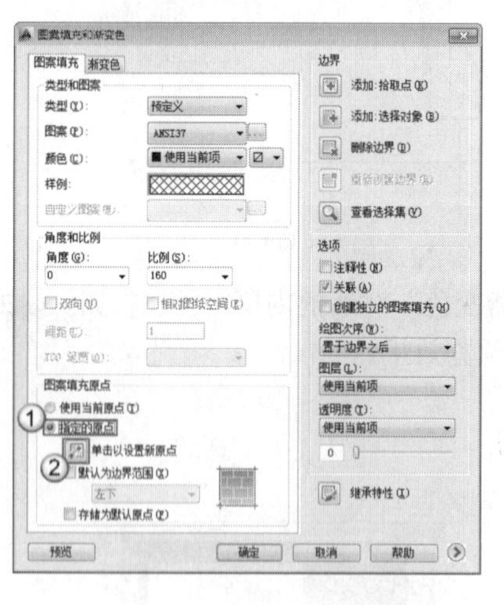

图 4-46

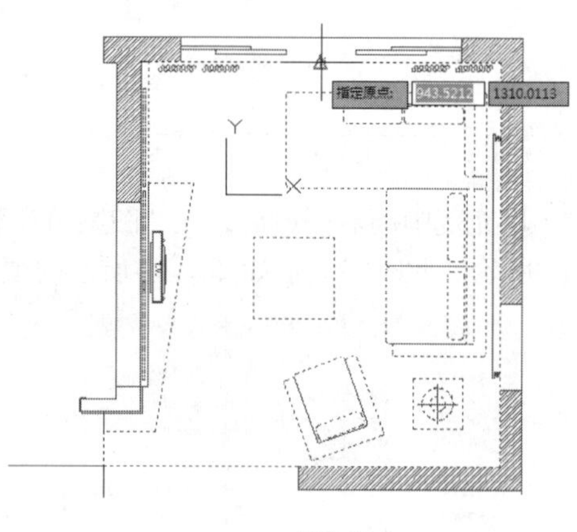

图 4-47

（12）新的填充原点指定完成后，再次单击“图案填充和渐变色”对话框中预览按钮[预览]，效果如图 4-48 所示，可以看到此时取得了比较理想的填充边角效果。

（13）如果确定完成图 4-48 所示的填充效果，按下回车键即可。接下来为了学习水平铺贴的方法，按下空格键返回“图案填充和渐变色”对话框，然后设置角度为 45 度并再次单击预览按钮[预览]，参考图 4-49 所示。

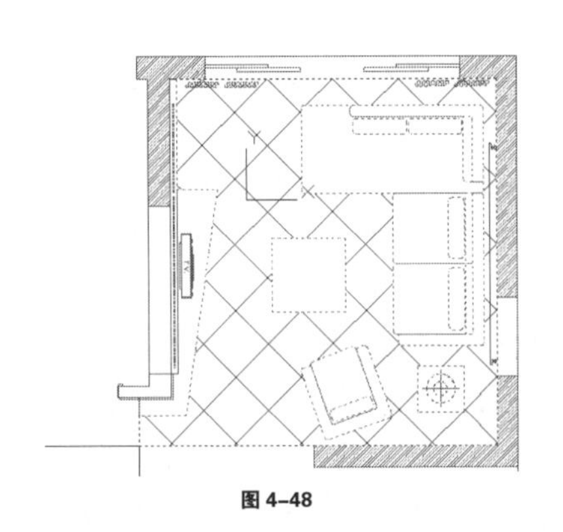

图 4-48

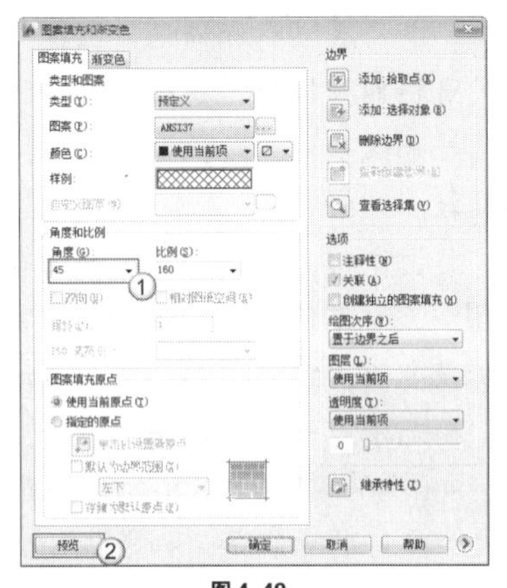

图 4-49

（14）当前预览效果如图 4-50 所示，可以看到当前的填充两侧边角效果仍不理想，因此按下空格键返回“图案填充和渐变色”对话框。

（15）在“图案填充和渐变色”对话框再单击下方的“单击设置新原点”按钮，然后如图 4-51 所示捕捉左下角角点为新的填充原点，接下来再按下空格键返回“图案填充和渐变色”对话框。

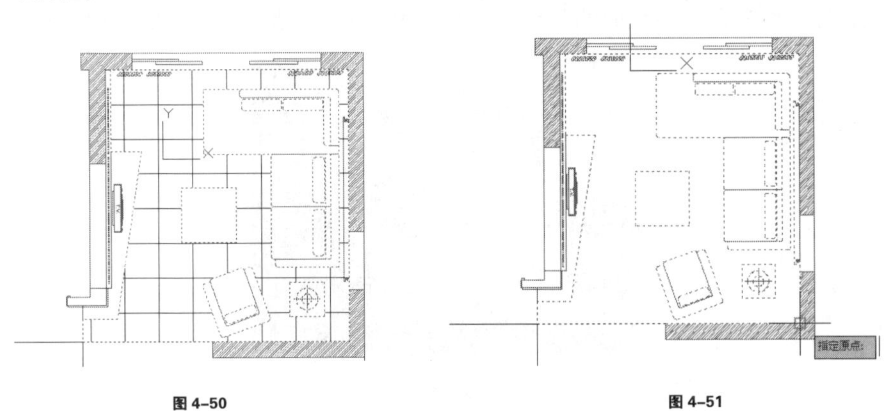

图 4-50　　图 4-51

（16）在“图案填充和渐变色”对话框再次单击预览按钮 预览 ，此时填充效果如图 4-52 所示，可以看到效果比较理想，因此按下回车键确定好填充效果。

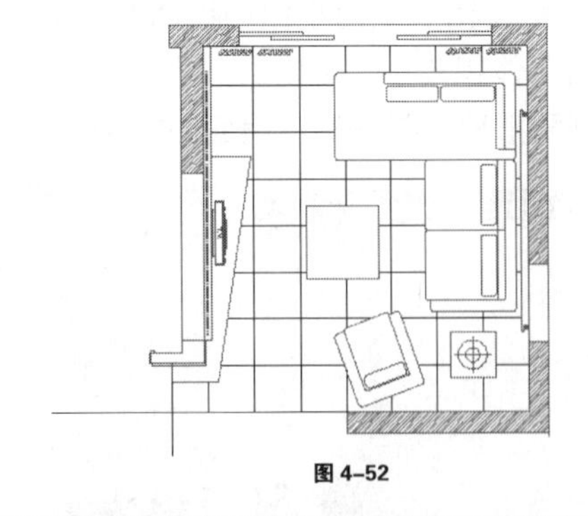

图 4-52

知识拓展——如何初步挑选玻化砖（地砖）

在购买玻化砖时可以通过以下五个步骤对其质量进行一个初步判断。

一看：主要是看抛光砖玻化砖表面是否光泽亮丽，有无划痕、色斑、漏抛、漏磨、缺边、缺脚等缺陷。查看底胚商标标记，正规厂家生产的产品底胚上都有清晰的产品商标标记，如果没有的或者特别模糊的，建议慎选！

二掂：就是试手感，同一规格产品，质量好、密度高的砖手感都比较沉，反之，质次的产品手感较轻。

三听：敲击瓷砖，若声音浑厚且回音绵长如敲击铜钟之声，则瓷化程度高，耐磨性强，抗折强度高，吸水率低，不易受污染；若声音混哑，则瓷化程度低（甚至存在裂纹），耐磨性差，抗折强度低，吸水率高，极易受污染。

四量：抛光砖边长偏差≤1mm 为宜，对角线偏差为 500×500 产品≤1.5mm，600×600 产品≤2mm，800×800 产品≤2.2mm，若超出这个标准，则对装饰效果会产生较大的影响。量对角线的尺寸最好的方法是用一条很细的线拉直沿对角线测量，看是否有偏差。

五试：一是试铺，在同一型号且同一色号范围内随机抽样不同包装箱中的产品若干在地上试铺，站在 3 米之外仔细观察，检查产品色差是否明显，砖与砖之间缝隙是否平直，倒角是否均匀；二是试脚感，看滑不滑，注意试砖是否防滑不加水，因为越加水会越涩脚。

4.2.2 防滑地砖与马赛克填充效果

防滑地砖是一种陶瓷地板砖，其特点为增大地板正面与人体脚底或鞋底的摩擦力，防止打滑摔倒，在正面有褶皱条纹或凹凸点，因此常用于卫生间地面，如图 4-53 所示。

图 4-53

马赛克原指的是使用小瓷砖或小陶片创造出的图案。在现代马赛克更多的是属于瓷砖的一种，它是一种特殊存在方式的砖，一般由数十块小块的砖组成一个相对的大砖。它以小巧玲珑、色彩斑斓的特点被广泛使用于室内小面积地面及墙面，常见卫生间与浴室效果如图 4-54 所示的。此外马赛克由于体积较小，可以做一些拼图，产生渐变效果，如图 4-55 所示。接下来即学习利用填充绘制防滑地砖与马赛克地面的方法。

图 4-54

图 4-55

（1）启动 AutoCAD2014，然后打开配套光盘中本章文件夹中的防滑地砖与马赛克 1.dwg 文件，如图 4-56 所示其为一个卫生间与浴室空间，接下来分别填充防滑地砖与马赛克效果。

（2）输入“H”（填充命令全称为 HATCH）并回车启动填充工具，接下来首先选择填充图案。

（3）在弹出的“图案填充和渐变色”对话框中单击样例后方的图框，然后在弹出的“填充图案选项板”中切换至“其他预定义”选项卡，最后选择其中的“AN”图案并按下确定按钮 确定 返回上级对话框，如图 4-57 所示。

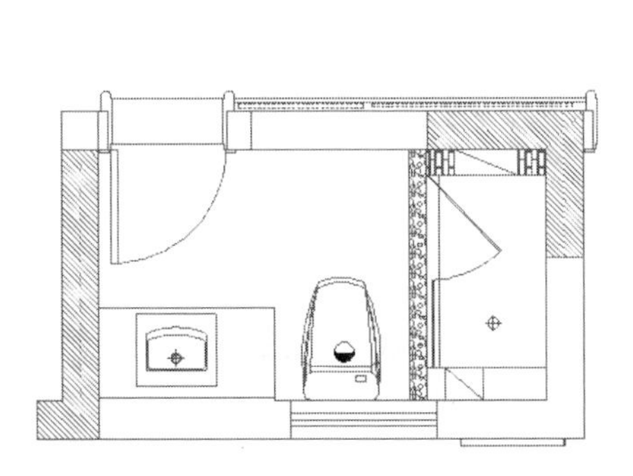

图 4-56

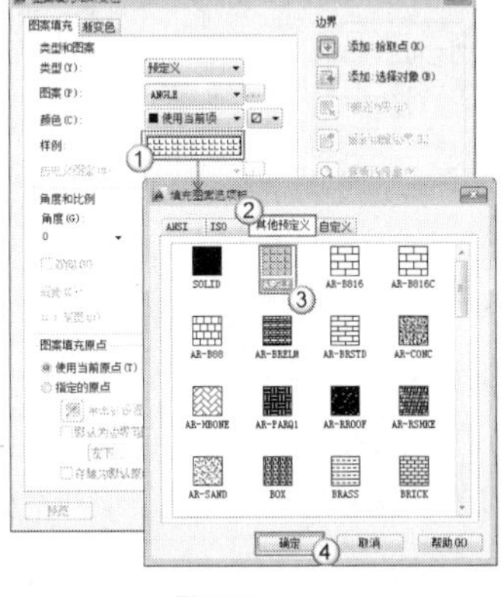

图 4-57

（4）接下来选择填充范围，首先在“图案填充和渐变色”对话框内单击边界下方的“添加：拾取点”按钮。

（5）首先将制作卫生间防滑地砖填充效果，因此将光标置于卫生间内部并单击确定范围，如图 4-58 所示。确定完成再按下回车键返回“图案填充和渐变色”对话框。

（6）在“图案填充和渐变色”对话框内调整比例至 25，然后单击预览按钮 预览，如图 4-59 所示。

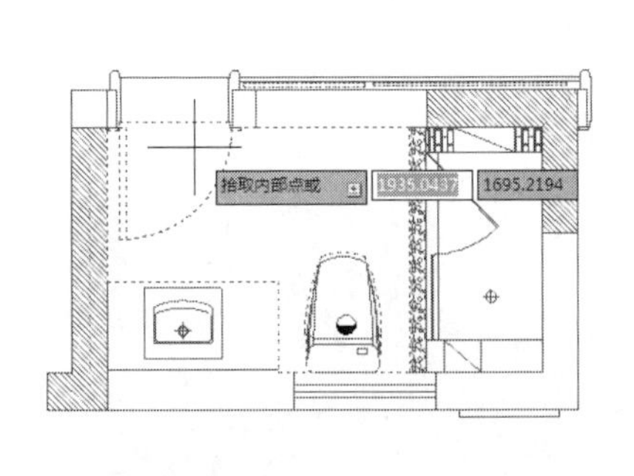

图 4-58

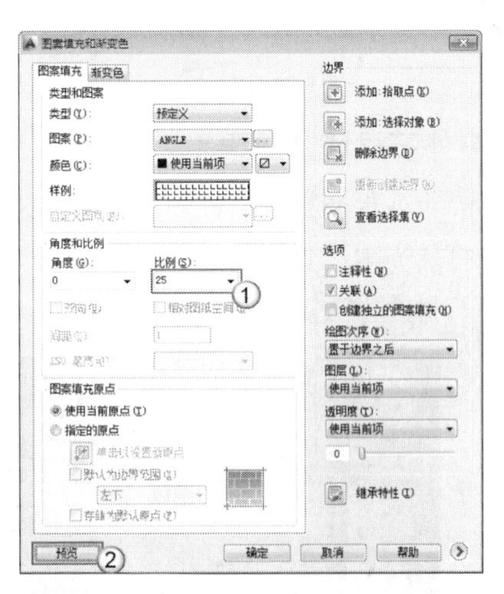

图 4-59

（7）当前预览效果如图 4-60 所示，可以看到效果比较理想，因此按下回车键完成卫生间防滑地砖效果的填充。接下来填充浴室马赛克效果。

（8）按下回车键快速重启填充，然后保持“图案填充和渐变色”对话框其他参数，仅调整比例至 10，接下来单击“添加：拾取点”按钮，如图 4-61 所示。

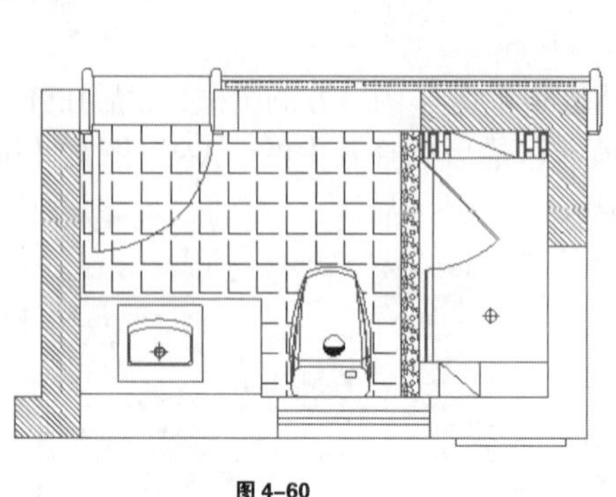

图 4-60

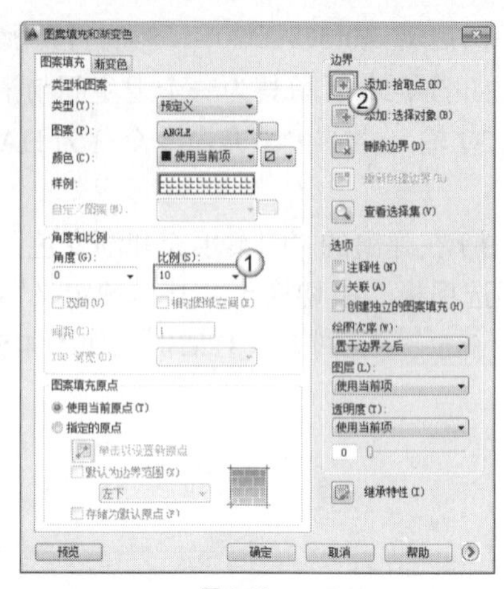

图 4-61

（9）将光标置于浴室内部并单击确定范围，如图 4-62 所示。然后按下空格键返回“图案填充和渐变色”对话框。

（10）在“图案填充和渐变色”对话框内单击预览按钮 预览 ，预览效果如图 4-63 所示，可以看到效果比较理想，因此按下确定键完成填充。

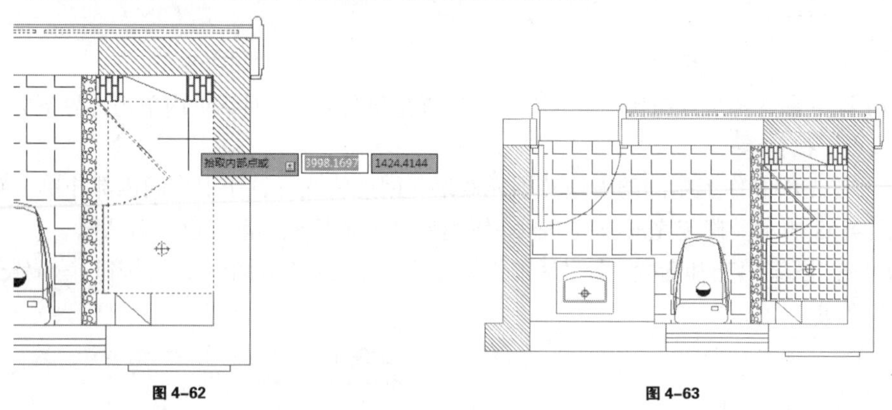

图 4-62　　图 4-63

4.2.3 户外石材填充效果

此处的户外指的是家居空间内阳台、入户花园等空间，这些空间在铺地石材的选择上通常以亲近自然为主，常见的效果如图 4-64 与图 4-65 所示。接下来即学习利用填充绘制户外自然纹理石材的方法。

图 4-64

图 4-65

（1）启动 AutoCAD2014，然后打开配套光盘中本章文件夹中的户外石材 1.dwg 文件，如图 4-66 所示其为阳台空间，接下来主要为该地面填充自然纹理石材。

（2）输入“H”（填充命令全称为 HATCH）并回车启动填充工具，如图 4-67 所示。接下来首先选择填充图案。

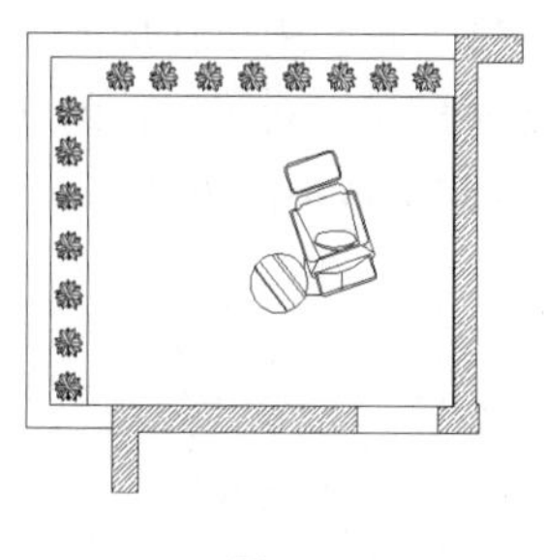

图 4-66

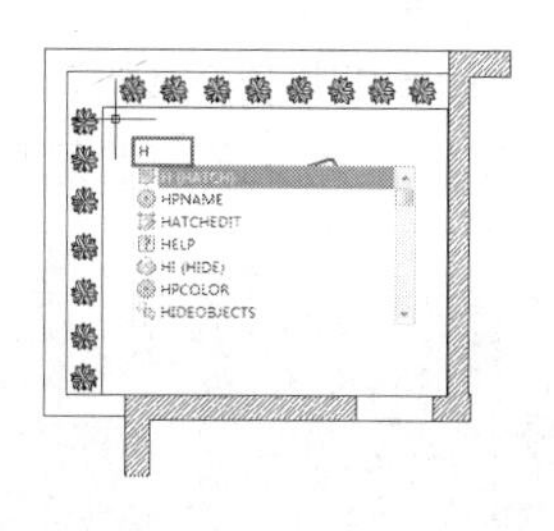

图 4-67

（3）在弹出的“图案填充和渐变色”对话框中，单击样例后方的图框，然后在弹出的“填充图案选项板”中切换至“其他预定义”选项卡，最后选择“GRAVEL”图案并按下确定按钮 确定 返回上一级，如图 4-68 所示。

（4）接下来选择填充范围，首先在“图案填充和渐变色”对话框内单击边界下方的“添加：拾取点”按钮，然后如图 4-69 所示在阳台地面处单击确定，接下来再按下空格键返回。

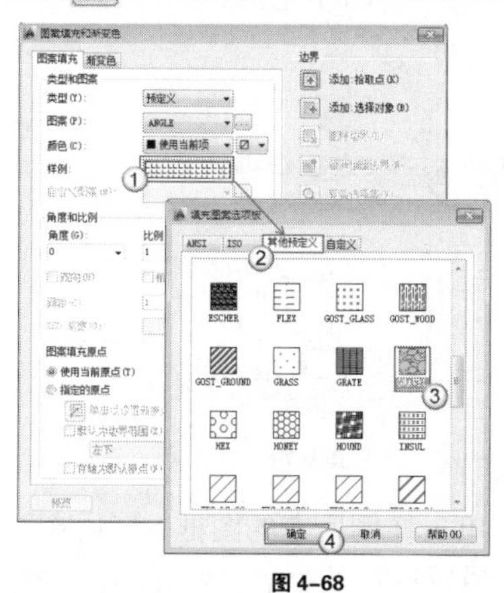

图 4-68

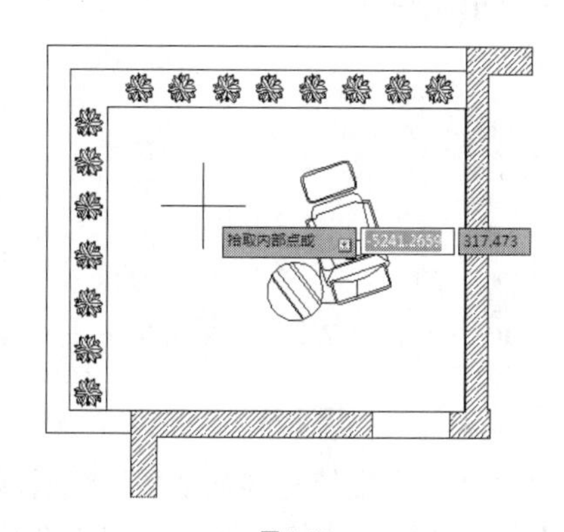

图 4-69

（5）在“图案填充和渐变色”对话框设置比例为 20，再单击预览按钮 预览 ，参考图 4-70 所示。

（6）当前预览效果如图 4-71 所示，可以看到效果比较理想，因此按下回车键完成填充。

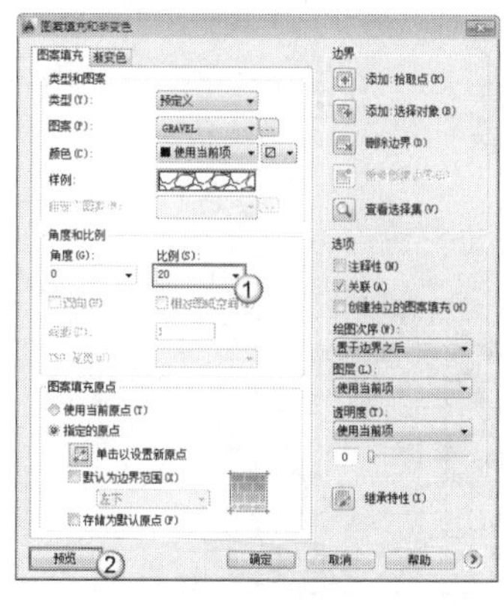

图 4-70

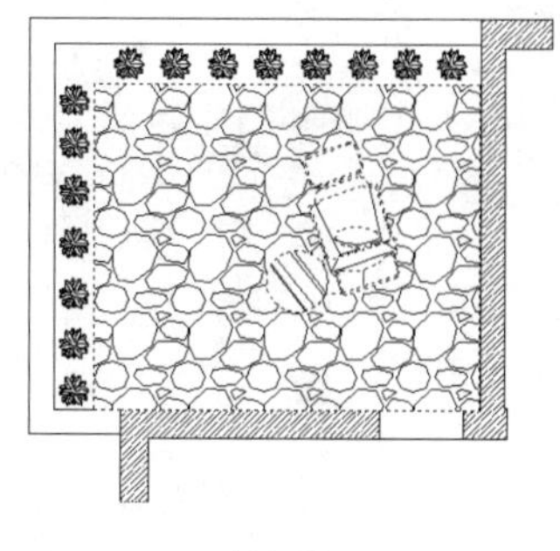

图 4-71

4.2.4 木地板填充效果

常见的木地板有实木地板、强化复合地板、多层实木地板、实木复合地板、竹木地板等多种，最常用于卧室地面的装修，常见效果如图 4-72 所示。由于在规格上都接近 900×122×18（mm），因此在平面图的填充时只需要表示出形状即可，对于具体的地板种类可以通过文字标示，如图 4-73 所示。接下来即学习利用填充绘制木地板的方法。

图 4-72

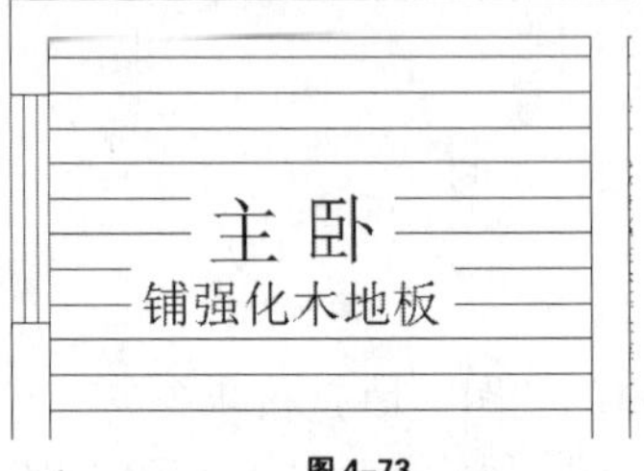

图 4-73

（1）启动 AutoCAD2014，然后打开配套光盘中本章文件夹中的木地板 1.dwg 文件，如图 4-74 所示主要为一个卧室空间，接下来为其填充木地板效果。

（2）输入“H”（填充命令全称为 HATCH）并回车启动填充工具，如图 4-75 所示。接下来首先将选择填充图案。

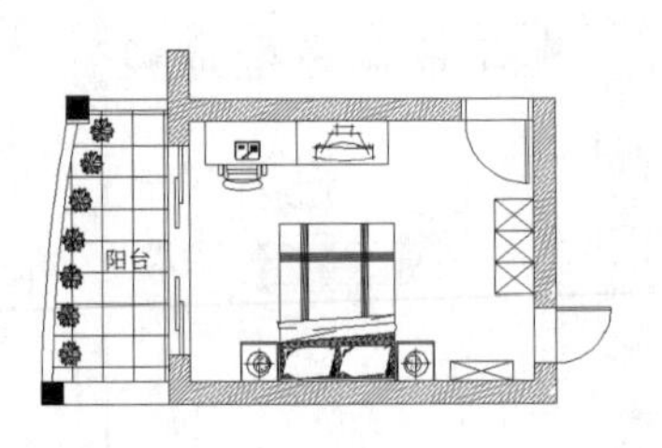

图 4-74

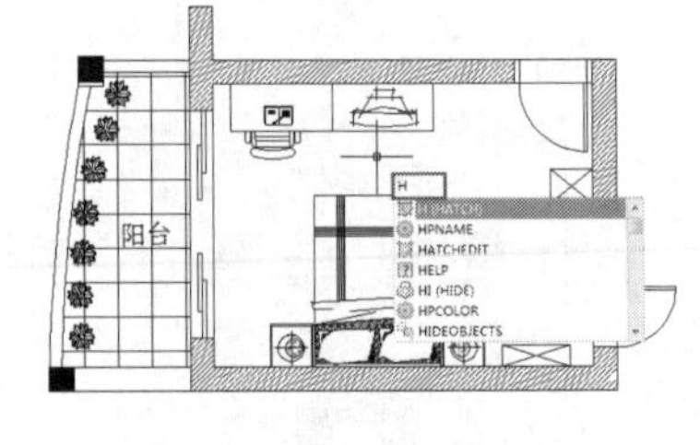

图 4-75

（3）在弹出的“图案填充和渐变色”对话框中单击样例后方的图框，然后在弹出的“填充图案选项板”中切换至“其他预定义”选项卡，最后选择其中的“DOLMIT”图案按下确定按钮 确定 返回，如图 4-76 所示。

（4）接下来选择填充范围，首先在“图案填充和渐变色”对话框内单击边界下方的“添加：拾取点”按钮，然后如图 4-77 所示在卧室内以及门范围内单击确定，接下来再按下空格键返回。

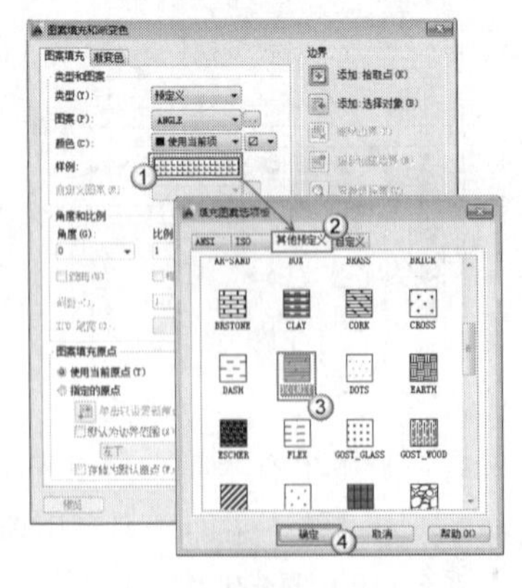

图 4-76

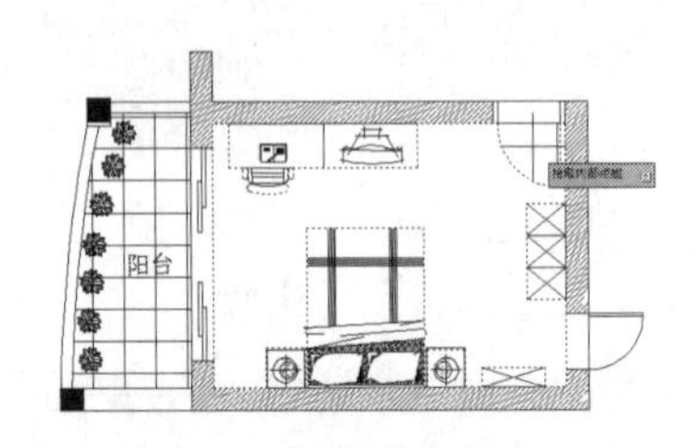

图 4-77

（5）返回“图案填充和渐变色”对话框，然后设置比例为 20 再单击预览按钮 预览 ，参考图 4-78 所示。

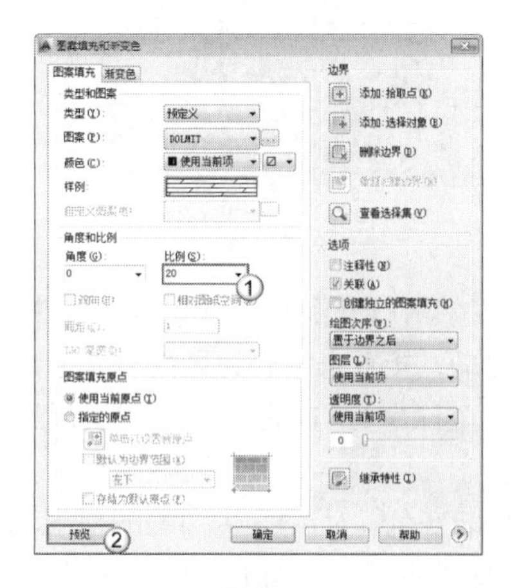

图 4-78

（6）当前预览效果如图 4-79 所示，观察如图 4-80 所示的细节可以看到在门口处有不理想的半片地板的铺贴，因此按下空格键返回“图案填充和渐变色”对话框。

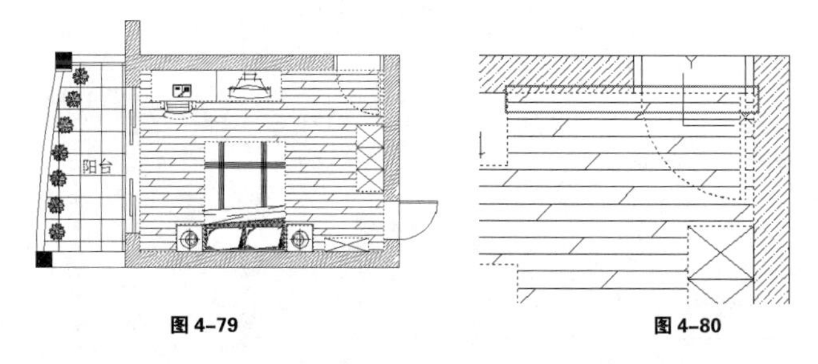

图 4-79　　图 4-80

（7）在“图案填充和渐变色”对话框，再单击下方的“单击设置新原点”按钮，然后如图 4-81 所示捕捉右上角角点为新的填充原点，接下来再按下空格键返回“图案填充和渐变色”对话框。

（8）在“图案填充和渐变色”对话框再次单击预览按钮 预览 ，此时填充效果如图 4-82 所示，可以看到效果比较理想，因此按下回车键确定好填充效果。

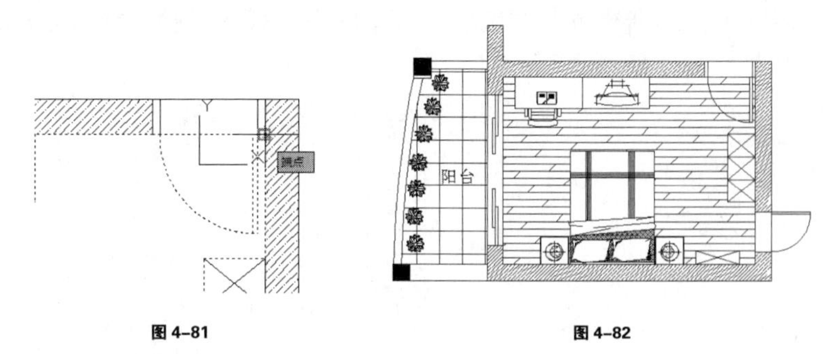

图 4-81　　图 4-82

4.2.5 家具木纹填充效果

木纹家具指的是表面显示了天然木质纹理的木质家具（也有木质家具由于刷了混油漆，表面为光滑漆层而无纹理显示），常见效果如图 4-83 所示。接下来即学习利用填充绘制木纹的方法。

图 4-83

（1）启动 AutoCAD2014，然后打开配套光盘中本章文件夹中的家具木纹 1.dwg 文件，如图 4-84 所示为一张长方形餐桌，接下来主要为桌面填充木纹效果。

（2）输入“H”（填充命令全称为 HATCH）并回车启动填充工具，接下来首先选择填充图案。

（3）弹出的“图案填充和渐变色”对话框中，单击样例后方的图框，然后在弹出的“填充图案选项板”中切换至“其他预定义”选项卡，最后选择“GOST-WOOD”图案并按下确定按钮 确定 返回上一级，如图 4-85 所示。

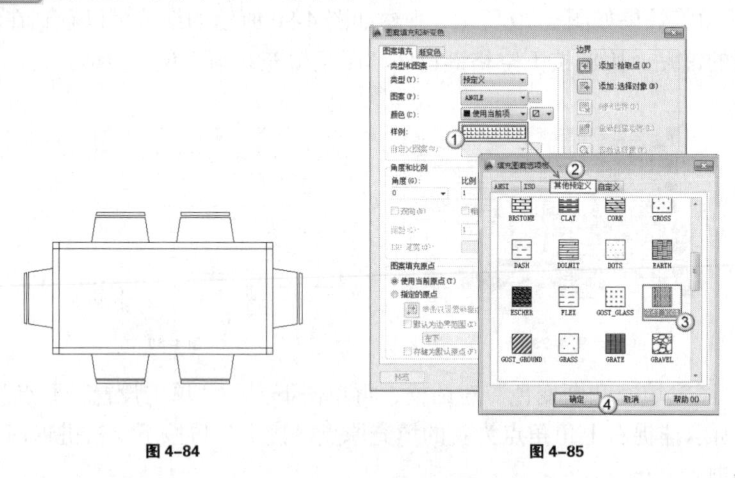

图 4-84　　图 4-85

（4）接下来选择填充范围，首先在“图案填充和渐变色”对话框内单击边界下方的“添加：拾取点”按钮，然后如图 4-86 所示在桌面内部单击，接下来再按下空格键返回。

（5）在“图案填充和渐变色”对话框设置角度为 45，比例为 24，再单击预览按钮 预览 ，参考图 4-87 所示。

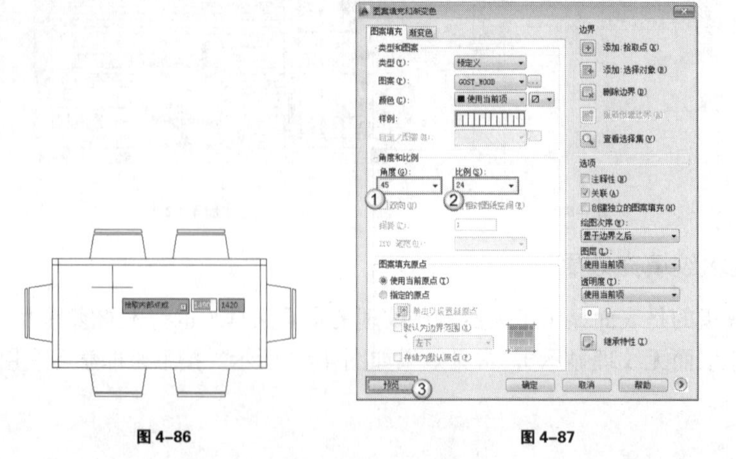

图 4-86　　图 4-87

（6）当前预览效果如图 4-88 所示，可以看到比例与角度均比较理想，因此按下回车键完成填充。

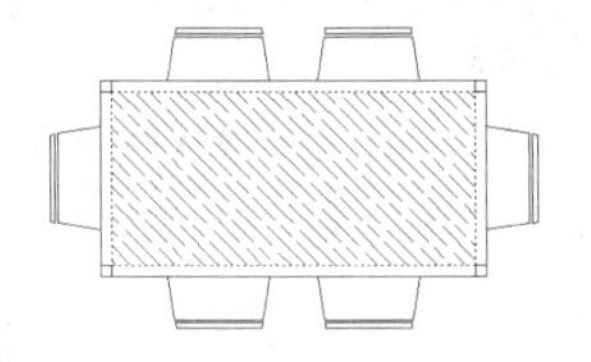

图 4–88

要点提示——如何添加更为丰富的 CAD 填充图案

AutoCAD 自带的填充图案并不能满足所有的材质表现， 接下来以木纹填充效果为例介绍添加并使用外部 CAD 填充图案的方法。

（1）首先通过网络资源下载到 PAT 格式的 AutoCAD 填充纹理文件，如图 4–89 所示。接下来将放置好该文件位置。

（2）右击桌面上 AutoCAD 图标，然后选择属性菜单命令，如图 4–90 所示。

（3）在弹出的 AutoCAD 属性面板中单击“打开文件位置”按钮 打开文件位置(F) ，如图 4–91 所示。

图 4–89

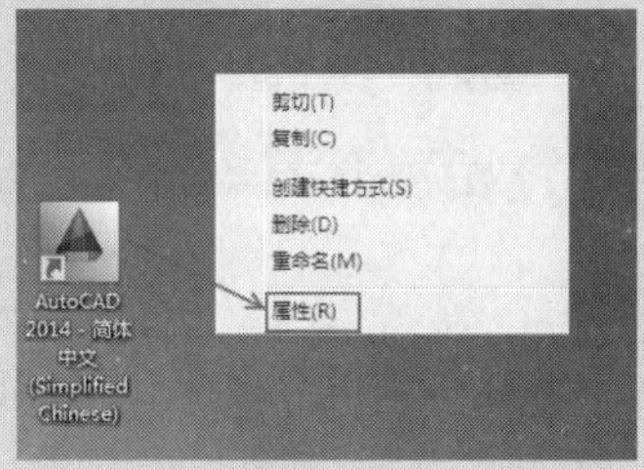

图 4–90

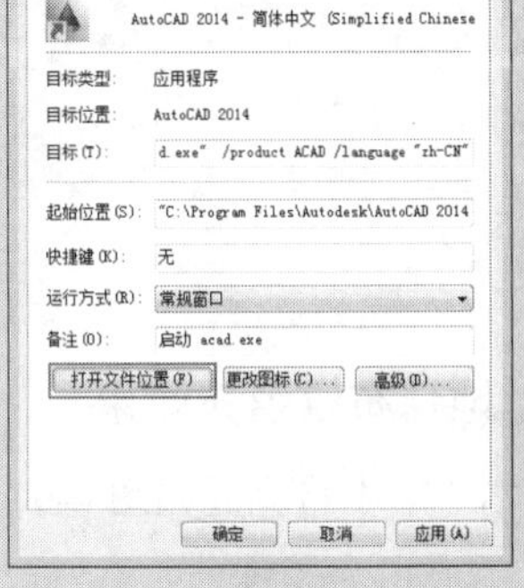

图 4–91

（4）在打开的文件路径中单击进入“Support”文件，如图 4–92 所示，然后将之前下载好的 PAT 文件复制到该文件夹内，如图 4–93 所示。

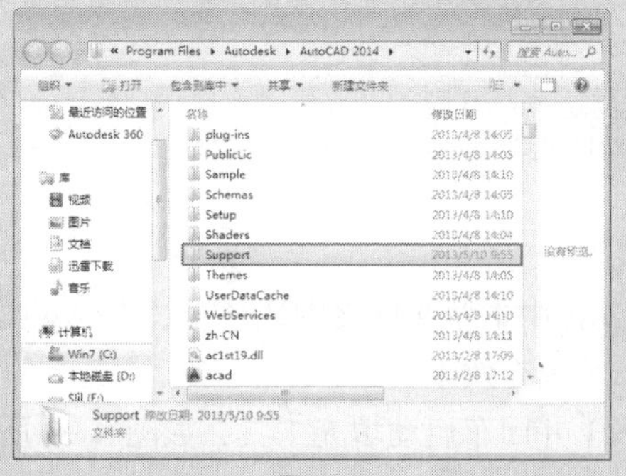

图 4–92

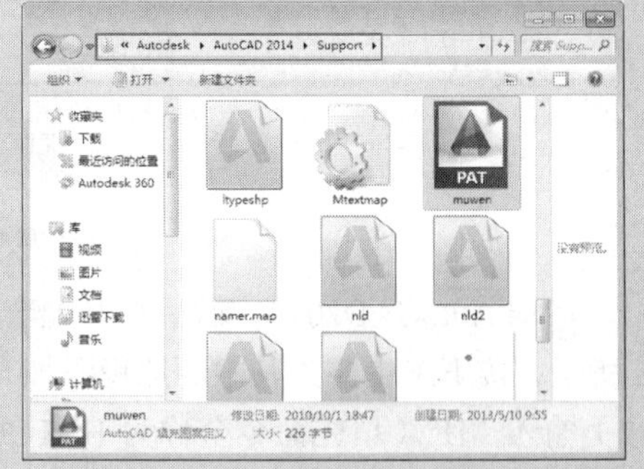

图 4–93

（5）启动 AutoCAD2014，然后再次打开配套光盘中本章文件夹中家具木纹 1.dwg 文件，并输入“H”（填充命令全称为 HATCH）并回车启动填充工具。

（6）弹出的“图案填充和渐变色”对话框中，单击样例后方的图框，然后在弹出的“填充图案选项板”中切换至“自定义”选项卡，最后选择上面复制的“muwen”填充图案并按下确定按钮 确定 返回上一级，如图 4-94 所示。

（7）接下来首先在“图案填充和渐变色”对话框内设置比例为 400，单击边界下方的“添加：拾取点”按钮，参考图 4-95 所示。

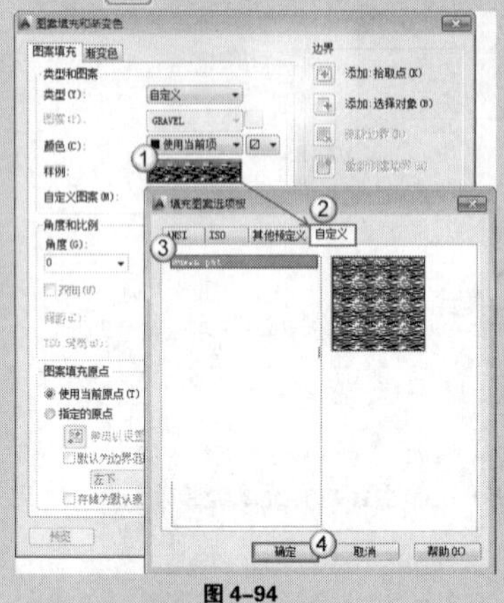

图 4-94

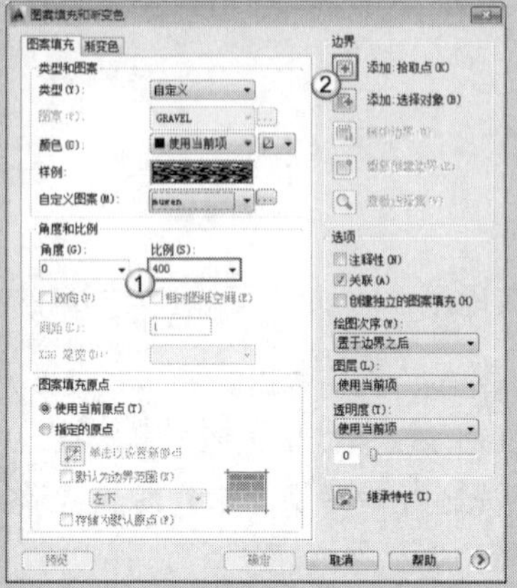

图 4-95

（8）选择桌面内部作为填充范围，然后预览并确定最终效果如图 4-96 所示。

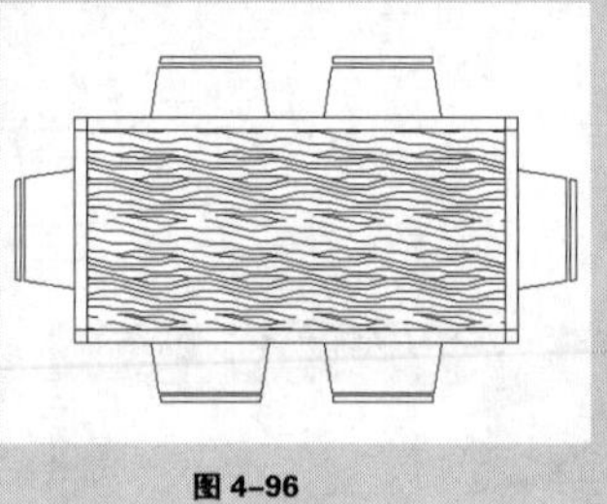

图 4-96

4.2.6 地毯布纹填充效果

在本小节中将完成如图 4-97 所示的地毯布纹填充效果，具体的步骤如下。

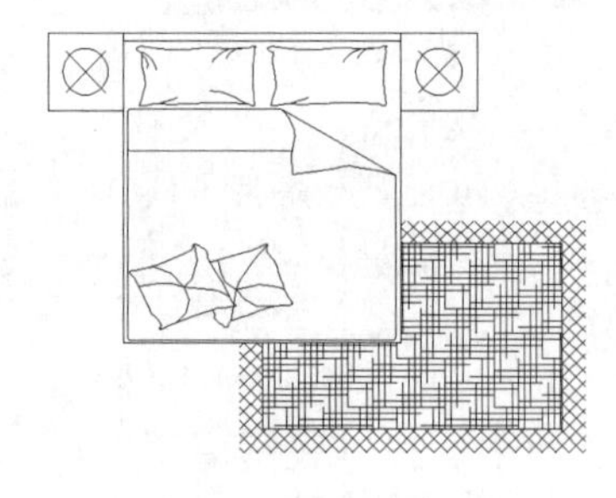

图 4-97

（1）启动 AutoCAD2014，然后打开配套光盘中本章文件夹中地毯布纹 1.dwg 文件，如图 4-98 所示，接下来主要为其中的地毯添加布纹填充效果。

（2）输入“H”（填充命令全称为 HATCH）并回车启动填充工具，如图 4-99 所示。接下来首先将选择填充图案。

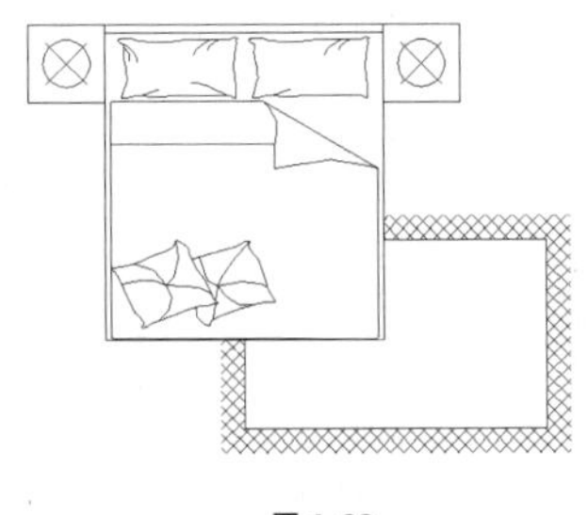

图 4-98

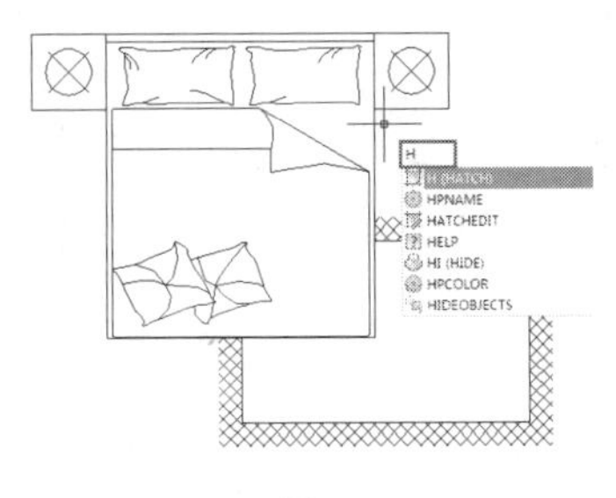

图 4-99

（3）在弹出的“图案填充和渐变色”对话框中，单击样例后方的图框，然后在弹出的“填充图案选项板”中切换至“其他预定义”选项卡，最后选择“HOUND”图案并按下确定按钮 确定 返回上一级，如图 4-100 所示。

（4）接下来选择填充范围，首先在“图案填充和渐变色”对话框内单击边界下方的“添加：拾取点”按钮，然后在地毯内单击确定，再按下空格键返回。

（5）在“图案填充和渐变色”对话框设置比例为 25，再单击预览按钮 预览 ，参考图 4-101 所示。

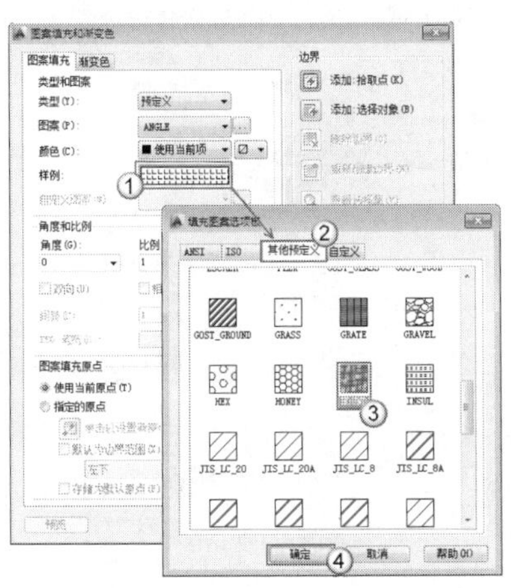

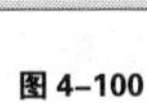

图 4-100

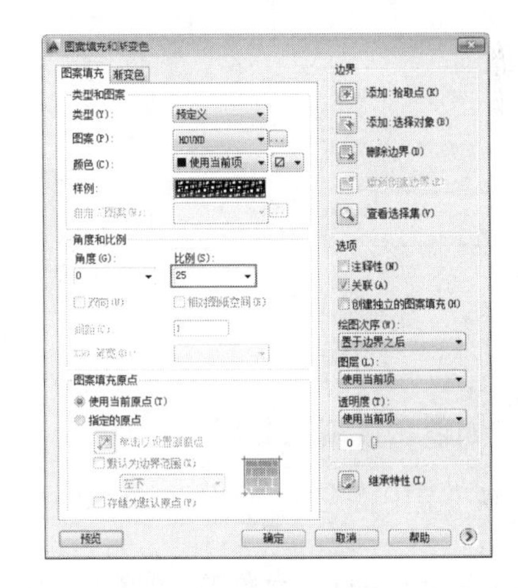

图 4-101

（6）当前预览效果如图 4-102 所示，可以看到效果比较理想，因此按下回车键完成填充。

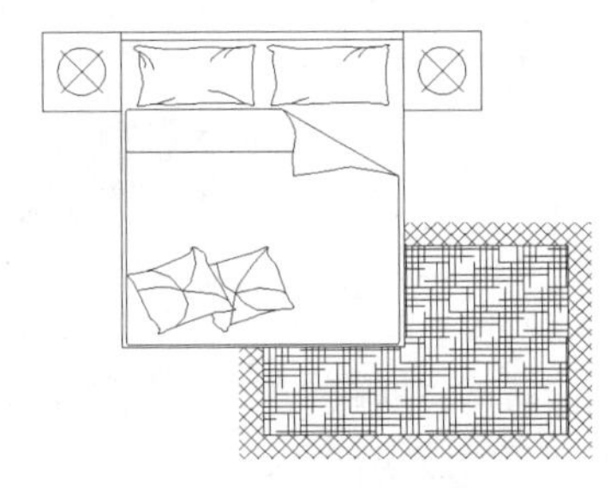

图 4-102

4.2.7 椅子布纹填充效果

在本小节中将完成如图 4-103 所示的椅子布纹填充效果，具体的步骤如下。

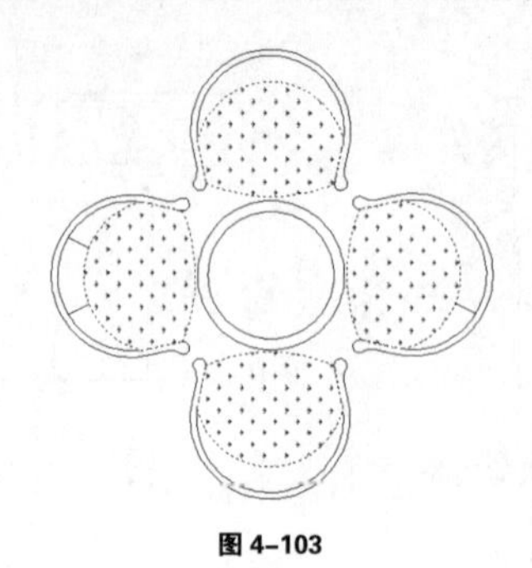

图 4-103

（1）启动 AutoCAD2014，然后打开配套光盘中本章文件夹中椅子布纹 1.dwg 文件，如图 4-104 所示，接下来主要为其中的坐垫添加布纹填充效果。

（2）输入“H”（填充命令全称为 HATCH）并回车启动填充工具，接下来首先选择填充图案。

（3）在弹出的“图案填充和渐变色”对话框中，单击样例后方的图框，然后在弹出的“填充图案选项板”中切换至“其他预定义”选项卡，最后选择“GRASS”图案并按下确定按钮 确定 返回上一级，如图 4-105 所示。

图 4-104

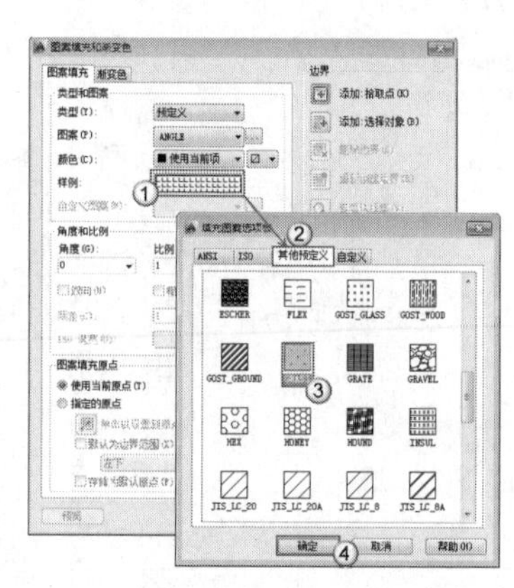

图 4-105

（4）接下来选择填充范围，首先在“图案填充和渐变色”对话框内单击边界下方的“添加：拾取点”按钮，然后如图 4-106 所示选择到四处坐垫，接下来再按下空格键返回。

（5）在“图案填充和渐变色”对话框设置角度为 90，比例为 20，再单击预览按钮 预览 ，参考图 4-107 所示。

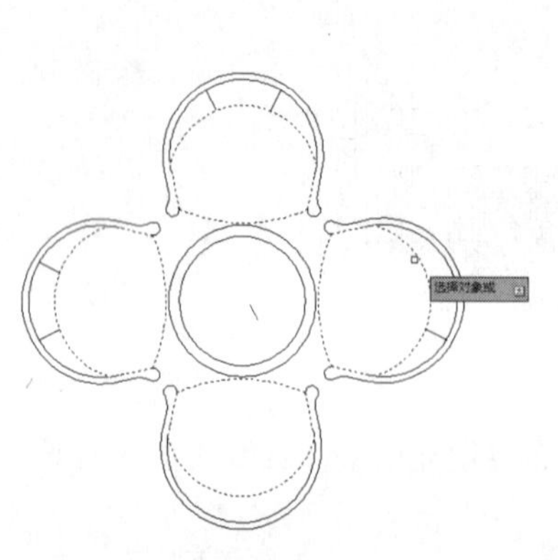

图 4-106

图 4-107

（6）当前预览效果如图 4-108 所示，可以看到效果比较理想，因此按下回车键完成填充。

图 4-108

4.2.8 清玻璃填充效果

在本小节中将完成如图 4-109 所示的清玻璃桌填充效果，具体的步骤如下。

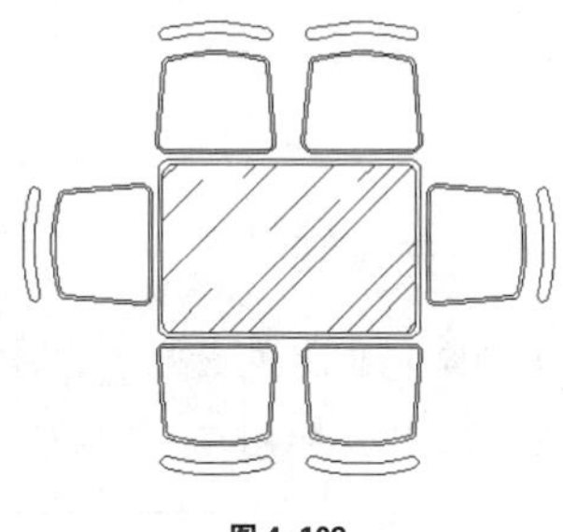

图 4-109

（1）启动 AutoCAD2014，然后打开配套光盘中本章文件夹中的玻璃桌 1.dwg 文件，如图 4-110 所示，接下来主要为桌面填充玻璃效果。

（2）输入“H”（填充命令全称为 HATCH）并回车启动填充工具，接下来首先选择填充图案。

（3）在弹出的“图案填充和渐变色”对话框中，单击样例后方的图框，然后在弹出的“填充图案选项板”中切换至“其他预定义”选项卡，最后选择“AR-PROOF”图案并按下确定按钮 确定 返回上一级，如图 4-111 所示。

图 4-110

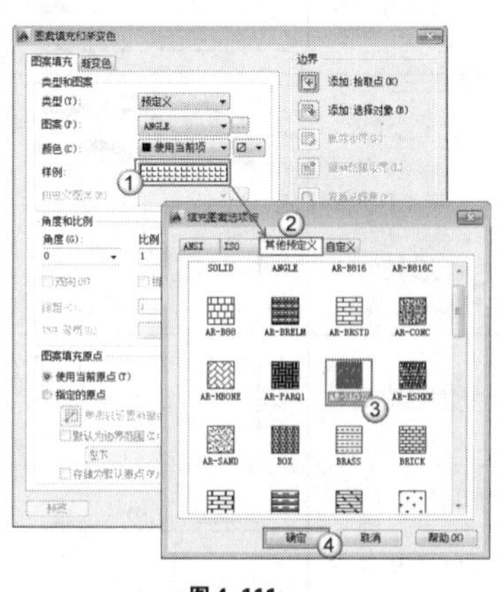

图 4-111

（4）接下来选择填充范围，首先在“图案填充和渐变色”对话框内单击边界下方的“添加：拾取点”按钮，然后在桌面内单击确定，再按下空格键返回。

（5）在“图案填充和渐变色”对话框设置角度为 45，比例为 15，再单击预览按钮预览，参考图 4-112 所示。

（6）当前预览效果如图 4-113 所示，可以看到效果比较理想，因此按下回车键完成填充。

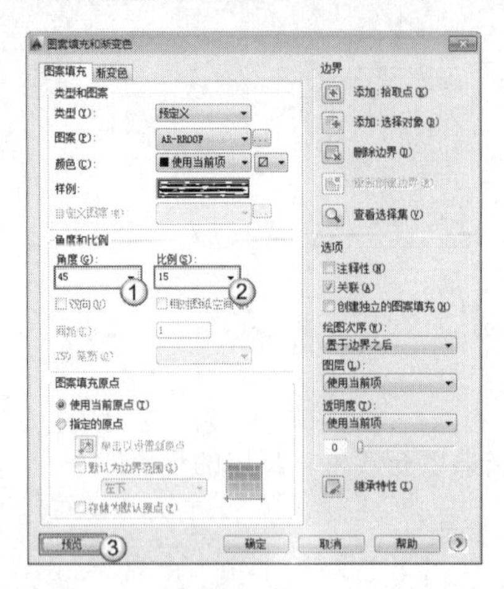

图 4-112

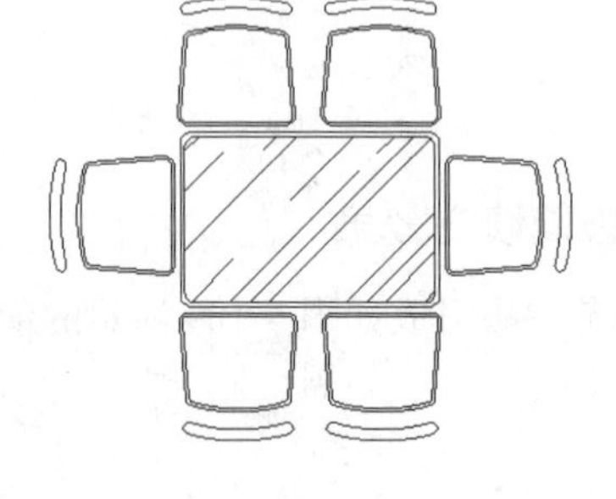

图 4-113

知识拓展——常见建筑材料填充效果

以上介绍的是室内设计施工图中常见的填充效果，在建筑施工图中对于常见的一些建筑材料的填充效果进行了规范的整理与总结，如图 4-114 所示，大家可以进行参考性学习。

序号	名称	图例	备注
1	夯实土壤		——
2	砂砾石、碎砖三合土		——
3	大理石		——
4	毛　石		必要时注明石料块面大小及品种
5	普通砖		包括实心砖、多孔砖、砌块等砌体。断面较窄不易绘出图例线时，可涂黑
6	轻质砌块砖		指非承重砖砌体
7	轻钢龙骨纸面石膏板隔　墙		注明隔墙厚度
8	饰 面 砖		包括铺地砖、马赛克、陶瓷锦砖等

续表

序号	名称	图例	备注
9	混 凝 土		1.指能承重的混凝土及钢筋混凝土； 2.各种强度等级、骨料、添加剂的混凝土； 3.在剖面图上画出钢筋时，不画图例线； 4.断面图形小，不易画出图例线时，可涂黑
10	钢筋混凝土		
11	多孔材料		包括水泥珍珠岩、沥青珍珠岩、泡沫混凝土、非承重加气混凝土、软木、蛭石制品等
12	纤维材料		包括矿棉、岩棉、玻璃棉、麻丝、木丝板、纤维板等
13	泡沫塑料材料		包括聚苯乙烯、聚乙烯、聚氨脂等多孔聚合物类材料
14	密 度 板		注明厚度
15	实 木	（立面）	1.上图为垫木、木砖或木龙骨，表面为粗加工； 2.下图木制品表面为细加工； 3.所有木制品在立面图中能见到细纹的，均可采用下图例
16	胶 合 板	（小尺度比例） （大尺度比例）	注明厚度、材种
17	木 工 板		注明厚度
18	饰 面 板		注明厚度、材种
19	木 地 板		注明材种

续表

序号	名称	图例	备注
20	石膏板		1.注明厚度； 2.注明纸面石膏板、布面石膏板、防火石膏板、防水石膏板、圆孔石膏板、方孔石膏板等品种名称
21	金属		1.包括各种金属，注明材料名称； 2.图形小时，可涂黑
22	液体	断面 平面	——
23	玻璃砖		1.为玻璃砖断面； 2.注明厚度
24	橡胶		注明天然或人造橡胶
25	普通玻璃	断面 立面	——
26	磨砂玻璃		为玻璃立面，应注明材质、厚度
27	夹层（夹绢、夹纸）玻璃		为玻璃立面，应注明材质、厚度
28	镜面		为镜子立面，应注明材质、厚度
29	塑料		包括各种软、硬塑料及有机玻璃等，应注明厚度
30	胶		应注明胶的种类、颜色等

续表

序号	名称	图例	备注
31	地　毯		为地毯剖面，应注明种类
32	防水材料		构造层次多或比例大时，应采用上图
33	粉　刷		采用较稀的点
34	窗　帘		箭头所示为开启方向

图 4-114

4.3　绘制立面索引图

4.3.1　地面铺装图的内容与功能

立面索引图是平面布置图与立面详图之间的桥梁，其主要是利用平面布置图添加立面详图索引符号，明确地指示出在哪些位置将对应地绘制立面详图，以及对应立面详图所在图纸等信息，如图 4-115 所示。

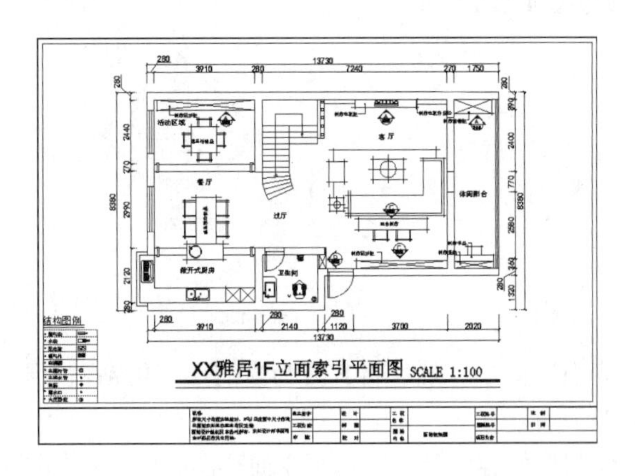

图 4-115

4.3.2　绘制立面索引图

1.处理立面索引图初步细节

（1）启动 AutoCAD2014，打开上一章绘制完成的 1F 平面布置图，再按下“Ctrl+A”组合键全选图形，然后按下“Ctrl+C”组合键复制，如图 4-116 所示。

（2）按下“Ctrl+N”组合键新建图纸，然后在弹出的“选择样板”对话框内选择“acadiso”

并单击打开按钮 打开(O) 创建新的空白文档。

（3）进入新建空白文档，按下“Ctrl+V”组合键粘贴复制的 1F 平面布置图内容，注意指定插入点为原点，如图 4-117 所示。

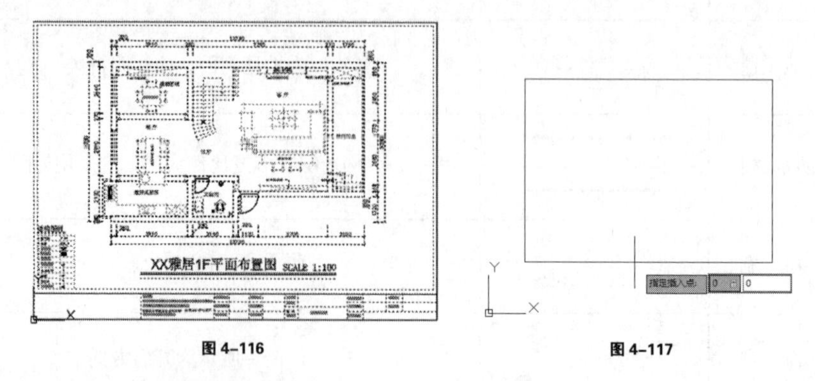

图 4-116　　图 4-117

（4）双击进入当前图名修改其为“××雅居 1F 地面铺装图”。然后调整好图例与比例相对位置，完成效果参考图 4-118 所示。

图 4-118

2.添加立面详图索引符号

（1）打开配套光盘本章节文件夹中的立面详图索引符号文件，如图 4-119 所示。

（2）接下来首先标注玄关鞋柜立面详图索引符。由于鞋柜在客厅空间左侧，因此复制对应方向的索引符，参考图 4-120 所示。

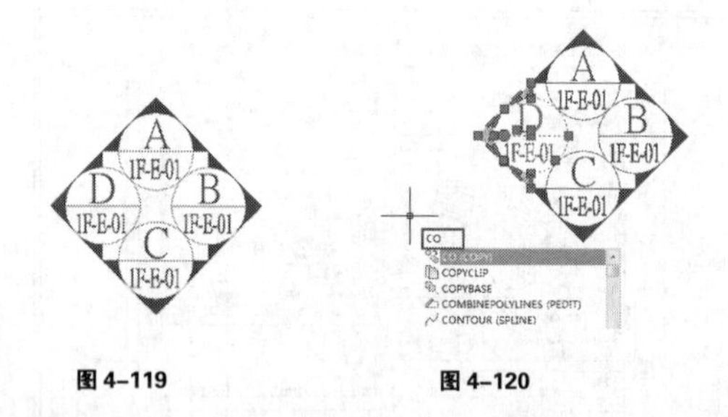

图 4-119　　图 4-120

（3）新建“立面索引”图层，然后将其置为当前层，再粘贴复制的索引符并调整好位置指向鞋柜，如图 4-121 所示。

（4）重复类似操作制作好客厅下方展示柜立面详图索引符，如图 4-122 所示。

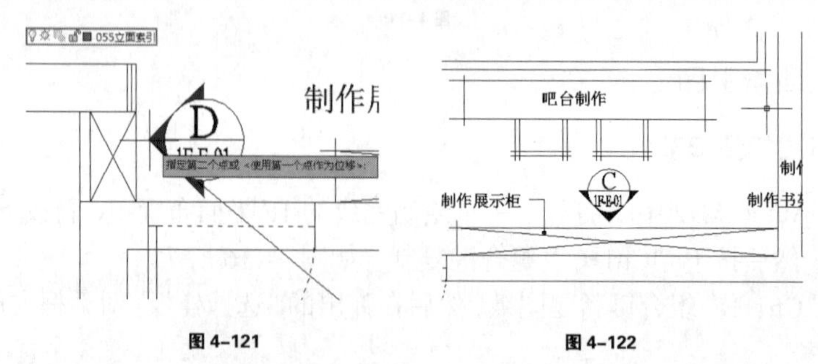

图 4-121　　图 4-122

（5）由于在本套图纸中还有吧台将使用同一指向的立面详图索符，因此双击展示柜立面详图索符下方图纸名，然后将其名称调整为“1F-E-01A”，如图 4-123 与图 4-124 所示。

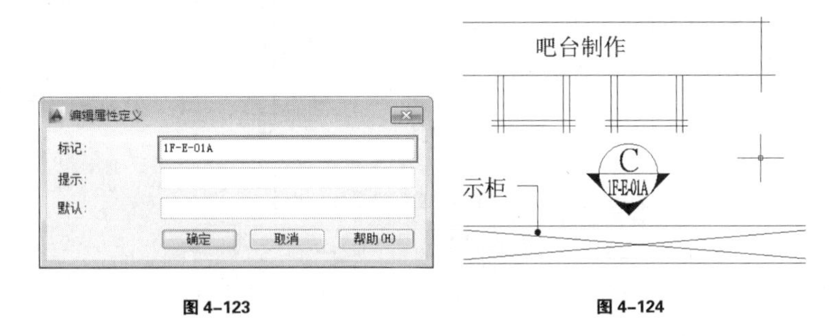

图 4-123　　图 4-124

（6）复制上一步中展示立面详图索引符至吧台前方，然后调整名称为“1F-E-01B”，如图 4-125~图 4-127 所示。

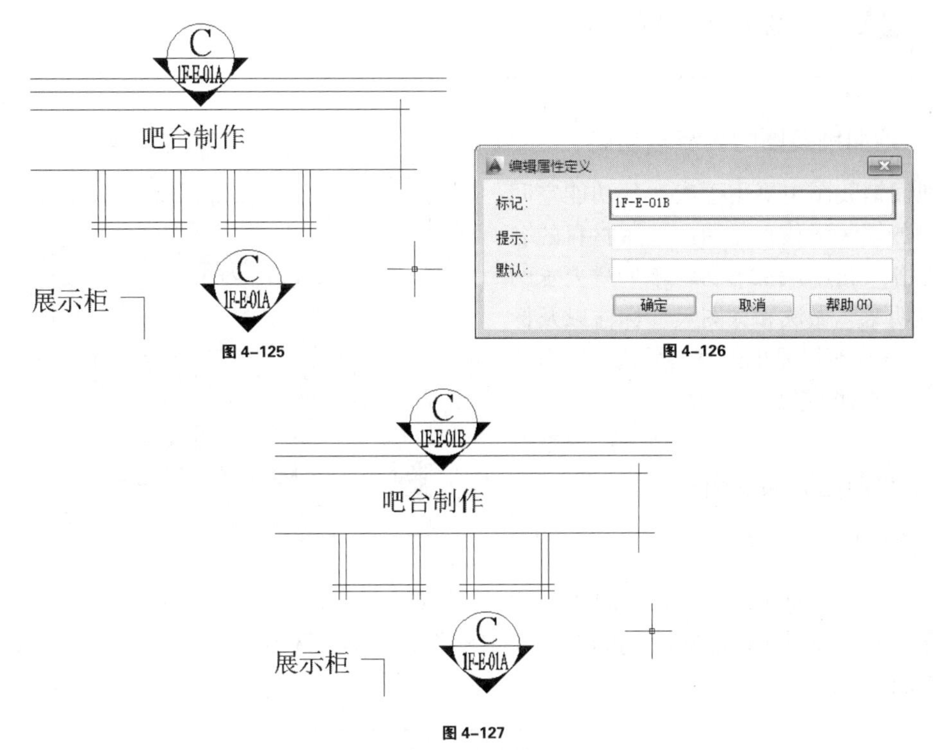

图 4-125　　图 4-126

图 4-127

（7）通过类似操作完成客厅电视墙，活动区域展示柜以及休闲阳台储物柜立面索引详图符号，如图 4-128~图 4-130 所示。

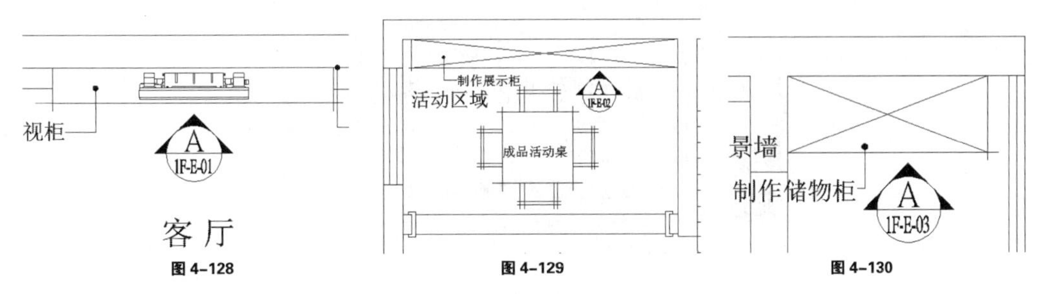

图 4-128　　图 4-129　　图 4-130

（8）经过以上操作，本案例第 1F 立面索引图绘制完成，整体效果如图 4-131 所示。

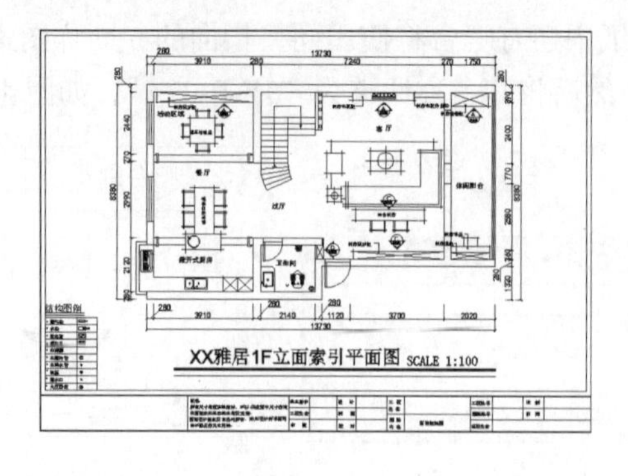

图 4-131

4.4 绘制地面铺装图

4.4.1 地面铺装图的内容与功能

地面铺装图主要用于表达各功能空间的地面的铺装形式，注明所选用材料的名称、规格，如图 4-132 所示。有特殊要求的还要注明工艺做法和详图尺寸标注以及标高，因此该图纸既是地面材料采购的参考图样，也是地面铺装施工依据。

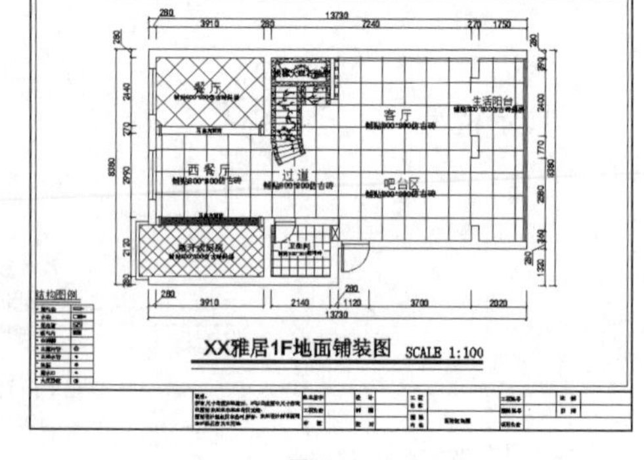

图 4-132

4.4.2 绘制地面铺装图

1.处理铺装图初步细节

（1）启动 AutoCAD2014，打开上一章绘制完成的“1F 平面布置图”，再按下“Ctrl+A”组合键全选图形，然后按下“Ctrl+C”组合键复制，如图 4-133 所示。

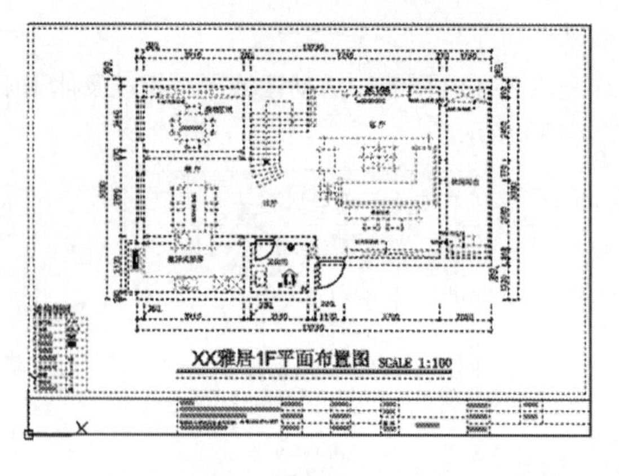

图 4-133

（2）按下“Ctrl+N”组合键新建图纸，然后在弹出的“选择样板”对话框内选择“acadiso”

并单击打开按钮 打开(O) 创建新的空白文档。

（3）进入新建空白文档，按下“Ctrl+V”组合键粘贴复制的一层平面布置图内容，注意指定插入点为原点。

（4）双击进入当前图名，然后修改其为“××雅居 1F 地面铺装图”。

（5）图名更改完成后删除覆盖地面的家具图形，最终得到如图 4-134 所示的效果。

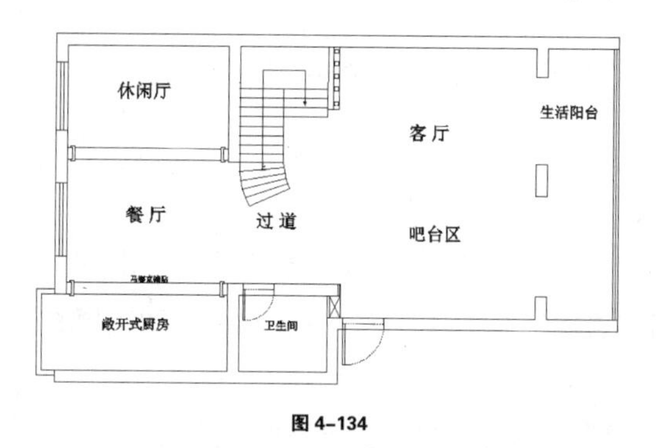

图 4-134

📖 要点提示

在删除的过程中注意保留不需要铺贴地面材质的家具，如图 4-135 中所示玄关处的鞋柜。此外在门槛处注意保留分隔线以方便后续材质的填充，如图 4-136 所示。

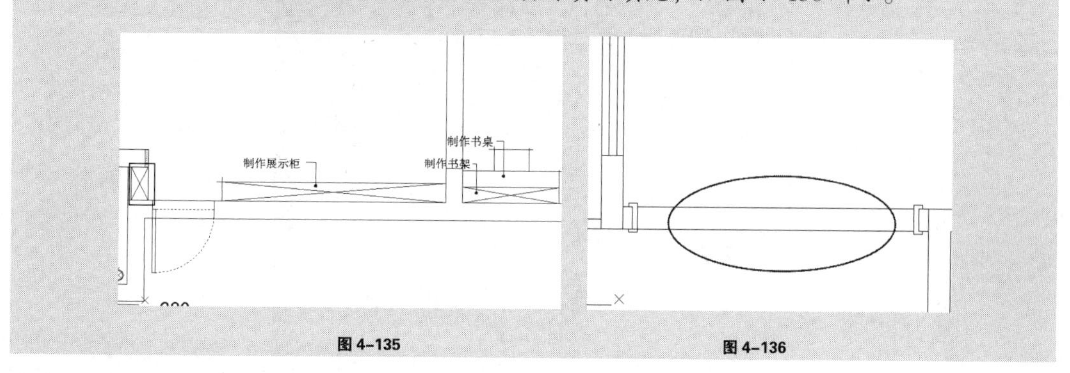

图 4-135　　图 4-136

2.填充仿古砖材质

接下来首先将填充客厅、过道、餐厅以及休闲阳台地面材质，在本案例中这些空间均将铺贴 800*800 的仿古地砖，具体操作步骤如下。

（1）输入 DT 并回车启用单行文字工具，然后逐个在各空间名称下方标示材质规格与种类，参考图 4-137 和图 4-138 所示。

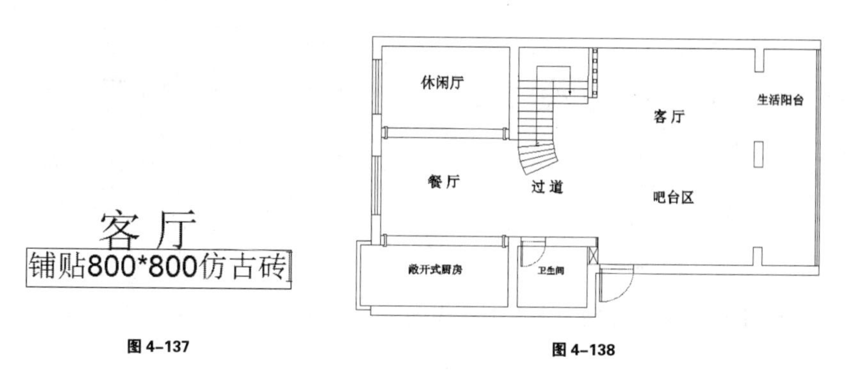

图 4-137　　图 4-138

要点提示

在填充之前输入材质规格以及名称主要是为了避免出现填充线段与说明文字交叉，如图 4-139 所示。

图 4-139

（2）输入 H 并回车启用填充工具，然后在弹出的“图案填充和渐变色”对话框中选择好填充图案并设置角度以及比例，再单击“添加：拾取点”按钮，参考图 4-140 所示。

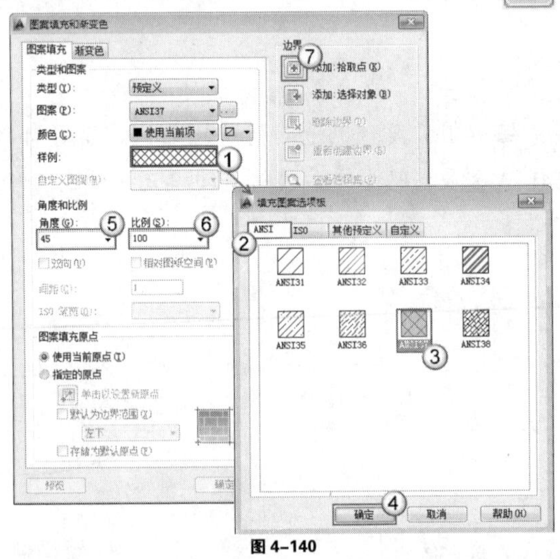

图 4-140

（3）参考图 4-141 所示选择好填充范围并回车完成填充。接下来为了准确调整好填充比例以填充成 800*800 的仿古砖大小，将当前填充图形使用 EXPLODE 命令炸开，如图 4-142 所示。

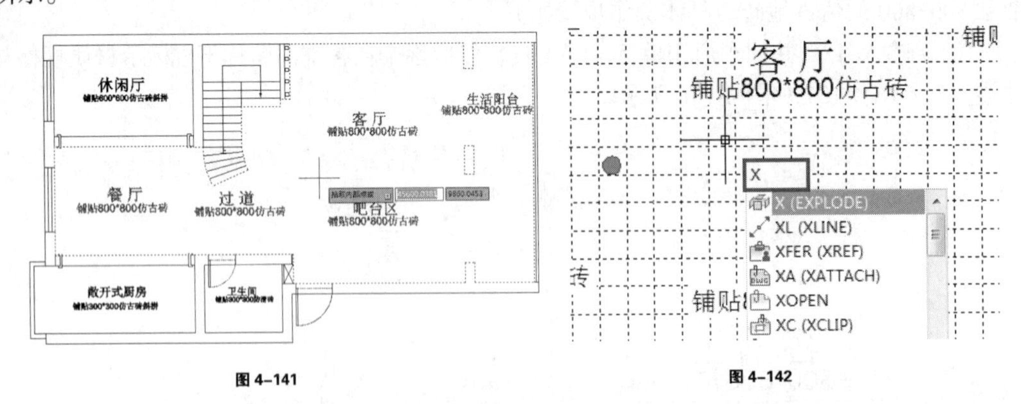

图 4-141

图 4-142

（4）经测量可发现当比例为 100 时，当前填充的仿古砖尺寸为 317.5*317.5，如图 4-143 所示。

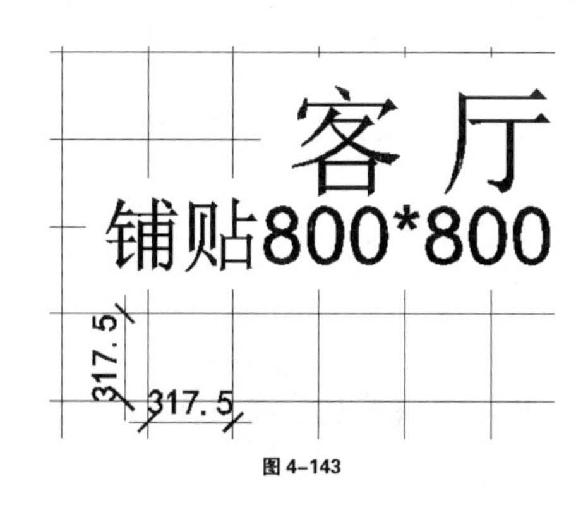

图 4-143

（5）由于目前填充仿古砖大小边长为 800，因此对应经过 800/317.5*100 的计算可以得到当填充比例约为 251.96850 时将生成 800*800 的仿古砖。删除原有填充，然后调整好比例约为 251.96850 并再次选择对应区域进行填充。

（6）经调整比例后再次填充预览的效果如图 4-144 所示，接下来调整填充原点修改填充边角细节。

（7）按空格键返回“图案填充和渐变色”对话框，然后勾选“指定的原点”，再单击下方的“单击设置新原点”按钮。

（8）捕捉鞋柜右下角点为新的填充原点，参考图 4-145 所示。

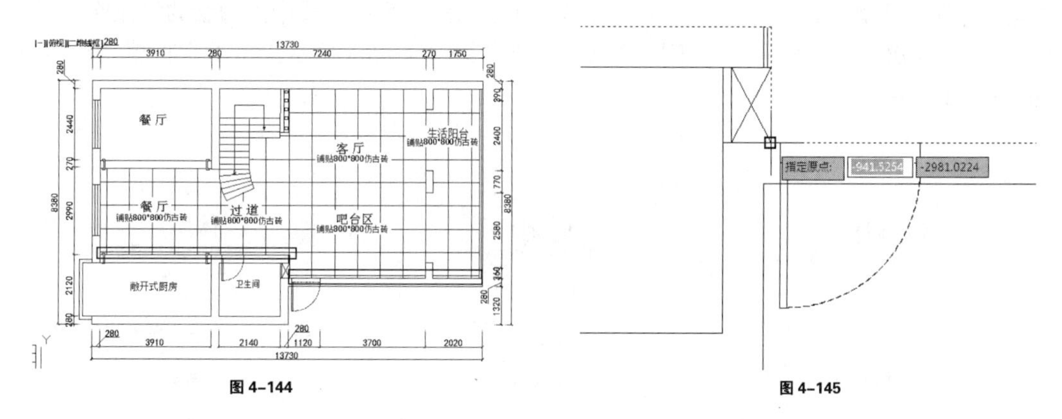

图 4-144　　图 4-145

（9）确定填充，仿古砖完成效果如图 4-146 所示。接下来将填充休闲厅以及餐厅 45°斜拼石材。

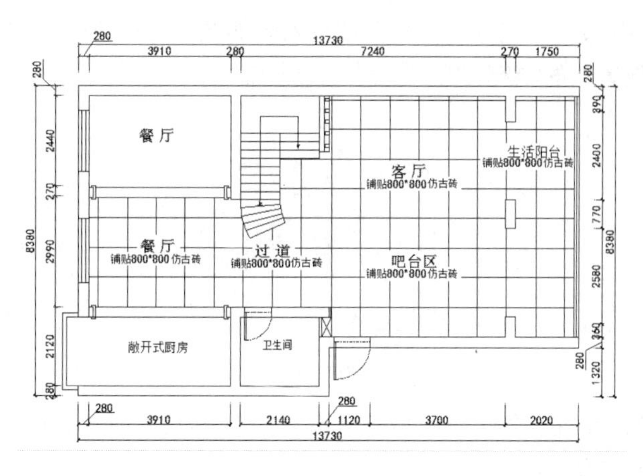

图 4-146

3.填充斜拼仿古砖材质

休闲厅空间如图 4-147 所示，接下来将为其填充 600*600 的斜拼仿古砖效果，具体步骤如下。

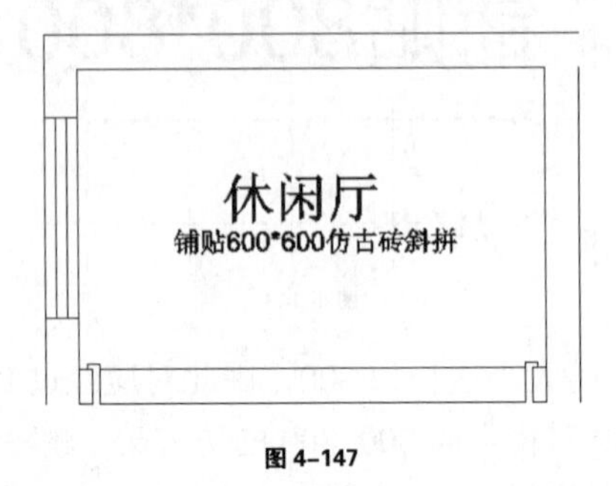

图 4-147

（1）输入 H 并回车启用填充工具，然后在弹出的“图案填充和渐变色”对话框中选择好填充图案为 ASNI37，再设置好填充比例为 188.9763，接下来单击“添加：拾取点”按钮。

（2）选择休闲厅内部为填充范围并进行预览，当前效果如图 4-148 所示。可以看到填充边角细节不完善，接下来进行调整。

（3）按空格键返回“图案填充和渐变色”对话框，然后勾选“指定的原点”，再单击下方的“单击设置新原点”按钮，最后如图 4-149 所示捕捉门槛线中点为新的填充原点。

（4）再次预览并确定，休闲厅填充完成效果如图 4-150 所示。接下来将填充厨房内 300*300 的斜拼仿古砖效果。

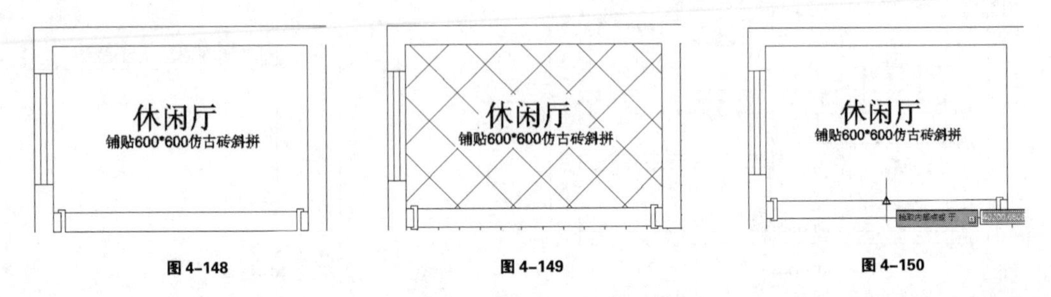

图 4-148 图 4-149 图 4-150

（5）输入 H 并回车启用填充工具，然后在弹出的“图案填充和渐变色”对话框中选择好填充图案为 ASNI37，再设置好填充比例为 94.48818，接下来单击“添加：拾取点”按钮。

（6）选择厨房内部为填充范围，然后预览效果如图 4-151 所示。可以看到填充边角细节不完善，接下来设置新的填充原点调整填充边角细节。

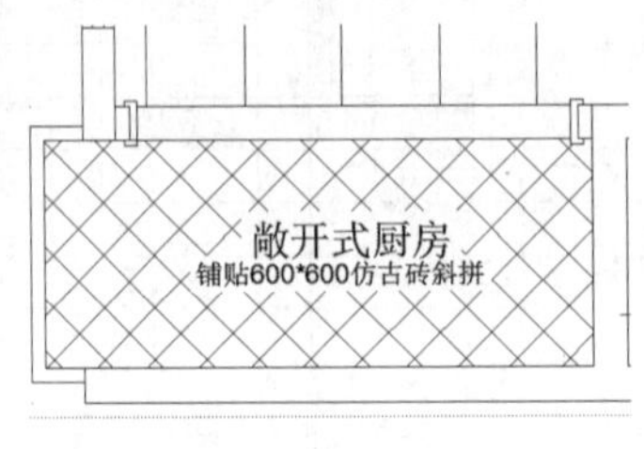

图 4-151

（7）捕捉厨房地面右上角为新的填充原点，如图 4-152 所示，最终完成厨房作斜拼仿古砖材质填充效果至如图 4-153 所示。

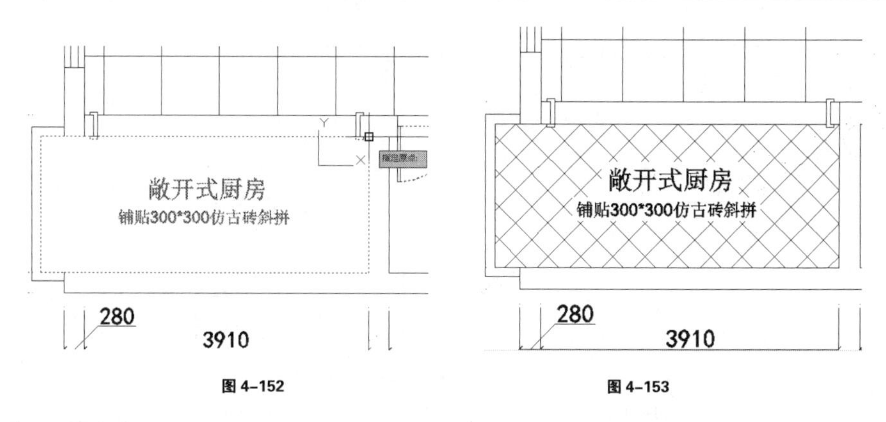

图 4-152　　图 4-153

4.填充防滑砖材质

休闲厅空间如图 4-154 所示，接下来将为其填充 300*300 的防滑砖效果，具体步骤如下。

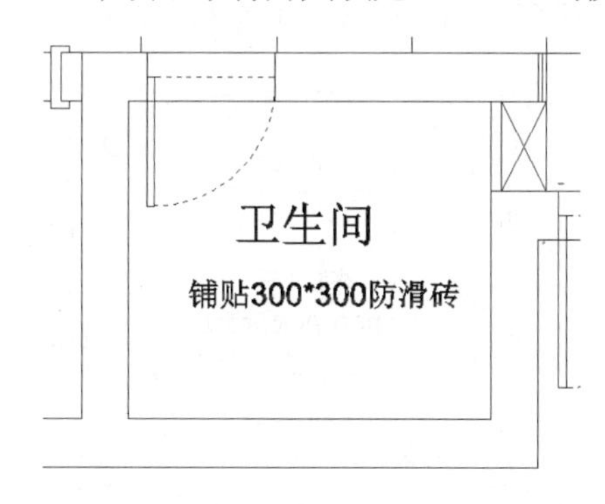

图 4-155

（1）输入 H 并回车启用填充工具，然后在弹出的“图案填充和渐变色”对话框中选择好填充图案为 ANGLE，再设置好填充比例为 44，接下来单击“添加：拾取点”按钮。

（2）选择厨房内部为填充范围并进行预览，当前效果如图 4-155 所示。可以看到填充边角细节不完善，接下来进行调整。

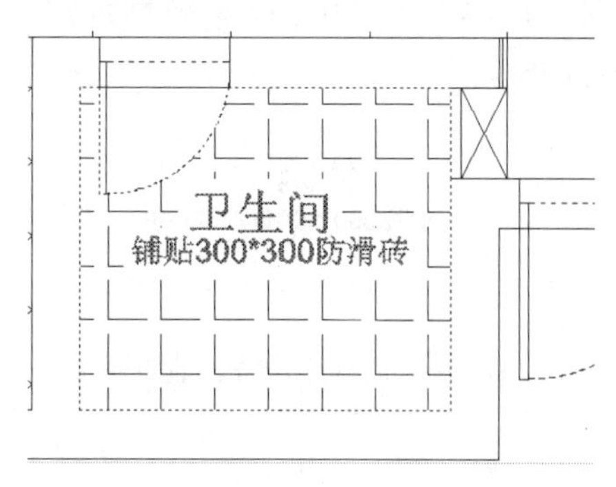

图 4-155

（3）捕捉卫生间地面右上角为新的填充原点，如图 4-156 所示。最终完成的卫生间地面防滑砖材质填充效果如图 4-157 所示。

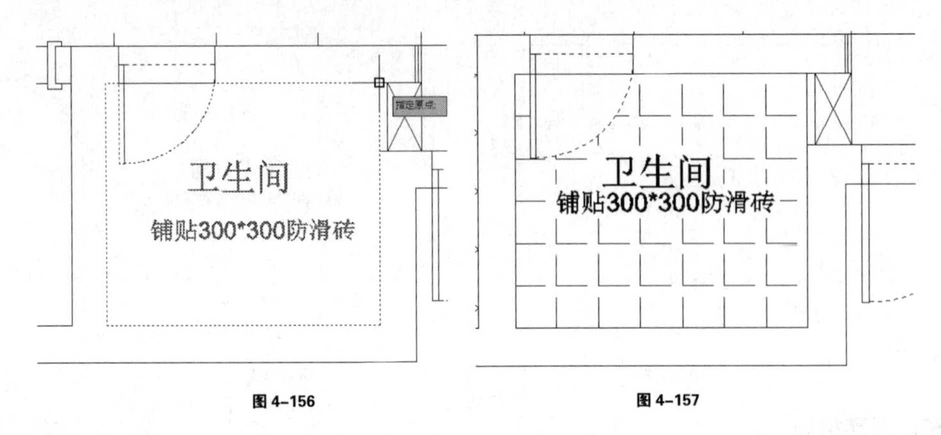

图 4-156　　图 4-157

5.填充马赛克材质

接下来将为如图 4-158 中所示的门槛区域填充马赛克材质效果，具体步骤如下。

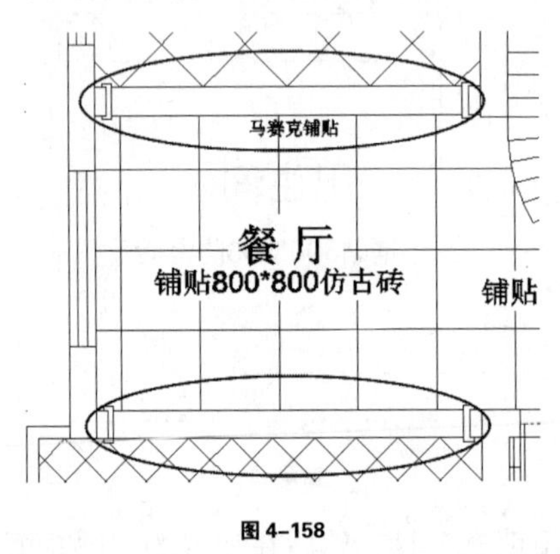

图 4-158

（1）输入 H 并回车启用填充工具，然后在弹出的“图案填充和渐变色”对话框中选择好填充图案为 ANSI37，再设置好填充角度为 45，比例为 44，接下来单击“添加：拾取点”按钮。

（2）首先选择休闲厅处门槛为填充范围，当前效果如图 4-159 所示。可以看到填充边角细节不完善，接下来进行调整。

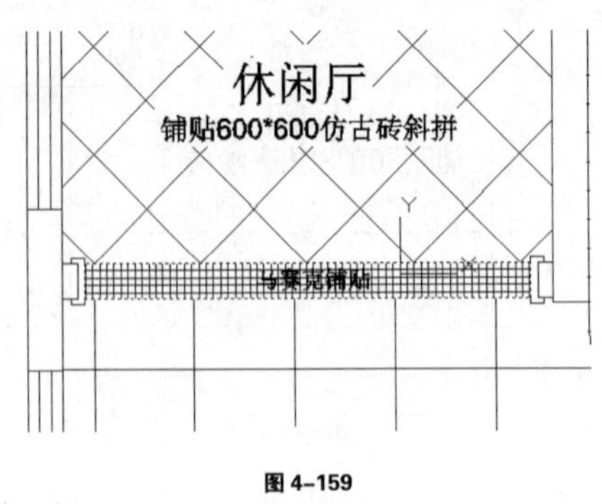

图 4-159

（3）捕捉卫生间地面左上角为新的填充原点，如图 4-160 所示。填充完成后的马赛克材质填充效果如图 4-161 所示。

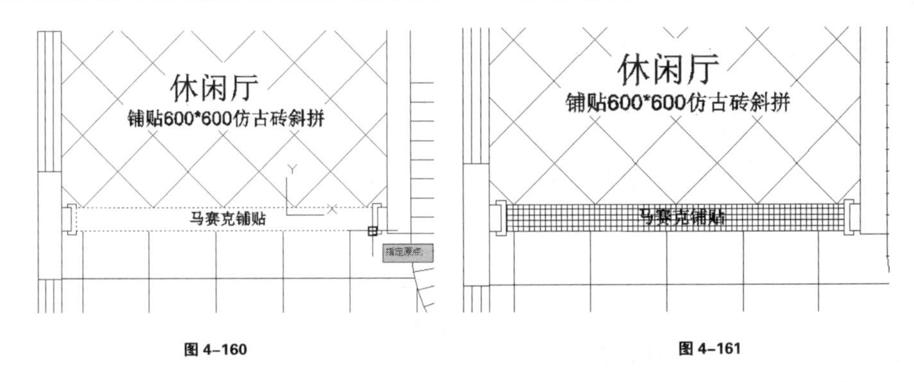

图 4-160　　　　图 4-161

（4）接下来填充马赛克内部细节，选择上一步填充好的图案，如图 4-162 所示。

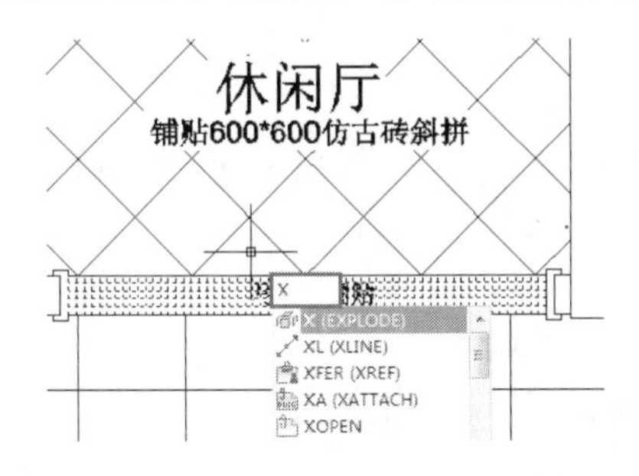

图 4-162

（5）输入 H 并回车启用填充工具，然后在弹出的“图案填充和渐变色”对话框中选择好填充图案为 ANSI31，再设置好填充比例为 1.5，接下来单击“添加：拾取点”按钮 。

（6）通过选择其中的一个小方格预览好填充效果，如图 4-163 所示，最后再随机选择一些小方格填充好整体效果至如图 4-164 所示。

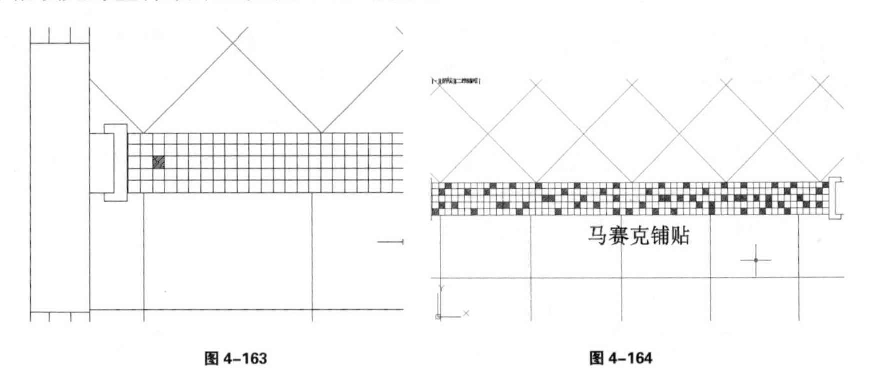

图 4-163　　　　图 4-164

（7）复制制作好的马赛克填充效果至下方门槛处，完成整体效果如图 4-165 所示。

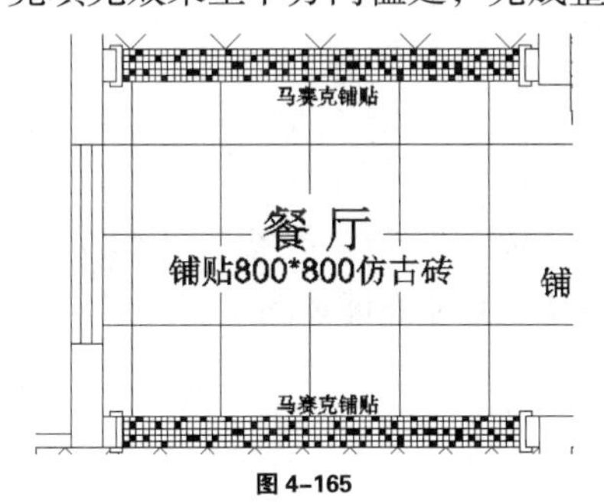

图 4-165

6.填充大理石材质

接下来将为如图 4-166 中所示的楼梯填充大理石材质效果，具体步骤如下。

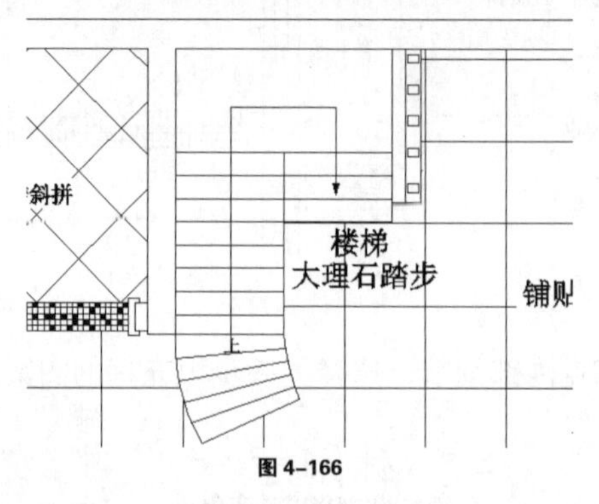

图 4–166

（1）输入 O 并回车启用偏移工具，然后以 150 的偏移距离处理好楼梯填充范围并修剪好细节，参考图 4-167 和图 4-168 所示。

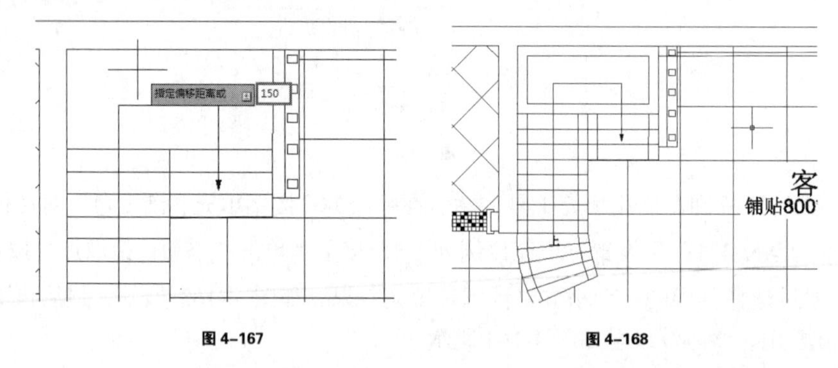

图 4–167　　图 4–168

（2）输入 H 并回车启用填充工具，然后在弹出的“图案填充和渐变色”对话框中选择好填充图案为 AR-SAND，再设置好填充比例为 2，接下来单击“添加：拾取点”按钮。

（3）选择偏移生成的封闭区域为填充范围并确定，完成效果如图 4-169 所示。

（4）打开配套光盘中本章文件夹中的大理石纹线文件，效果如图 4-171 所示。

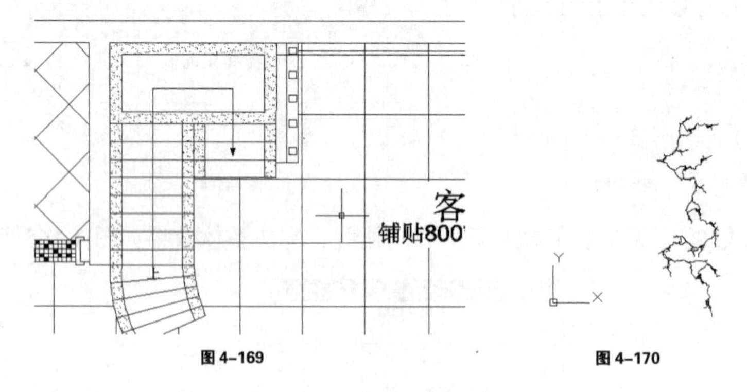

图 4–169　　图 4–170

（5）复制大理石纹线至楼梯处，完成效果参考图 4-171 所示。

（6）经过以上步骤，本案例 1F 地面铺装图绘制完成，效果如图 4-172 所示。

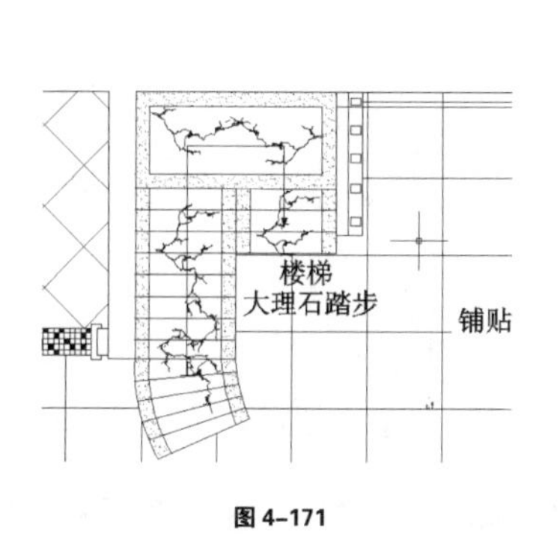

图 4-171

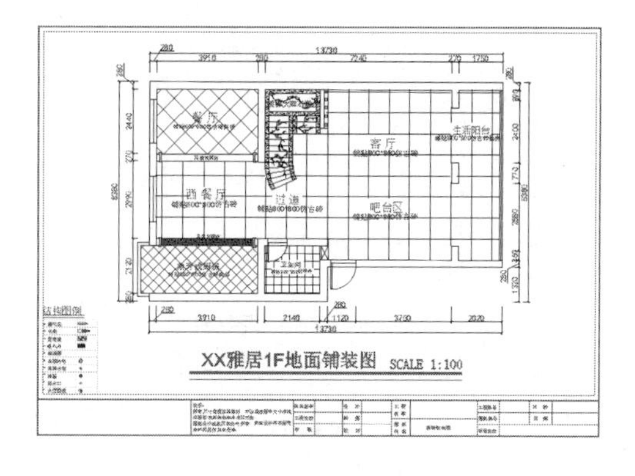

图 4-172

4.5 绘制吊顶方案图

4.5.1 吊顶方案图的内容与功能

吊顶方案图主要用于表达吊顶造型、灯饰、空调风口、排气扇、消防设施的轮廓线以及条块饰面材料的排列方向等；此外还需准确注明天花的各类设施、各部位的饰面材料、涂料规格、名称、工艺说明，如有必要还需要添加节点详图索引或剖面、断面等符号。在本案例中完成的 1 层吊顶方案图以及细节效果分别如图 4-173 与图 4-174 所示。接下来学习其详细的绘制方法。

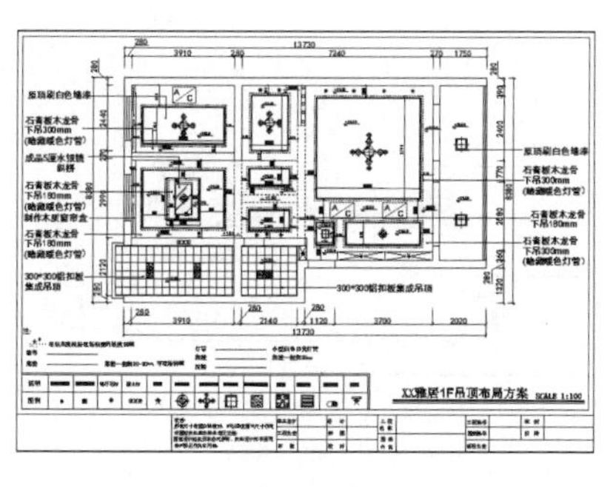

图 4-173

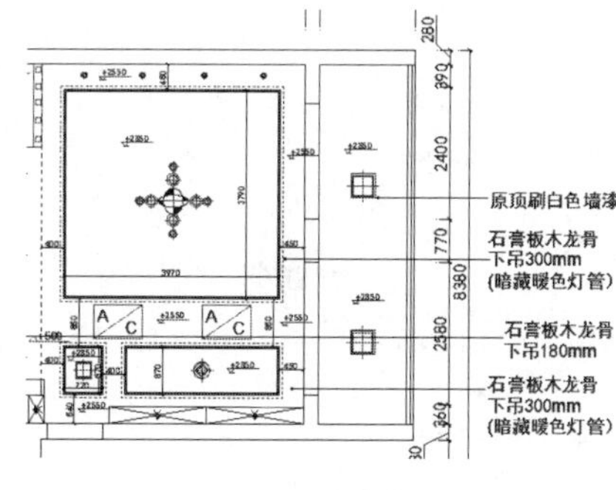

图 4-174

4.5.2 绘制吊顶方案图

（1）启动 AutoCAD2014，打开上一章绘制完成的 1F 原始框架图，再按下“Ctrl+A”组合键全选图形，然后按下“Ctrl+C”组合键复制，如图 4-175 所示。

（2）按下“Ctrl+N”组合键新建图纸，然后在弹出的“选择样板”对话框内选择“acadiso”并单击打开按钮 打开(O) 创建新的空白文档。

（3）进入新建空白文档，按下“Ctrl+V”组合键粘贴复制的 1 层平面原始框架图内容，注意指定插入点为原点。

（4）删除图框右下角原有的结构图例，参考图 4-176 所示。

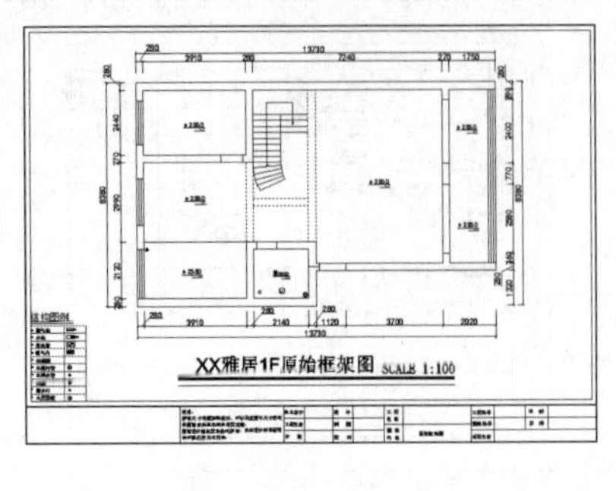

图 4-175

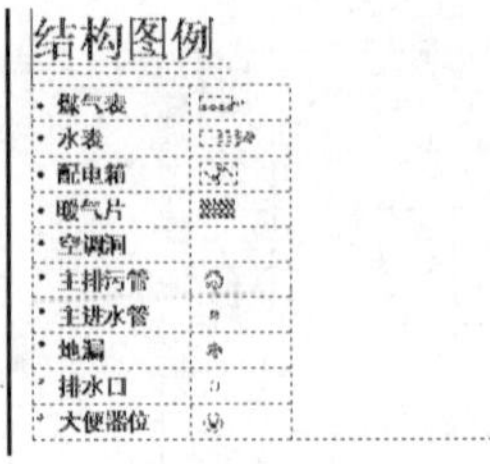

结构图例

- 煤气表
- 水表
- 配电箱
- 暖气片
- 空调洞
- 主排污管
- 主进水管
- 地漏
- 排水口
- 大便器位

图 4-176

（5）打开配套光盘中本章文件夹中吊顶布置图例，如图 4-177 所示。接下来将其放置至图框左下角，然后更改图名为“× ×雅居 1F 吊顶布局方案”并调整好位置，完成效果参考图 4-178 所示。

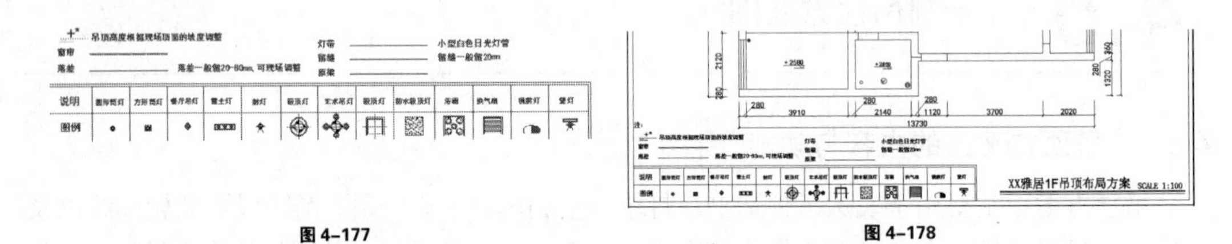

图 4-177　　　　图 4-178

（6）接下来首先将绘制玄关处吊顶，该处吊顶完成效果如图 4-179 所示。

（7）输入 O 并回车启用偏移命令，接下来再选择入户门内侧门槛线，将其向上偏移 540 定位好玄关天花位置，参考图 4-180 所示。

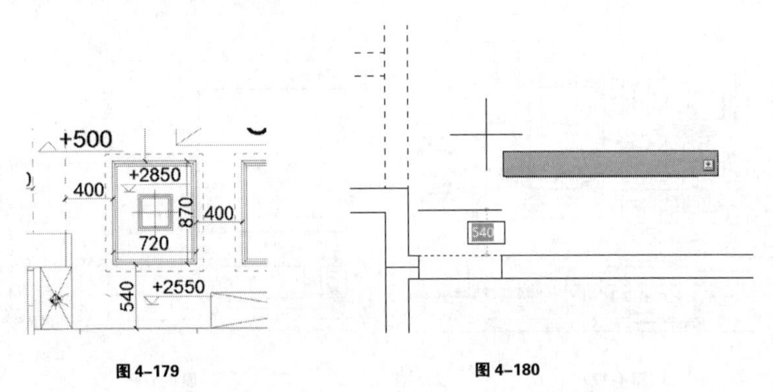

图 4-179　　　　图 4-180

（8）启用偏移命令参考图 4-181~图 4-183 所示生成玄关处吊顶其他线条。

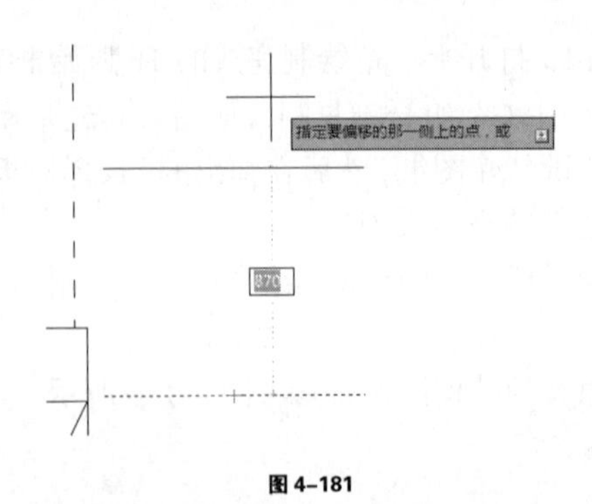

图 4-181

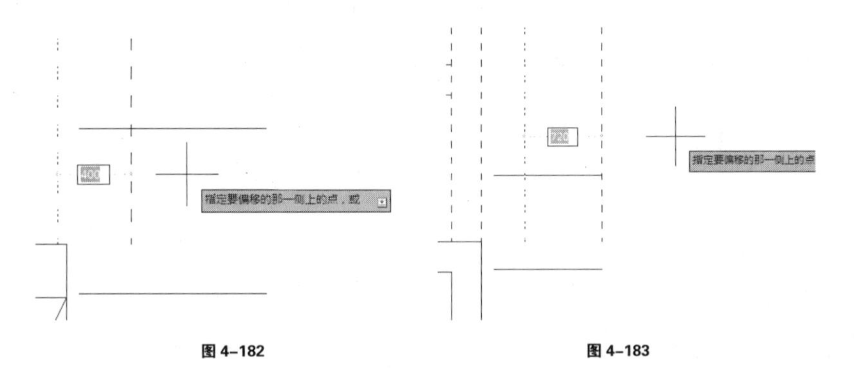

图 4-182　　图 4-183

（9）启用修剪命令处理好多余线条，将玄关吊顶处理成矩形并放置至“吊顶”图层，如图 4-184 所示。

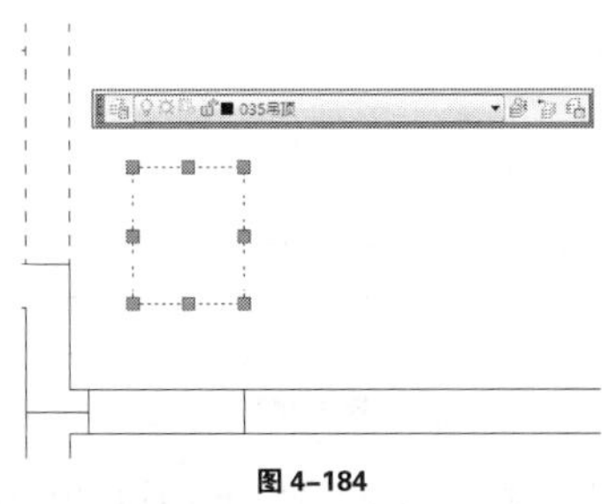

图 4-184

（10）输入“PE”并回车启用多线段编辑命令，将 4 条线段合并为矩形多段线，如图 4-185~图 4-189 所示。相关命令提示如下：

命令: PE↙　　　　　//输入 PE 并回车[PE 是 PEDIT（多段线编辑）命令的简写形式]

PEDIT

选择多段线或 [多条(M)]:　//选择一段吊顶线段

选定的对象不是多段线

是否将其转换为多段线? <Y>↙　//直接回车将先把线段转换为多段线

输入选项 [闭合(C)/合并(J)/宽度(W)/编辑顶点(E)/拟合(F)/样条曲线(S)/非曲线化(D)/线型生成(L)/反转(R)/放弃(U)]: J↙　//选择多段线合并命令

选择对象: 找到 1 个　//选择一段吊顶线段

选择对象: 找到 1 个，总计 2 个　//选择一段吊顶线段

选择对象: 找到 1 个，总计 3 个　/选择一段吊顶线段

选择对象: ↙　//直接回车合并好多段线

多段线已增加 3 条线段

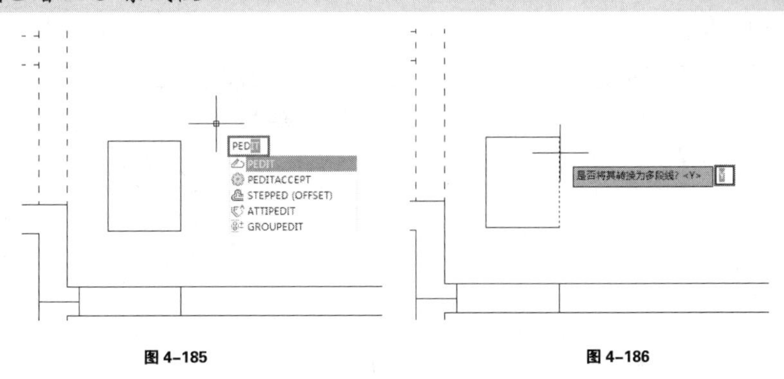

图 4-185　　图 4-186

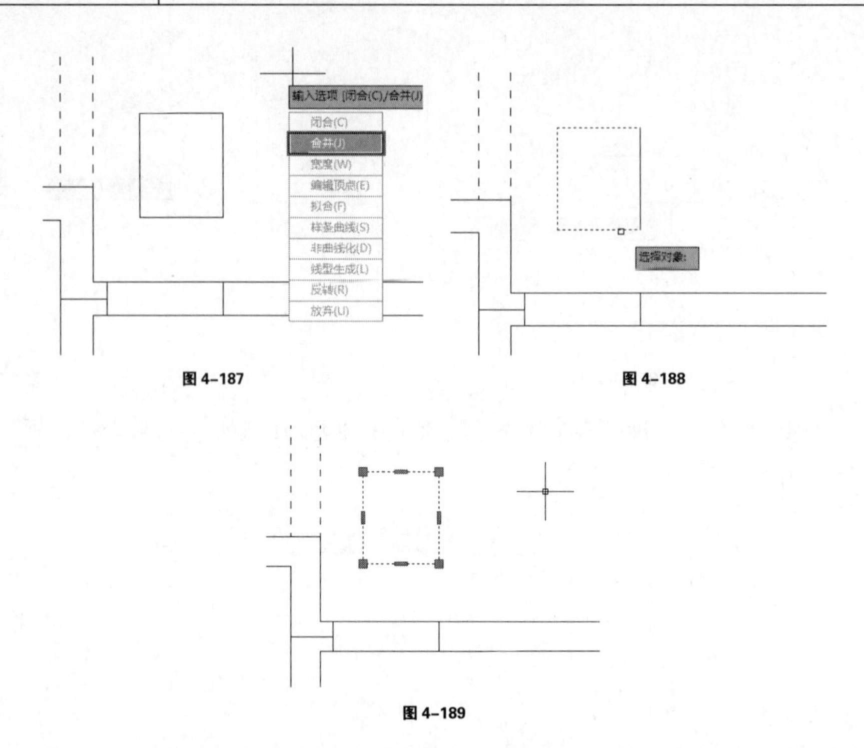

图 4-187

图 4-188

图 4-189

（11）输入“O”并按回车键启用偏移命令，向内以 20 的等距离偏移两次绘制好吊顶角线，参考图 4-190 所示。

（12）输入“O”并按回车键启用偏移命令，向外以 60 的距离偏移出灯带线条，参考图 4-191 所示。

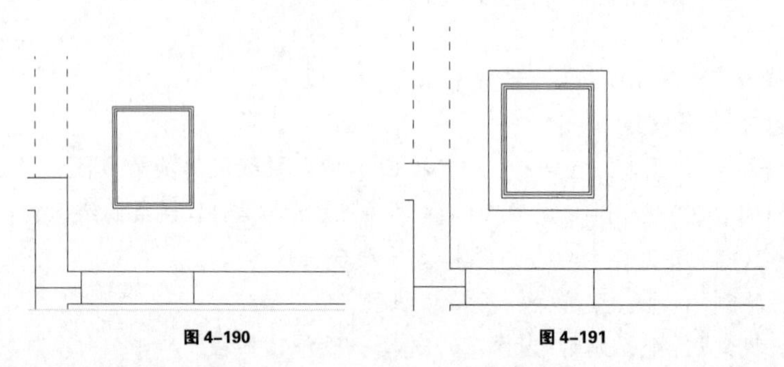

图 4-190

图 4-191

（13）选择灯带线条将其调整为 41 号色，然后调整线型为“ACAD-ISOO3W100”，最后调整其比例为 3，完成效果如图 4-192 所示。

（14）输入“DL”标注好该处吊顶位置与尺寸线，完成效果如图 4-193 所示。接下来绘制其右侧吧台上方吊顶。

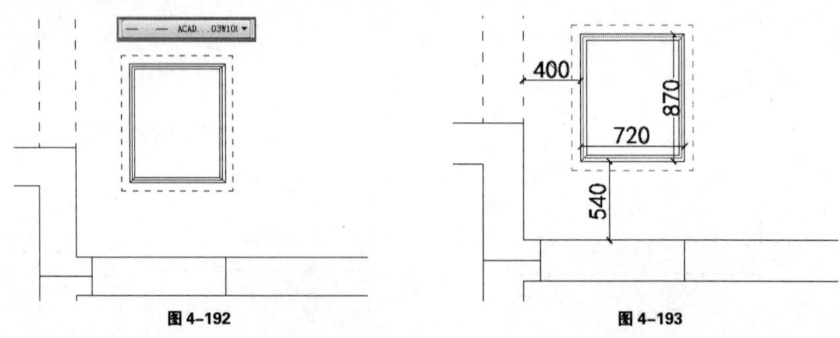

图 4-192

图 4-193

（15）输入“CO”并按回车键启用复制命令，然后选择玄关处吊顶水平向右以 1120 的距离复制，参考图 4-194 所示。

（16）输入“O”并回车启用偏移命令，然后如图 4-195 所示选择右侧墙线向左以 450 的距离偏移复制生成吊顶位置参考线。

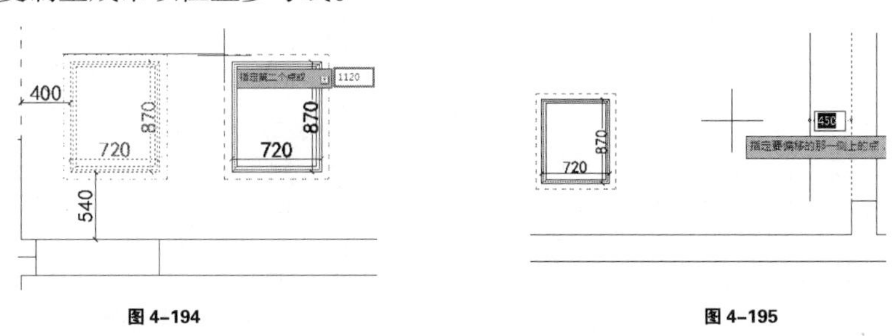

图 4–194　　　　图 4–195

（17）选择复制的吊顶右侧相关线段与标注，然后输入“S”并回车启用拉伸命令，如图 4-196 与图 4-197 所示。

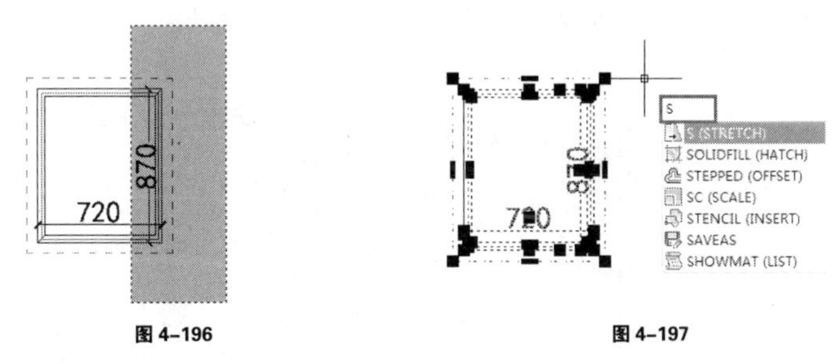

图 4–196　　　　图 4–197

（18）捕捉右侧线段中点为拉伸基点，然后向右捕捉参考线中点为完成点调整好该处吊顶长度，如图 4-198 与图 4-199 所示。

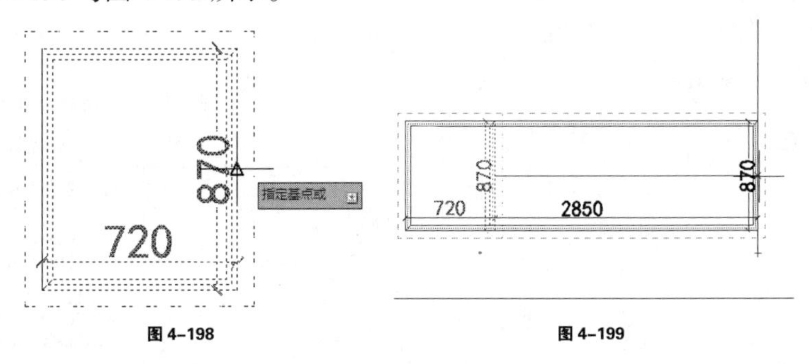

图 4–198　　　　图 4–199

（19）调整并创建好该处吊顶标注，完成效果至如图 4-200 所示。

（20）通过相同方法绘制好其他位置类似吊顶，完成效果至如图 4-201 所示。

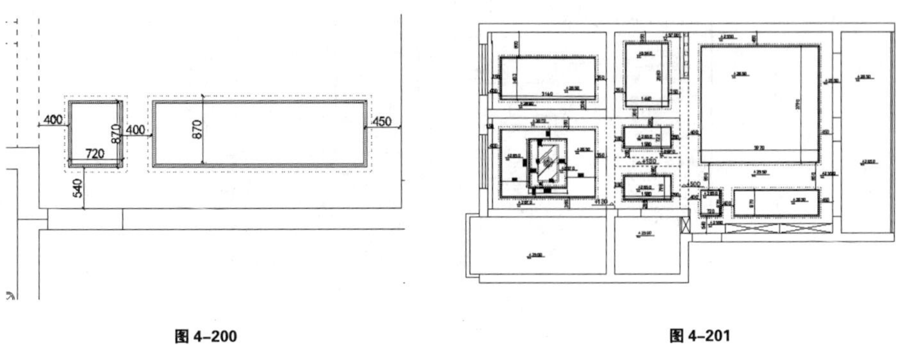

图 4–200　　　　图 4–201

（21）使用填充命令制作好厨房与卫生间内 300×300 的铝扣板吊顶，完成效果参考图 4-202 所示。

（22）结合直线以及文字工具绘制好空调出风口图例，然后移动与复制完成效果至如图 4-203 所示。

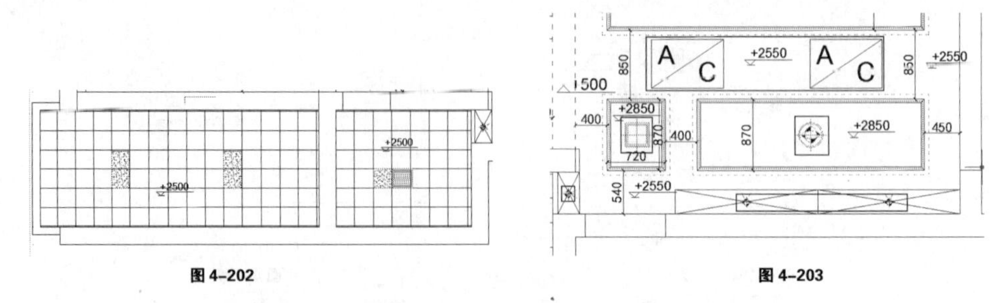

图 4-202　　图 4-203

（23）使用填充工具绘制好吊顶水银镜，完成效果参考图 4-204 所示。

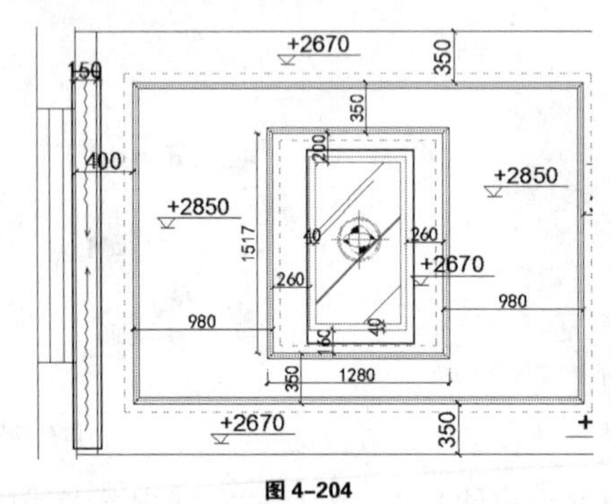

图 4-204

（24）复制图例放置好各处吊灯，然后使用多重引线标注天花的各类设施、各部位的饰面材料、工艺说明，参考图 4-205~图 4-207 所示。

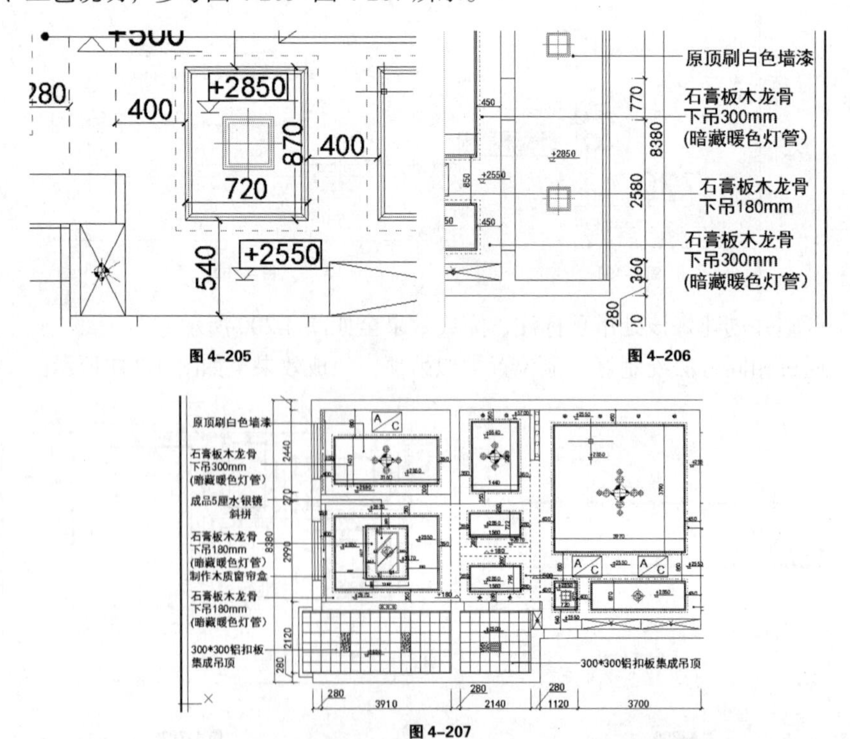

图 4-205　　图 4-206

图 4-207

（25）经过以上步骤，本案例 1F 吊顶方案图绘制完成，最终效果如图 4-208 所示。

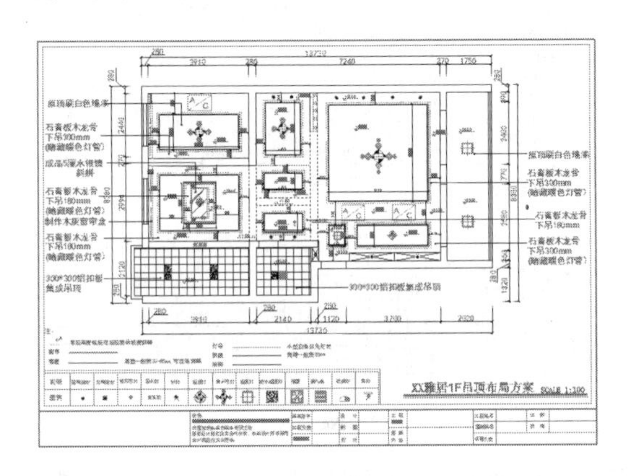

图 4-208

4.6　绘制开关线路图

4.6.1　开关线路图的内容与功能

开关线路图主要用于表达各功能空间内开关位置、数量与种类以及各开关与所控制的照明设备对应关系，本例绘制完成的 1F 开关线路图如图 4-209 所示。要注意的是，其中的电线线路仅用于表明开关与照明设备的对应关系，并不代表实际的走线方式，在实际施工中电路走线方式将结合现场情况而定。

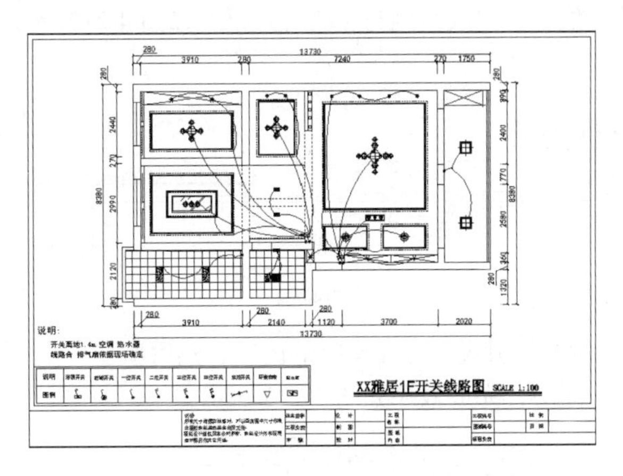

图 4-209

4.6.2　绘制开关线路图

（1）启动 AutoCAD2014，打开上一节绘制完成的 1F 吊顶方案图，再按下“Ctrl+A”组合键全选图形，然后按下“Ctrl+C”组合键复制，如图 4-210 所示。

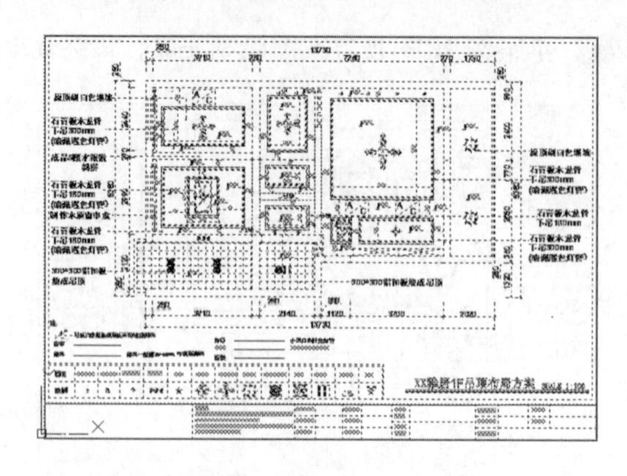

图 4–210

（2）按下“Ctrl+N”组合键新建图纸，然后在弹出的“选择样板”对话框内选择“acadiso”并单击打开按钮 打开(O) 创建新的空白文档。

（3）进入新建空白文档，按下“Ctrl+V”组合键粘贴复制的 1 层平面原始框架图内容，注意指定插入点为原点。

（4）删除图框右下角原有的结构图例，然后打开配套光盘中本章文件夹中的电路图例，如图 4-211 所示。

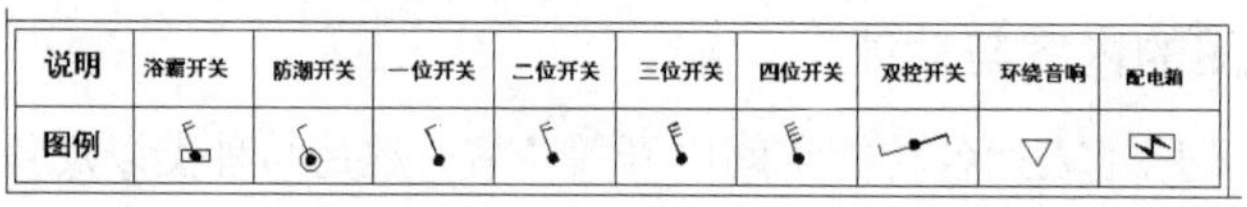

说明	浴霸开关	防潮开关	一位开关	二位开关	三位开关	四位开关	双控开关	环绕音响	配电箱
图例								▽	

图 4–211

（5）复制电路图例并放置到当前图纸左下角，接下来再修改图纸名称为“× ×雅居 1F 开关线路图”并调整好位置，完成图例与图名等效果至如图 4-212 所示。

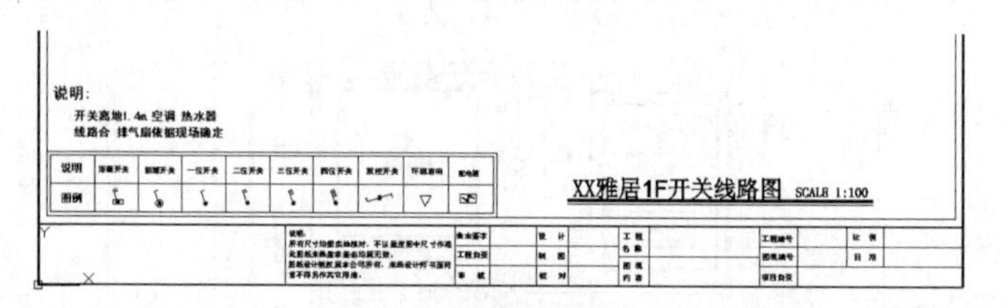

图 4–212

（6）删除图纸中的多重引线、标注文字等内容，然后新建一个“线路底图”图层并将当前所有图形放置至该图层，完成效果如图 4-213 所示。

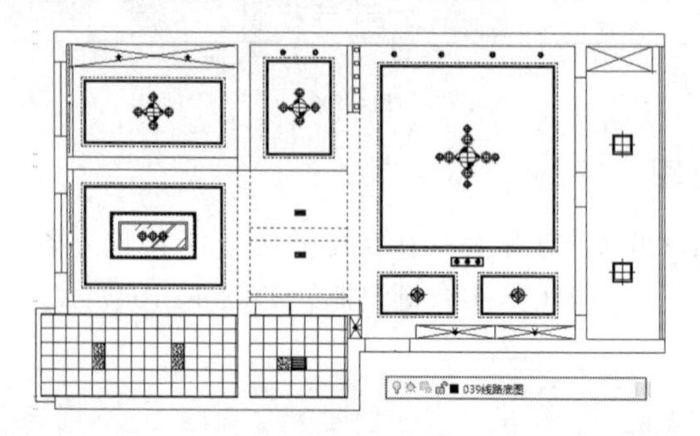

图 4–213

📖 要点提示

将清理后的图纸放置于“线路底图”图层后，根据打印效果可以调整该层图纸灰度，以显示出更为清晰的线路图，如图 4-214 所示。

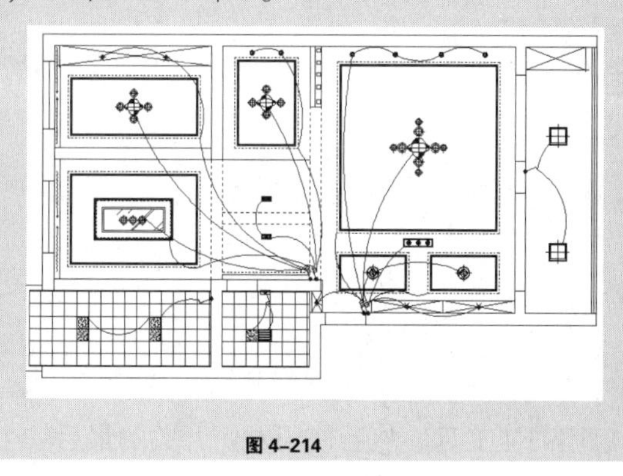

图 4-214

（7）接下来首先将绘制玄关与客厅内开关与控制线路，如图 4-215 所示从远至近该区域内共有 8 处需要单独控制的照明设备。

（8）从图例中复制两个四位开关，然后调整好大小与位置至如图 4-216 所示。接下来开始布置连接线路。

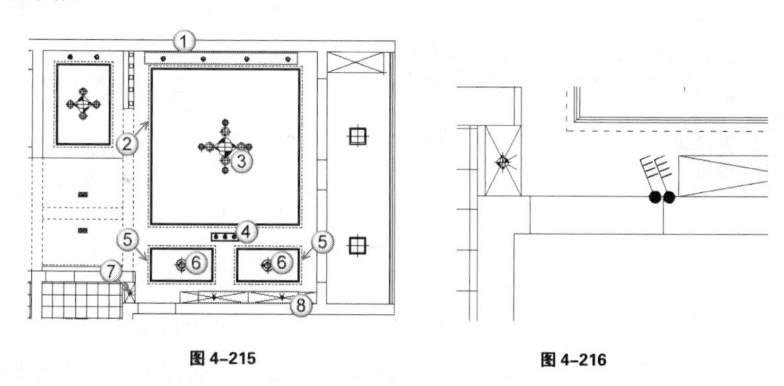

图 4-215　　图 4-216

📖 要点提示

常见的开关线路控制有以下三种。

第 1 种：一个开关控制一盏单独的照明设备，如图 4-217 所示即由一个开关控制鞋柜灯光的开与关。

第 2 种：一个开关同时控制多盏相同的照明设备，如图 4-218 所示即由一个开关控制展示柜多盏灯光的开与关。

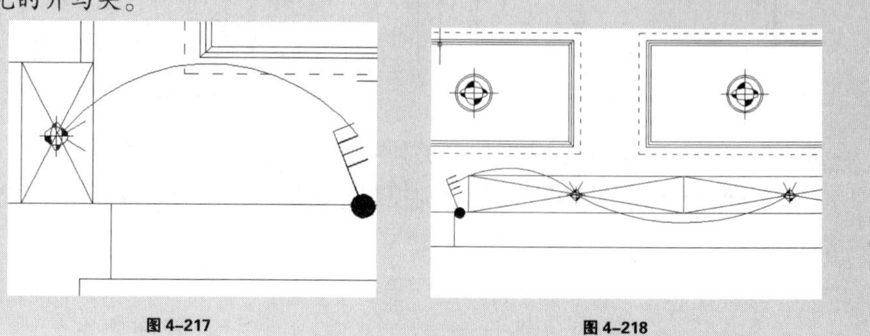

图 4-217　　图 4-218

第 3 种：多个开关控制一盏（或多盏）照明设备，常见的如图 4-219 所示的卧室灯光控制即由两个开关控制，这样的设计主要为了在门口处以及床头均能控制卧室灯光的开与关，以便在休息时可以轻松地在床头即关闭或打开灯光。

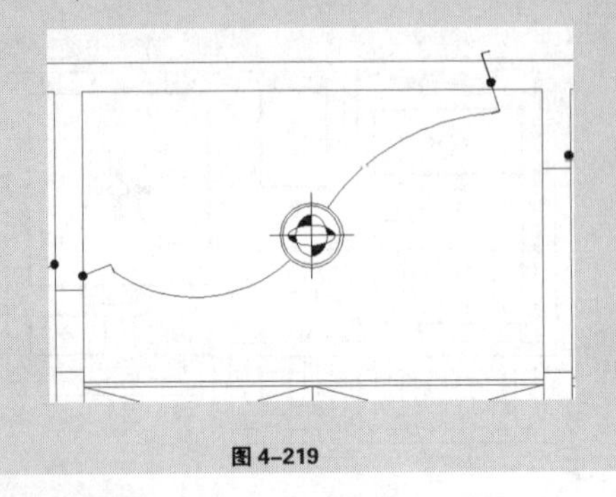

图 4-219

（9）输入“A”启用圆弧工具，然后使用左侧开关的最后一个控制头连接最远处筒灯，如图 4-220 和图 4-221 所示。接下来开始布置连接线路。

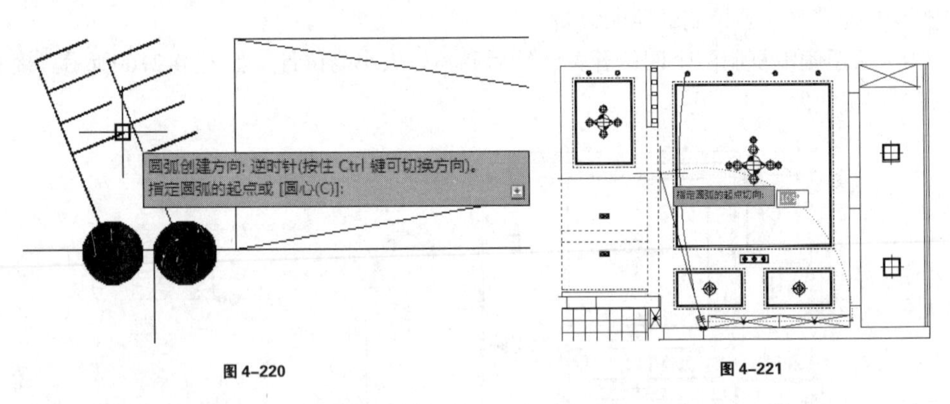

图 4-220　　图 4-221

（10）再次启用圆弧工具连接好客厅最远处 4 盏筒灯，如图 4-222 所示。

（11）重复类似操作连接好左侧四位开关其他三条相关控制线路，完成效果参考图 4-223 所示。

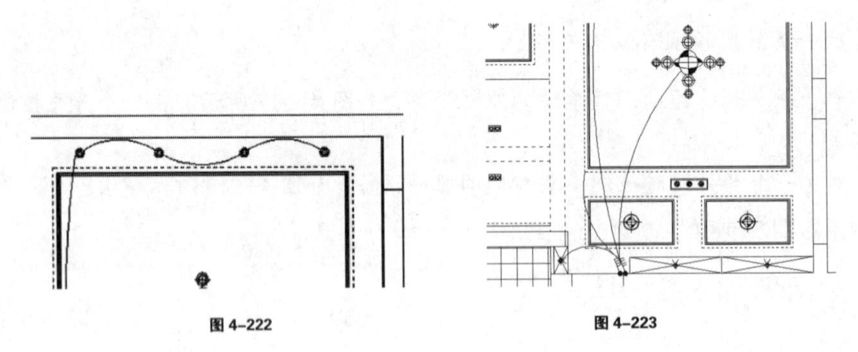

图 4-222　　图 4-223

（12）重复类似操作绘制右侧四位开关处所有控制线路，完成效果参考图 4-224 所示。

（13）使用两位开关在休闲阳台处分别控制好吊灯，完成效果参考图 4-225 所示。

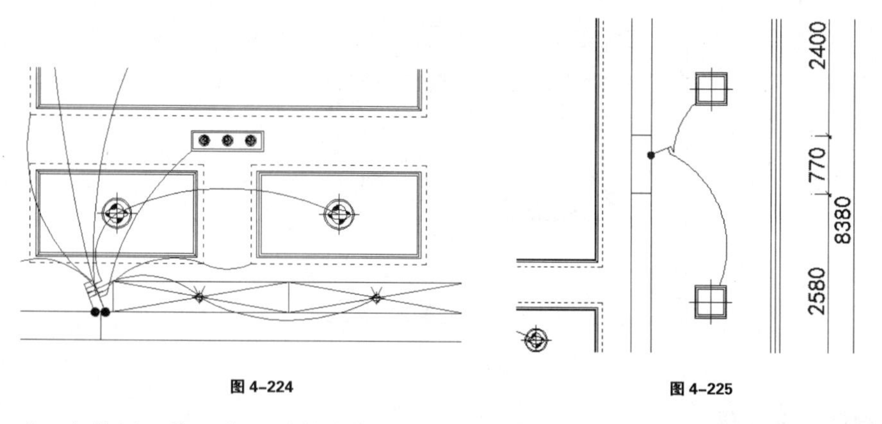

图 4-224　　图 4-225

（14）使用两位四位开关控制好楼梯、休闲厅以及餐厅各处照明设备，完成效果参考图 4-226 所示。

（15）使用类似方式控制厨房以及卫生间照明设备，完成效果参考图 4-227 所示。

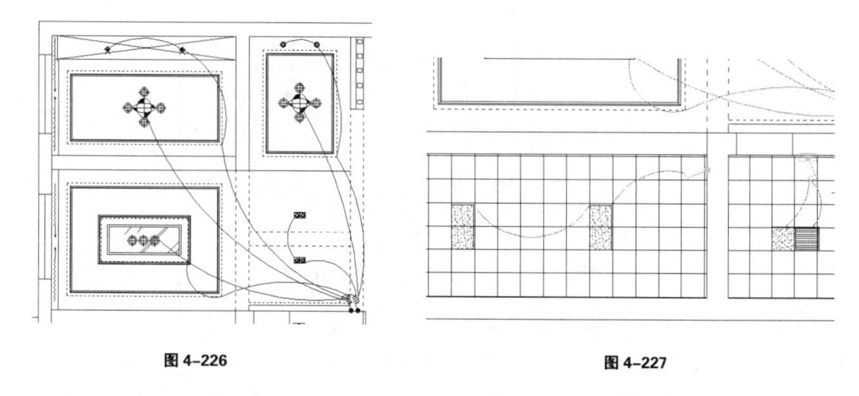

图 4-226　　图 4-227

（16）经过以上步骤，本案例 1F 开关线路图绘制完成，整体效果如图 4-228 所示。

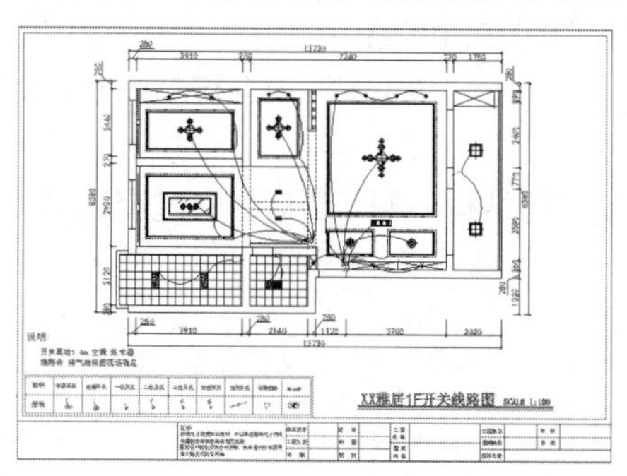

图 4-228

4.7 绘制插座布置图

4.7.1 插座布置图的内容与功能

插座布置图主要用于表达各功能空间内插座布置位置、种类以及高度，本例绘制完成的 1F 插座布置图如图 4-229 所示。

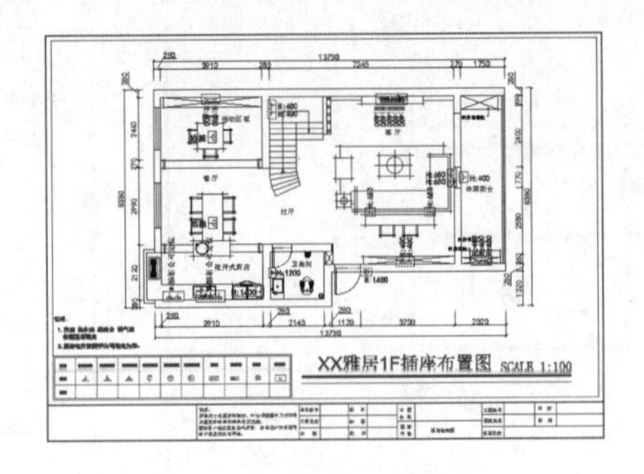

图 4-229

4.7.2 绘制插座布置图

（1）启动 AutoCAD2014，打开上一章绘制完成的 1F 平面布置方案图，再按下“Ctrl+A”组合键全选图形，然后按下“Ctrl+C”组合键复制，如图 4-230 所示。

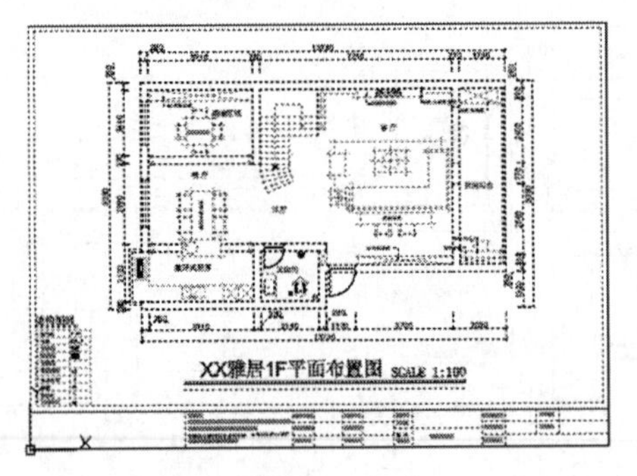

图 4-230

（2）按下“Ctrl+N”组合键新建图纸，然后在弹出的“选择样板”对话框内选择“acadiso”并单击打开按钮 打开(O) 创建新的空白文档。

（3）进入新建空白文档，按下“Ctrl+V”组合键粘贴复制的 1 层平面原始框架图内容，注意指定插入点为原点。

（4）删除图框右下角原有的结构图例，然后打开配套光盘中本章文件夹中的开关图例，如图 4-231 所示。

说明	电源插座	空调插座	防潮插座	电视插座	电话插座	电脑网络	空调	线路合	门铃	热水器
图例										
数量										

图 4-231

（5）复制电路图例并放置到当前图纸左下角，接下来再修改图纸名称为“××雅居 1F 插座布置图”并调整好位置，完成图例与图名等效果至如图 4-232 所示。

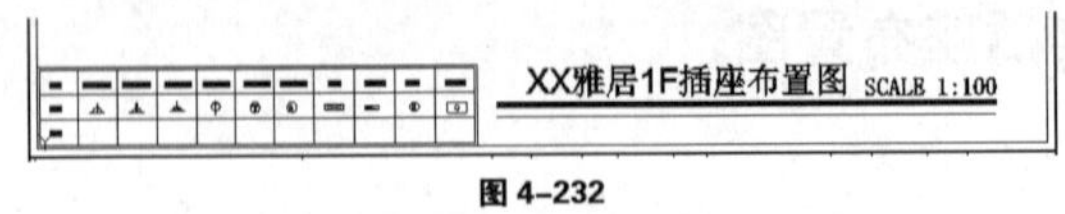

图 4-232

（6）选择图纸中的家具、电器等图形将色彩调整为颜色 9，如图 4-233 和图 4-234 所示。

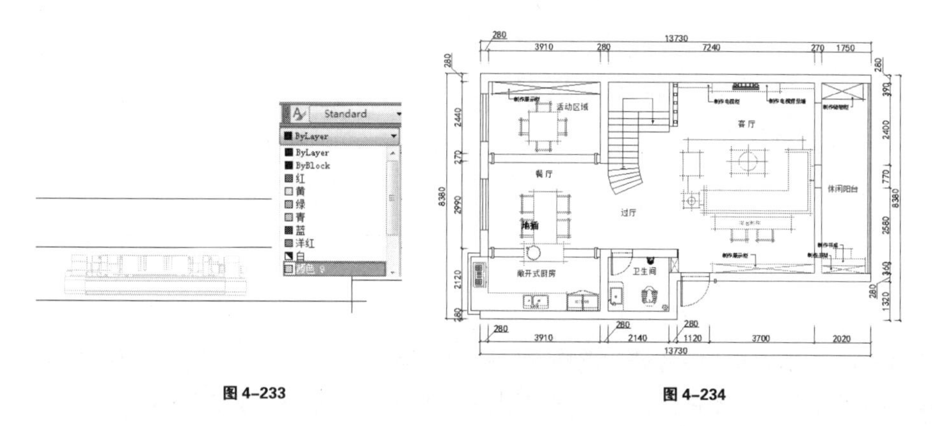

图 4-233　　图 4-234

（7）复制图例中的门铃图例，将其放置入户门位置，然后使用多行文字标注高度，参考图 4-235 所示。

（8）在展示柜以及吧台处复制并放置好普通电源插座，然后标注好高度，参考图 4-236 所示。

（9）在电视墙处布置好普通电源插座、网络插座以及电视插座，然后标注好高度，参考图 4-237 所示。

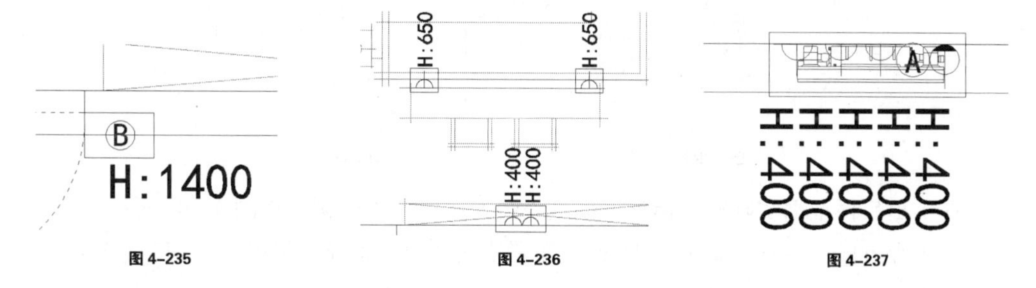

图 4-235　　图 4-236　　图 4-237

（10）在客厅以及休闲阳台中部布置好普通电源插座以及电话插座，然后标注好高度，参考图 4-238 所示。

（11）在休闲阳台书桌处布置好普通电源插座以及网络插座，然后标注好高度，参考图 4-239 所示。

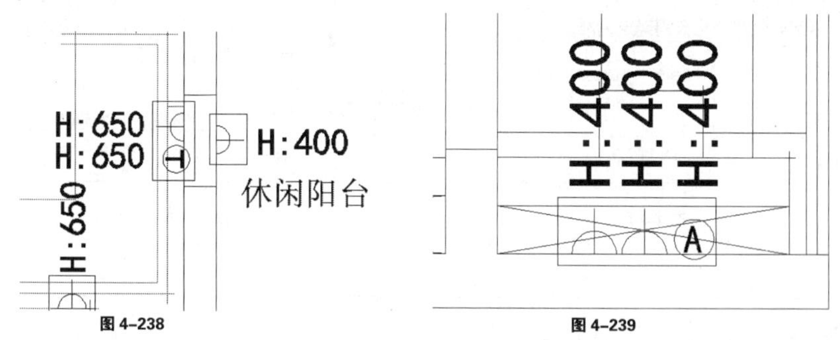

图 4-238　　图 4-239

（12）在休闲活动厅内布置好普通电源插座以及桌子下方的地面插座，然后标注好高度，参考图 4-240 所示。

（13）在餐厅内布置好桌子下方的地面插座，参考图 4-241 所示。

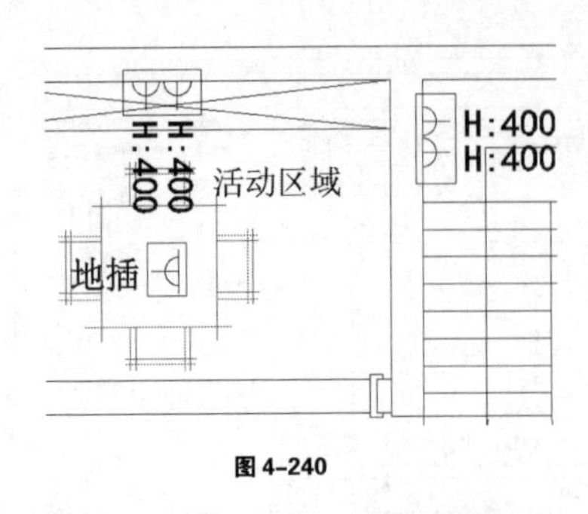

图 4-240

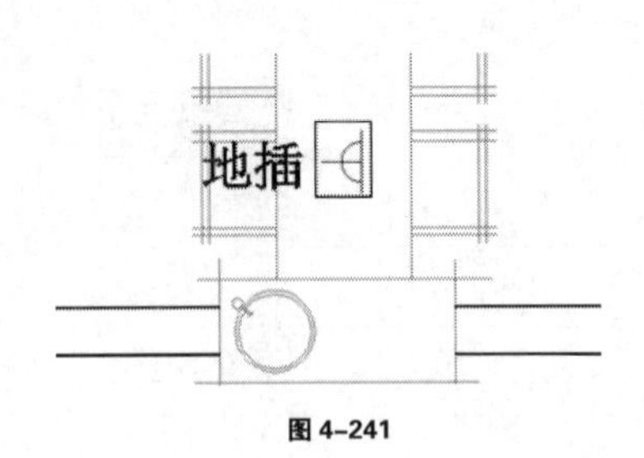

图 4-241

（14）在厨房内布置好各处防潮插座以及冰箱插座。注意，由于厨柜由专业公司定做，因此插座高度待定，而冰箱插座高度则控制在 1300 左右，如图 4-242 所示。

（15）在卫生间内布置好防潮插座。注意，本案例中卫生间左侧插座用于电吹风等电器，因此高度在 1200 左右，而右侧插座用于电热水器，因此高度在 1800 在右，如图 4-243 所示。

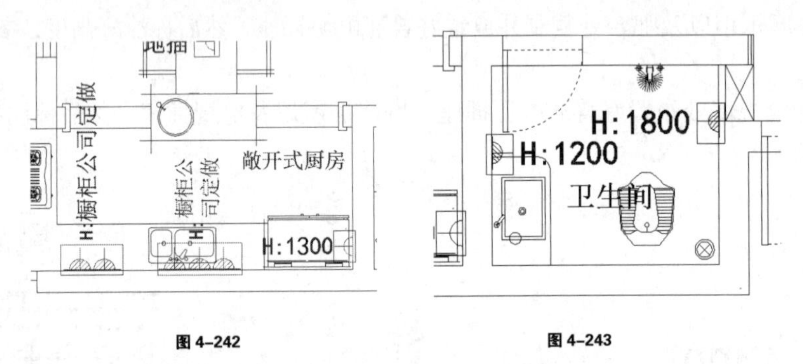

图 4-242　　图 4-243

（16）最后再根据实际情况标注好插座安装的一些特别说明，如图 4-244 所示。

（17）经过以上步骤，本案例 1F 插座布置绘制完成，整体效果如图 4-245 所示。

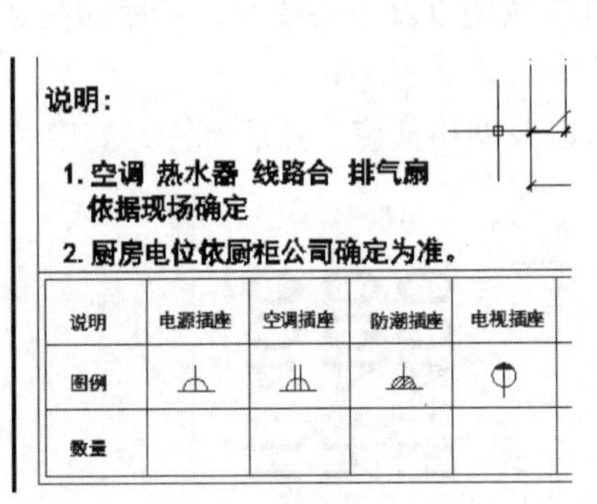

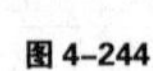

图 4-244

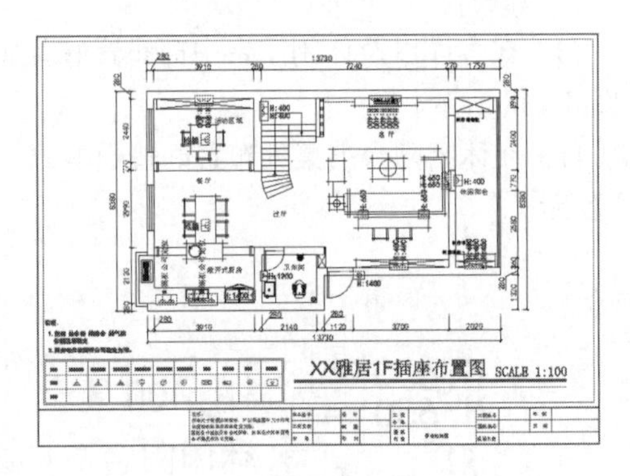

图 4-245

4.8 绘制水路布置图

4.8.1 水路布置图的内容与功能

水路布置图主要用于表达设计空间内进水位置、热水位置以及冷热水管所通往的龙头位置，本例绘制完成的 1F 水路布置图如图 4-246 所示。

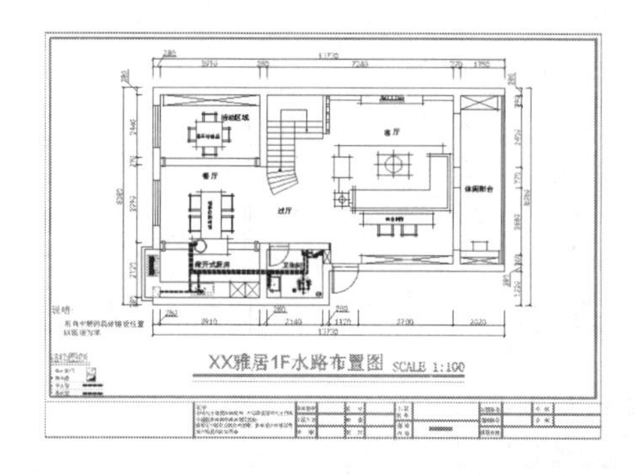

图 4-246

4.8.2　绘制水路布置图

（1）启动 AutoCAD 2014，打开上一章绘制完成的 1F 平面布置方案图，再按下“Ctrl+A”组合键全选图形，然后按下“Ctrl+C”组合键复制，如图 4-247 所示。

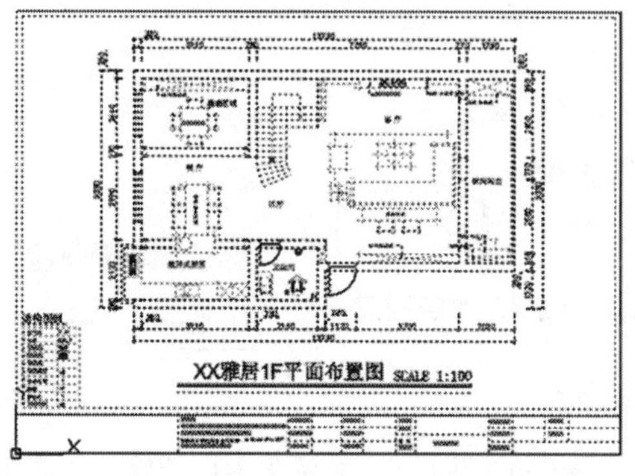

图 4-247

（2）按下“Ctrl+N”组合键新建图纸，然后在弹出的“选择样板”对话框内选择“acadiso”并单击打开按钮 打开(O) 创建新的空白文档。

（3）进入新建空白文档，按下“Ctrl+V”组合键粘贴复制的 1 层平面原始框架图内容，注意指定插入点为原点。

（4）删除图框右下角原有的结构图例，然后打开配套光盘中本章文件夹中的水路图例，如图 4-248 所示。

（5）复制水路图例并放置到当前图纸左下角，接下来再修改图纸名称为“××雅居 1F 水路布置图”并调整好位置，完成图例与图名等效果至如图 4-249 所示。

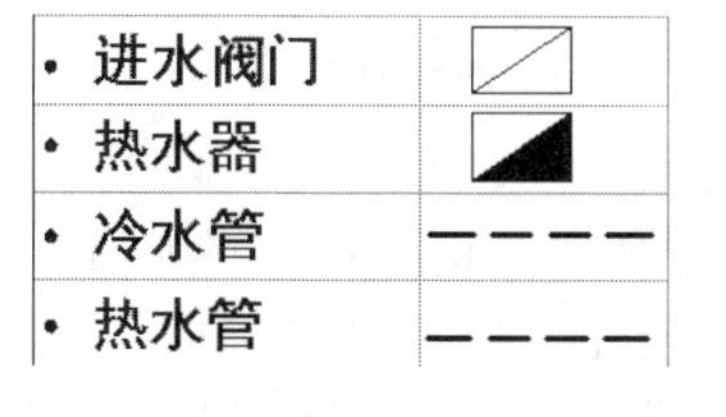

图 4-248

图 4-249

（6）选择图纸中除厨房以及卫生间外的家具与电器将其调整为黑色显示，调整完成效果参考图 4-250 所示。

（7）接下来首先复制图例中的进水阀门，然后根据项目实际情况将其放置至厨柜下方位置，参考图 4-251 所示。接下来绘制冷水管布置线。

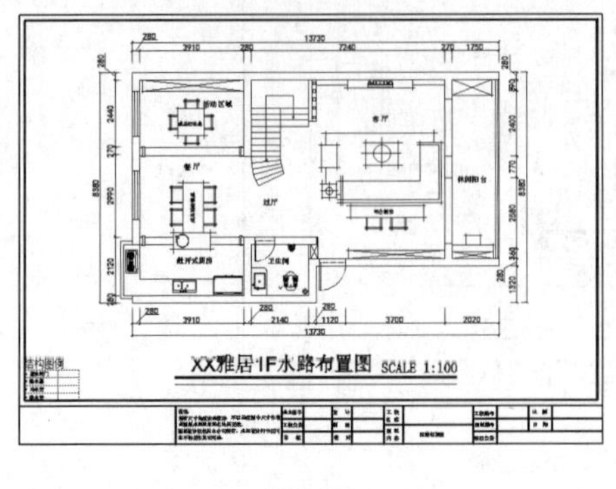

图 4-250

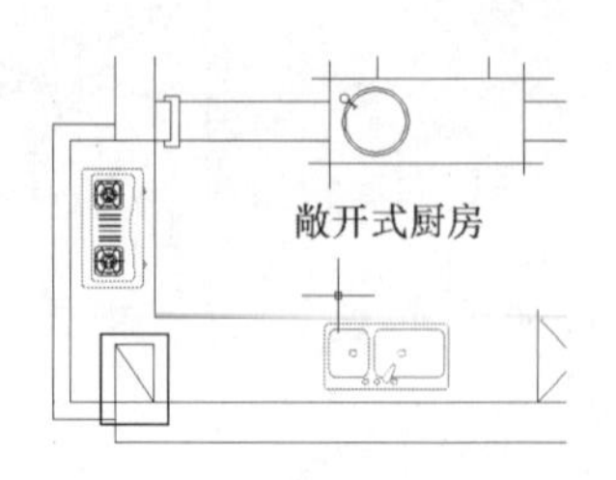

图 4-251

（8）新建冷水管线图层并置为当前层，然后启用直线命令绘制水管，如图 4-252 所示。注意冷水管线图层线型为如图 4-253 所示的 DASHEDX2。

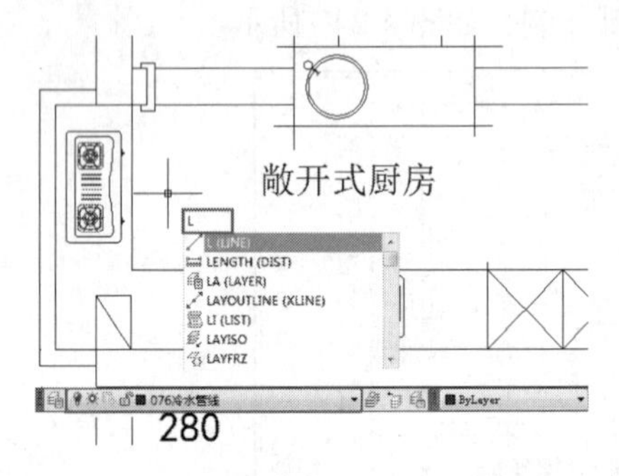

图 4-252

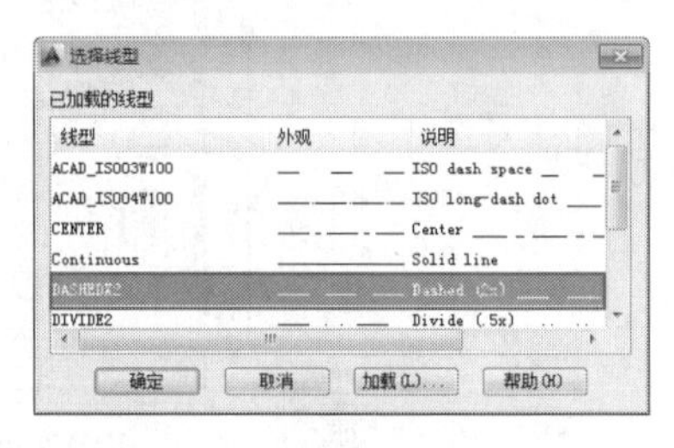

图 4-253

（9）使用直线命令连接进水阀门与洗菜盆龙头，如图 4-254 所示。

（10）为显示理想的水管线型效果，先把绘制的线段按下“Ctrl+1”组合键打开特性面板，将线型比例提高至 5，如图 4-255 所示。

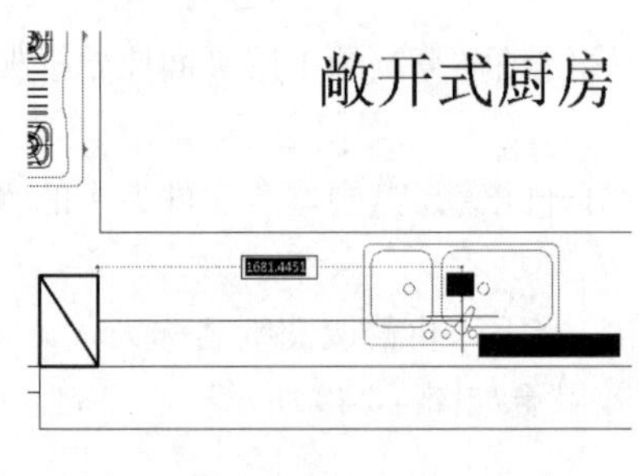

图 4-254

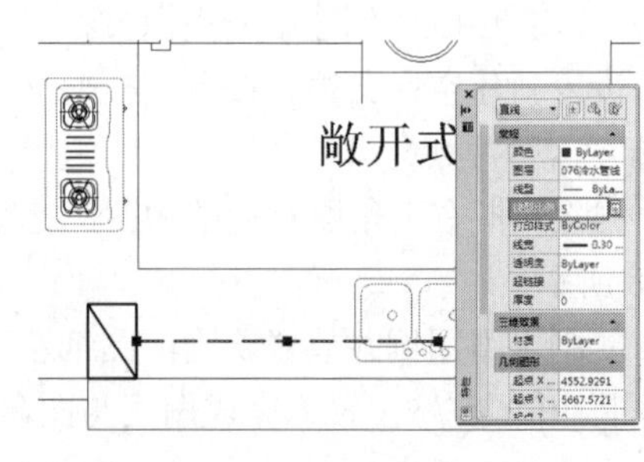

图 4-255

（11）通过相同方式绘制好通往餐厅操作台洗菜盆的冷水管线，如图 4-256 所示。

（12）通过相同方式绘制好通往卫生间洗手池、坐便器、沐浴头以及热水器冷水进水管线（热水器图形可在图例中调用），如图 4-257 所示。至此冷水管线绘制完成。

（13）新建热水管线图层并置为当前层（该图层线型与冷水管线相同但颜色为红色），然后绘制好热水器热水出水管线至沐浴头左侧，如图 4-258 所示。

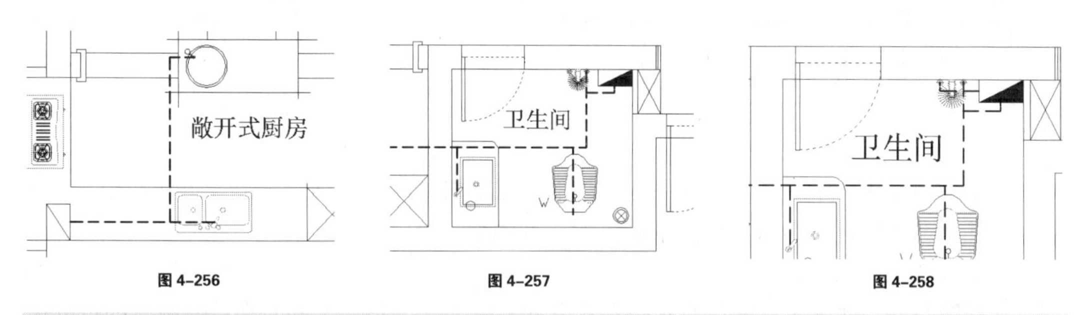

图 4-256　　图 4-257　　图 4-258

📖 要点提示

无论在图纸中冷热水管的位置关系是什么，由于大多数人习惯性地向左打开水龙头，因此在安装时一定要保证水龙头向左打开为冷水，向右打开为热水，从而避免烫伤。

（14）使用直线工具绘制通往洗手池热水管线，参考图 4-259 所示。

（15）使用相同方式绘制好厨房内热水管线，参考图 4-260 所示。

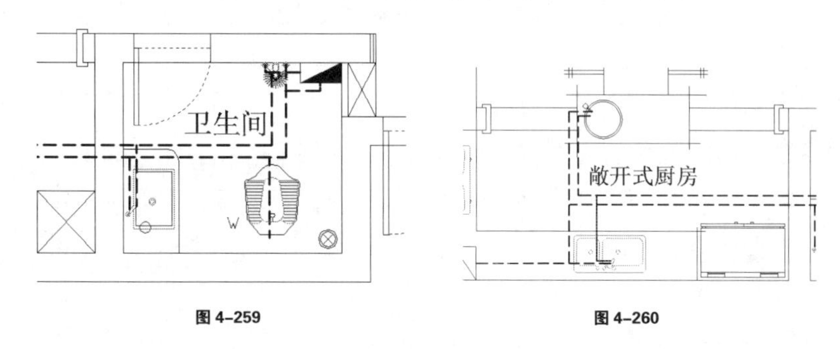

图 4-259　　图 4-260

（16）经过以上步骤，1 层冷热水管布置绘制完成，效果如图 4-261 所示。

（17）根据实际情况说明冷热水管安装文字说明，效果如图 4-262 所示。

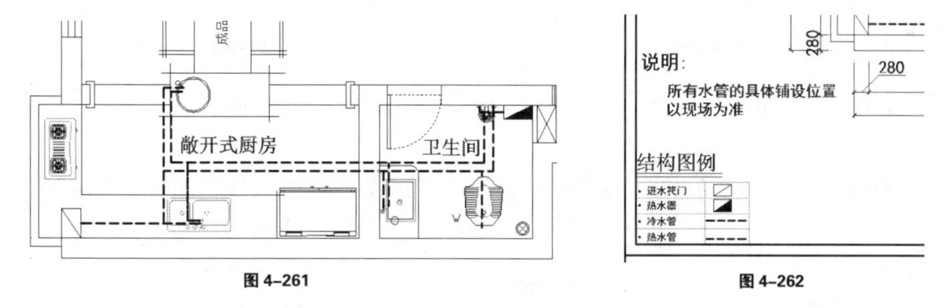

图 4-261　　图 4-262

（18）经过以上步骤，本案例 1 层水路布置图绘制完成，效果如图 4-263 所示。

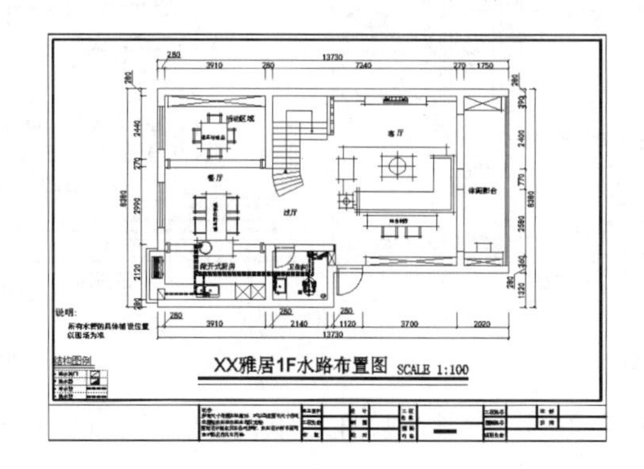

图 4-263

本章小结

在本章节首先详细介绍了平面系统图中的常见的符号与填充效果的制作方法与技巧，目的在于使大家能快速地懂得如何阅读相关的设计图纸。

接下来依据室内设计常规的绘图顺序，详细介绍了立面索引图、地面铺装图、吊顶方案图、开关线路图、插座布置图以及水路布置图的绘制方法与技巧，同时在绘制教学的过程中实时地介绍了诸如地砖选材方法，冷热水管安装原则等拓展知识。通过本章的学习我们除了可以系统地掌握室内设计平面系统图的绘制方法与技巧外，还能熟知一些常见的施工知识，为以后的实际工作积累一定的经验。

（1）利用“2F 平面布置图”，参考本章相关内容完成“2F 立面索引平面图”至图 4-264 所示。

（2）利用“2F 平面布置图”参考本章相关内容完成“2F 地面铺装图”至图 4-265 所示。

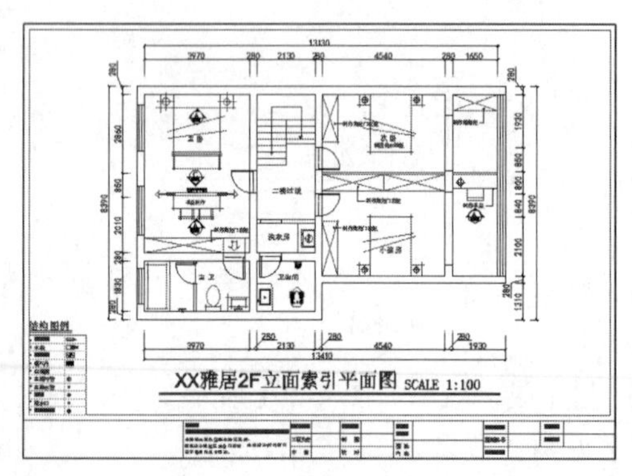

图 4-264

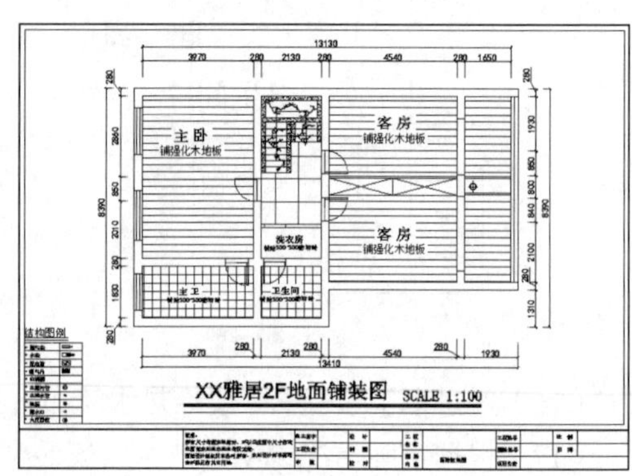

图 4-265

（3）利用“2F 原始结构图”参考本章相关内容完成“2F 吊顶布局方案图”至图 4-266 所示。

（4）利用“2F 吊顶方案图”参考本章相关内容完成“2F 开关线路图”至图 4-267 所示。

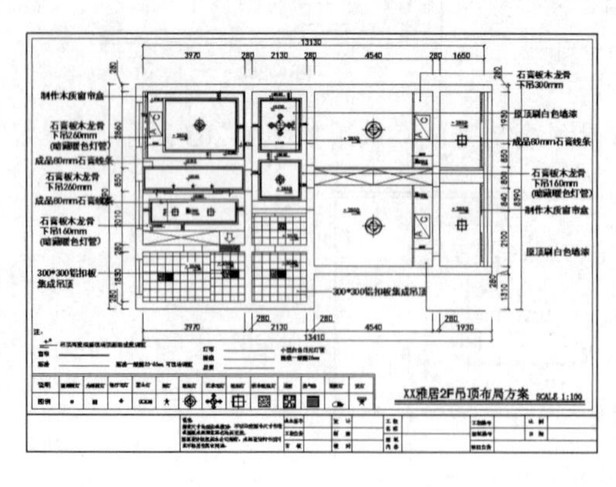

图 4-266

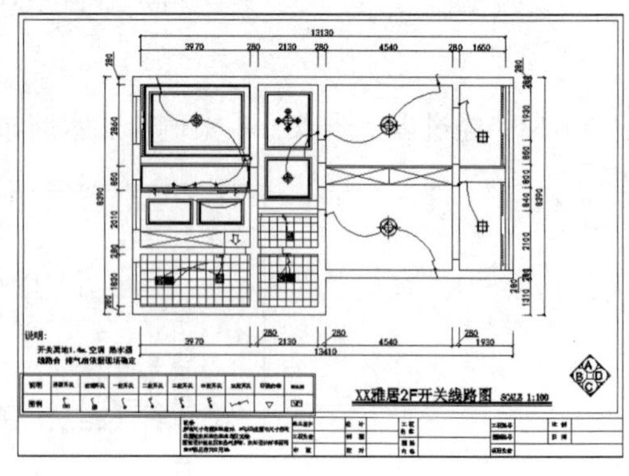

图 4-267

（5）利用“2F 平面布置图”参考本章相关内容完成“2F 插座布置图”至图 4-268 所示。

（6）利用“2F 平面布置图”参考本章相关内容完成“2F 水路布置图”至图 4-269 所示。

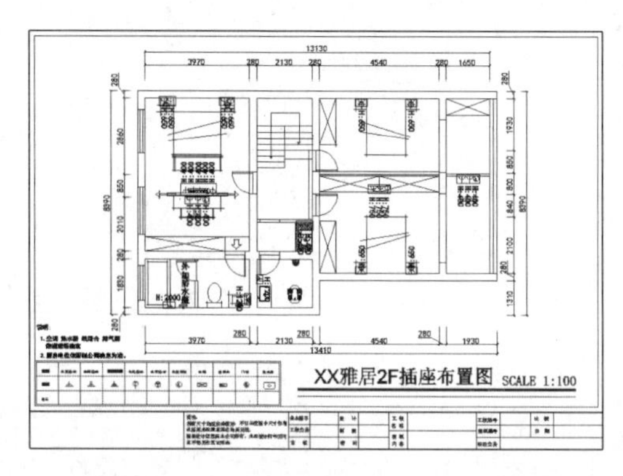

图 4-268

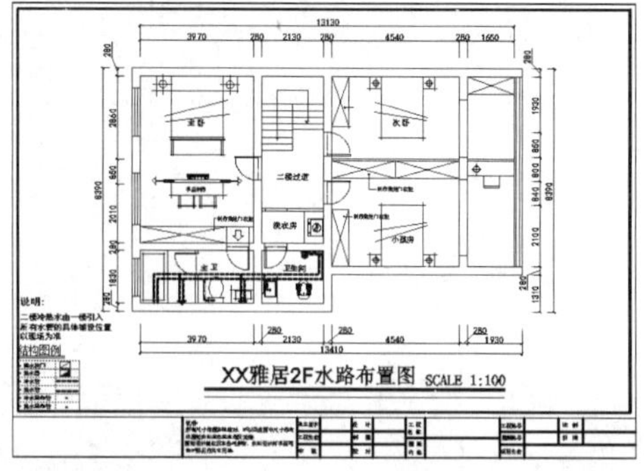

图 4-269

📖作业提示

由于在本案例中 2 楼水管由 1 楼引入，因此在绘制二楼水路图时首先应该使用圆圈绘制竖直引入水管，如图 4-270 所示，然后在图例中绘制相关图例并设计说明特别注明，如图 4-271 所示。

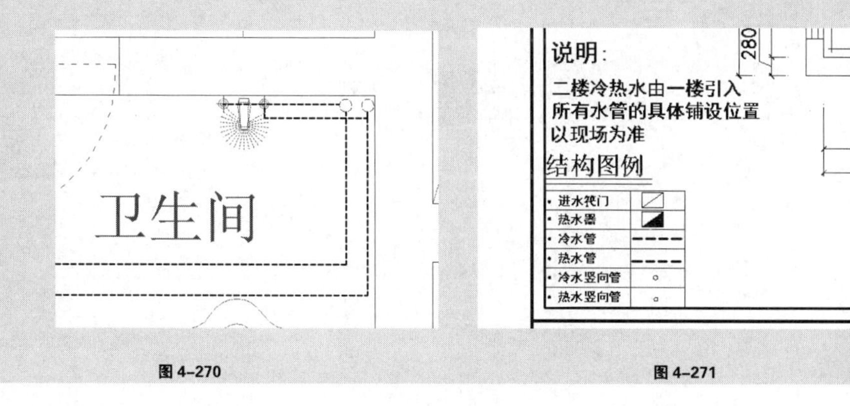

图 4-270

图 4-271

第5章

绘制室内设计立面详图

学习要点及目标

熟悉立面详图绘制原理与基本绘制步骤

掌握立面外观详图的绘制方法

掌握立面结构详图的绘制方法

掌握立面剖结构详图的绘制方法

本章导读

在本章中讲解的立面详图大多数为剖立面图，剖立面图指的是假想一个垂直的剖切平面将室内空间垂直切开，然后移去不需要的部分，再将剩余的一半向投影面投影，此时投影得到的剖切视图即为剖立面图。剖立面图除了形象地展示家具立面造型外，还可对应地反映出家具与墙体的相对空间感以及吊顶、地面等相关细节，如图 5-1 与图 5-2 所示。

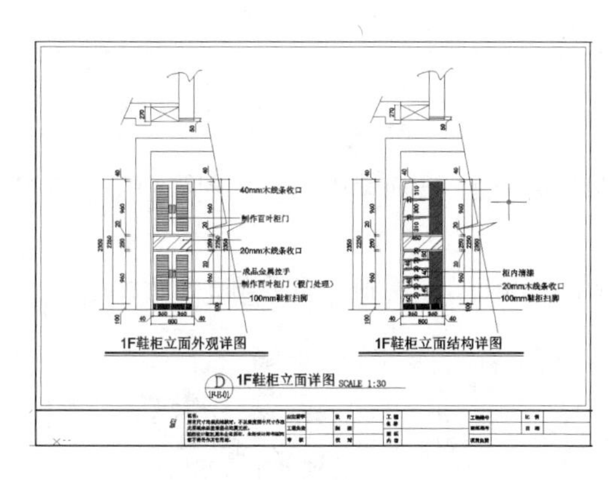

图 5-1

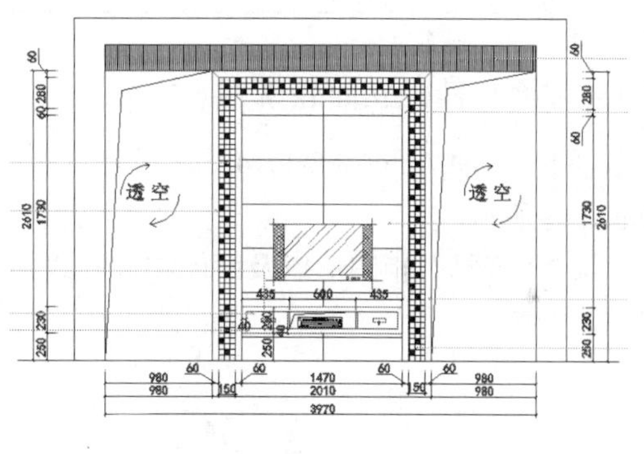

图 5-2

不管所绘制的立面详图复杂度如何，立面详图图形均可以通过几个主要步骤绘制完成，以绘制某书桌立面详图为例，主要步骤如下。

（1）画出立面轮廓线及主要分隔线，如图 5-3 所示。

（2）画出门窗、家具及立面造型的轮廓投影，如图 5-4 所示。

（3）绘制细部造型线条并添加装饰图块，如图 5-5 所示。

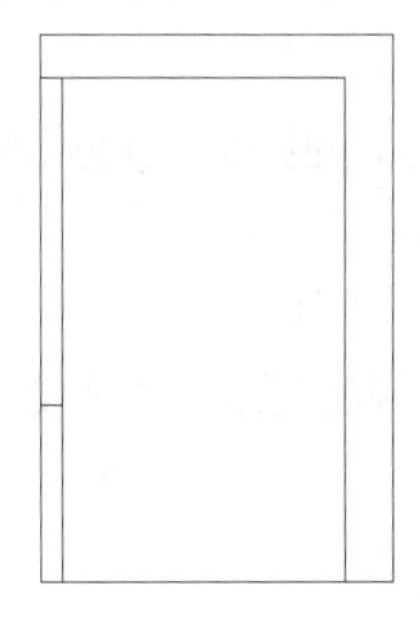

图 5-3

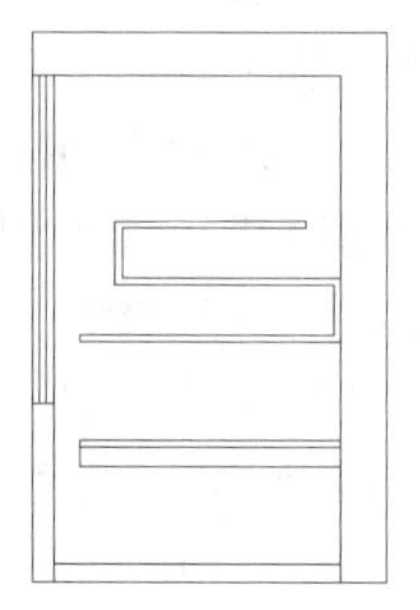

图 5-4

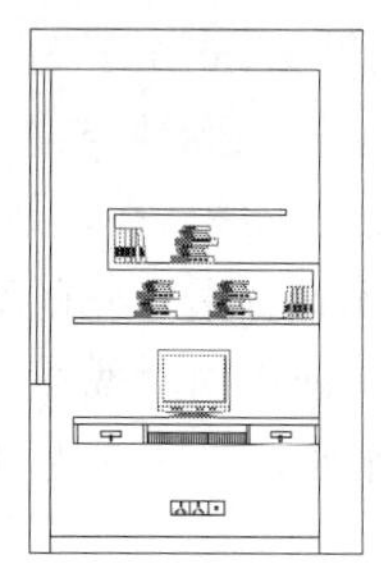

图 5-5

（4）标注有关尺寸，注写材料以及工艺说明，如图 5-6 所示。

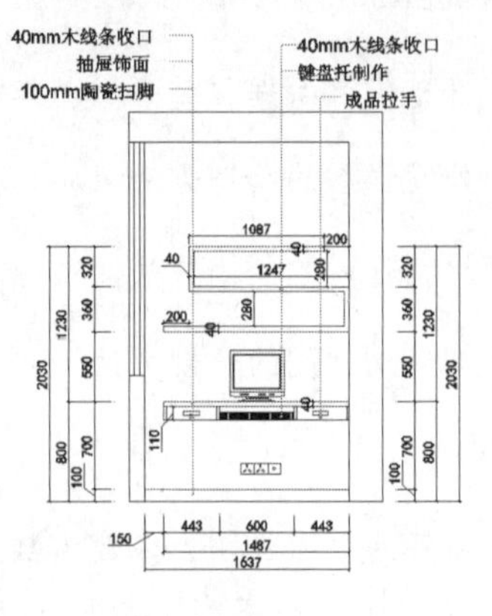

图 5-6

在大致了解了立面详细的原理以及主要绘制步骤后，接下来我们即依据本书第 4 章节中绘制好的 1F 以及 2F 立面索引图纸，绘制好相关立面详图。

5.1 绘制 1F 鞋柜立面详图

5.1.1 绘制鞋柜立面轮廓线

（1）启动 AutoCAD2014，打开上一章绘制完成的 1F 立面索引图，找到鞋柜所在位置，如图 5-7 所示。

（2）选择鞋柜图形以及两侧相关墙线并按下“Ctrl+C”复制，参考图 5-8 所示。

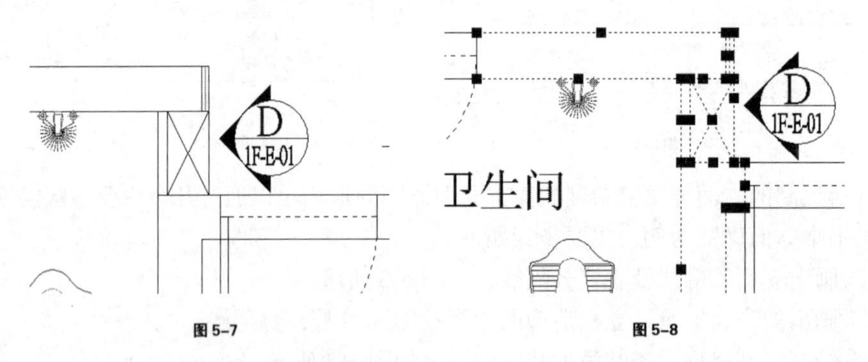

图 5-7　　图 5-8

（3）按下“Ctrl+N”组合键新建图纸，然后在弹出的“选择样板”对话框内选择“acadiso”并单击打开按钮 打开(O) 创建新的空白文档。

（4）进入新建空白文档，按下“Ctrl+V”组合键粘贴复制的图形，再启用旋转工具调整图纸朝向，最后在墙线两段绘制省略线，完成效果参考图 5-9 所示。

（5）选择最左侧的墙线夹点向下拉伸 3500，参考图 5-10 所示。

（6）依次向左选择另外三条墙线均向下拉伸 3500 绘制好鞋柜立面轮廓线，完成效果参考图 5-11 所示。接下来开始绘制鞋柜立面初步造型。

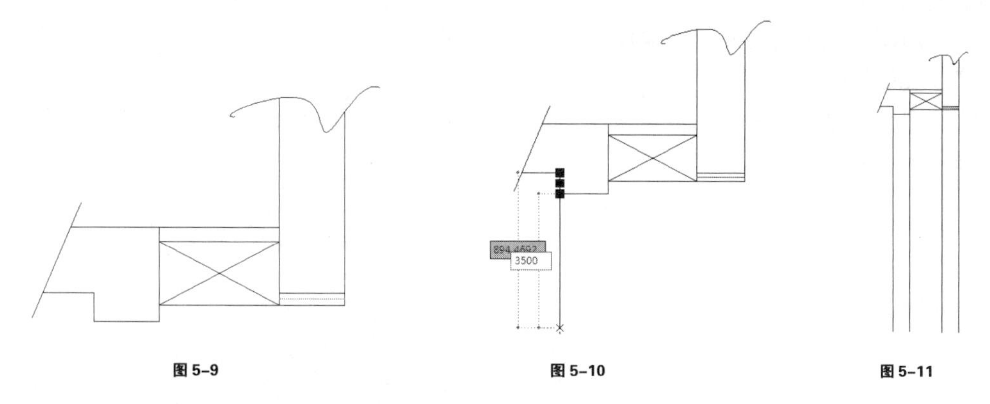

图 5-9　　图 5-10　　图 5-11

5.1.2 绘制鞋柜立面初步造型

（1）选择左侧水平墙线向下偏移 260 确定好立面图中顶棚轮廓线位置，参考图 5-12 所示。

（2）通过夹点调整好该轮廓线长度， 然后启用偏移工具将顶棚轮廓线向下偏移复制 240 确定好顶棚厚度，如图 5-13 所示。

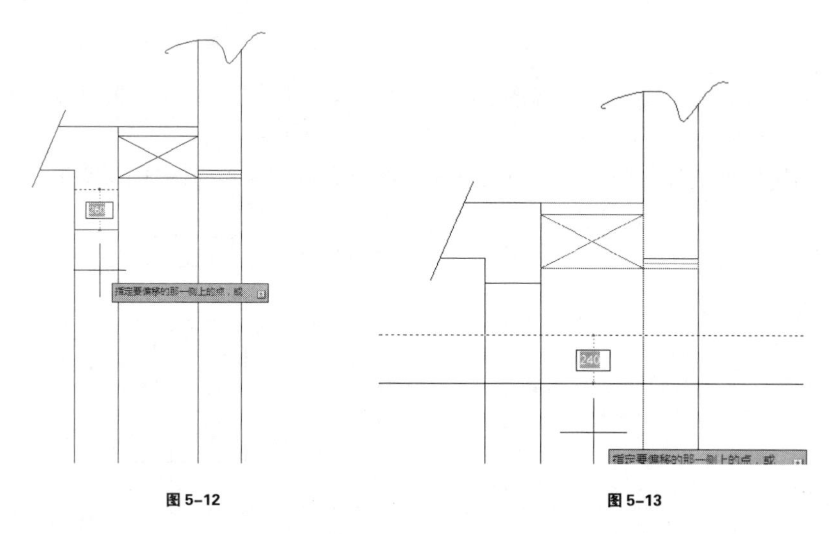

图 5-12　　图 5-13

（3）启用偏移工具将顶棚下部轮廓线（原吊顶线）向下偏移复制 500 确定好鞋柜顶板位置，如图 5-14 所示。

（4）启用偏移工具将鞋柜顶板线向下以 1000 的距离偏移复制确定鞋柜上半部轮廓，如图 5-15 所示。

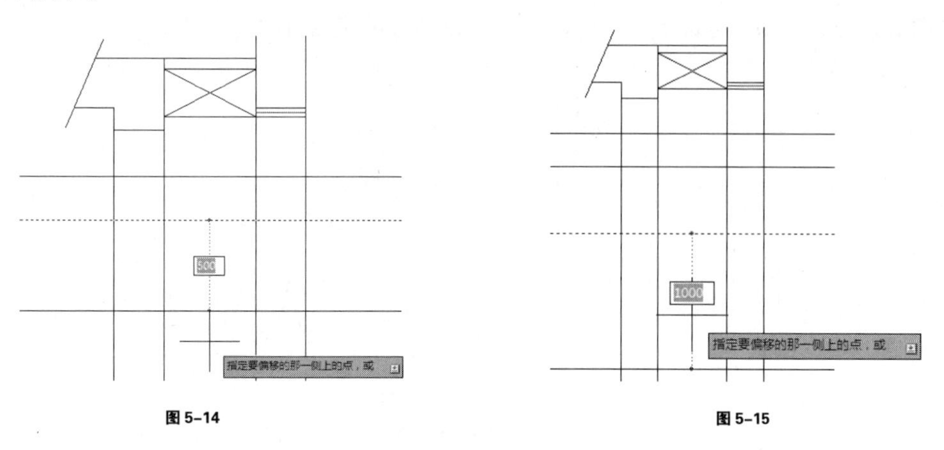

图 5-14　　图 5-15

（5）启用偏移工具将上一步偏移生成的轮廓线向下以 290 的距离偏移复制创建好鞋柜中部搁架轮廓，如图 5-16 所示。

（6）启用偏移工具将上一步偏移生成的轮廓线向下以 960 的距离偏移复制创建好鞋柜下半部轮廓，如图 5-17 所示。

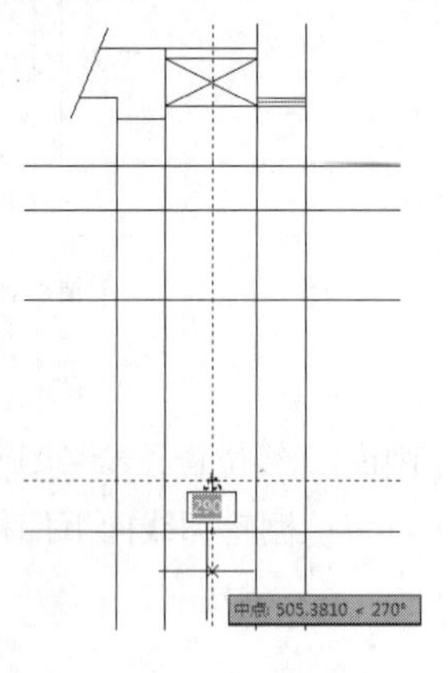

图 5-16

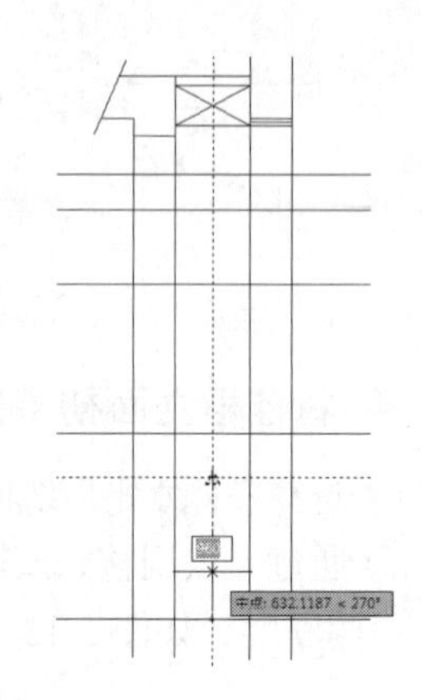

图 5-17

（7）启用偏移工具将上一步偏移生成的轮廓线向下以 100 的距离偏移复制创建好鞋柜底部踢脚板，如图 5-18 所示。

（8）启用修剪工具修剪出墙体与顶棚轮廓线，完成效果参考图 5-19 所示。

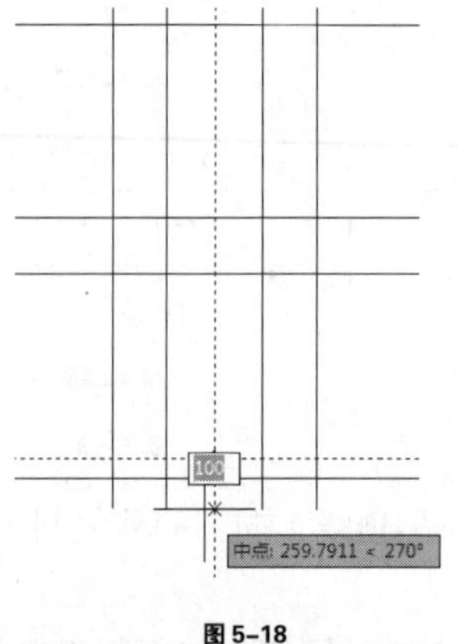

图 5-18

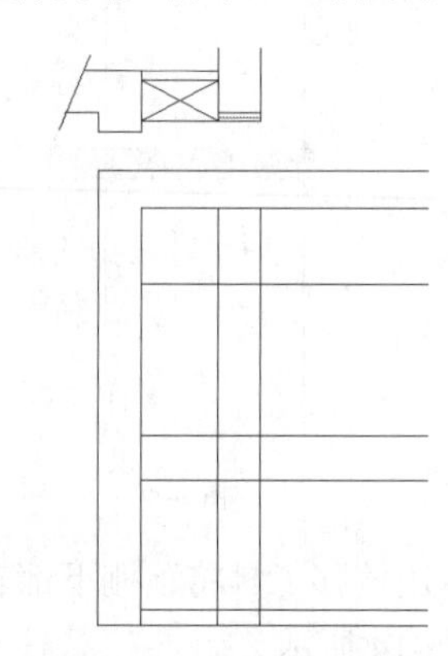

图 5-19

（9）新建青色显示的家具外线图层，然后启用修剪工具修剪出鞋柜轮廓线并将其放置至该图层，完成效果参考图 5-20 所示。接下来将绘制鞋柜立面细部造型。

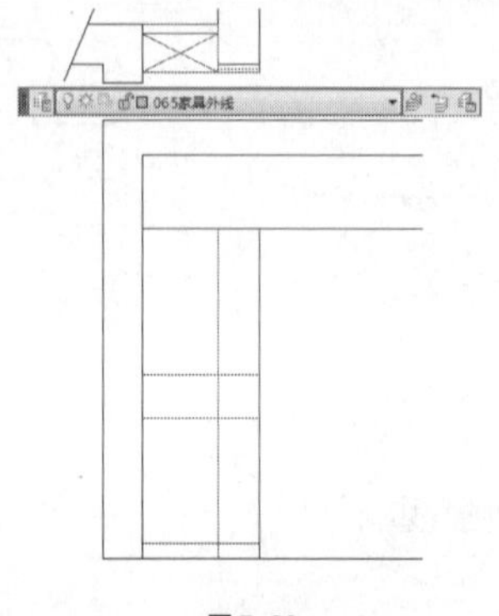

图 5-20

5.1.3 绘制鞋柜立面细部造型

（1）启用偏移工具选择鞋柜四周轮廓线向内以 40 的距离制作出鞋柜外侧柜板板厚，参考图 5-21 所示。

（2）启用修剪工具处理好鞋柜外侧柜板多余线条，完成效果至如图 5-22 所示。

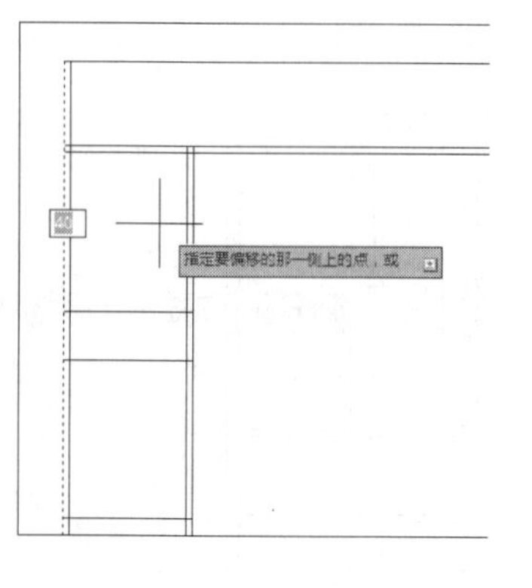

图 5-21

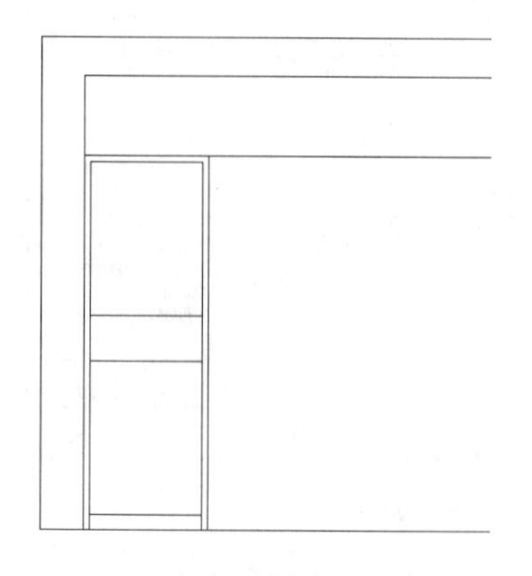

图 5-22

（3）启用偏移工具选择中部搁板轮廓线向内以 20 的距离制作好搁板厚度，参考图 5-23 所示。接下来将绘制鞋柜柜门细节。

（4）启用直线工具捕捉中点绘制鞋柜中线以制作柜门轮廓线，完成效果参考图 5-24 所示。

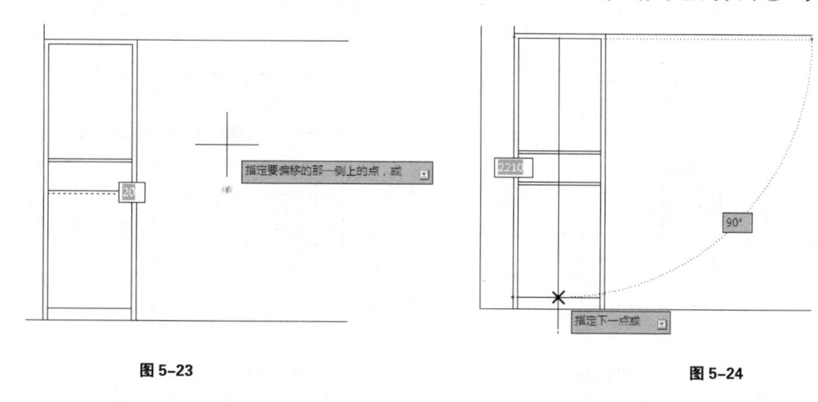

图 5-23　　图 5-24

（5）启用偏移工具选择上部左侧柜门四周边线向内偏移 70 制作柜门内部边框，完成效果参考图 5-25 所示。

（6）新建家具内线图层，然后启用修剪工具修剪出柜门内侧轮廓线并将其放置至该图层，完成效果参考图 5-26 所示。接下来通过填充制作好内部百叶格。

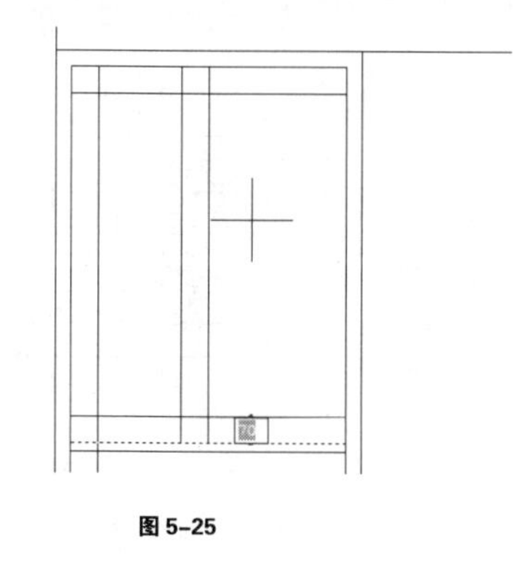

图 5-25

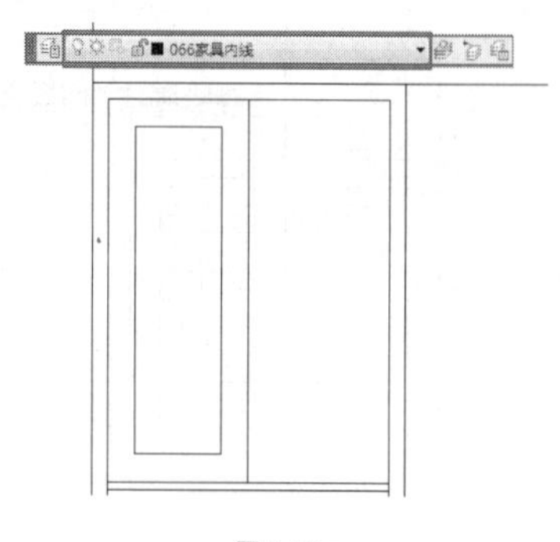

图 5-26

（7）启用填充工具，然后在“图案填充与渐变色”面板中设置图案、角度以及比例至如图 5-27 所示。

（8）接下来再指定柜门内部右侧边线中点为新的填充原点，如图 5-28 所示。

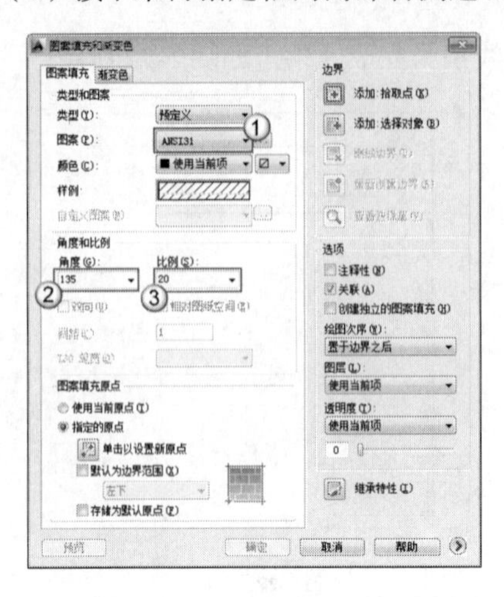

图 5-27

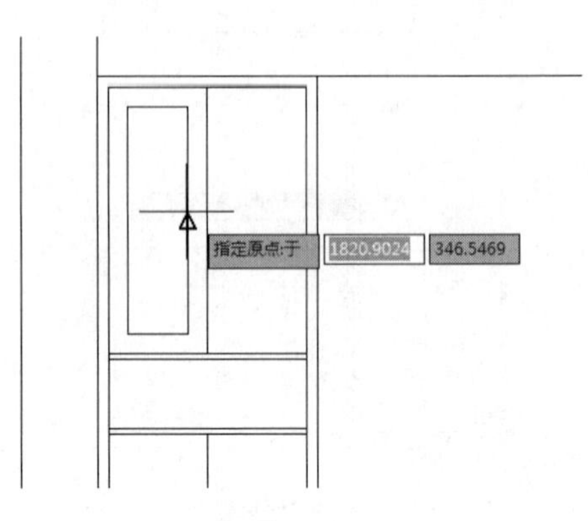

图 5-28

（9）选定柜门内部为填充范围并回车确认填充，完成效果如图 5-29 所示。

（10）启用复制工具，然后选择填充的线条垂直向下以 40 的距离复制制作好百叶格，如图 5-30 所示。

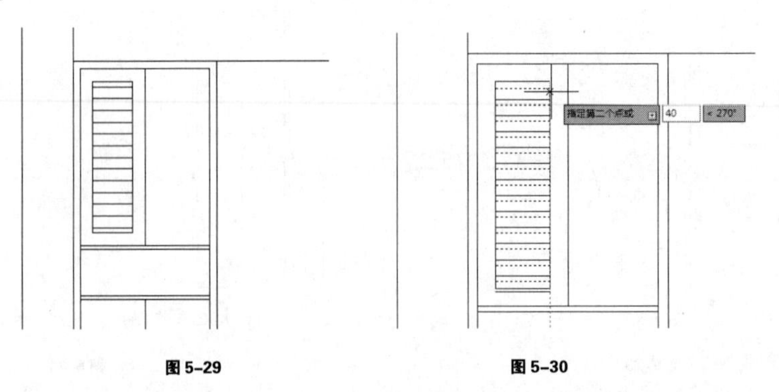

图 5-29　　图 5-30

（11）选择所有填充的线条，启用炸开命令将其打散，然后再选择柜门内轮廓线与填充线整体复制右侧，如图 5-31 所示。

（12）启用矩形工具绘制一个 40*44 的矩形作为柜门拉手，然后复制并调整好位置，完成效果如图 5-32 所示。

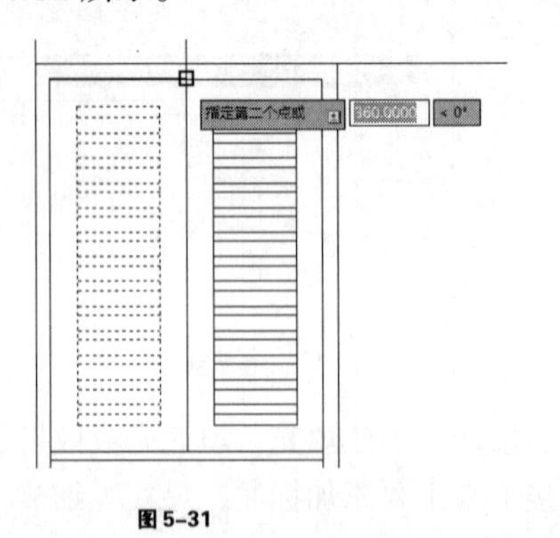

图 5-31

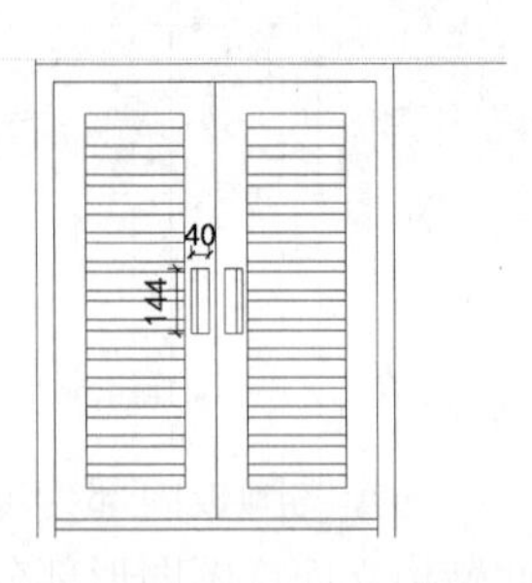

图 5-32

（13）经过以上步骤，鞋柜细部造型绘制完成，当前效果如图 5-33 所示。接下来主要通过填充处理好材质细节。

（14）首先将制作鞋柜中部搁架内的玻璃填充效果。启用填充工具，然后在“图案填充与渐变色”面板中设置图案、角度以及比例至如图 5-34 所示。

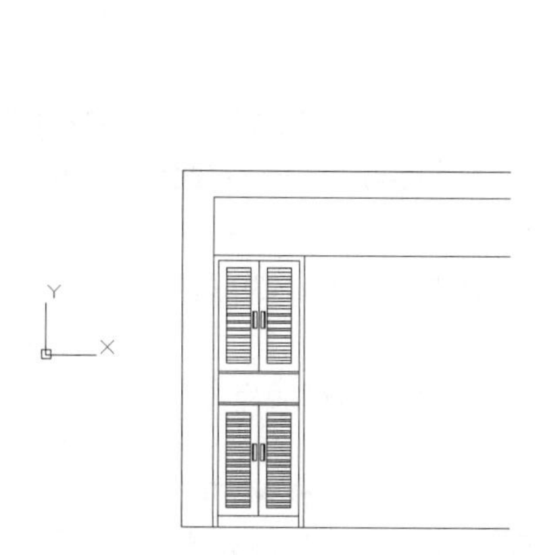

图 5-33

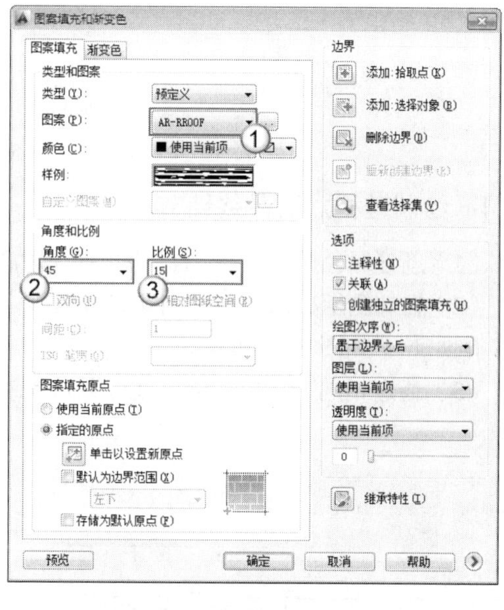

图 5-34

（15）选择搁板内部为填充范围，然后按回车确认填充，玻璃填充完成效果如图 5-35 所示。

（16）接下来填充踢脚板细节。启用填充工具，然后在“图案填充与渐变色”面板中设置图案、角度以及比例至如图 5-36 所示。

图 5-35

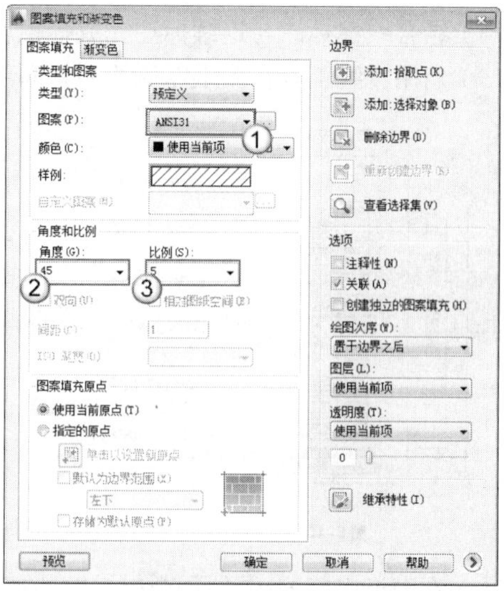

图 5-36

（17）选择踢脚板内部为填充范围，然后按回车确认填充，填充完成效果如图 5-37 所示。至此鞋柜立面详图图形部分绘制完成，接下来主要添加标注、尺寸等细节。

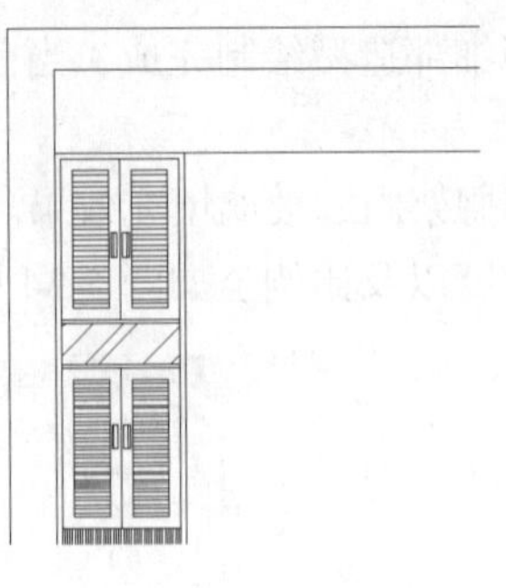

图 5-37

5.1.4 绘制鞋柜立面最终细节

（1）新建绿色显示的工艺标注图层并置为当前层，然后输入“MLD”启用多重引线标注。

（2）在外侧柜板内部单击创建引线箭头，然后水平向右创建引线并输入此处为“40mm木线条收口”，如图 5-38 所示。

（3）通过相同方式标注好其他位置材质或工艺，完成效果参考图 5-39 所示。

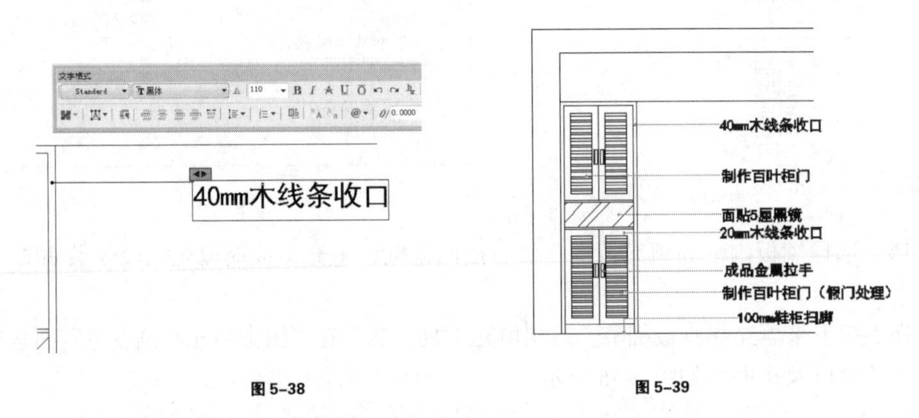

图 5-38　　图 5-39

（4）结合线性标注与连续标注完成鞋柜尺寸标注至如图 5-40 所示。

（5）启用直线工具在图纸左侧绘制斜向剖断省略符，完成效果参考图 5-41 所示。

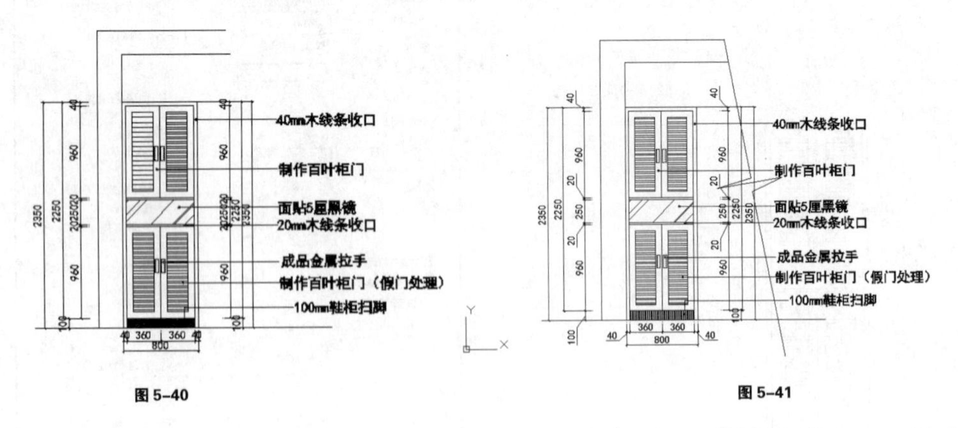

图 5-40　　图 5-41

（6）在图纸底部输入“1F 鞋柜立面外观详图”，完成该图纸整体效果至图 5-42 所示。接下来再利用其绘制“1F 鞋柜立面结构详图”。

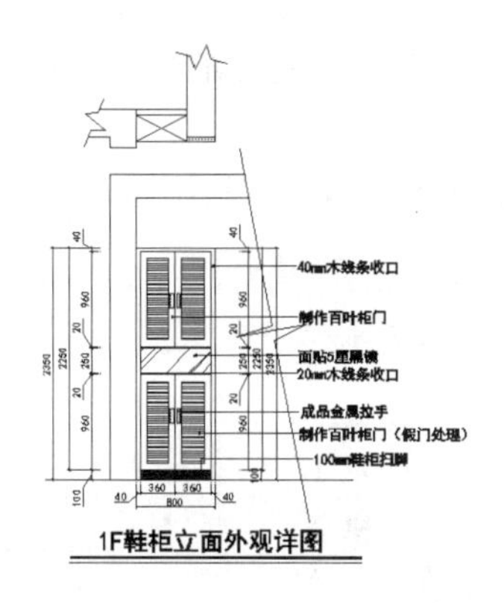

图 5-42

📖 要点提示

外观详图重点在于表述鞋柜外观效果，而接下来绘制的结构详细则重在表述鞋柜内部结构细节。

（7）启用复制命令整体向右复制 “1F 鞋柜立面外观详图”，如图 5-43 所示。

（8）调整复制好的图纸名称为“1F 鞋柜立面结构详图”，然后删除标注以及柜门图形，处理图形至图 5-44 所示。

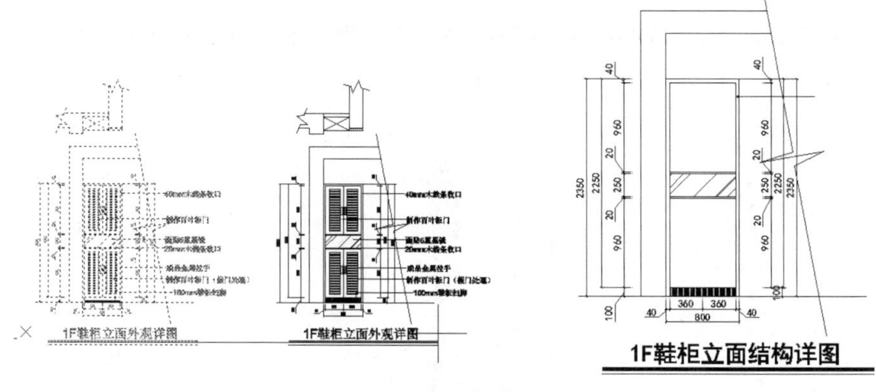

图 5-43　　　　图 5-44

（9）选择右侧墙体内侧轮廓线向下拉长，如图 5-45 所示。

（10）启用修剪工具处理线段效果至图 5-46 所示。

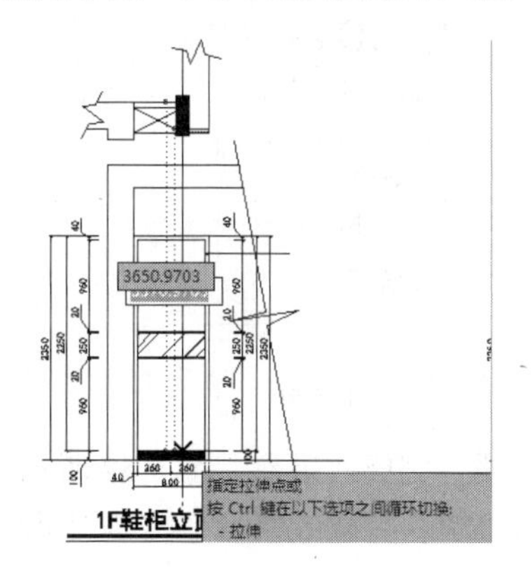

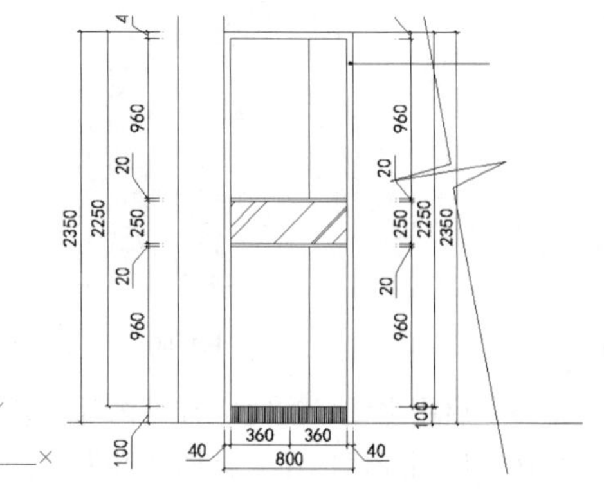

图 5-45　　　　图 5-46

（11）启用填充工具，然后在“图案填充与渐变色”面板中设置图案和比例至图 5-47 所示。

（12）选择右侧墙面内部为填充范围并确认填充，完成效果如图 5-48 所示。

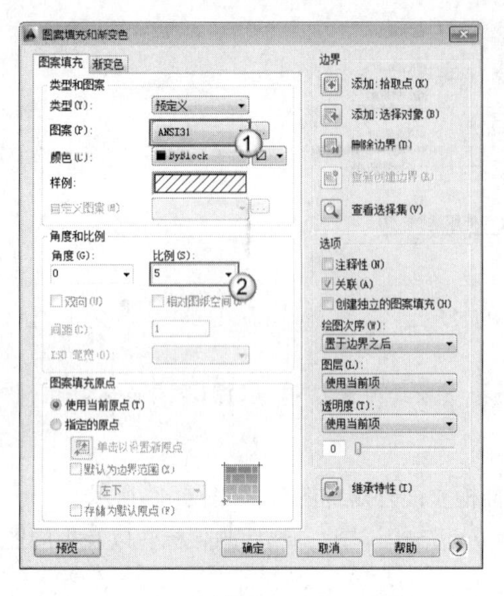

图 5-47

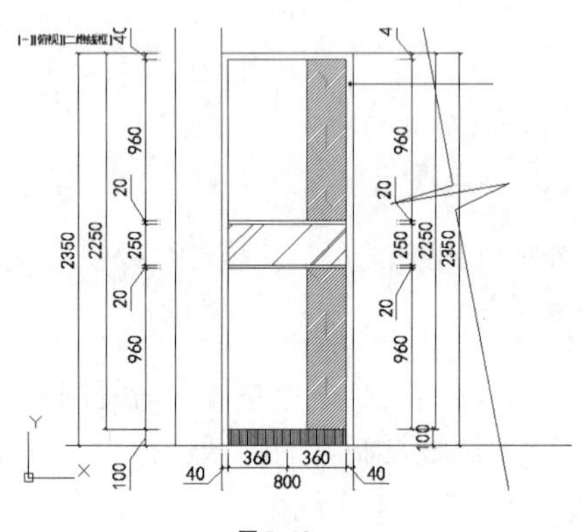

图 5-48

（13）启用直线工具绘制好柜内挑空符号，然后利用其复制至其他所有柜门内，完成效果如图 5-49 所示。

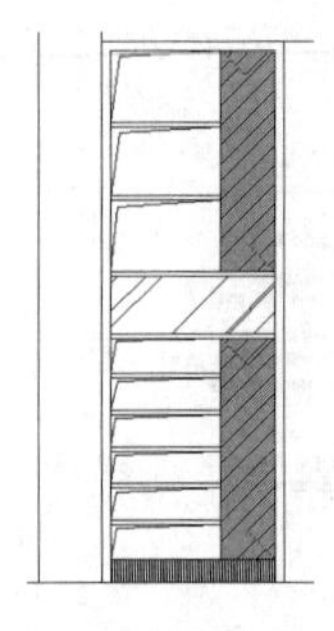

图 5-49

（14）结合线性标注与连续标注完成鞋柜内部尺寸标注，如图 5-50 与图 5-51 所示。

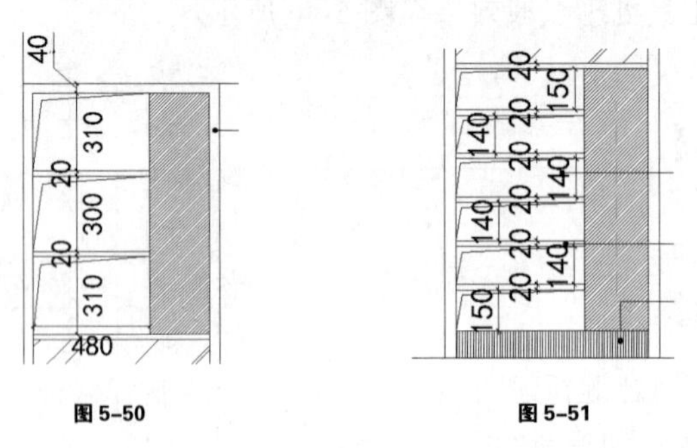

图 5-50　　图 5-51

（15）启用多重标注完成鞋柜内部工艺与材质，完成效果参考图 5-52 所示。

（16）启用线性标注工具标注好鞋柜深度等细节，完成效果参考图 5-53 所示。

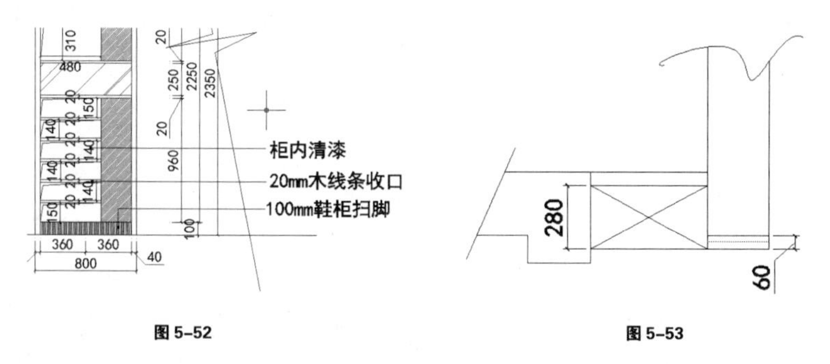

图 5-52　　图 5-53

（17）最后对应绘制好本图纸图号、图名以及比例，完成效果参考图 5-54 所示。

（18）经过以上步骤，本例 1F 鞋柜立面详图完成效果如图 5-55 所示。

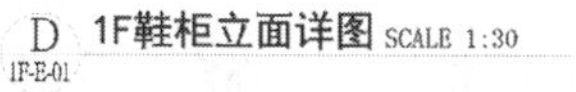

D 1F鞋柜立面详图 SCALE 1:30
1F-E-01

图 5-54

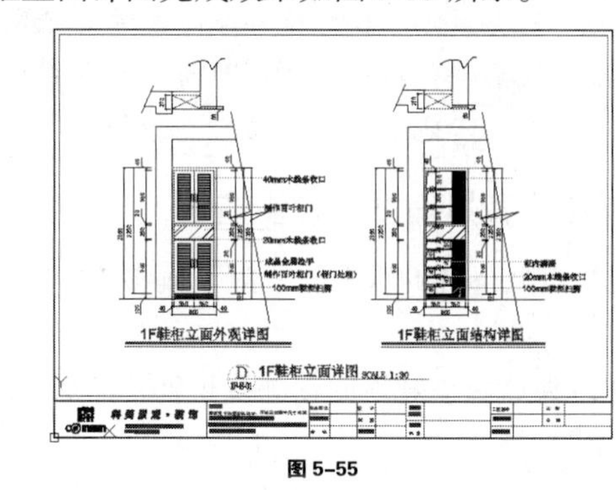

图 5-55

5.2 绘制 1F 电视背景墙立面详图

5.2.1 绘制电视背景墙立面轮廓线

（1）启动 AutoCAD2014，打开上一章绘制完成的 1F 立面索引图，找到客厅电视背景墙所在位置，如图 5-56 所示。

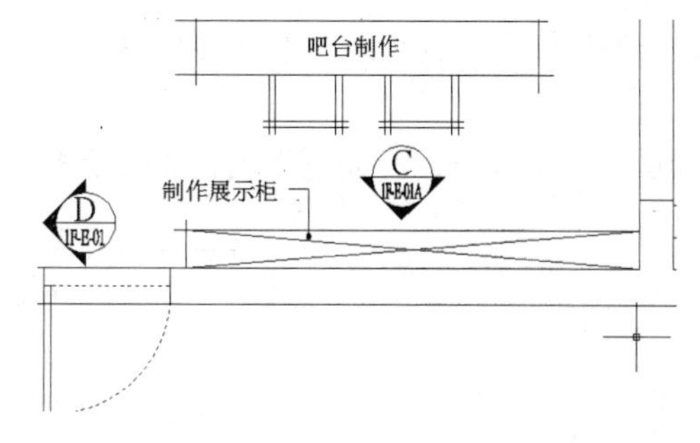

图 5-56

（2）按下“Ctrl+N”组合键新建图纸，然后在弹出的“选择样板”对话框内选择“acadiso”并单击打开按钮 打开(O) 创建新的空白文档。

（3）进入新建空白文档，然后复制并处理好客厅电视背景墙以及所在墙线等细节，然后先把右侧墙线与电视背景墙左侧端线夹点向下拉伸 4000，绘制好电视背景墙立面轮廓线至如图 5-57 所示。接下来将绘制电视背景墙立面初步造型。

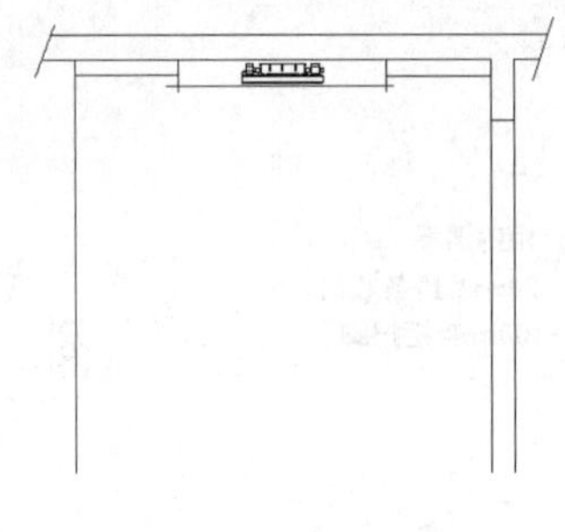

图 5-57

📖 要点提示

在图 5-57 中只绘制了右侧墙体与电视背景墙左侧轮廓线，而没有像前面的案例那样将电视墙平面所有线条进行拉伸，这是因为此处电视背景墙图形只用于示意，在接下来的立面详图绘制过程可以灵活地进行调整与重新设计。

5.2.2　绘制电视背景墙立面初步造型

（1）选择右侧下方的水平墙线向下偏移 1000 确定好立面图中顶棚轮廓线位置，参考图 5-58 所示。

（2）通过夹点调整好顶棚轮廓线长度，然后将其向下偏移 300 确定好顶棚厚度，参考图 5-59 所示。

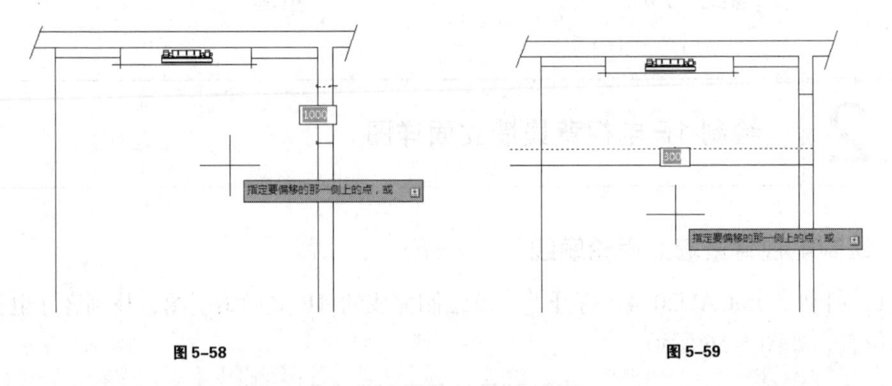

图 5-58　　　　图 5-59

（3）启用偏移工具，选择顶棚下方轮廓线向下偏移 2520 确定好电视墙整体高度，参考图 5-60 所示。

（4）启用修剪工具处理掉多余线条，完成电视墙轮廓线至图 5-61 所示。

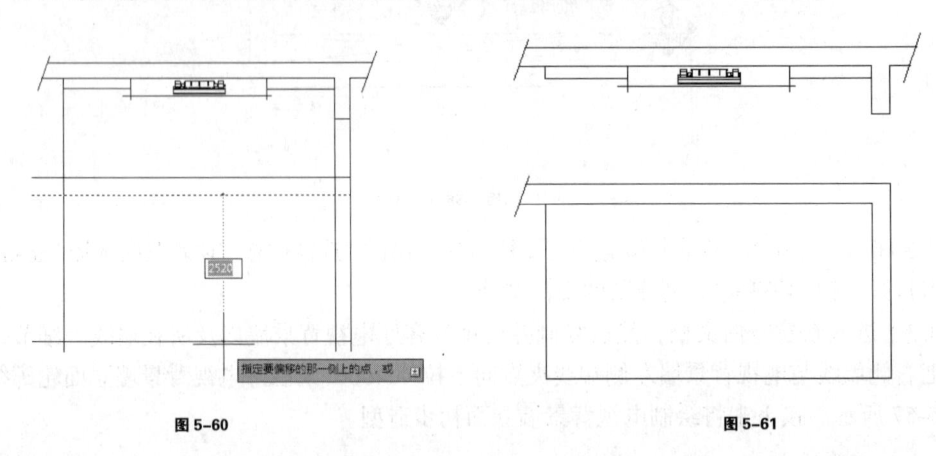

图 5-60　　　　图 5-61

（5）启用偏移工具，逐步选择两侧边线向内偏移 960 分割好电视背景墙布局，参考图 5-62 所示。

（6）启用偏移工具，选择各轮廓线均以 80 的距离向内制作好收边细节，参考图 5-63 所示。

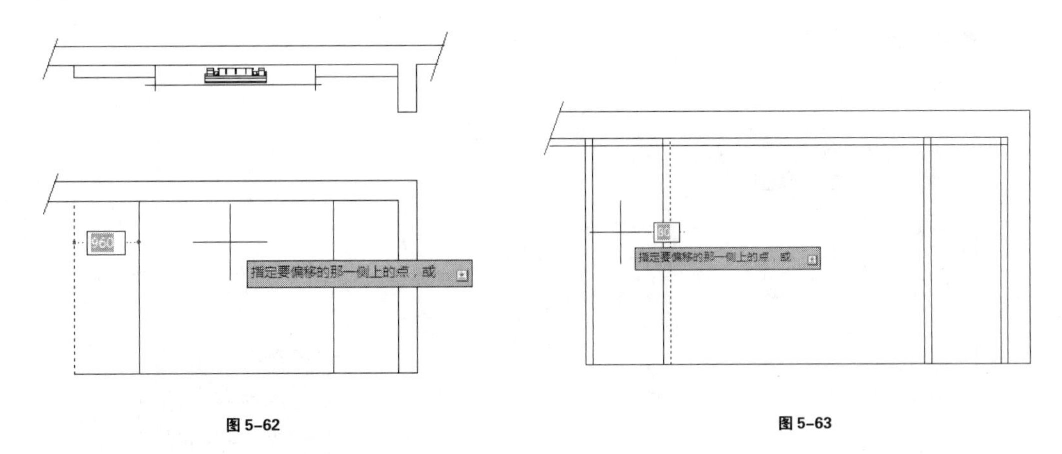

图 5-62　　　　图 5-63

（7）选择所有竖向线段将其放置至家具外线图层，完成效果如图 5-64 所示。接下来开始制作细部造型。

图 5-64

5.3.3　绘制电视背景墙立面细部造型

（1）启用偏移复制工具，然后利用顶部收边线逐步以 300、100、200 的距离偏移生成细节分割线，完成效果如图 5-65 所示。

（2）启用修剪工具处理线段至如图 5-66 所示，并注意将保留的线段调整为绿色显示。接下来填充石材效果。

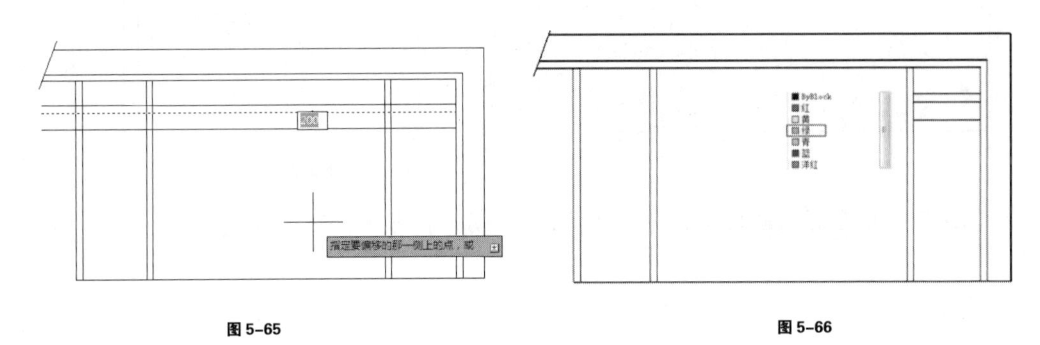

图 5-65　　　　图 5-66

（3）启用填充工具，然后在“图案填充与渐变色”面板中设置图案、角度以及比例至如图 5-67 所示。

（4）选择之前绘制好的第一、第三个分割面确认填充石材材质，完成效果如图 5-68 所示。

图 5-67

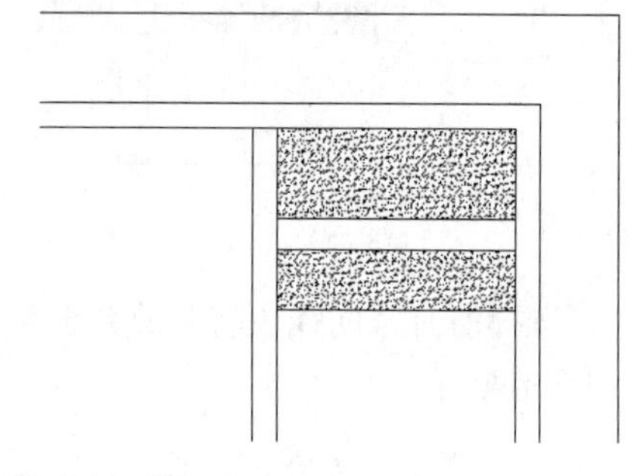

图 5-68

（5）启用填充工具，然后在“图案填充与渐变色”面板中设置图案、角度以及比例至如图 5-69 所示。

（6）选择之前绘制好的第二个分割面确认填充镜面材质，完成效果如图 5-70 所示。

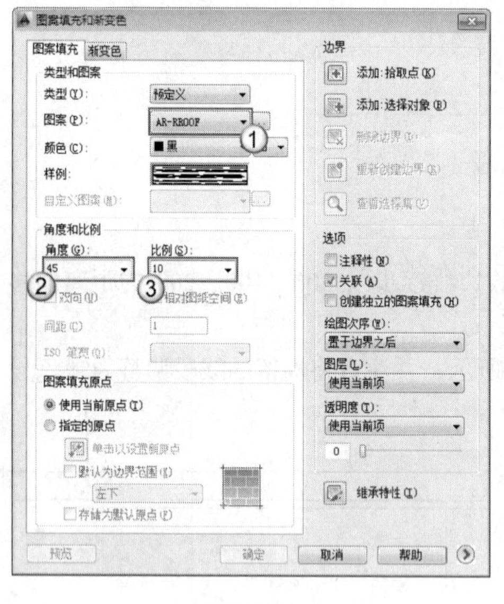

图 5-69

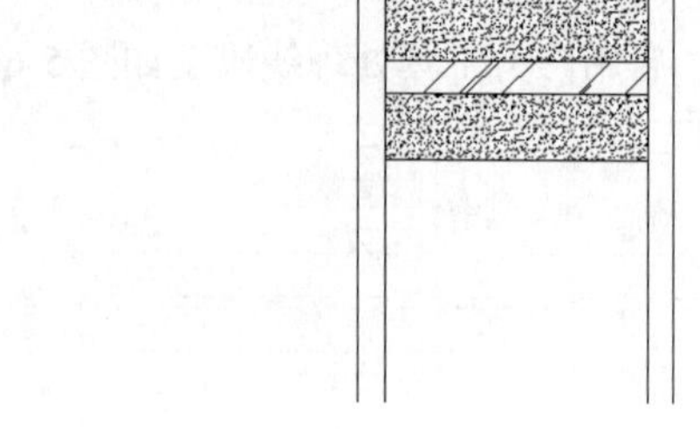

图 5-70

（7）选择填充好的镜面效果整体向下复制一份，参考图 5-71 所示。

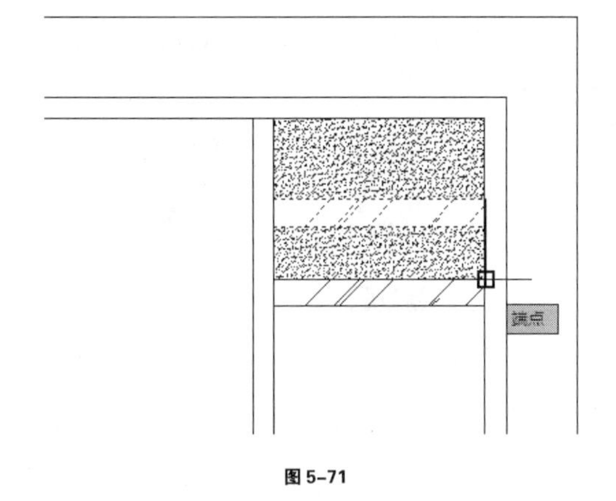

图 5-71

（8）选择第一段石材面与下方的镜面整体向下复制两次，完成效果至如图 5-72 所示。

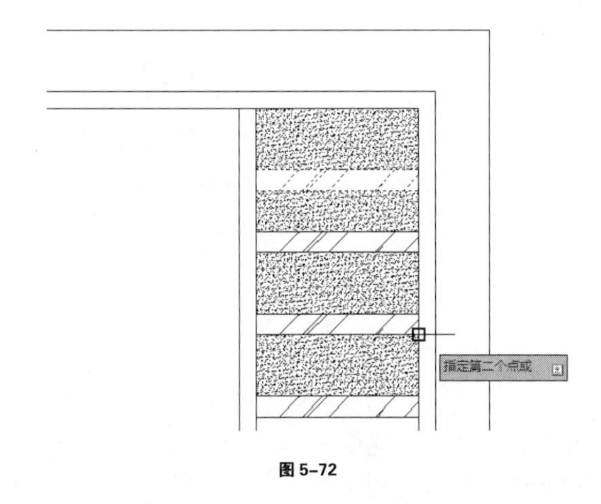

图 5-72

（9）选择图 5-72 中第二、第三段石材面以及两者中间的镜面向下复制，完成效果至如图 5-73 所示。

（10）启用填充工具，然后在“图案填充与渐变色”面板中设置图案、角度以及比例至如图 5-67 所示。然后填充好底部空白区域，完成效果至图 5-74 所示。

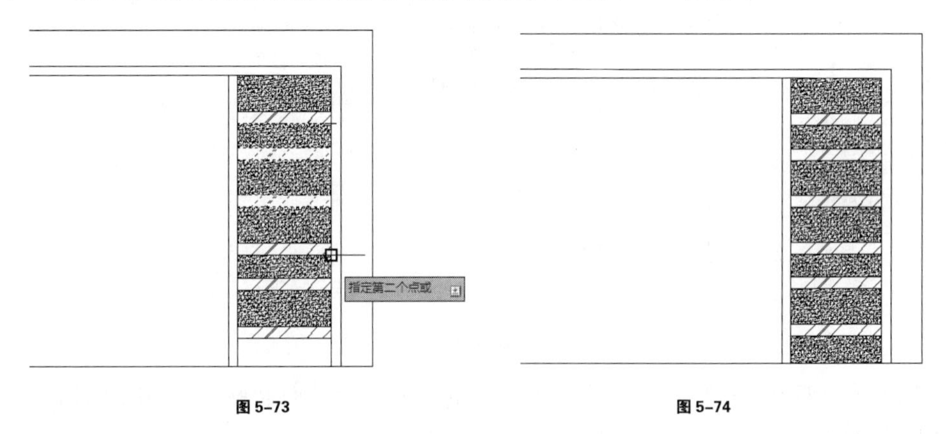

图 5-73　　图 5-74

（11）启用复制工具将右侧完成效果整体复制至左侧，完成效果至如图 5-75 所示。接下来绘制中部菱形石材拼贴细节。

（12）启用直线工具结合中点捕捉绘制一条辅助线，参考图 5-76 所示。

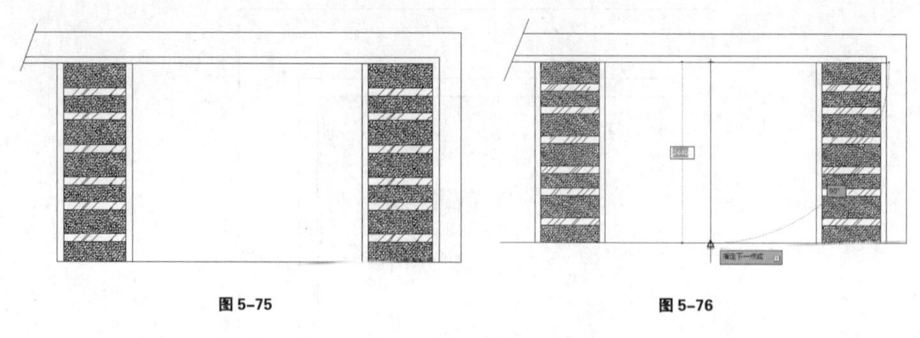

图 5-75　　　　图 5-76

（13）启用矩形工具捕捉辅助线端点，通过相对坐标输入绘制一个 400*400 的正方形，参考图 5-77 所示。

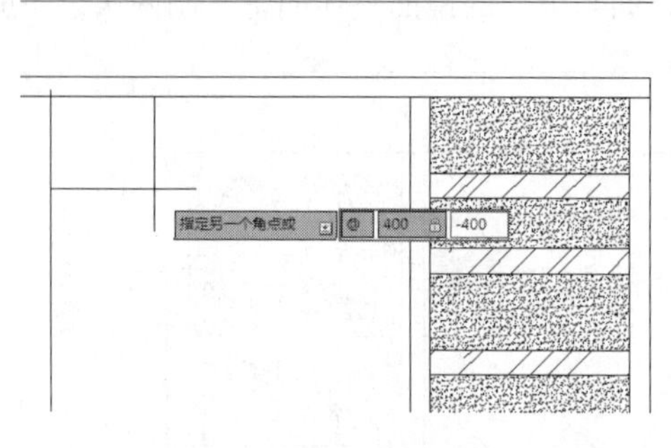

图 5-77

要点提示

由于电视背景墙中部高度为 2440，将其等分四段长度约为 610，考虑收边需要占用一定的宽度，因此选择边长为 400 的菱形比较合适。

（14）启用旋转工具将正方形旋转-45°，再启用偏移工具将调整好的矩形向外以 40 的距离扩边，参考图 5-78 所示。

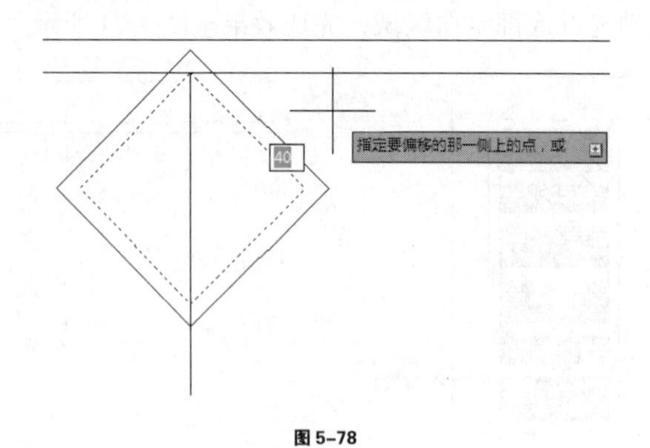

图 5-78

（15）选择如上绘制好的菱形与扩边线，如图 5-79 所示捕捉端点整体向下复制，完成效果至图 5-80 所示。

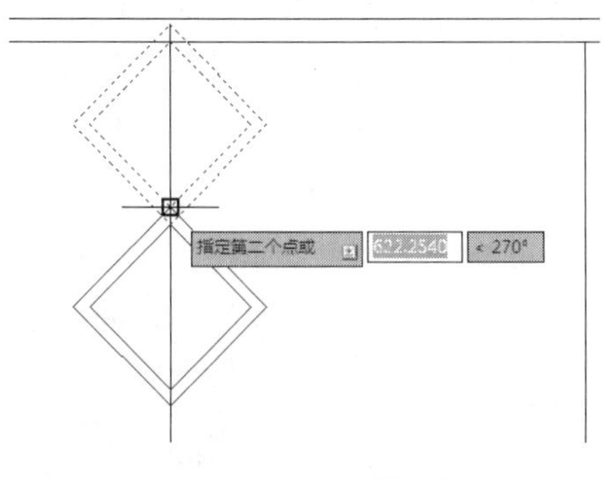

图 5-79

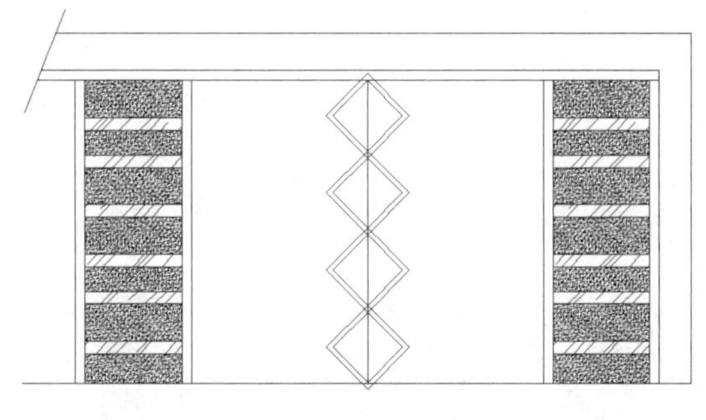

图 5-80

（16）选择如上绘制的造型捕捉端点整体向两侧复制，完成效果至图 5-81 所示。

（17）为方便修剪选择所有绘制的中部造型将其炸开，如图 5-82 所示。

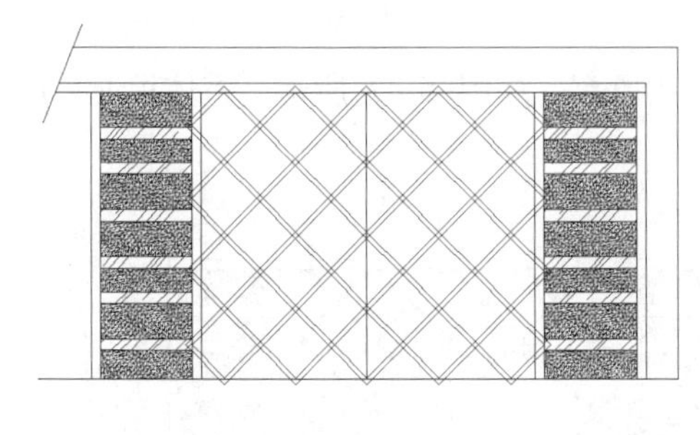

图 5-81

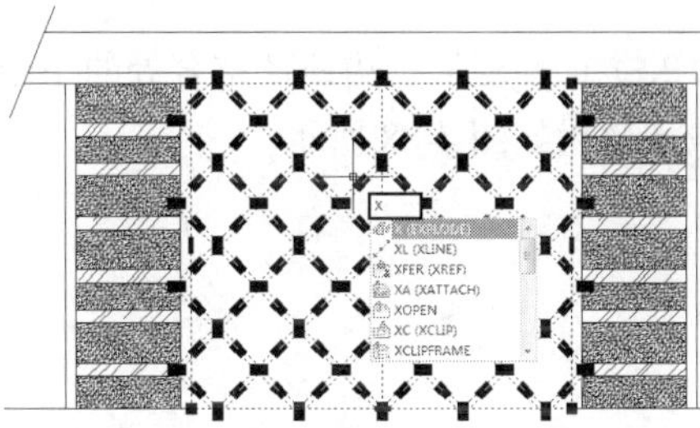

图 5-82

（18）启用修剪工具处理好多余线条，完成效果至图 5-83 所示。

（19）启用填充工具，然后在“图案填充与渐变色”面板中设置图案、角度以及比例至如图 5-84 所示。

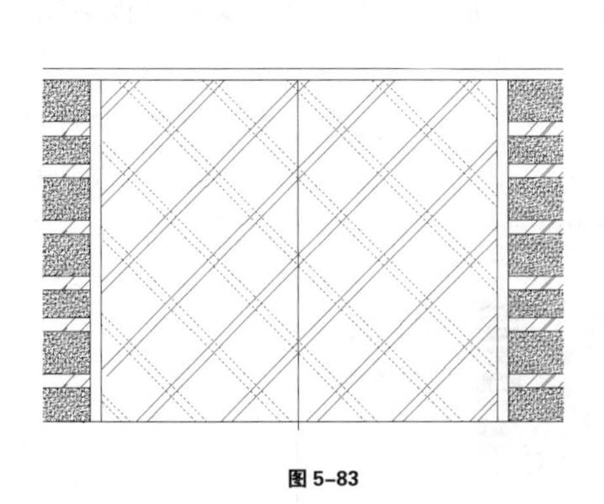

图 5-83

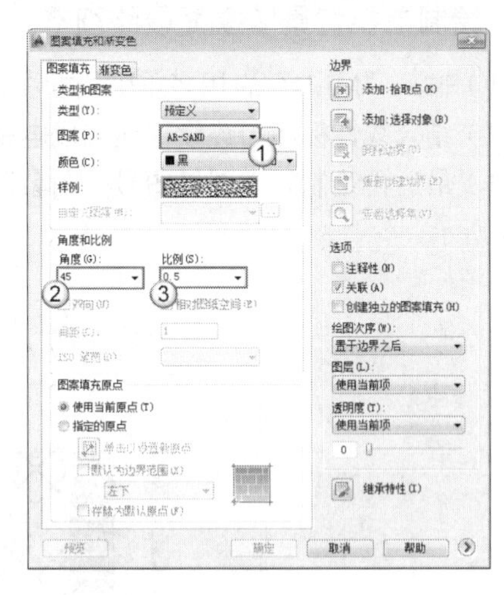

图 5-84

（20）选择菱形扩边线产生的封闭空间（不包括结合处的小菱形）确认填充，完成效果如图 5-85 所示。

（21）启用填充工具，然后在“图案填充与渐变色”面板中设置图案、角度以及比例至如图 5-86 所示。

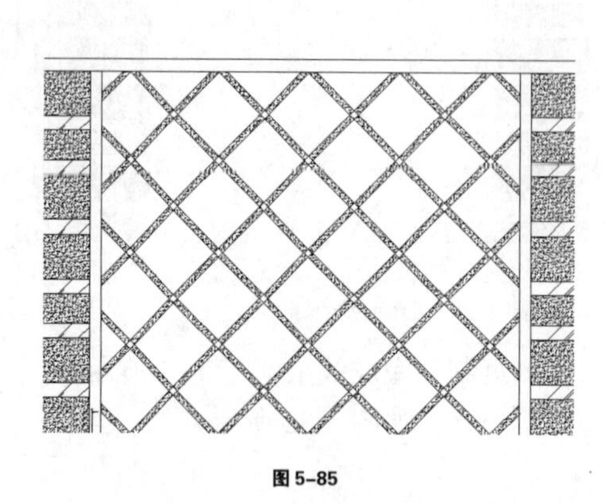

图 5-85

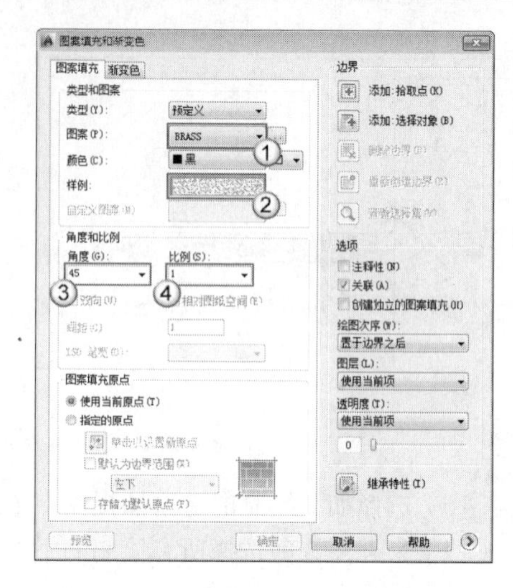

图 5-86

（22）选择菱形扩边线产结合处的小菱形确认填充，如图 5-87 所示，整体填充后的电视背景墙效果如图 5-88 所示。

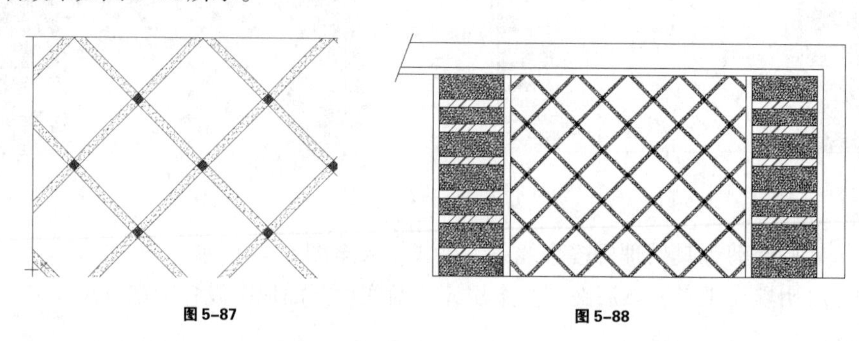

图 5-87　　图 5-88

5.2.4　绘制电视背景墙立面最终细节

（1）输入“MLD”启用多重引线标注好电视背景墙各处材质与工艺。

（2）结合线性标注与连续标注完成电视背景墙尺寸标注。

（3）最后再绘制好本图纸图号、图名以及比例，完成“1F 电视背景墙立面详图”至如图 5-89 所示。

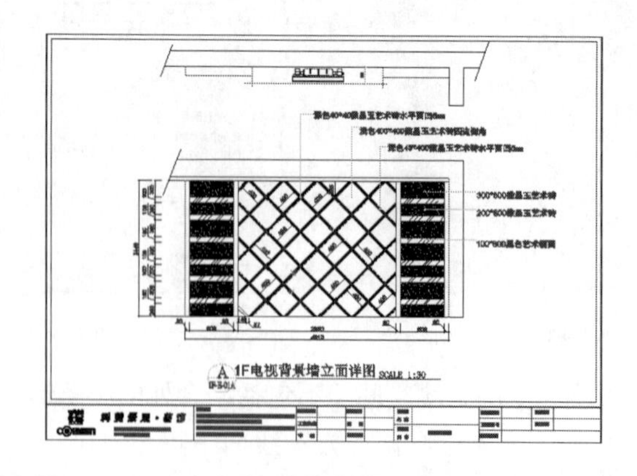

图 5-89

5.3 绘制 1F 吧台立面详图

在本节内容中将绘制如图 5-90 所示的吧台立面详图。要注意的是，吧台立面详图为立面图，该图纸与剖立面图的区别在于仅绘制家具立面，而不用绘制周边的墙体、天花等细节。此外在本图纸中还绘制了吧台剖面结构详图以及透视效果图。接下来即学习具体的绘制方法。

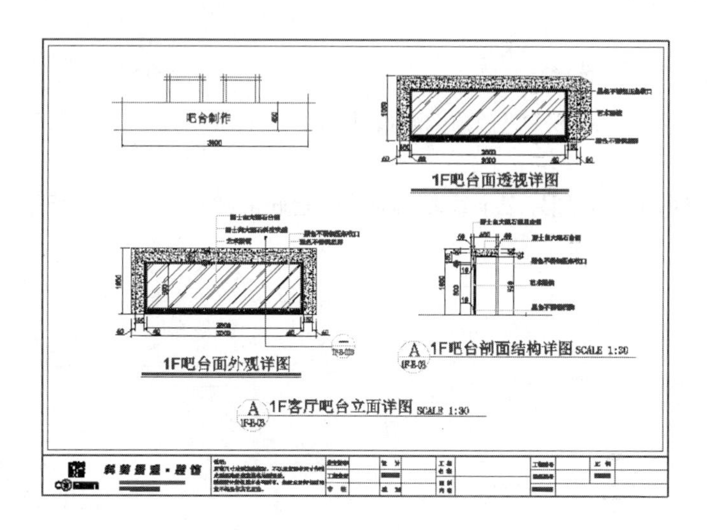

图 5-90

5.3.1 绘制吧台立面详图轮廓线

（1）启动 AutoCAD2014，打开上一章绘制完成的 1F 立面索引图，找到吧台所在位置，如图 5-91 所示。

（2）按下“Ctrl+N”组合键新建图纸，然后在弹出的“选择样板”对话框内选择“acadiso”并单击打开按钮 打开(O) 创建新的空白文档。

（3）进入新建空白文档，然后复制并标注好吧台宽度与长度，完成效果至如图 5-92 所示。

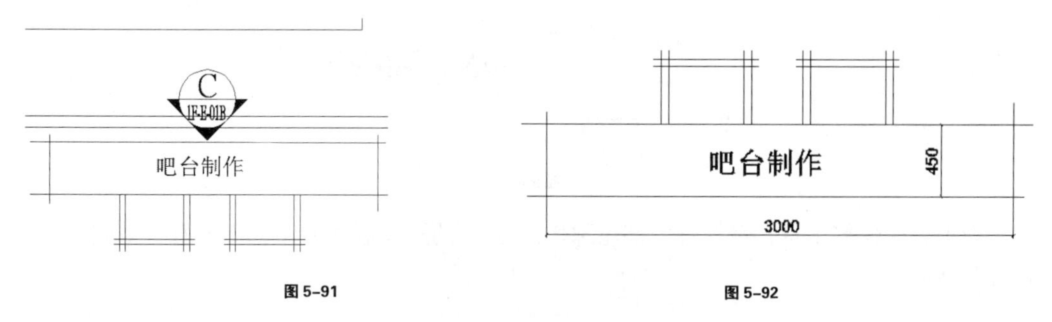

图 5-91　　图 5-92

（4）选择吧台左右两侧边线的夹点向下拉伸 3000，绘制吧台两侧轮廓线，完成效果如图 5-93 所示。

（5）启用偏移复制工具，选择吧台下方边线向下以 1750 的距离确定好吧台顶部轮廓线，参考图 5-94 所示。

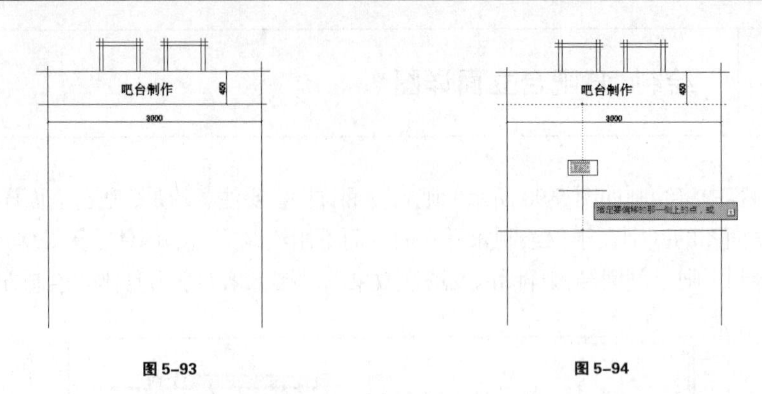

图 5-93　　　　图 5-94

（6）启用偏移工具，选择吧台顶部轮廓线向下以 1050 的距离制作好吧台高度，参考图 5-95 所示。

（7）启用修剪工具处理好多余线段，完成吧台轮廓线至如图 5-96 所示。接下来开始绘制吧台立面造型。

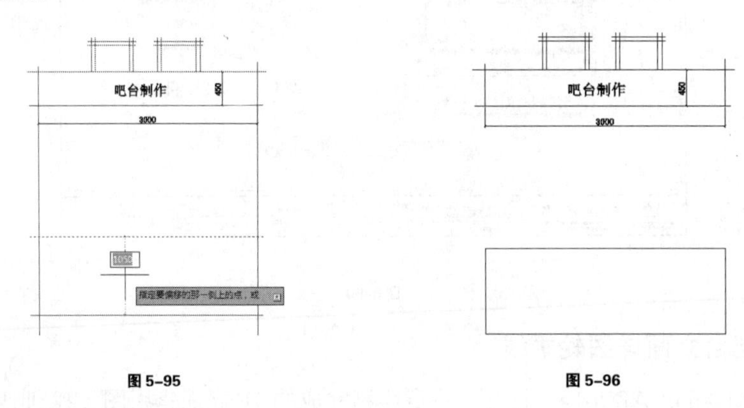

图 5-95　　　　图 5-96

5.3.2　绘制吧台立面造型

（1）启用偏移工具，选择各轮廓均以 60 的距离制作好吧台外侧石板厚度，参考图 5-97 所示。

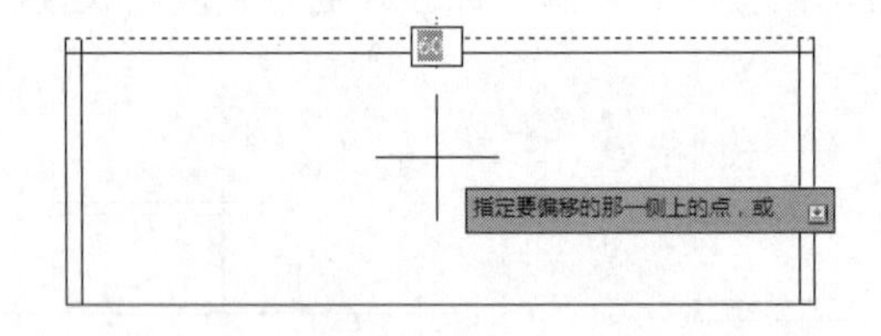

图 5-97

（2）启用偏移工具，选择各内部轮廓均以 150 的距离制作好中部斜向石材空间宽度，参考图 5-98 所示。

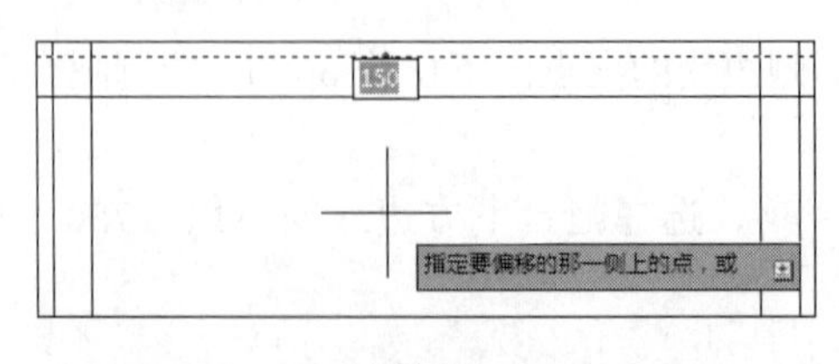

图 5-98

（3）启用偏移工具，选择上一步偏移生成的线条以 40 的距离制作好不锈钢收边线，参考图 5-99 所示。

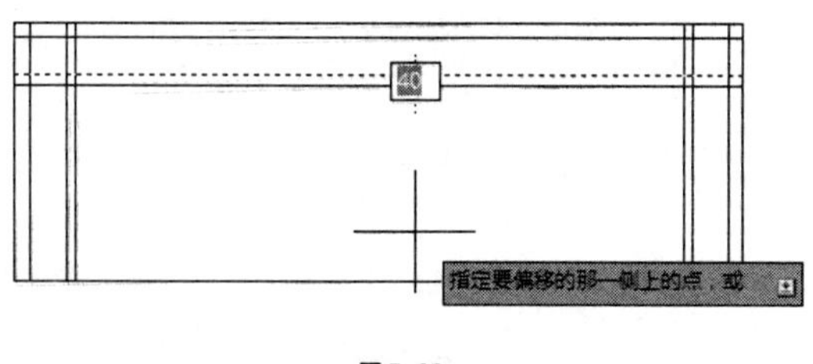

图 5-99

（4）启用修剪工具处理好多余线条，然后启用直线工具绘制好中剖斜拼石材细节线，完成效果如图 5-100 所示。接下来填充石材材质。

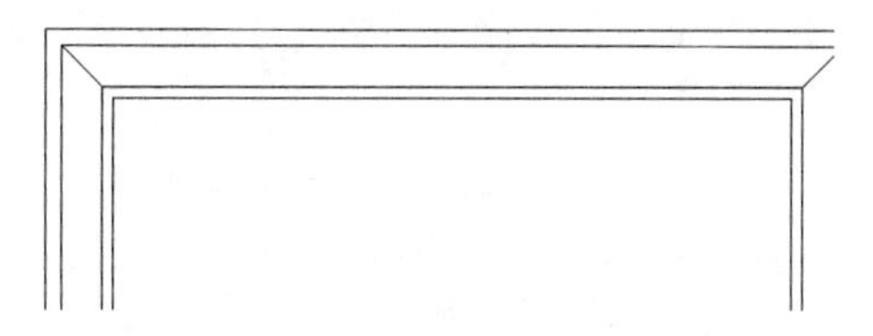

图 5-100

（5）启用填充工具，然后在“图案填充与渐变色”面板中设置图案、角度以及比例如图 5-101 所示。

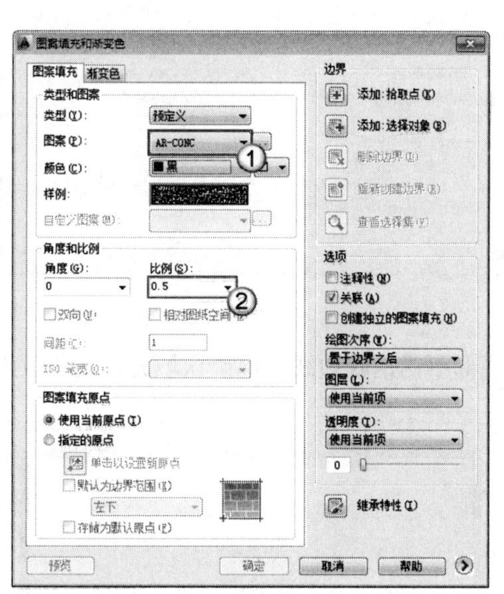

图 5-101

（6）选择顶部石材以及中部斜拼石材内部确认填充，完成效果如图 5-102 所示。

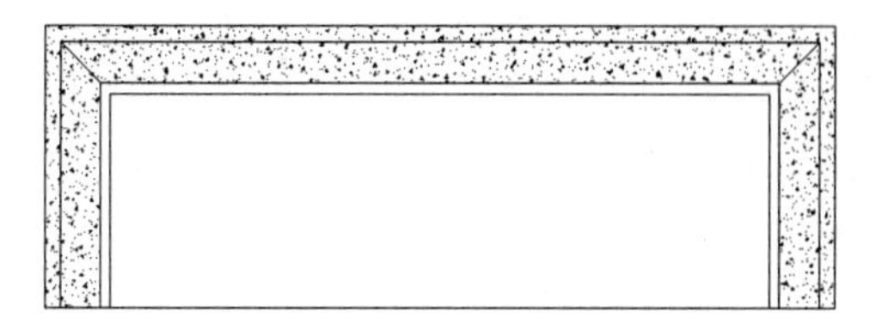

图 5-102

（7）启用偏移工具，选择底部线条向上以 100 的距离绘制好底部不锈钢收边线高度，如图 5-103 所示。

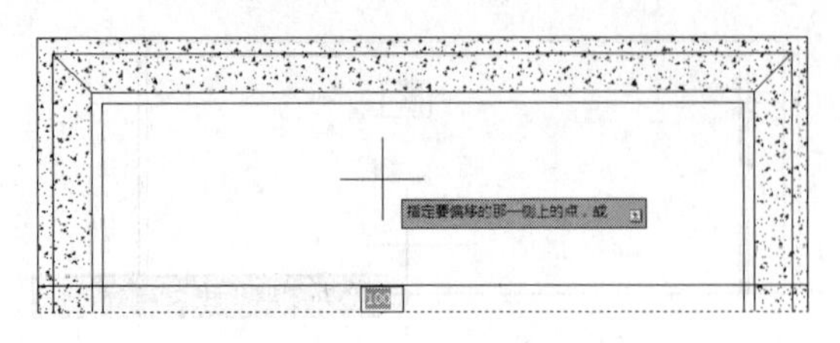

图 5-103

（8）启用填充工具，然后在“图案填充与渐变色”面板中设置图案、角度以及比例如图 5-104 所示。

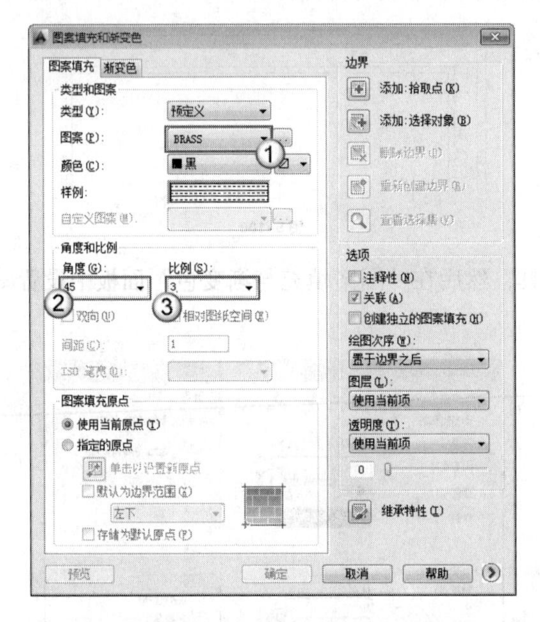

图 5-104

（9）选择中部以及底部不锈钢收边线内部确认填充，完成效果如图 5-105 所示。

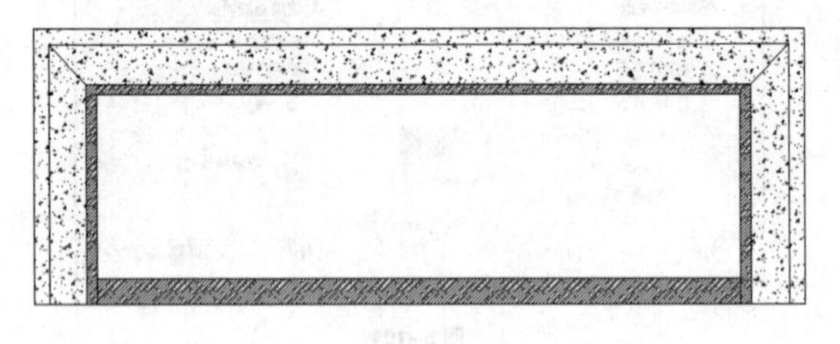

图 5-105

（10）启用填充工具，然后在“图案填充与渐变色”面板中设置图案、角度以及比例如图 5-106 所示。

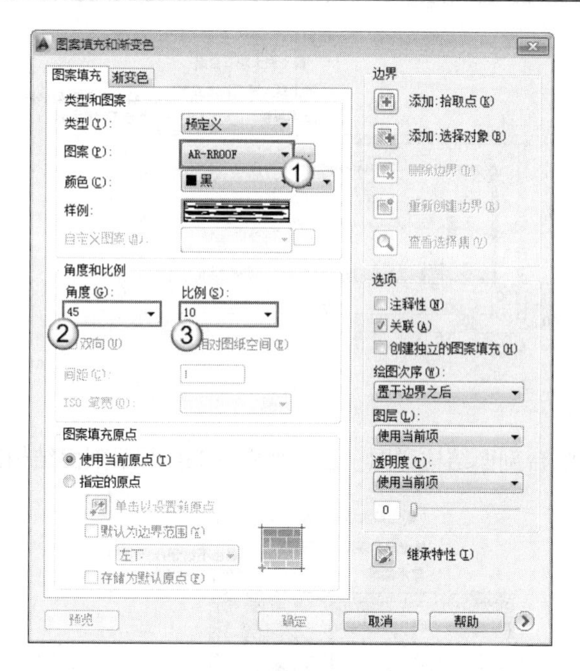

图 5-106

（11）选择中部镜面内确认填充，完成效果如图 5-107 所示。

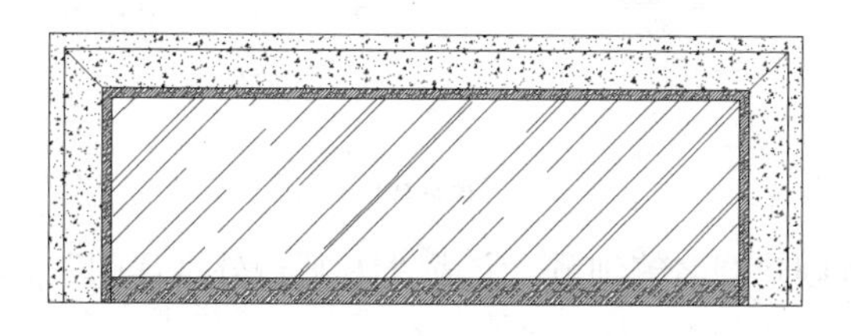

图 5-107

（12）新建绿色显示的工艺标注图层并置为当前层，然后输入“MLD”启用多重引线标注吧台各处材质与工艺，如图 5-108 所示。

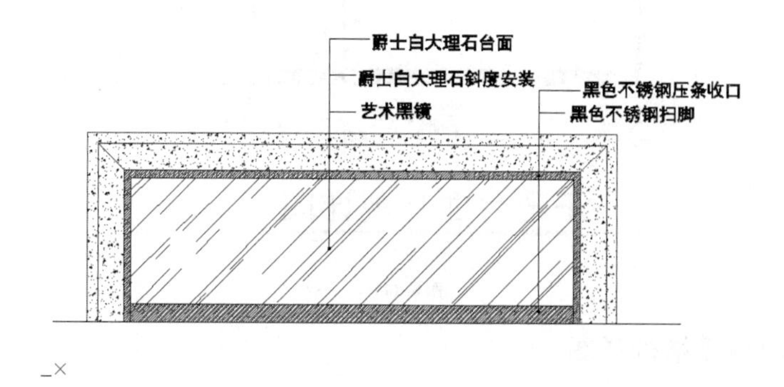

图 5-108

（13）结合线性标注与连续标注完成吧台尺寸标注如图 5-109 所示。

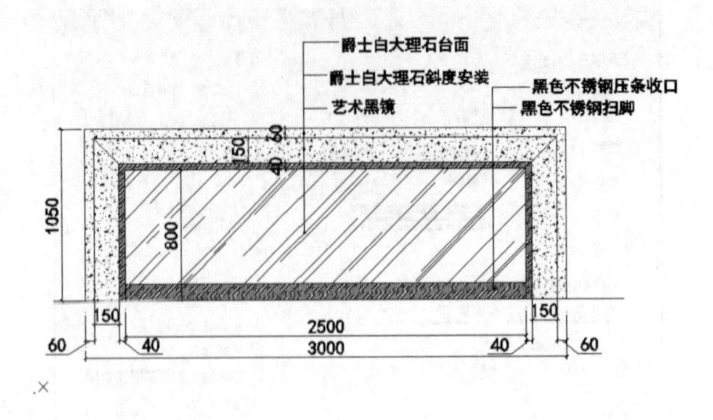

图 5-109

（14）为了指示吧台剖面结构详图，创建如图 5-110 所示剖面结构详图索引符。

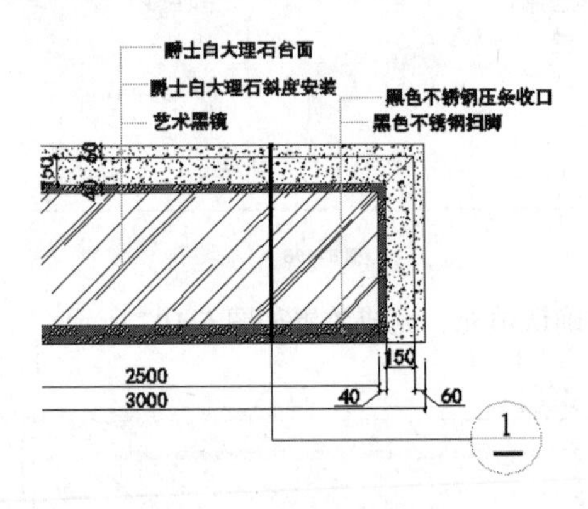

图 5-110

（15）在图纸下方创建图名等细节，完成“1F 吧台外观详图”至图 5-111 所示剖面结构详图索引符。

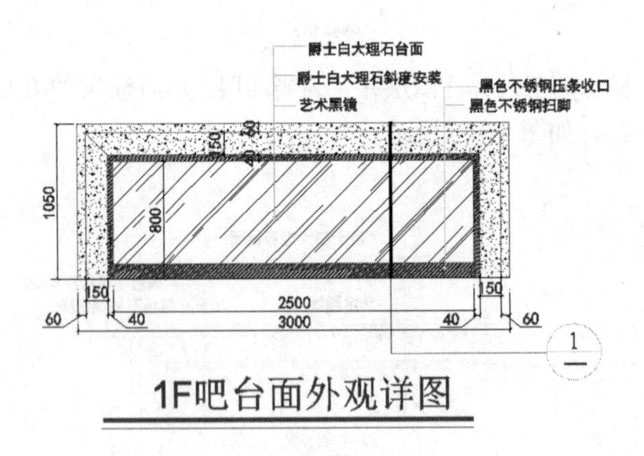

图 5-111

5.3.3　绘制吧台剖面结构详图

（1）选择吧台右侧线条夹点向右以 4000 的距离拉伸，绘制好吧台剖面结构详图轮廓线，完成效果如图 5-112 所示。

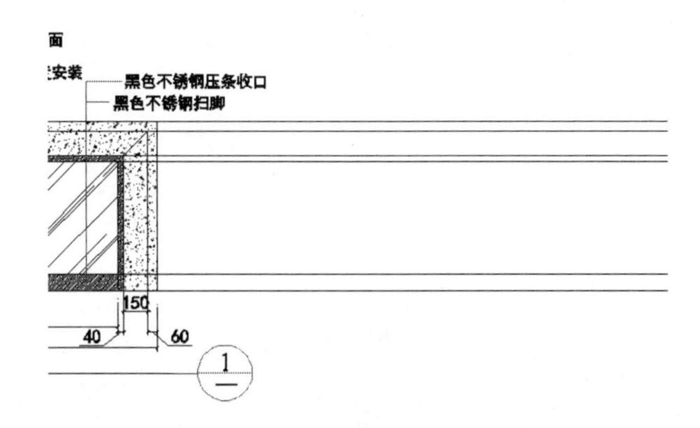

图 5-112

（2）启用直线工具绘制一条竖直线段为吧台剖面结构详细中左侧轮廓线，如图 5-113 所示。

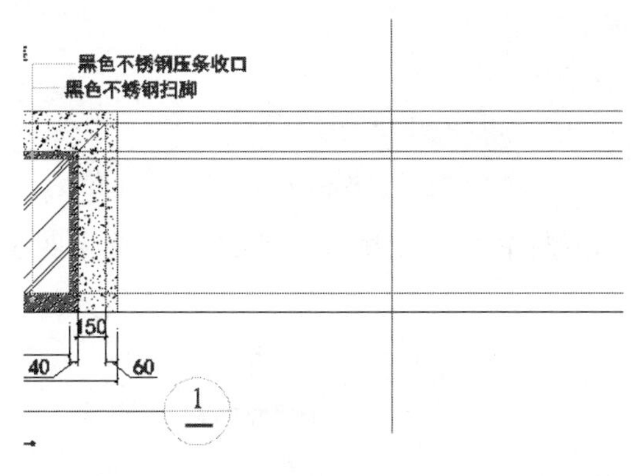

图 5-176

（3）启用偏移复制工具向右以 450 的距离对应确定吧台宽度，如图 5-114 所示。

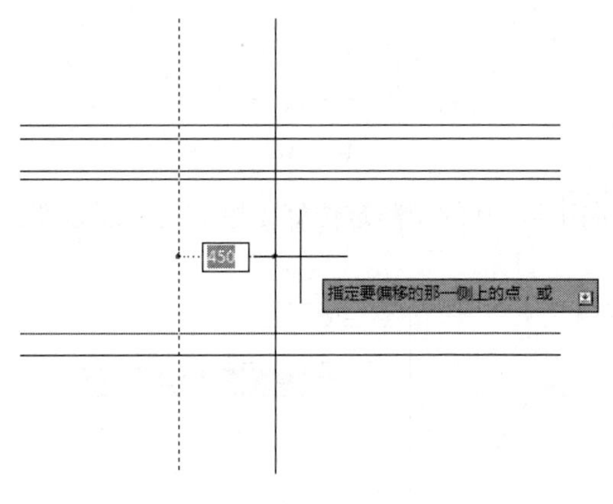

图 5-114

（4）启用修剪工具处理掉多余线段，绘制吧台剖切面轮廓线至如图 5-115 所示。接下来开始绘制细部效果。

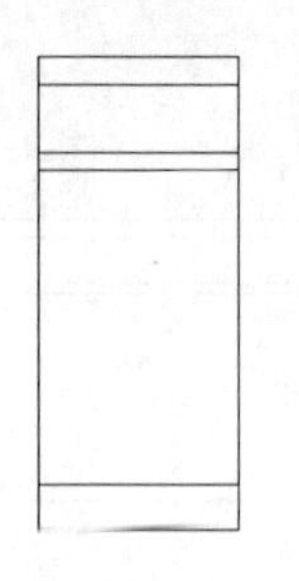

图 5-115

要点提示

修剪完成后注意清理好“1F 吧台外观详图”中由于修剪残存的线条，如图 5-116 所示。

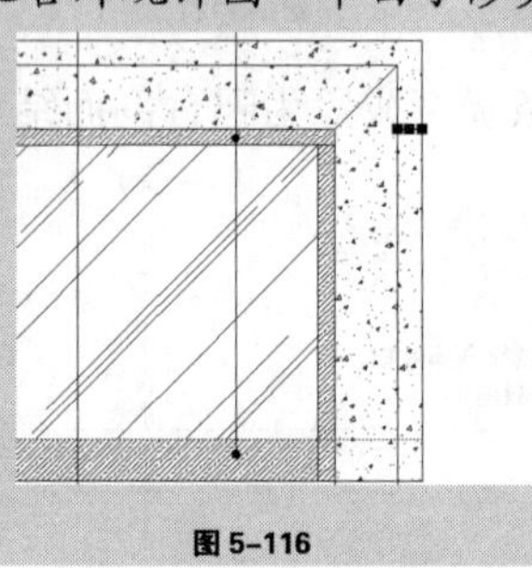

图 5-116

（5）启用偏移工具向下制作 40 的斜拼石材剖面厚度，参考图 5-117 所示。

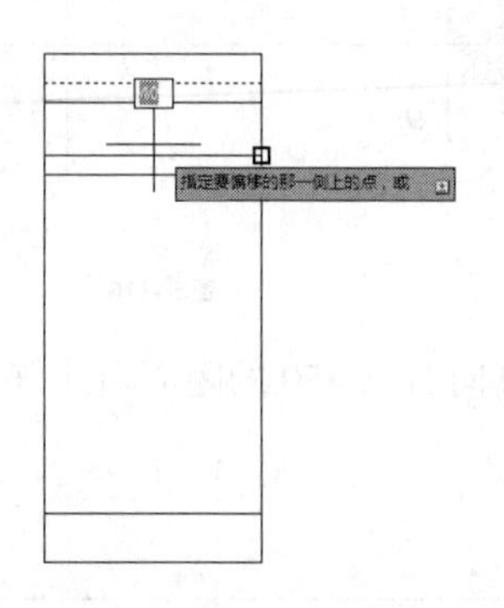

图 5-117

（6）启用偏移工具向下以 20 的距离定位好支撑结构剖面厚度，参考图 5-118 所示。

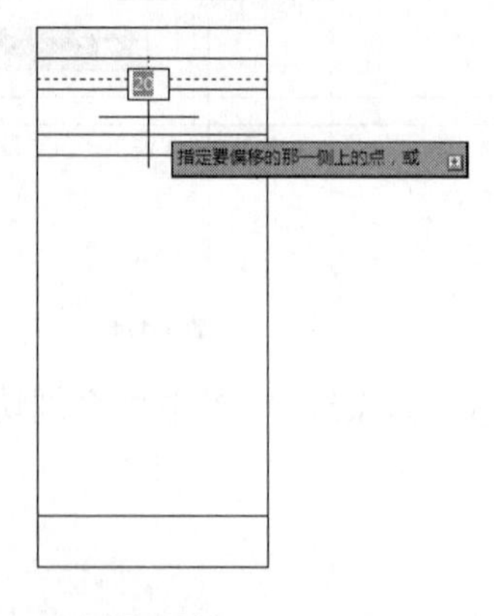

图 5-118

（7）启用偏移工具选择左侧轮廓线向右以 50 的距离制作好侧板剖面厚度，参考图 5-119 所示。

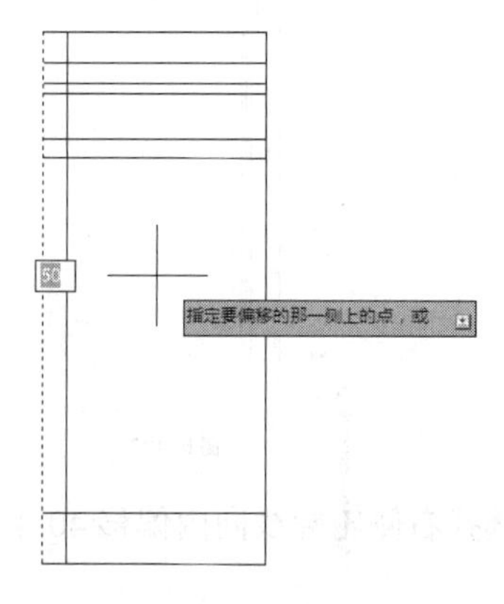

图 5-119

（8）启用偏移工具选择上一步偏移生成的线段向右连续以 10 的距离偏移两次，制作好不锈钢收边以及镜面剖面厚度，参考图 5-120 所示。

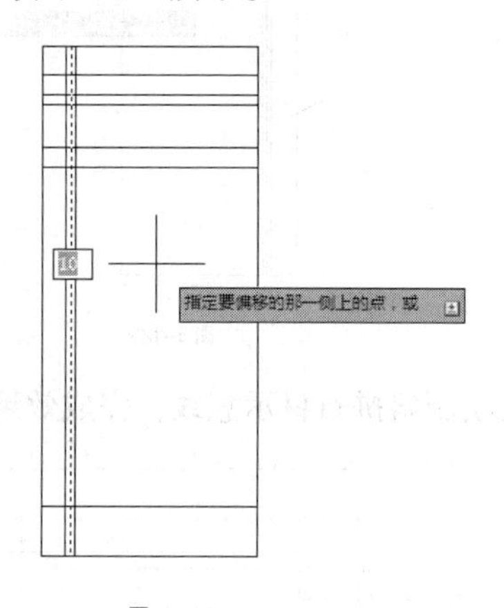

图 5-120

（9）启用偏移工具继续向右偏移 10 的距离确定好内部支撑结构竖向轮廓线，参考图 5-121 所示。

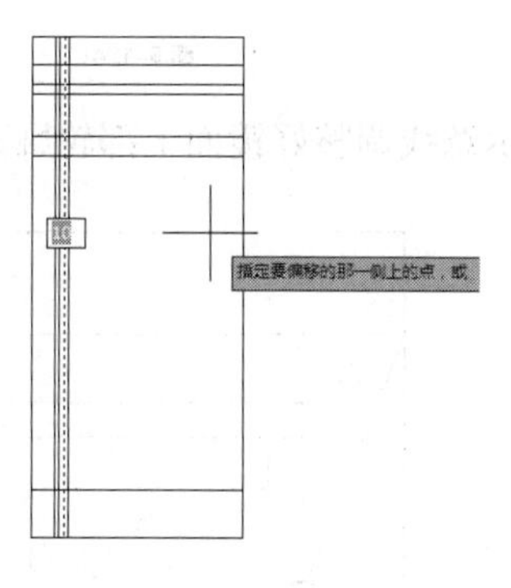

图 5-121

（10）启用修剪工具修剪出上方的不锈钢收边剖面、镜面以及下方不锈钢收边剖面图形，完成效果如图 5-122 所示。

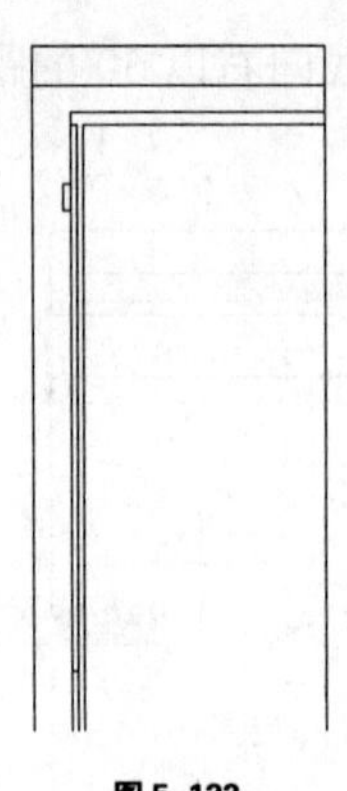

图 5-122

（11）启用偏移工具选择右侧轮廓线向内偏移 40 生成右侧柜板厚度，如图 5-123 所示。

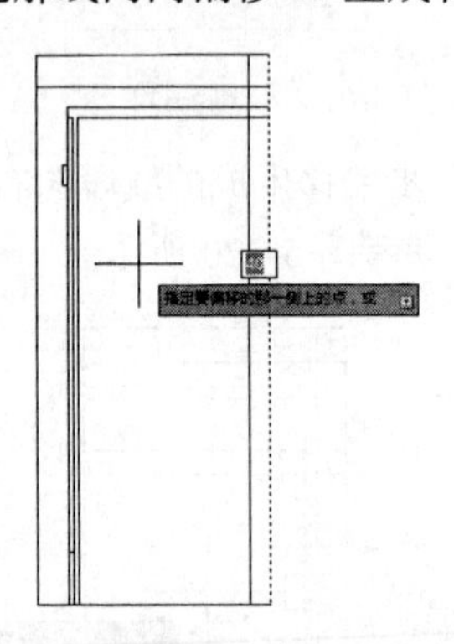

图 5-123

（12）启用直线工具绘制斜拼石材示意线，完成效果如图 5-124 所示。

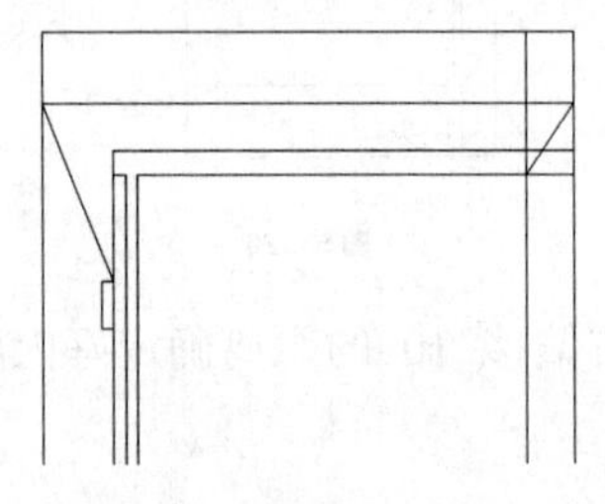

图 5-124

（13）参考斜拼石材示意线调整好镜面上部轮廓高度，参考图 5-125 所示。

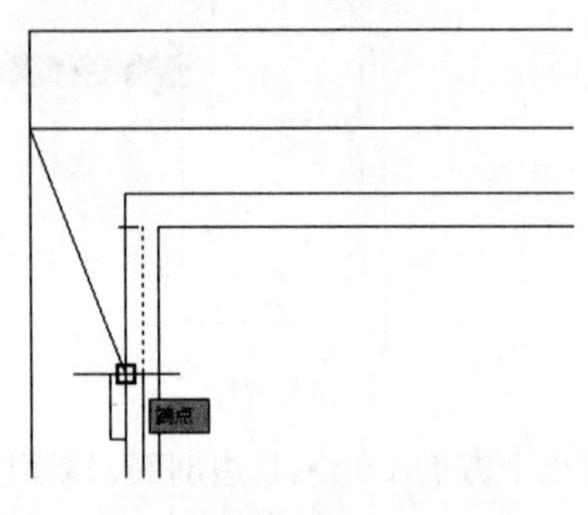

图 5-125

（14）为方便吧台内部支撑架的表示，启用打断在如图 5-126 所示位置打断线条。

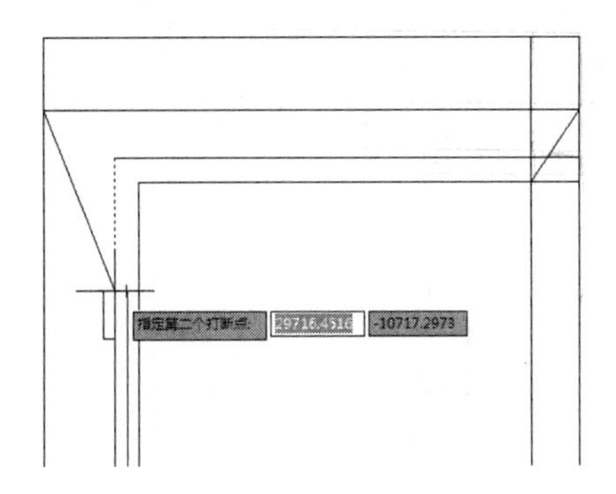

图 5-126

（15）选择内部支撑架将其线型调整为“ACAD-ISO2W100”，然后按下“Ctrl+1”组合键设置线型比例为 2，调整完成效果如图 5-127 所示。接下来填充剖面对应材质。

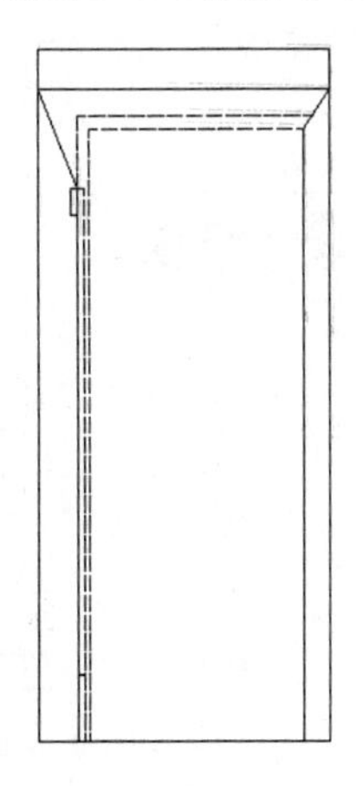

图 5-127

（16）启用填充工具，然后在“图案填充与渐变色”面板中设置图案、角度以及比例至如图 5-128 所示。

图 5-128

（17）选择大理石剖面确定填充，完成效果如图 5-129 所示。

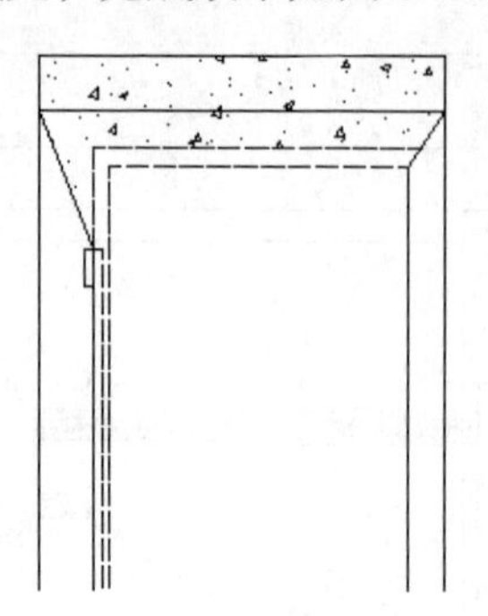

图 5-129

（18）启用填充工具，然后在“图案填充与渐变色”面板中设置图案、角度以及比例至如图 5-130 所示。

图 5-130

（19）选择上下两处不锈钢条进行填充，完成效果如图 5-131 所示。

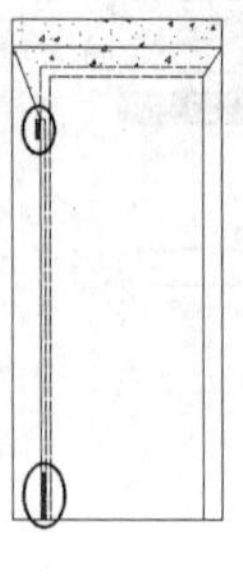

图 5-131

（20）新建绿色显示的工艺标注图层并置为当前层，然后输入“MLD”启用多重引线标注好各处材质与工艺，参考图 5-132 所示。

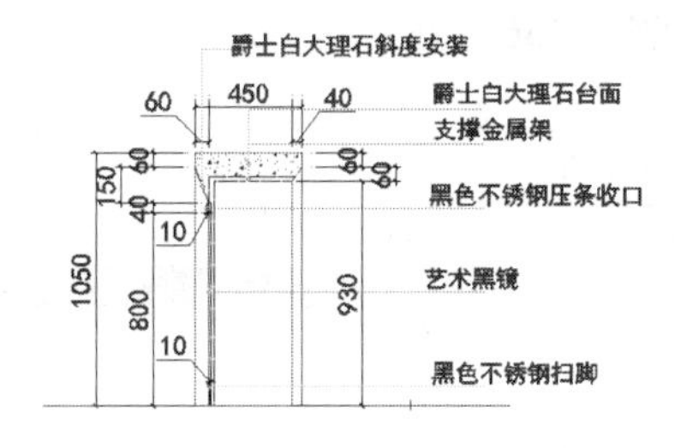

图 5-132

（21）结合线性标注与连续标注完成吧台剖面结构详图尺寸标注，最后再绘制并放置好图号、图名以及比例，完成“1F 吧台剖面结构详图”如图 5-133 所示。

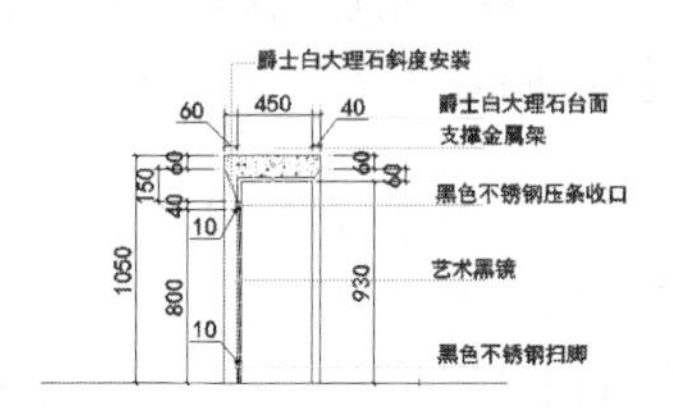

图 5-133

5.3.4 绘制吧台透视图

（1）复制之前绘制好的“1F 吧台外观详图”，然后删除多重引线标注以及图符等内容，处理至如图 5-134 所示。

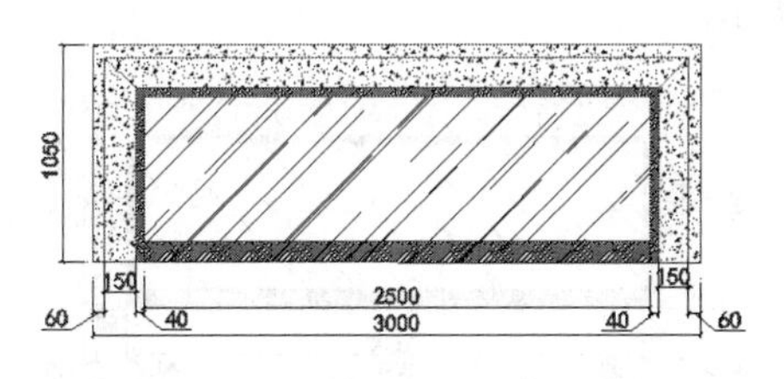

图 5-134

（2）启用偏移工具，选择右侧轮廓线向右以 175 的距离偏移复制，生成侧面透视宽度，如图 5-135 所示。

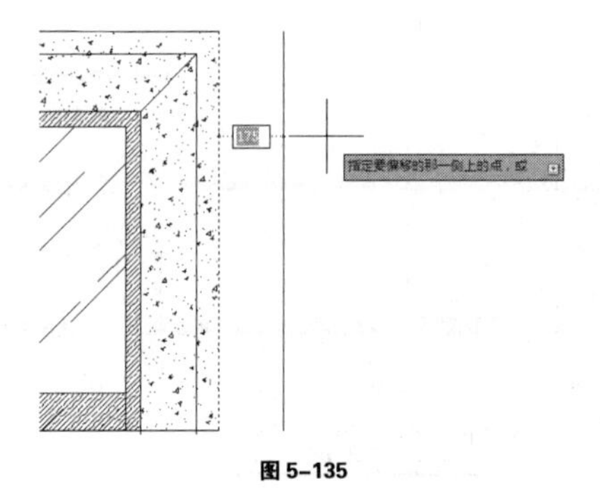

图 5-135

（3）启用直线工具，首先捕捉吧台右侧角点为第一点，然后通过相对坐标输入确定第二点绘制侧面上方透视线，如图 5-136 所示。

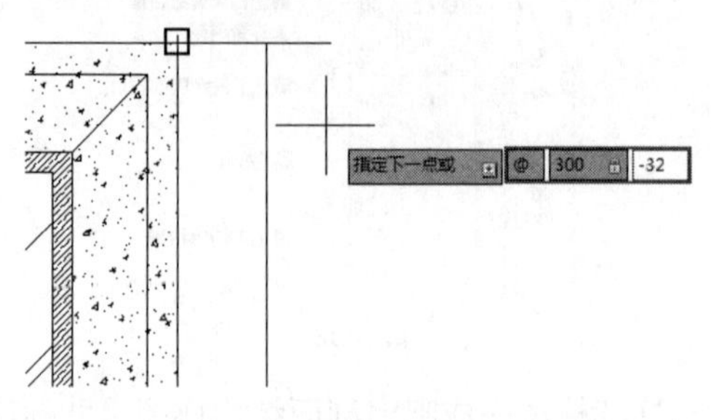

图 5-136

（4）启用直线工具，首先捕捉吧台右下角点为第一点，然后通过相对坐标输入确定第二点绘制侧面下方透视线，如图 5-137 所示。

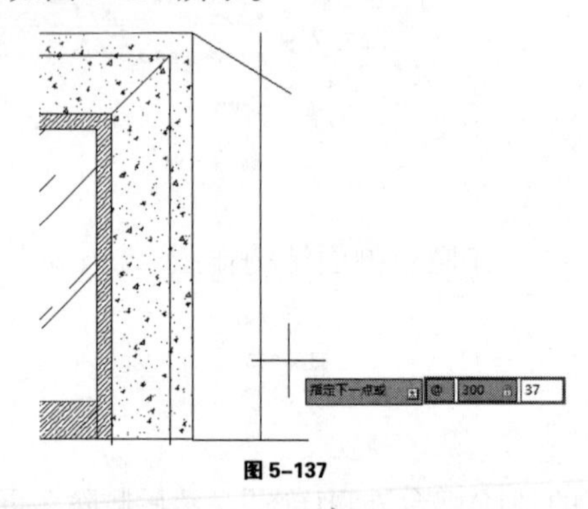

图 5-137

（5）启用修剪工具处理好多余线段，再启用填充工具参考前面大理石面填充参数，填充侧面效果至如图 5-138 所示。

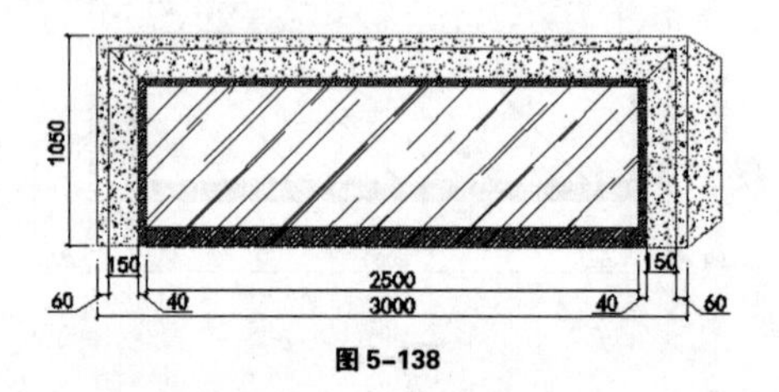

图 5-138

（6）输入“MLD”启用多重引线标注好吧台各处材质与工艺，然后添加图名“1F 吧台透视图”，完成效果如图 5-139 所示。

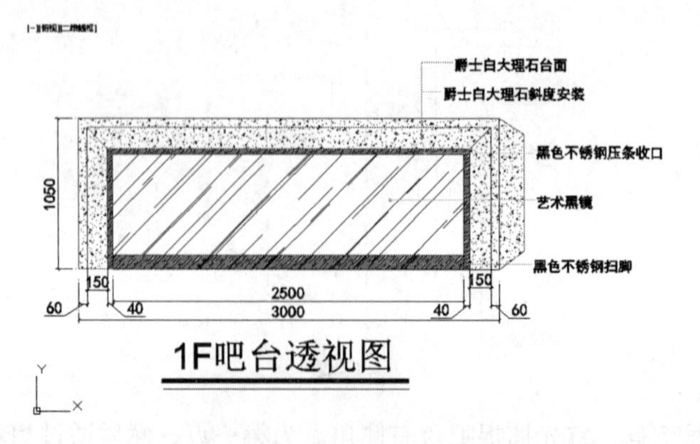

图 5-139

（7）经过以上所有步骤，本例“1F 吧台立面详图”中相关图纸全部绘制完成，调整各图纸相对位置并添加对应图框、图号、图名以及比例，完成“1F 吧台立面详图”最终效果至如图 5-140 所示。

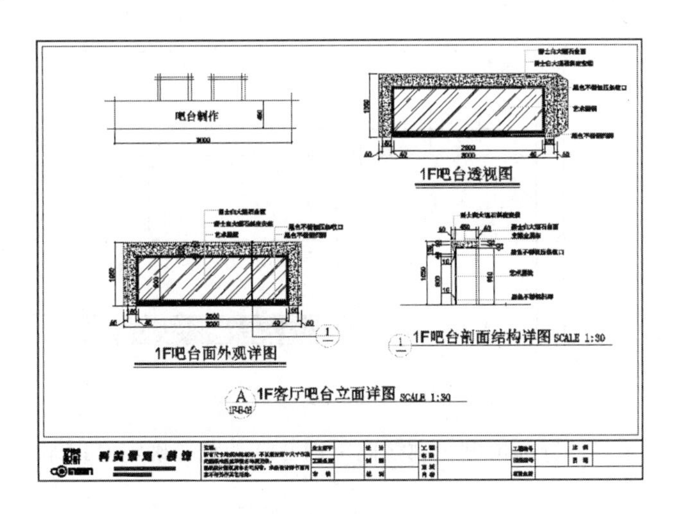

图 5-140

5.4 绘制 2F 主卧室背景墙立面详图

5.4.1 绘制 2F 主卧室背景墙立面轮廓线

（1）启动 AutoCAD2014，打开上一章绘制完成的 2F 立面索引图，找到主卧室背景墙所在位置。

（2）按下“Ctrl+N”新建图纸，然后在弹出的“选择样板”对话框内选择“acadiso”并单击打开按钮 打开(O) 创建新的空白文档。

（3）进入新建空白文档，接下来复制并处理好主卧室背景墙以及所在墙线等细节，然后选择两侧墙线夹点向下移动 3800 绘制出主卧室背景墙立面轮廓线，完成效果如图 5-141 所示。

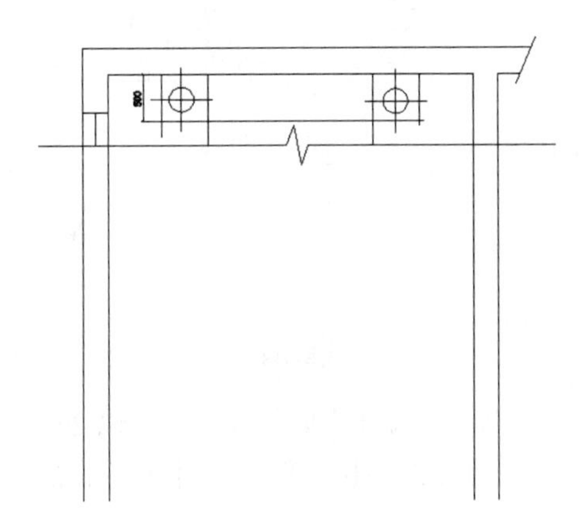

图 5-141

5.4.2 绘制 2F 主卧室背景墙立面初步造型

（1）启用偏移工具，选择上方内侧水平墙线向下以 1600 的距离确定好顶棚轮廓线位置，参考图 5-142 所示。

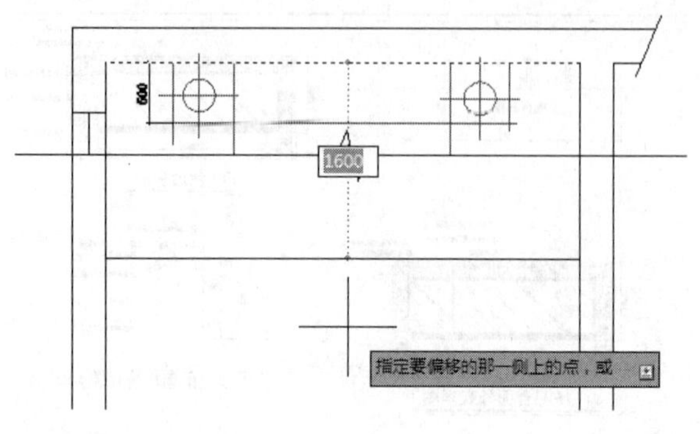

图 5-142

（2）启用偏移工具，选择顶棚轮廓线向下以 240 的距离确定好顶棚厚度，参考图 5-143 所示。

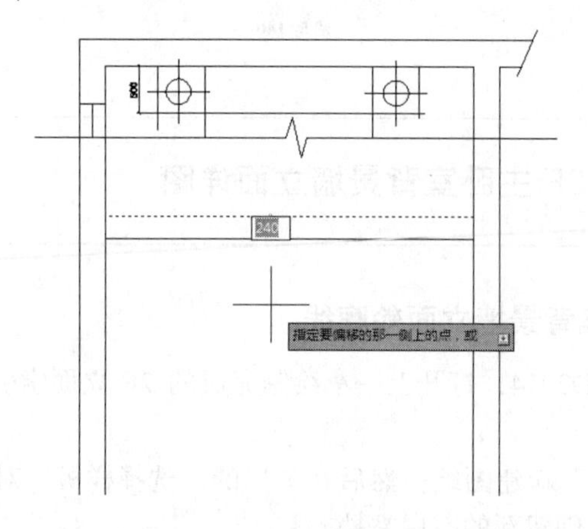

图 5-143

（3）启用偏移工具，选择顶棚下部轮廓线向下以 160 的距离确定主卧室背景墙顶部位置，参考图 5-144 所示。

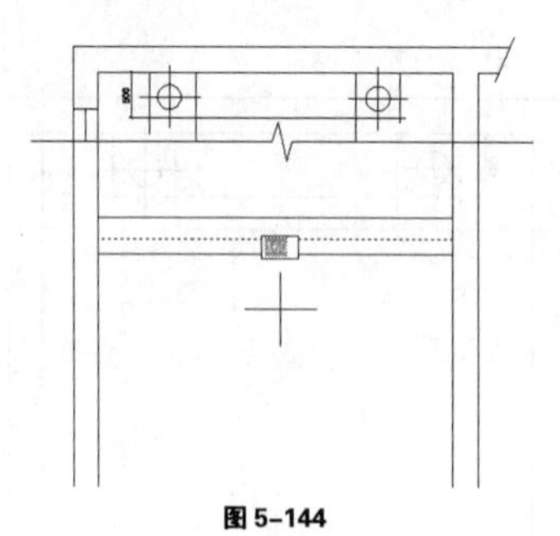

图 5-144

（4）启用偏移工具，选择上一步偏移生成的线段向下以 2690 的距离确定主卧室背景墙整体高度，然后启用修剪工具处理多段线段，调整主卧室背景墙初步轮廓效果至如图 5-145 所示。

图 5-145

5.4.3 绘制 2F 主卧室背景墙立面细部造型

（1）启用偏移复制工具，选择主卧室背景墙轮廓以 70 的距离向内绘制外侧收边宽度，如图 5-146 所示。

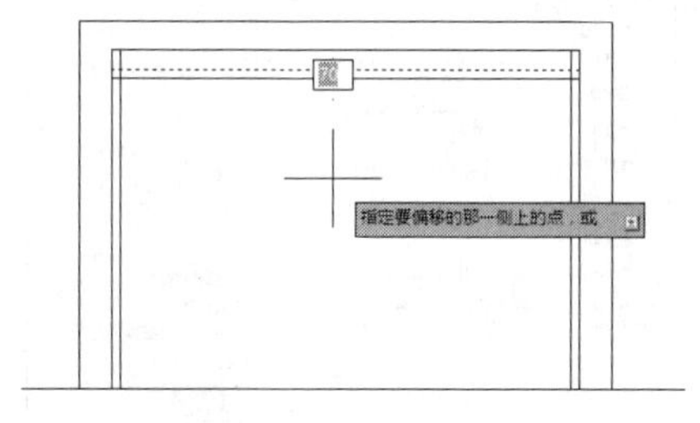

图 5-146

（2）启用偏移复制工具，选择顶部内侧轮廓线向下以 300 的距离绘制背景墙马赛克装饰面，如图 5-147 所示。

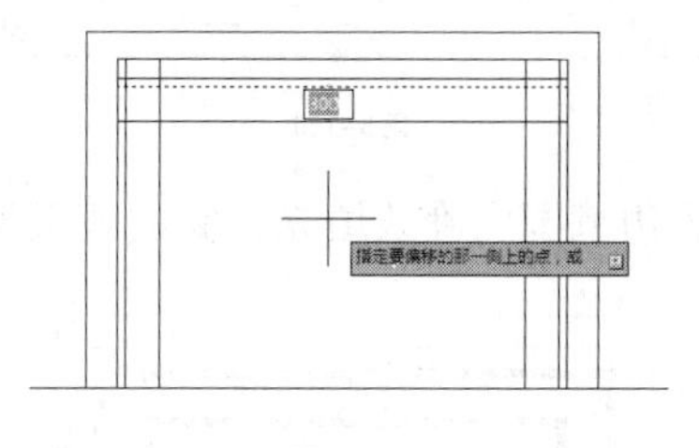

图 5-147

（3）启用偏移复制工具，选择上一步偏移生成的线条向内 70 的距离绘制内部收边宽度，如图 5-148 所示。

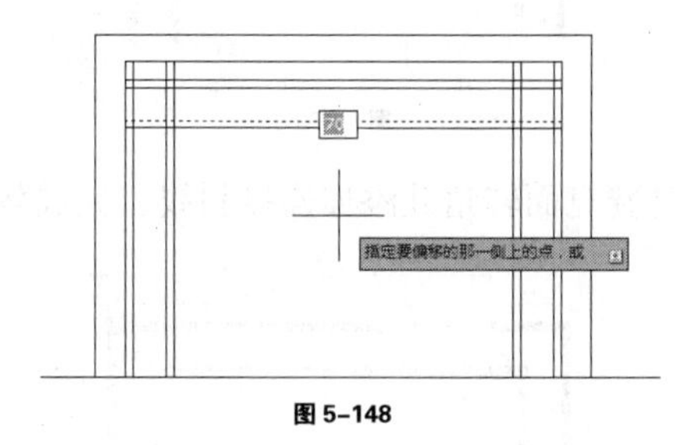

图 5-148

（4）选择轮廓线将其放置至家具外线图层，然后启用剪切工具处理线段效果至如图 5-149 所示。

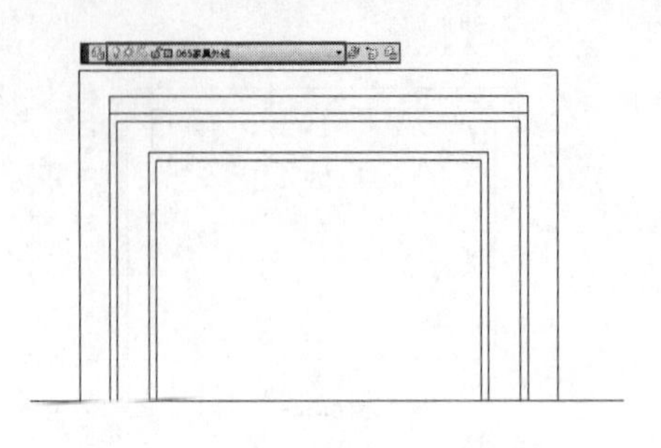

图 5-149

（5）启用填充工具，然后在“图案填充与渐变色”面板中设置图案、角度以及比例至如图 5-150 所示。

图 5-150

（6）选择绘制好的内外收边范围内确认填充，完成效果如图 5-151 所示。

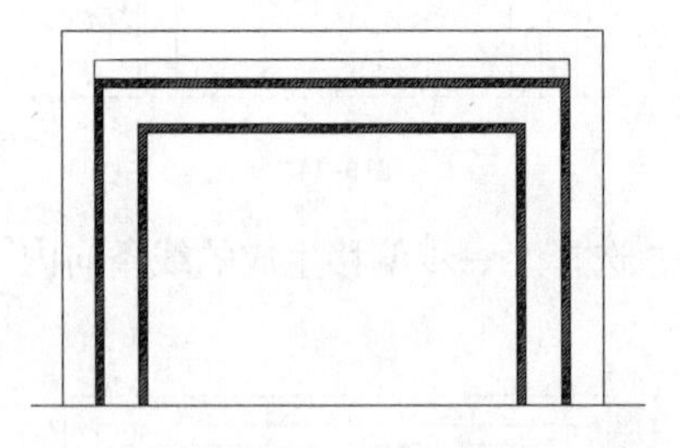

图 5-151

（7）启用直线工具在马赛克面转角处添加连接斜线，完成效果如图 5-152 所示。

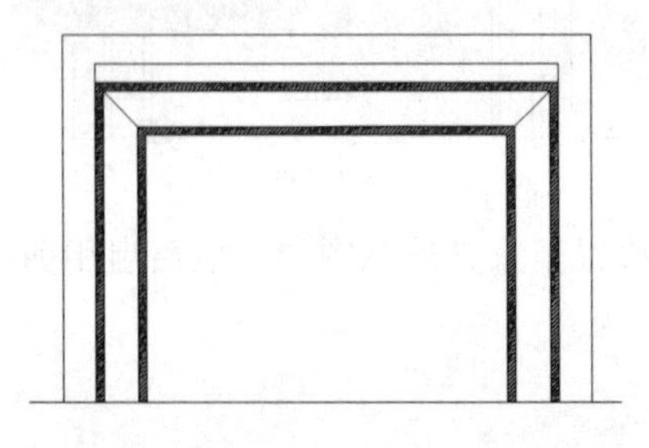

图 5-152

（8）启用填充工具，然后在“图案填充与渐变色”面板中设置图案、角度以及比例至如图 5-153 所示。

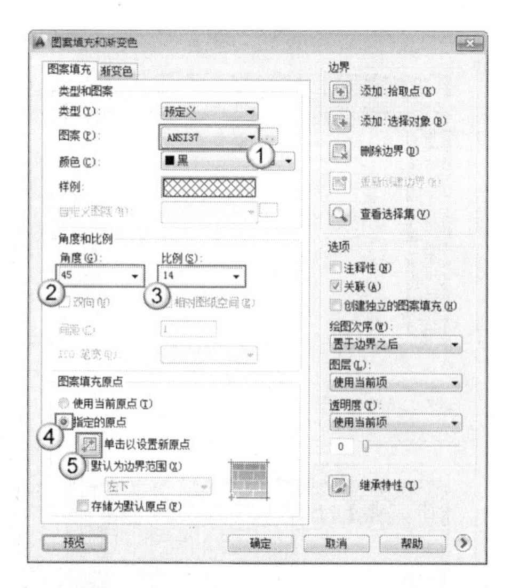

图 5-153

（9）选择绘制好的马赛克装饰范围确认填充，完成效果如图 5-154 所示。

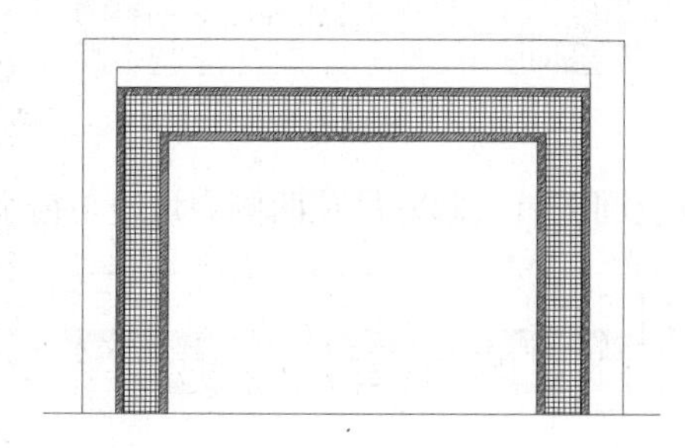

图 5-154

（10）启用填充工具，然后在“图案填充与渐变色”面板中设置图案、角度以及比例至如图 5-155 所示。

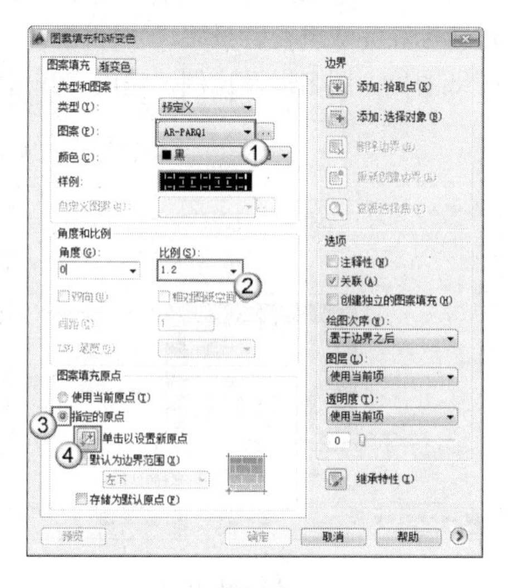

图 5-155

（11）接下来首先如图 5-156 所示指定新的填充原点，然后选择下方空白范围确认填充，完成效果至如图 5-157 所示。

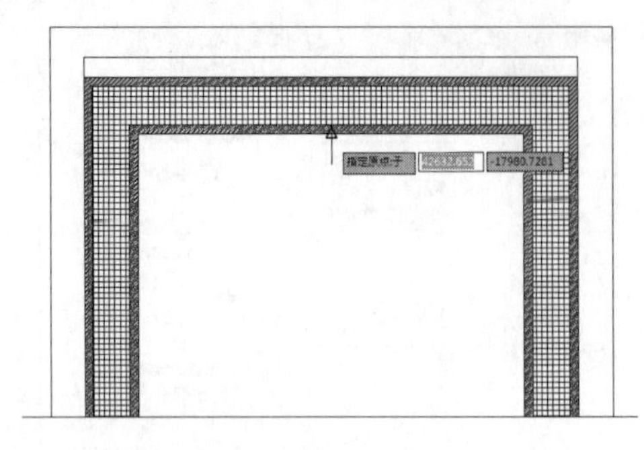

图 5-156

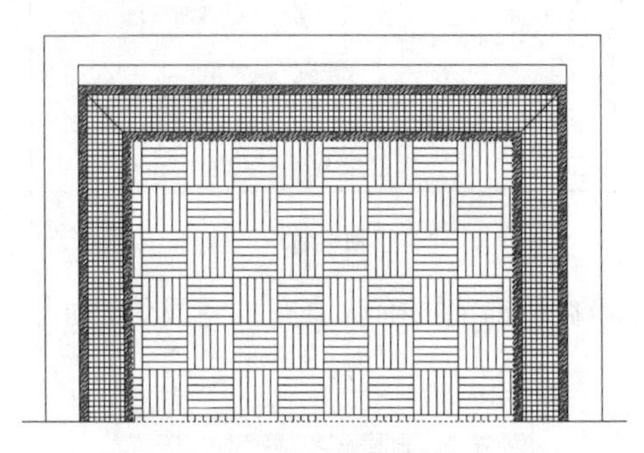

图 5-157

（12）结合使用直线以及圆工具绘制好吊顶两侧的角线与窗帘，如图 5-158 所示。

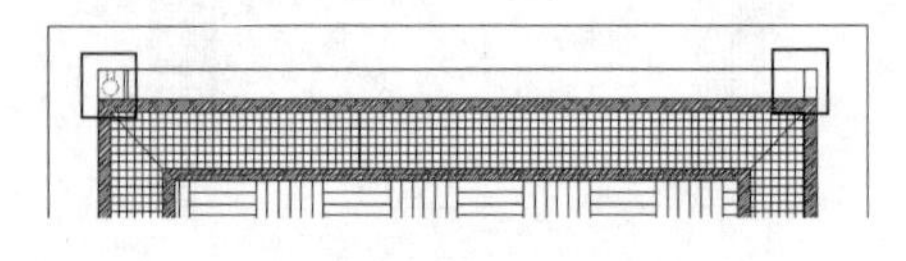

图 5-158

5.4.4 绘制 2F 主卧室背景墙立面最终细节

（1）输入“MLD”启用多重引线标注好电视墙各处材质与工艺。

（2）结合线性标注与连续标注完成电视背景墙尺寸标注。

（3）最后再绘制好本图纸图号、图名以及比例，完成“2F 主卧室背景墙立面详图”至如图 5-159 所示。

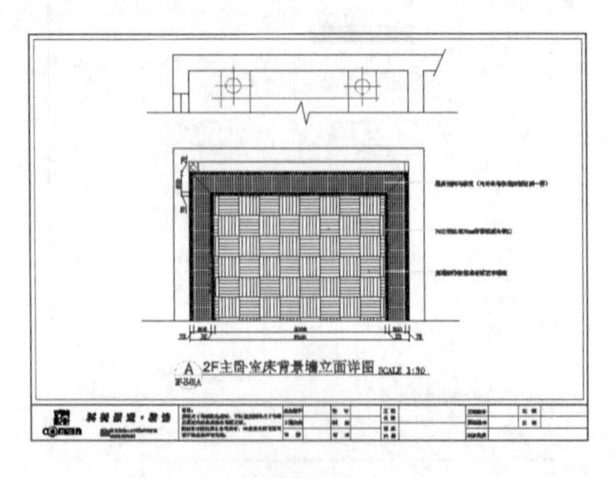

图 5-159

5.5 绘制 2F 小孩房书桌立面详图

5.5.1 绘制 2F 小孩房书桌立面轮廓线

（1）启动 AutoCAD2014，打开上一章绘制完成的 2F 立面索引图，找到小孩房书桌的位置。

（2）按下“Ctrl+N”新建图纸，然后在弹出的“选择样板”对话框内选择“acadiso”并单击打开按钮 打开(O) 创建新的空白文档。

（3）进入新建空白文档，然后复制并处理小孩房书桌以及所在墙线等细节，然后标注好书桌以及书架深度，最后选择右侧墙线与左侧窗户线夹点向下拉伸 4500 绘制好书桌立面轮廓线，完成效果参考图 5-160 所示。接下来开始绘制书桌立面初步造型。

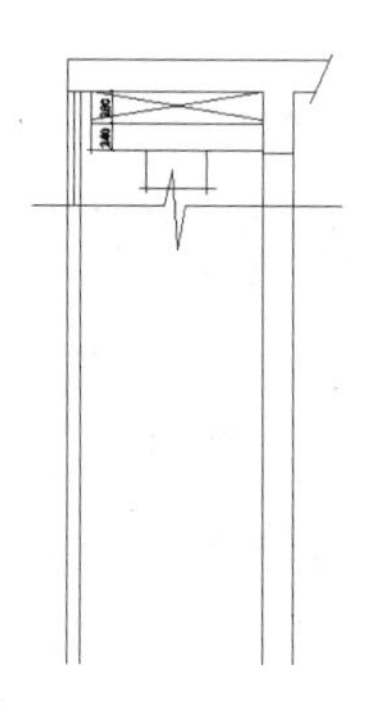

图 5-160

5.5.2 绘制 2F 小孩房书桌立面初步造型

（1）启用偏移工具，选择最上方水平墙线向下以 2200 的距离确定顶棚轮廓线。

（2）启用偏移工具，选择顶棚轮廓线向下以 240 的距离确定好顶棚厚度。

（3）启用偏移工具，选择顶棚下方轮廓线向下以 1850 的距离确定窗台高度线。

（4）启用偏移工具，选择窗台高度线向下以 1000 的距离确定好地面位置。

（5）启用修剪工具处理好多余线段，完成立面轮廓线至如图 5-161 所示。

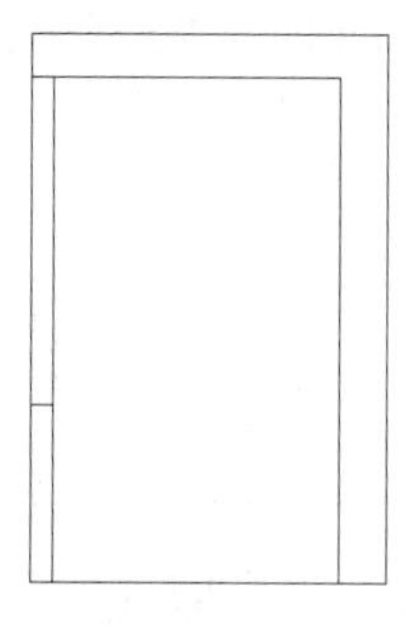

图 5-161

（6）启用打断工具，逐步选择窗户所在竖直墙线捕捉窗台线两侧端点进行打断，如图 5-162 所示。

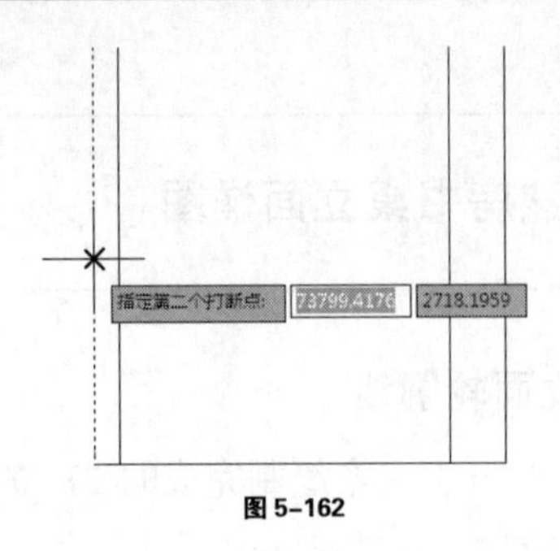

图 5-162

（7）选择窗台线以及两侧打断好的墙线调整至墙体图层，完成效果如图 5-163 所示。接下来开始绘制书架。

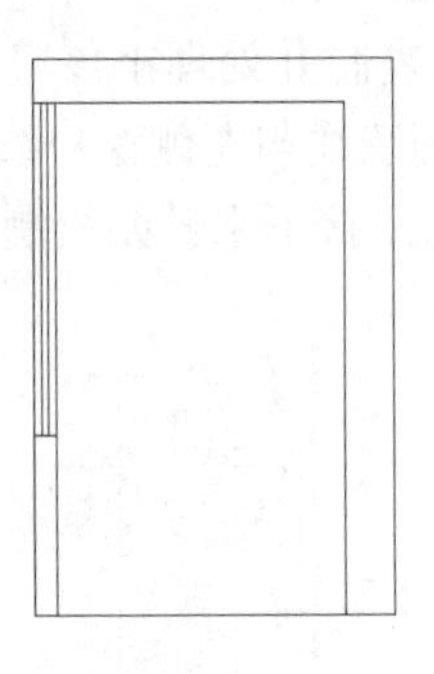

图 5-163

（8）启用偏移工具，选择顶棚下方轮廓线逐步以 820、360、320 的距离绘制好书架高度位置线，如图 5-164 所示。

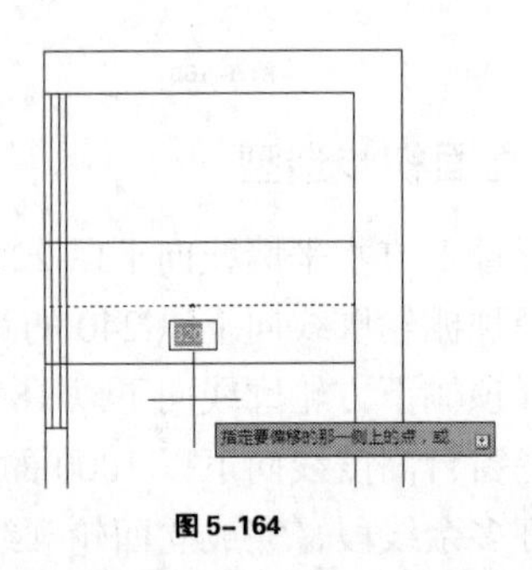

图 5-164

（9）启用偏移工具，选择最下方的书架高度位置线向下以 550 的距离创建出书桌高度位置线，如图 5-165 所示。

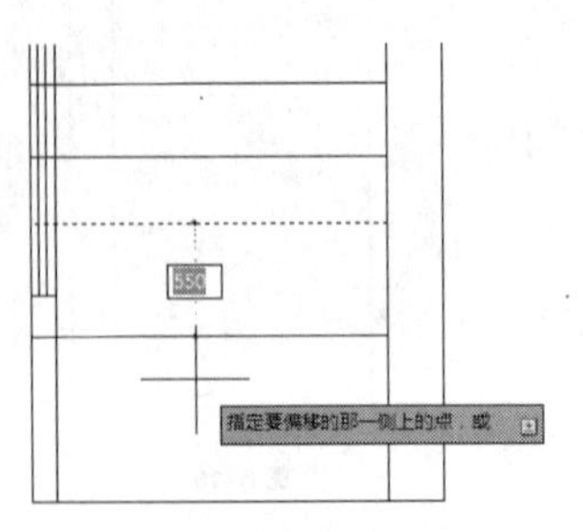

图 5-165

（10）启用偏移工具，选择书桌高度位置线向下以 150 的距离确定好书桌厚度，如图 5-166 所示。

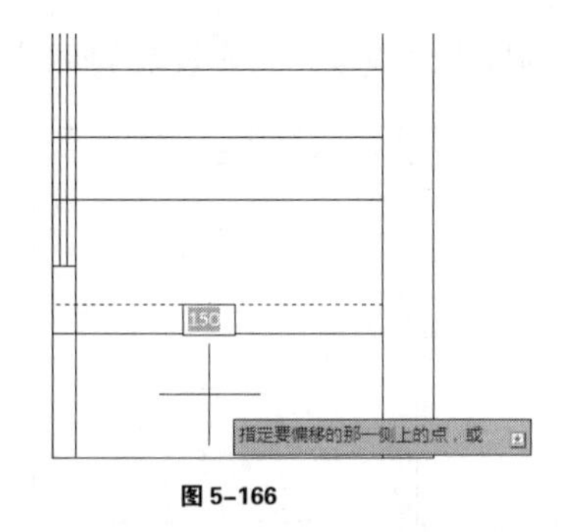

图 5-166

（11）启用偏移工具，选择右墙内侧线段向左以 200 的距离确定好最上方书架搁板右侧端线，如图 5-167 所示。

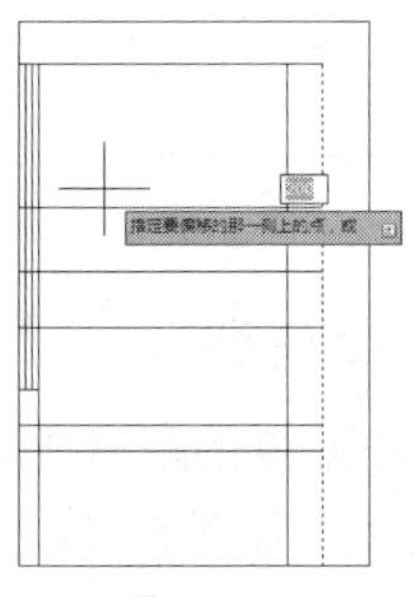

图 5-167

（12）启用偏移工具，选择上一步偏移生成的线段向左以 1087 的距离确定好中间书架搁板左侧端线，如图 5-168 所示。

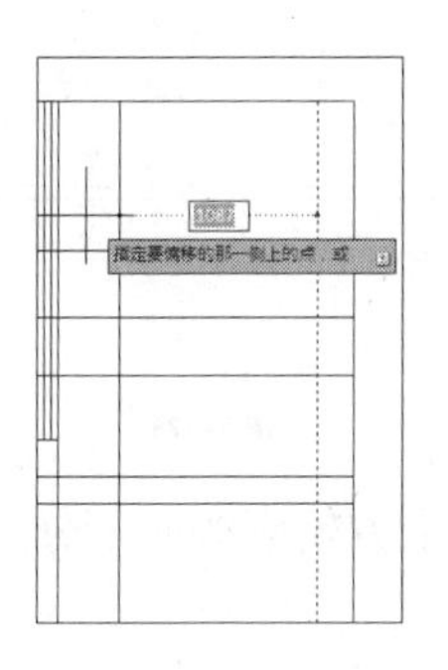

图 5-168

（13）启用偏移工具，选择上一步偏移生成的线段向左以 200 的距离确定好最下方书架搁板以及书桌左侧端线，如图 5-169 所示。

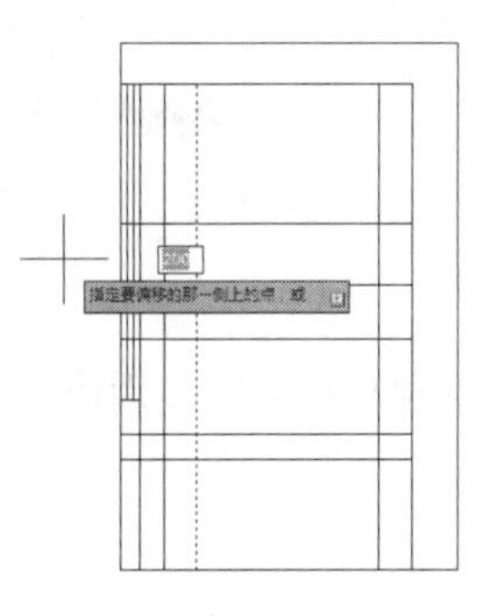

图 5-169

（14）启用修剪工具处理好多余线段，完成效果至如图 5-170 所示。接下来创建细部造型。

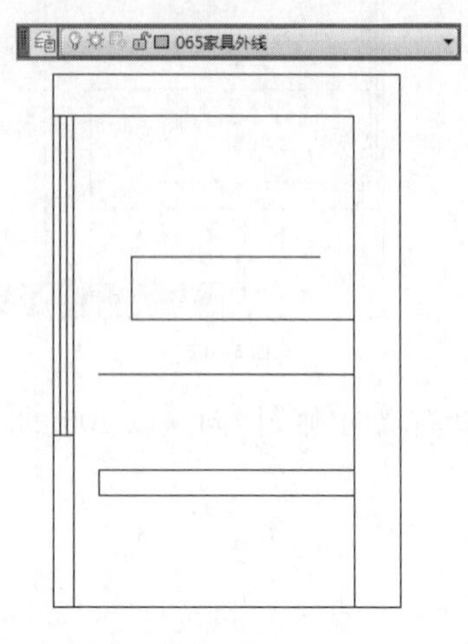

图 5-170

5.5.3 绘制 2F 小孩房书桌立面细部造型

（1）启用偏移工具选择相关线段以 40 的距离制作出书架搁板厚度，然后启用修剪工具处理好多余线段，制作好书架搁板造型至如图 5-171 所示。

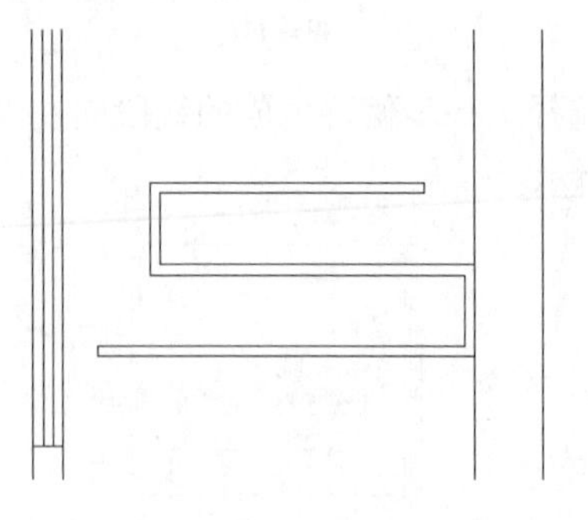

图 5-171

（2）启用偏移工具，选择书桌上方轮廓线向下分别以 40、50 的距离制作好竖向细节分割线，参考图 5-172 所示。

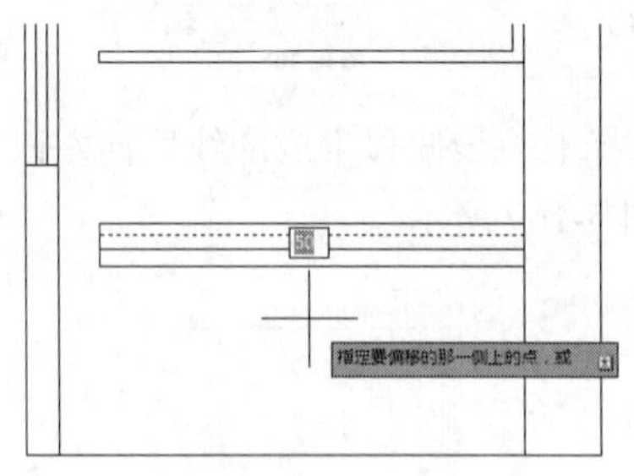

图 5-172

（3）启用偏移工具，选择书桌左右两侧端线向内以 420 的距离创建好书桌横向细节分割线，参考图 5-173 所示。

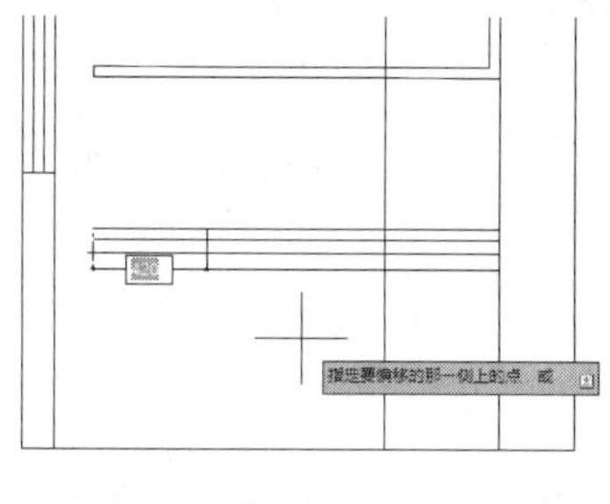

图 5-173

（4）启用偏移工具，选择书桌横向细节分割线向内以 20 的距离制作好书桌内部柜板厚度，参考图 5-174 所示。

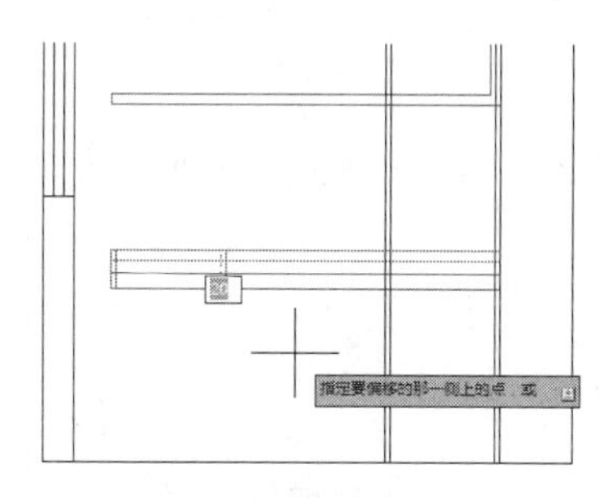

图 5-174

（5）启用修剪工具处理好多余线段，绘制书桌造型至如图 5-175 所示。

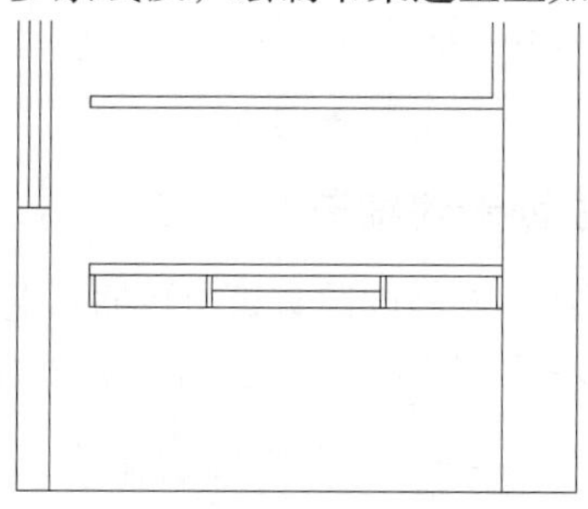

图 5-175

（6）启用矩形工具绘制好拉手，然后复制并移动效果至如图 5-176 所示。

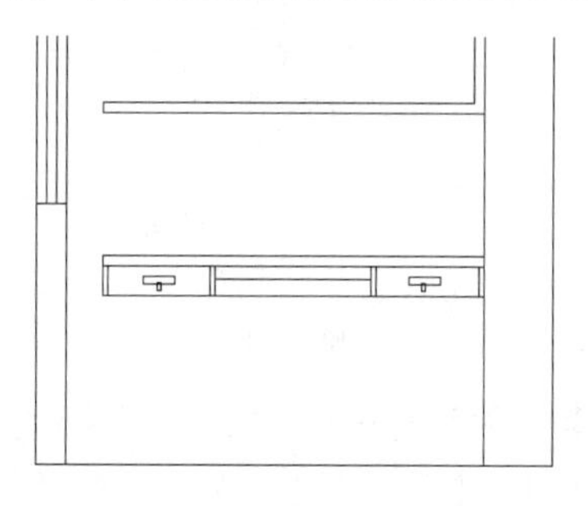

图 5-176

（7）启用填充工具，然后在“图案填充与渐变色”面板中设置图案、角度以及比例至如图 5-177 所示。

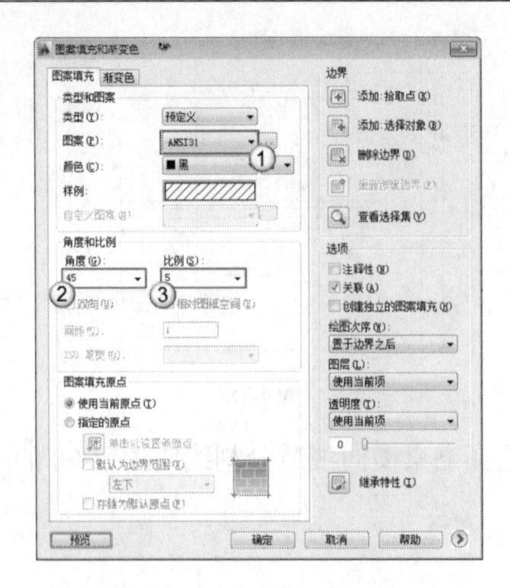

图 5-177

（8）选择书桌下方空白区域为填充范围确认填充，完成效果如图 5-178 所示。

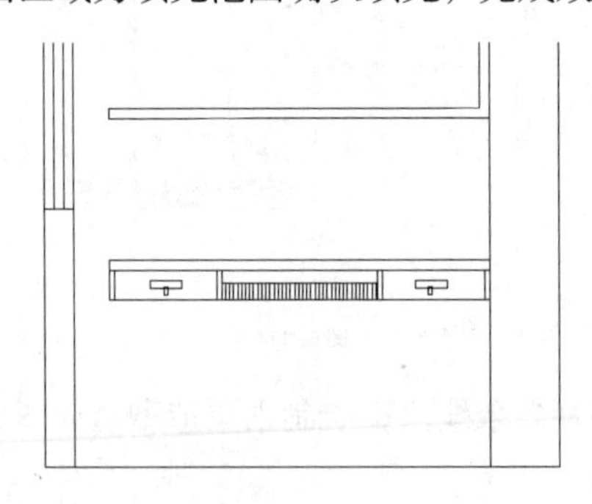

图 5-178

5.5.4 绘制 2F 小孩房书桌立面最终细节

（1）启用偏移复制工具制作 100 高的踢脚板，再插入电脑及书本图块并复制。

（2）输入“MLD”启用多重引线标注好立面各处材质与工艺，如图 5-179 所示。

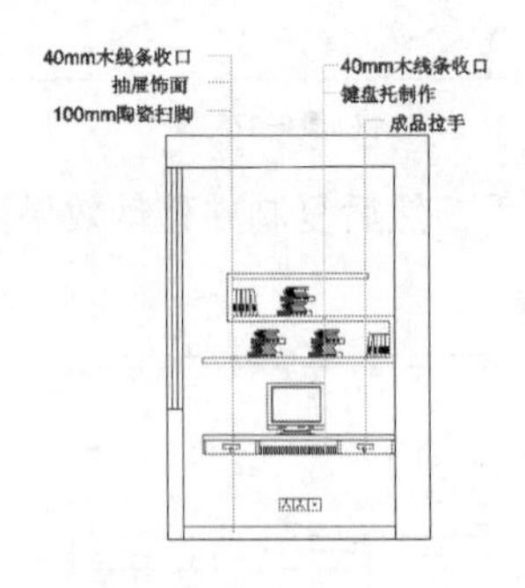

图 5-179

（3）结合线性标注与连续标注完成电视背景墙尺寸标注，接下来在图纸底部输入“2F 小孩房书桌外观详图”，完成该图纸整体效果至如图 5-180 所示。接下来再利用其绘制“2F 小孩房立面结构详图”。

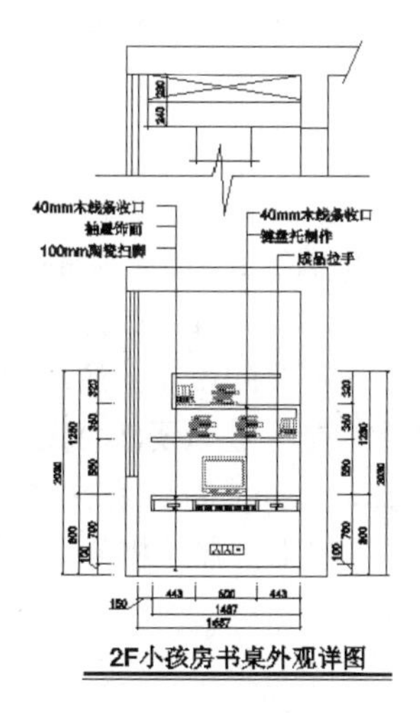

图 5-180

（4）向右复制“2F 小孩房书桌外观详图”，然后删除书本图块并标注好书架搁板尺寸，最后修改图名为“2F 小孩房书房结构详图”，完成效果如图 5-181 所示。

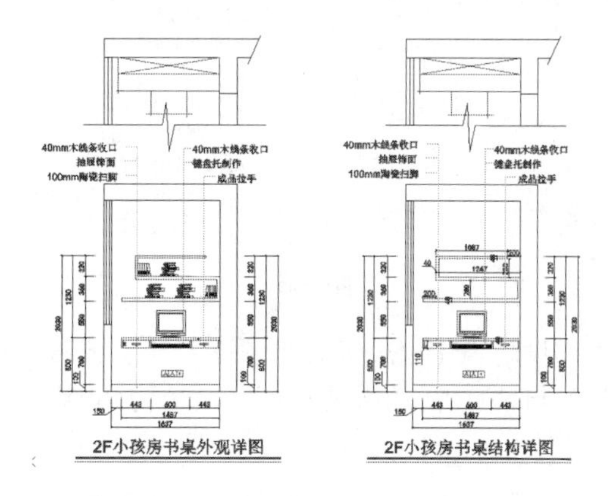

图 5-181

（5）添加图框然后在左侧绘制好本图纸图号、图名以及比例，“2F 小孩房书桌立面详图”完成效果如图 5-182 所示。

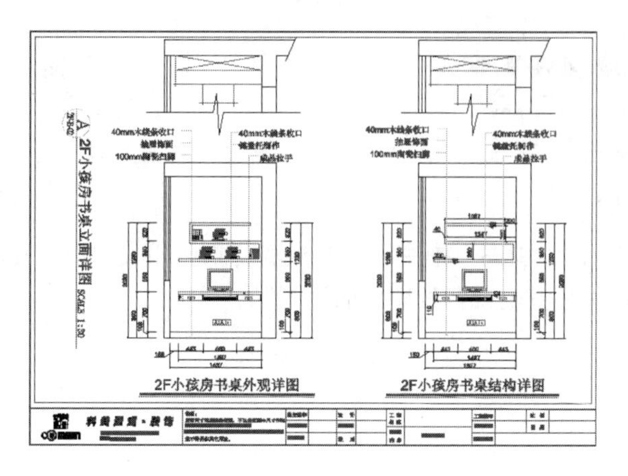

图 5-182

本章小结

在本章中详细地讲解了鞋柜、电视墙、展示柜、吧台、卧室背景墙、书桌书架等立面详图的绘制方法与技巧。在学习的过程中我们要注意立面详图的绘制过程，掌握从整体到局部，从轮廓到细节的绘制流程。此外在立面材质的填充上注意使用常见的填充技巧以完成理想的材质表达效果，最后在各处立面图形绘制完成后要注意图号、图名以及比例的添加并耐心地排列大图纸内各张小图纸的相对位置，达到清晰、美观的图纸观看效果。

（1）利用“1F 立面索引图”中休闲阳台客厅相关图形，参考本章相关内容完成“1F 阳台储物柜立面详图”至如图 5-183 所示。

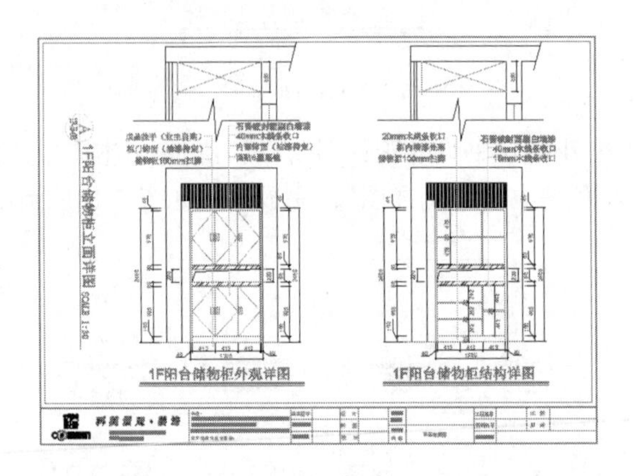

图 5-183

（2）利用“1F 立面索引图”中休闲区展示柜相关图形，参考本章相关内容完成“1F 活动区展示柜立面外观详图”与“1F 活动区展示柜立面结构详图”至如图 5-184 与图 5-185 所示。

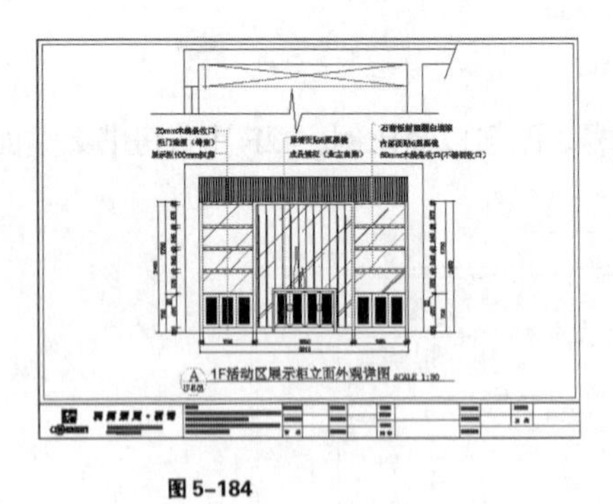

图 5-184

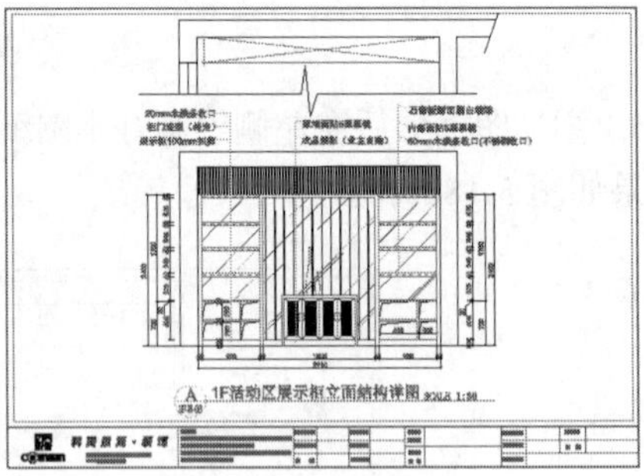

图 5-185

（3）利用“2F 立面索引图”中主卧室电视墙背景墙相关图形，参考本章相关内容，绘制图 5-186 所示“2F 主卧室电视背景墙立面详图”。

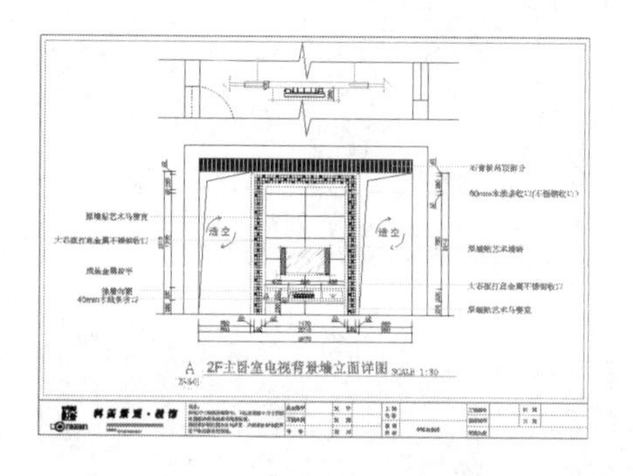

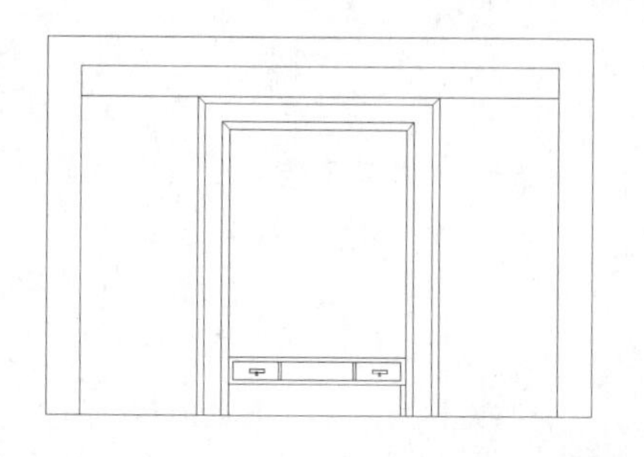
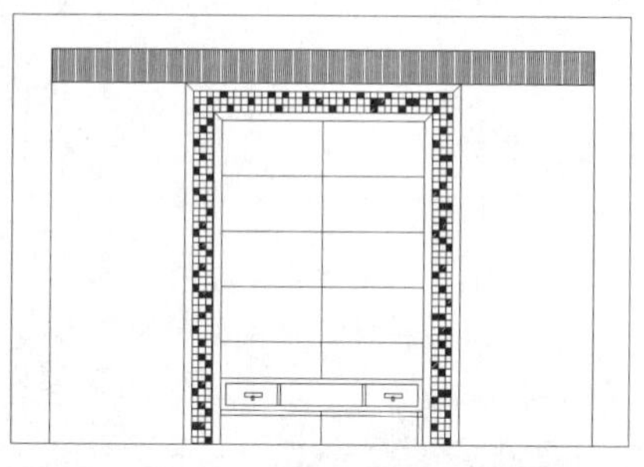

图 5-186

（4）利用“1F 立面索引图”中吧台相关图形，参考本章相关内容绘制如图 5-187 所示另一个方案的“1F 客厅吧台立面详图”。

（5）利用“2F 立面索引图”中主卧室背景墙相关图形，参考本章相关内容绘制如图 5-188 所示另一个方案的“2F 主卧室背景墙立面详图”。

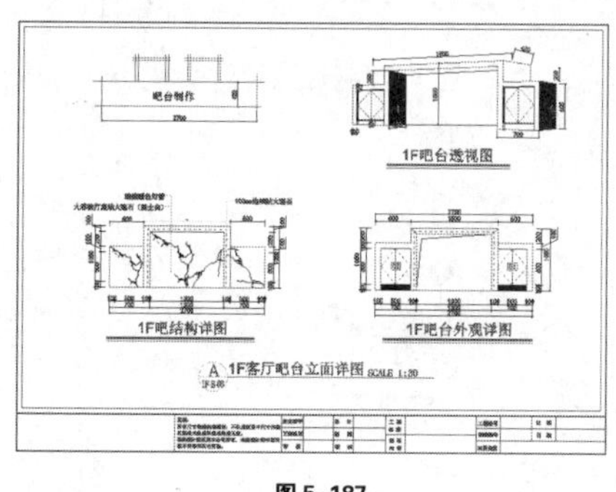

图 5-187

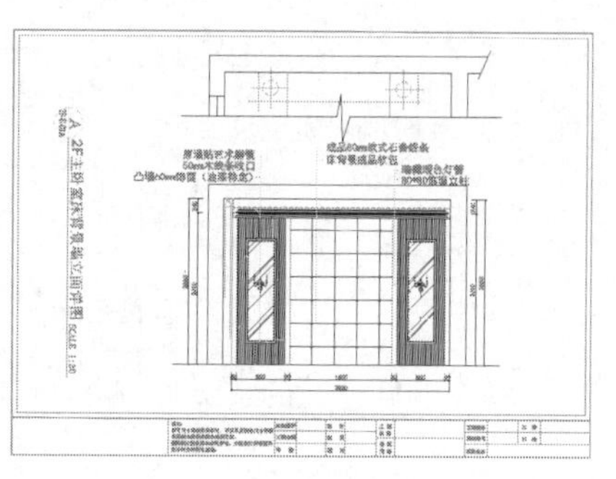

图 5-188

（6）利用“2F 立面索引图”中主卧室书桌处相关图形，参考本章相关内容绘制如图 5-189 中所示的“2F 主卧室书桌及书架立面详图”。

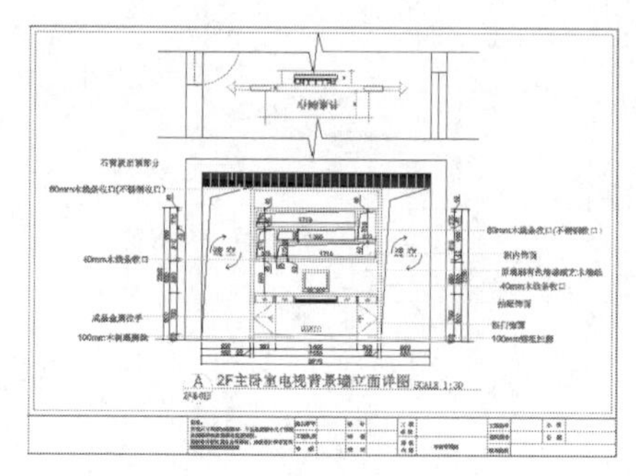

图 5-189

第6章

AutoCAD 出图技巧

学习要点及目标

掌握 AutoCAD 出图基本流程

掌握 AutoCAD 中打印自定义装订位图纸的方法

掌握 AutoCAD 中打印黑白色图纸的方法

掌握 AutoCAD 中打印具有线宽位变化图纸的方法

掌握 AutoCAD 中打印精确比例图纸的方法

本章导读

通过电脑中的 AutoCAD 绘制好室内设计相关图纸后，为了便于各方的阅读、审批以及存档，需要将图纸完整、正确、清晰、合理地打印在纸张上，这个过程就是 AutoCAD 出图。在本章内容中我们首先将了解 AutoCAD 出图的基本流程，然后分别从装订、颜色、线宽以及比例四个要点出发，介绍相关的出图技巧。接下来我们首先了解 AutoCAD 出图的基本流程。

6.1 AutoCAD 出图的基本流程

在 AutoCAD 习惯以两种方式出图，一种是直接在模型空间内出图，如图 6-1 所示，另一种则是通过布局出图，如图 6-2 所示。考虑到在本书中所有图形的绘制均按照 1:1 绘制（即现实中 1 米的长度，我们均以毫米为单位，绘制了 1000 的长度），因此所有图纸将在模型空间内直接出图，接下来就以打印“1F 平面布置图为例”来了解该种出图方式的基本流程。

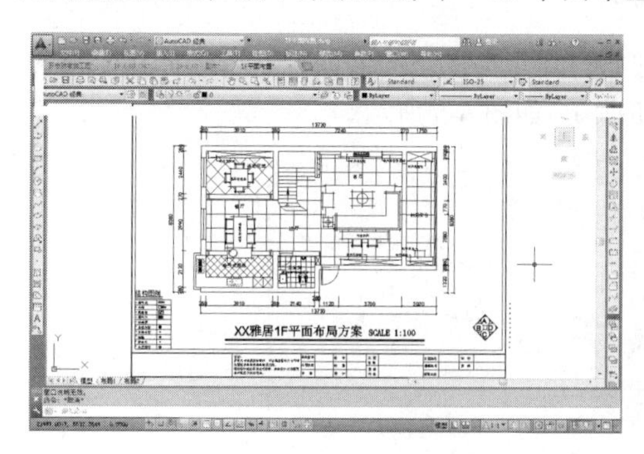

图 6-1

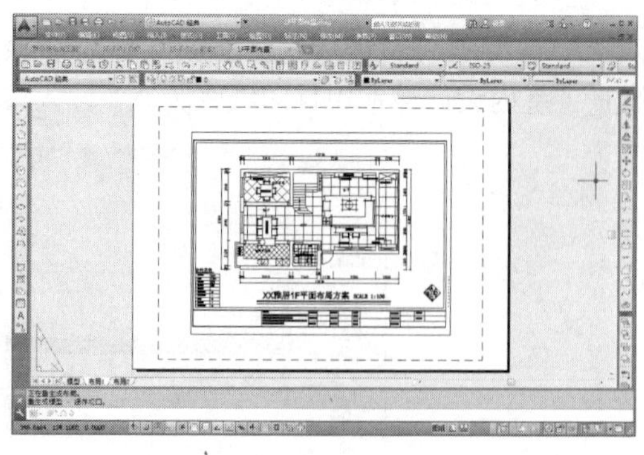

图 6-2

（1）启动 AutoCAD2014，打开之前绘制好的“1F 平面布置图”，然后按下“Ctrl+P”组合键打开“打印—模型”对话框。为完整显示“打印—模型”对话框，单击右下角的“更多选项”按钮 展开右侧参数，如图 6-3 所示。

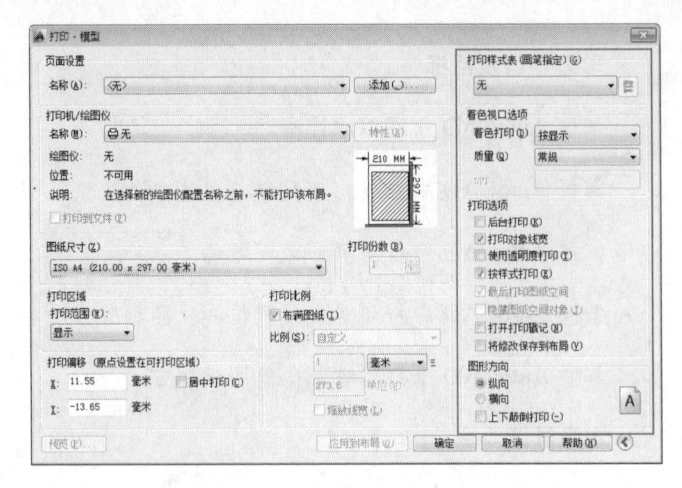

图 6–3

（2）接下来首先单击“打印机/绘图仪”下方“名称”参数后的下拉按钮选择到具体的打印机，如图 6-4 所示。

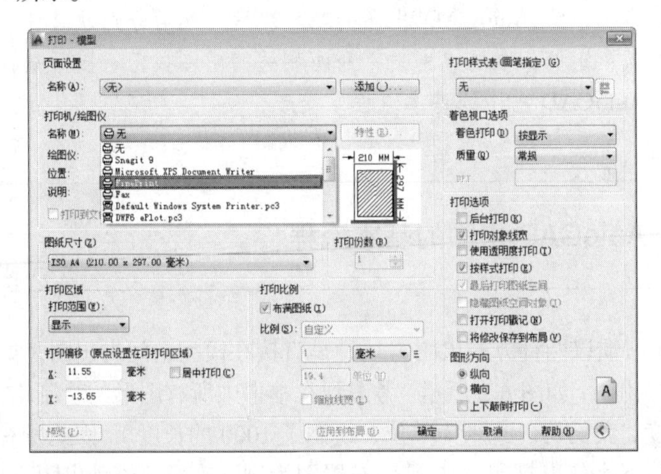

图 6–4

（3）选择好打印机后接下来再单击“图纸尺寸”下方的下拉按钮，然后选择其中的 A3 纸张（室内设计最常用打印纸张为 A3 与 A4 纸张），如图 6-5 所示。

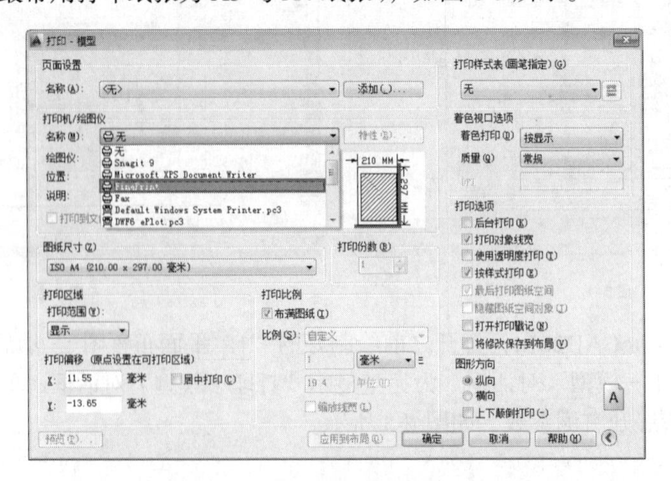

图 6–5

📖 知识拓展——常用纸张规格（单位：mm）

ISO 216 A		ISO 216 B		ISO 216 C	
A0	841×1189	B0	1000×1414	C0	917×1297
A1	594×841	B1	707×1000	C1	648×917
A2	420×594	B2	500×707	C2	458×648
A3	297×420	B3	353×500	C3	324×458
A4	210×297	B4	250×353	C4	229×324
A5	148×210	B5	176×250	C5	162×229
A6	105×148	B6	125×176	C6	114×162
A7	74×105	B7	88×125	C7	81×114
A8	52×74	B8	62×88	DL	110×220
A9	37×52	B9	44×62	C7/6	81×162
A10	26×37	B10	31×44		

（4）确定好打印纸张大小后接下来选择打印范围，首先在“打印范围”下方的下拉按钮中选择“窗口”，再在窗口内结合捕捉选择到图框两个角点，确定打印范围为整个图纸，如图 6-6 所示。

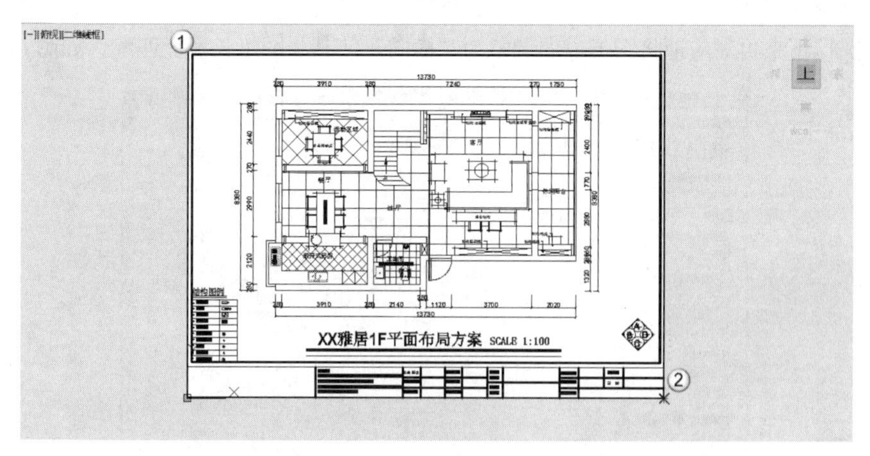

图 6-6

（5）打印范围确定好后将自动返回“打印—模型”对话框，此时单击左下角的“预览”按钮 预览(P)... 预览当前打图纸效果，预览效果如图 6-7 所示。

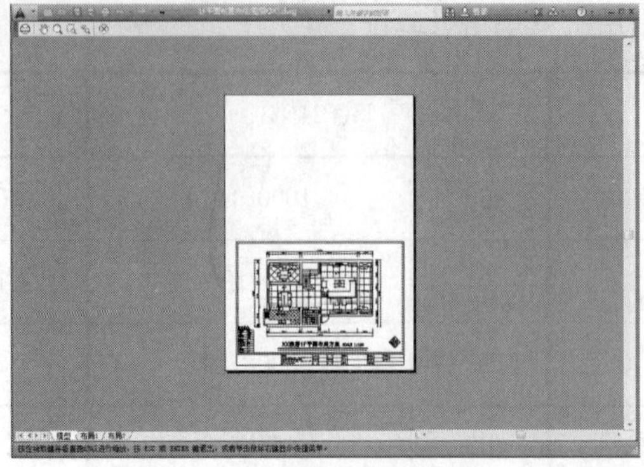

图 6–7

（6）通过预览效果可以看到当前图纸两侧空白区域不均等，因此首先勾选“居中打印”参数，如图 6-8 所示。

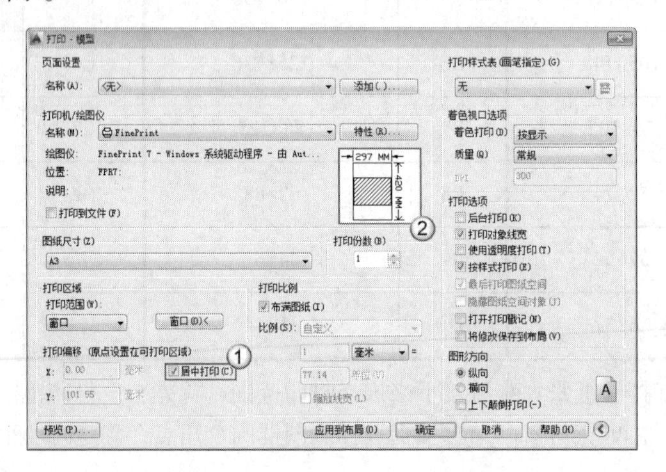

图 6–8

（7）接下来再对应地将图形方向调整为“横向”使其与图纸长宽比匹配，如图 6-9 所示。

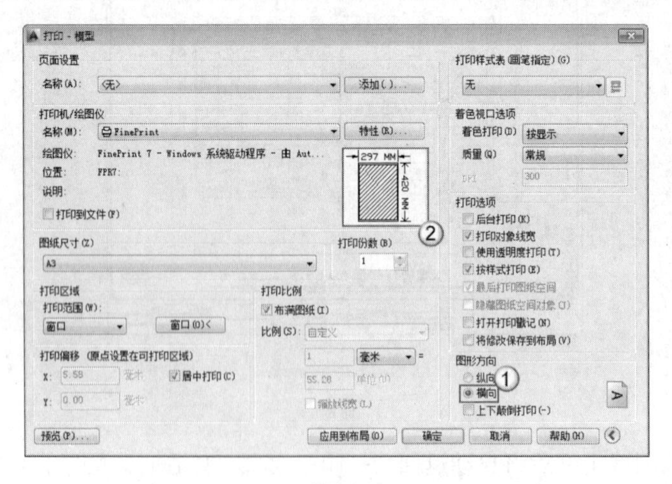

图 6–9

（8）以上参数调整完成后再次单击“预览”按钮 预览(P)... 预览当前打图纸效果，如图 6-10 所示。可以看到此时要打印的图形以与显示效果相同的色彩完整地显示在了图纸内。

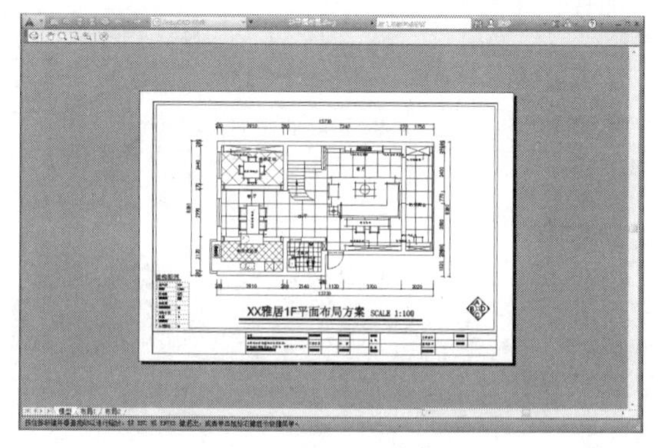

图 6-10

（9）如果确定上面的效果可以进行打印，首先按“ESC”键返回“打印—模型”对话框，然后按下“确定”按钮 确定 即可进行纸质打印。这样我们就通过 AutoCAD 最基本的出图流程完成了一份图纸的打印，接下来我们再来详细地了解自定义装订位（出血位）、黑白色图纸、具有线宽变化的图纸以及精确比例图纸的打印方法。

6.2 打印自定义装订位 AutoCAD 图纸

在成套图纸的打印时，为了避免装订时图纸靠左或靠上（装订一般靠左或靠上）的内容被装订而靠右阅读困难，此时可以自定义装订位大小，使图纸靠左或靠上的区域为空白区域而不打印图纸内容，同时由于需要装订图纸都是成批打印，此时可以通过保存打印页面设置避免反复设置参数，具体的步骤如下。

（1）启动 AutoCAD2014，打开之前绘制好的“1F 平面布置图”，再执行“文件/页面设置管理器”菜单命令。

（2） 在弹出的“页面设置管理器”对话框中单击新建按钮，然后在弹出的“新建页面设置”中输入名称为“A3 左”（表示该页面设置为 A3 纸大小，出血位在左），然后单击确定按钮完成，如图 6-11 所示。

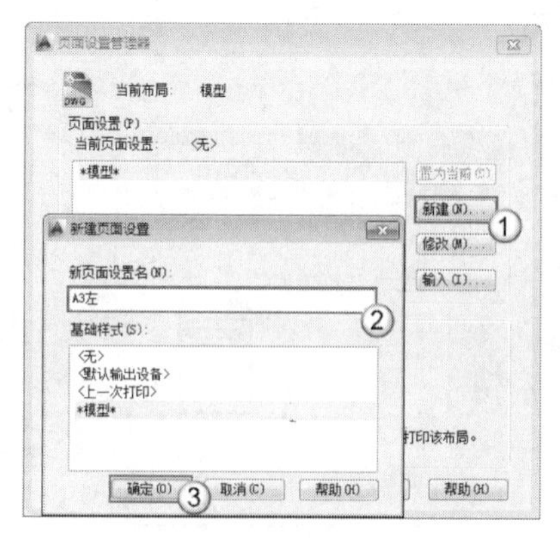

图 6-11

（3）在“页面设置—模型”对话框内按上一节介绍的基本流程选择好打印机、图纸大小，然后再注意单击左上角“特性”按钮 特性(R)... ，如图 6-12 所示。

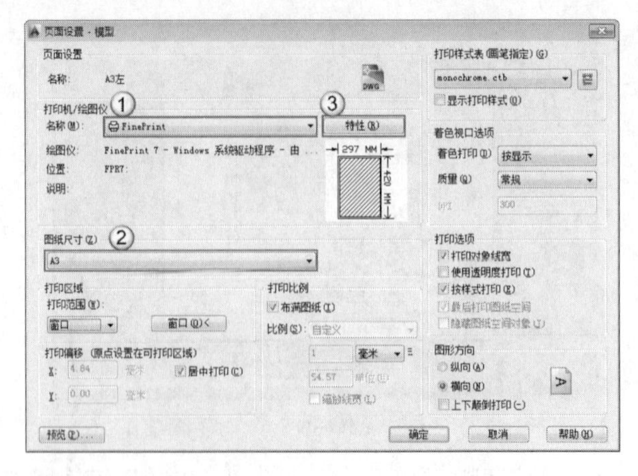

图 6-12

（4）在弹出的“绘图仪配置编辑器”对话框内选择“修改标准图纸尺寸（可打印区域）”，然后在下面列表内选择 A3，最后再单击“修改”按钮 修改(M)... ，如图 6-13 所示。

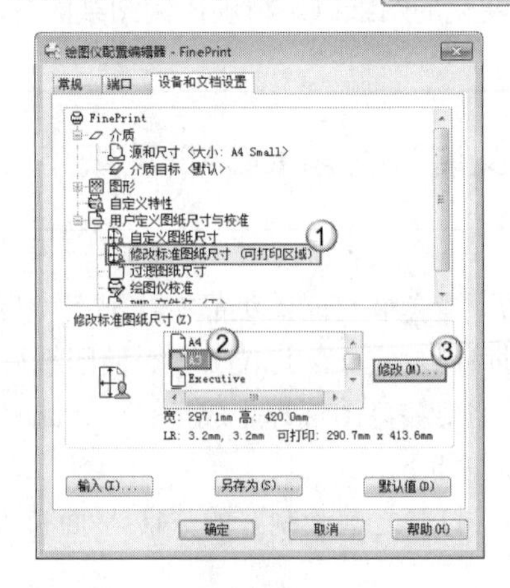

图 6-13

（5）在弹出的“自主义图纸尺寸-可打印区域”内设置上为 25，其他三个方向为 10（由于打印时将选择“横向”放置，因此此时的上将变成打印时的左），最后再单击“下一步”完成本步设置，如图 6-14 所示。

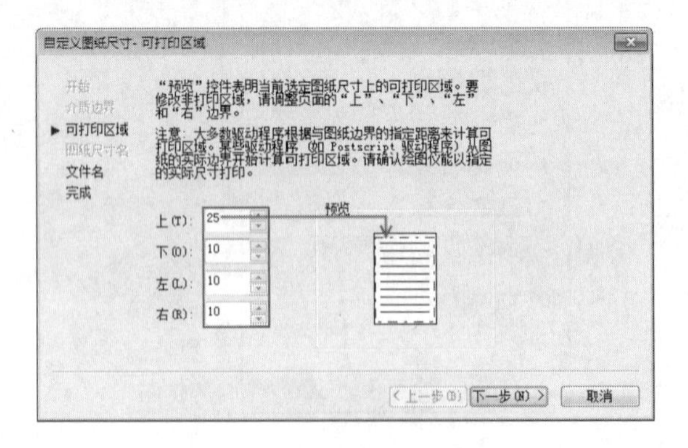

图 6-14

（6）参考提示设置好文件名等内容，设置完成后选择调整好的 A3 图纸，再按下确定按钮 确定 确认，如图 6-15 所示。

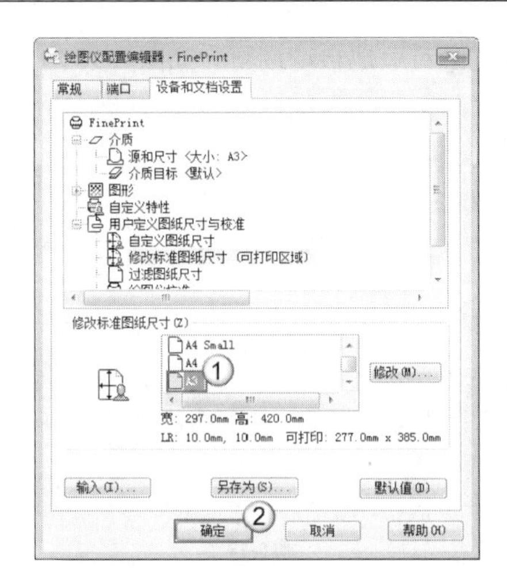

图 6-15

（7）在弹出的“修改打印机配置文件”对话框中再按下确定按钮 确定 确认使用该设置，如图 6-16 所示。

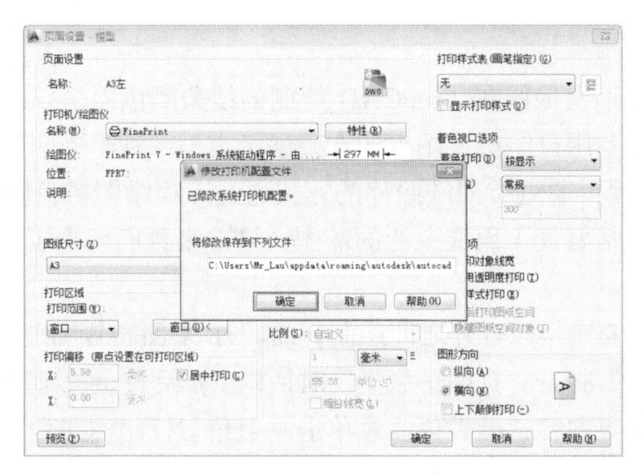

图 6-16

（8）参照上一节中的打印基本流程设置好打印区域、图形方向等参数，最后再单击“预览”按钮 预览(P)... 。

（9）预览得到的图纸效果如图 6-17 所示，可以看到此时在图纸左侧产生了比较宽的装订位，这样可以避免图形内容被装订，造成阅读困难。

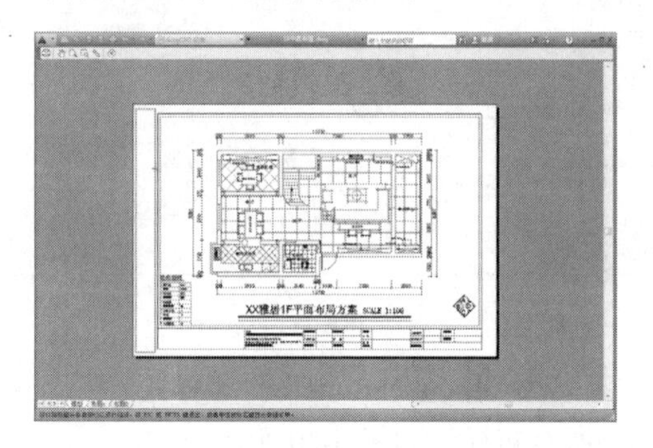

图 6-17

（10）确认打印完成该图纸后，再打开其他图纸并按下“Ctrl+P”组合键打开“打印—模型”对话框，此时如果要使用相同的装订位只需要在“页面设置”名称下拉列表内对应选择“A3 左”，此时相关参数就会对应地自动调整为如图 6-18 所示可以直接进行打印。

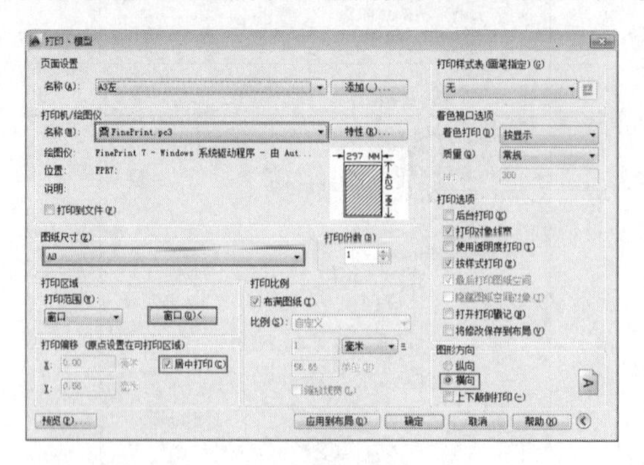

图 6-18

6.3 打印黑白色 AutoCAD 图纸

通常打印出的图纸不会保留在 AutoCAD 绘制的线条颜色而是以白底黑线的形式打印在普通图纸上，或是通过专用打印机将图打印在硫酸纸上（一种半透明的纸，与普通打印纸不一样），作为底图，而后再通过类似洗照片的方式通过工程晒图机将图形曝光在含显影的纸上，用定影气体（一般是氨气）熏成专业的蓝图。接下来我们就来了解黑白色 AutoCAD 图纸的打印方法。

（1）启动 AutoCAD2014，打开之前绘制好的“1F 平面布置图”。

（2）按下“Ctrl+P”打开“打印—模型”对话框，然后按上一节介绍的基本流程选择好打印机、图纸打印范围等内容，最后再注意单击左上角“打印样式表”下方的下拉按钮，如图 6-19 所示。

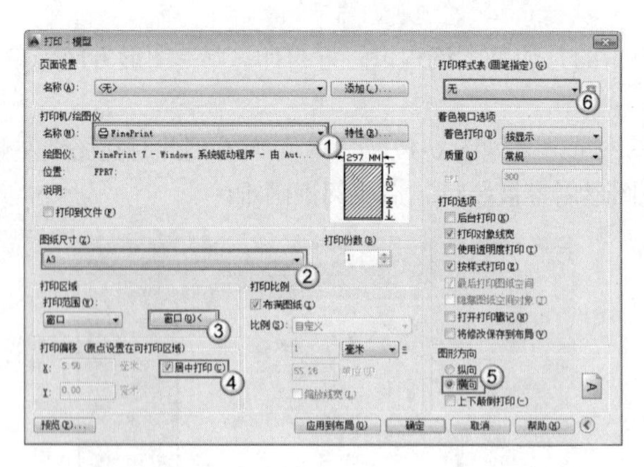

图 6-19

（3）在下拉列表内选择名为“monochrome”打印样式，如图 6-20 所示，然后再在弹出的对话框中确定将其应用到所有布局，如图 6-20 所示。

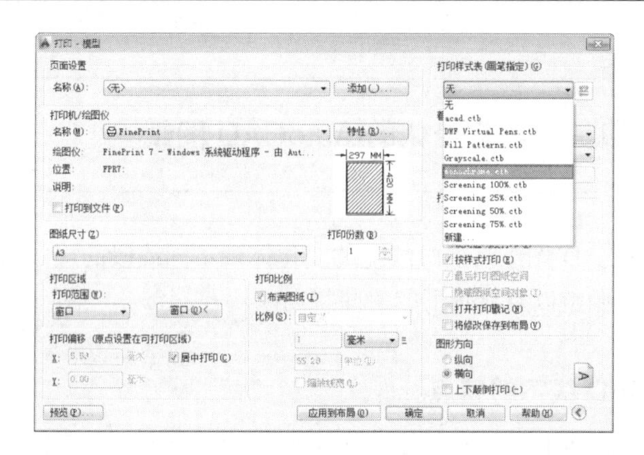

图 6-20

（4）以上参数调整完成后再单击“预览”按钮 预览(P)... 预览当前打印图纸效果，如图 6-21 所示，可以看到此时图纸为白底黑色打印效果，而在模型空间内图纸仍然可以保持原来的彩色效果。

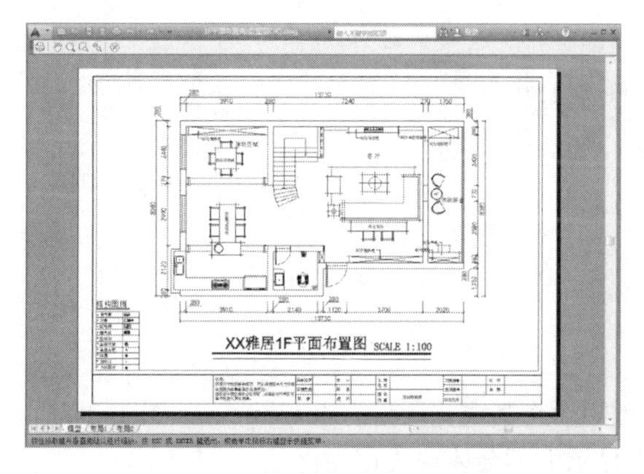

图 6-21

📖 要点提示——黑白色打印误区

有的朋友习惯在打印黑白色图纸时通过将图形全选，然后将颜色调整成黑色进行打印。

这样的处理方式有时是可行的，但有时候会因为图块的原因会有部分图形保持原有的彩色，如图 6-22 所示。同时图纸原有色彩不能保留，因此最好的方式是如上面的内容所述选用“monochrome”打印样式进行打印。

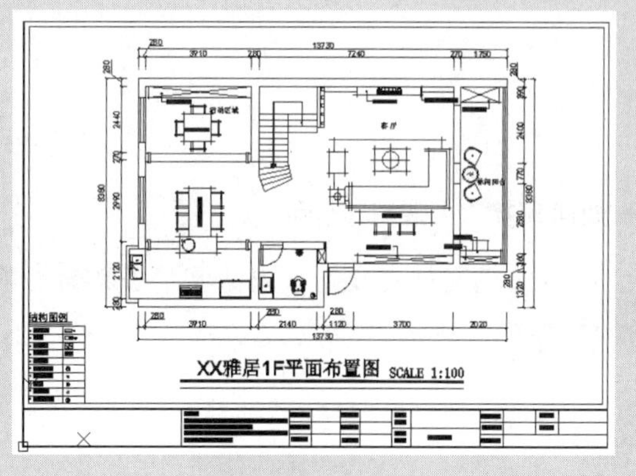

图 6-22

6.4 打印具有线宽变化的 AutoCAD 图纸

十分正式的 AutoCAD 图纸将通过线宽的变化体现不同线段的层次感，接下来我们首先了解 AutoCAD 线宽在调整以及显示上的一些特点

6.4.1 了解 AutoCAD 线宽的特点

（1）启动 AutoCAD2014，打开之前绘制好的“餐桌图块”，然后选择餐桌图块输入“X”命令将图块打散，然后选择椅子图形将其线宽调整为 0.20mm，如图 6-23 所示。

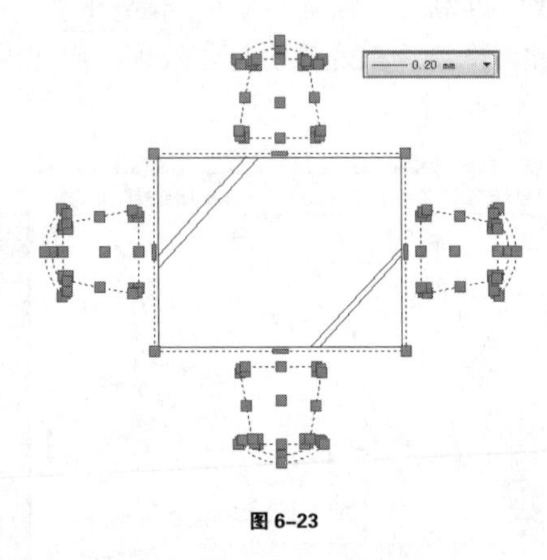

图 6-23

（2）选择餐桌外围矩形将其线宽调整为 0.13mm，如图 6-24 所示。可以看到默认情况下调整好线宽的图形在显示上不会体现线宽变化。

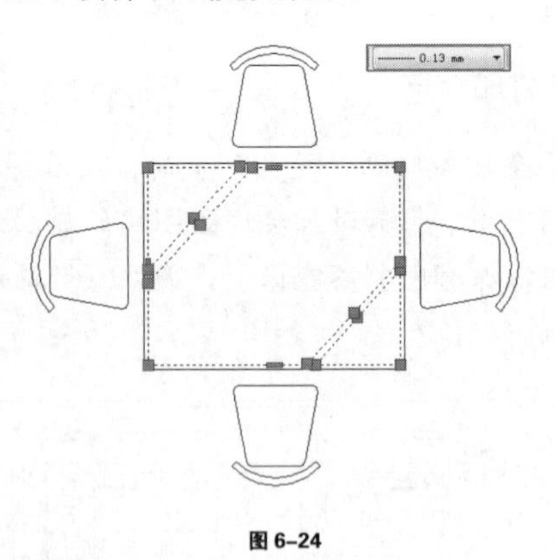

图 6-24

要点提示——如何直接在视图中显示线宽

如果要在视图中直接显示设置好的线宽，只需要单击界面左下角的“显示/隐藏线宽”按钮 即可，如图 6-25 所示。

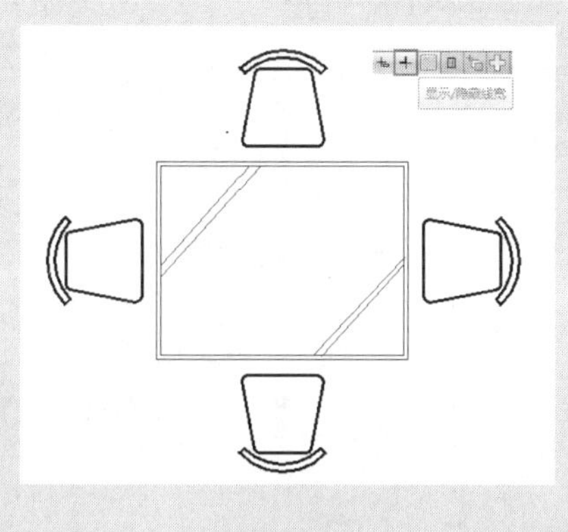

图 6-25

但要注意的是默认上只有线宽达到了 0.30mm 及以上才会显示粗线效果，而这样的一个宽度在显示中直接体现效果十分不理想，如图 6-26 所示。因此通常不在视图中直接显示线宽。

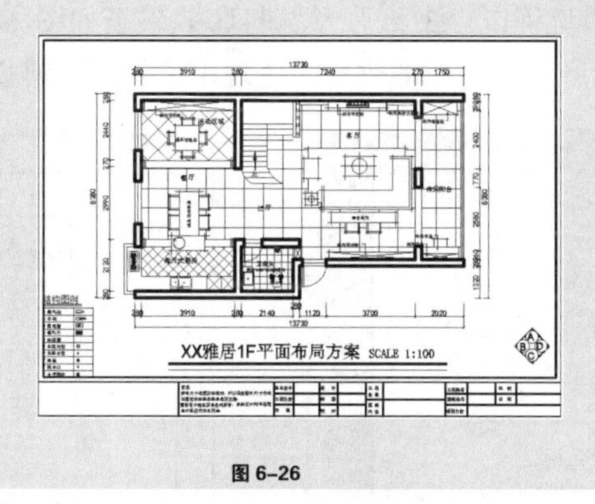

图 6-26

（3）通过基本打印流程预览打印效果至如图 6-27 所示，放大观察如图 6-28 所示的细节可以看到线宽产生了对应的改变。由于图形从内到外线宽逐渐变细，因此打印的图形更具层次感。 接下来我们就来详细了解如何打印具有线宽变化的室内设计图纸的方法。

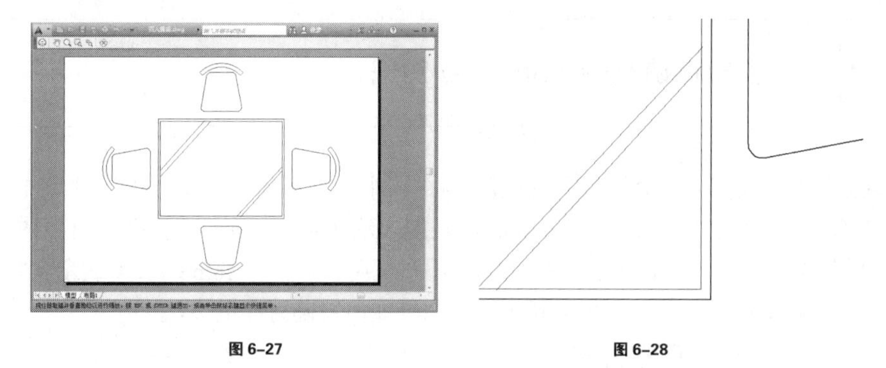

图 6-27　　　　图 6-28

6.4.2 打印具有线宽变化的 AutoCAD 图纸

（1）启动 AutoCAD2014，打开之前绘制好的“1F 平面布置图”，再输入“LA”打开“图层特性管理器”，如图 6-29 所示设置好各图层线宽参数。

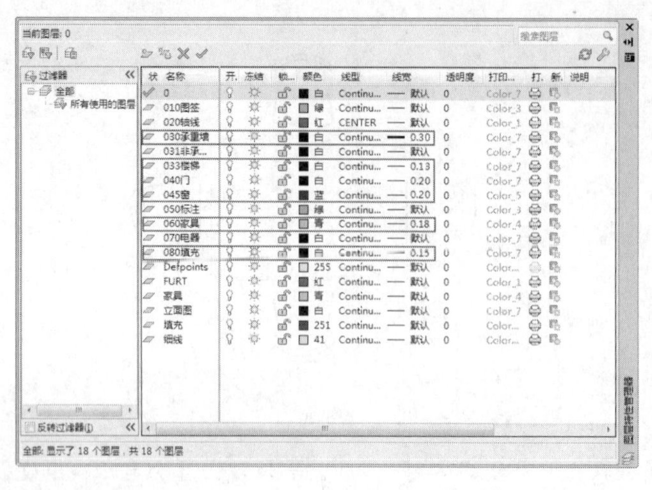

图 6-29

（2）通过基本打印流程以 A3 纸张预览打印效果至如图 6-30 所示，放大细节至如图 6-31 所示可以看到线宽产生了对应的改变，体现出了外墙、窗户、内部线条的层次感。

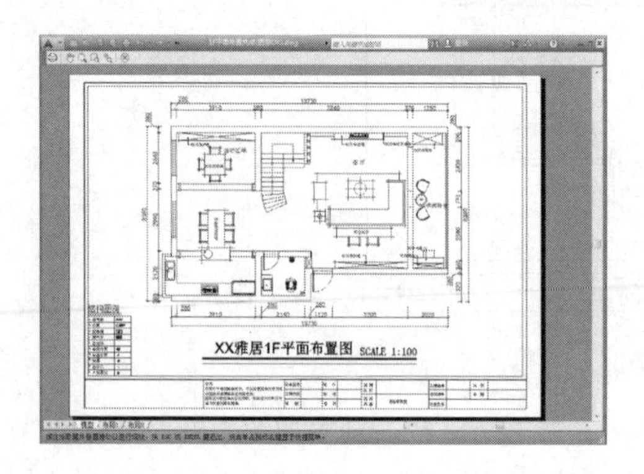

图 6-30

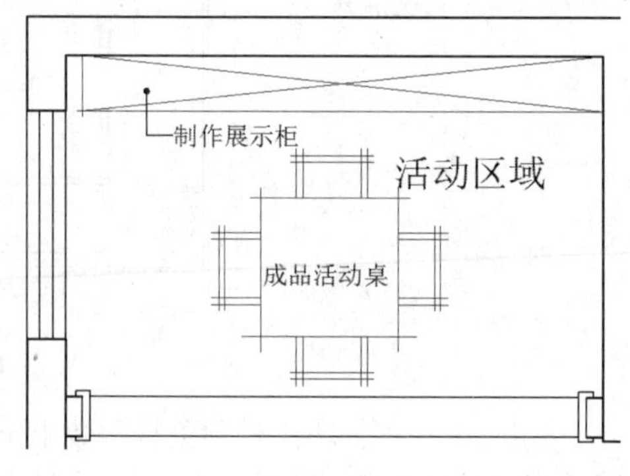

图 6-31

6.5 打印精确比例 AutoCAD 图纸

在绘制图纸时我们通常会标明图纸比例，如本例“1F 平面布置图”中比例为 1：100，这表明在打印成纸质图纸后，图纸上 1mm 的长度表示实际 100mm 的长度；而“1F 吧台立面详图”中比例又为 1：30，这表明在打印成纸质图纸后，图纸上 1mm 的长度表示实际 30mm 的长度。接下来我们就来学习这些不同比例的图纸如何精确打印的方法。

6.5.1 打印 1：100 平面布置图

（1）启动 AutoCAD2014，打开之前绘制好的“1F 平面布置图”，然后输入“REC”并回车启动矩形绘制命令。

（2）由于将使用 A3 纸张打印图形，因此对应地通过相对坐标绘制一个 420*297 的矩形，如图 6-32 所示。

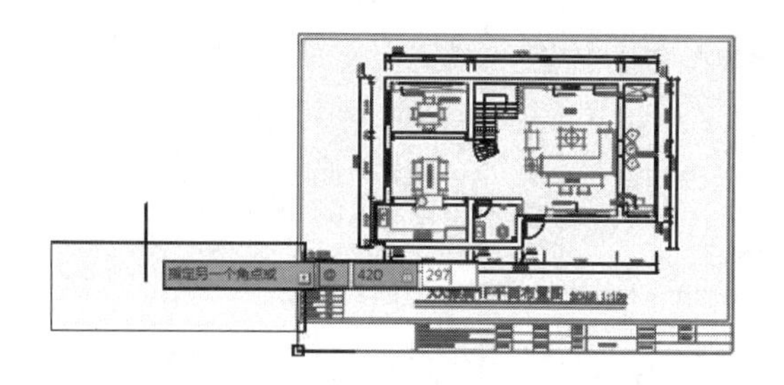

图 6-32

（3）由于图纸的比例为 1∶100，因此对应选择矩形将其放大 100 倍，放大完成后矩形的尺寸为 42000*29700，如图 6-33 所示。此时如果将该矩形完整地打印在一张尺寸为 420*297 的 A3 张上，那么 A3 纸上 1mm 即为图形中的 100mm，此时比例就精确控制在 1∶100。

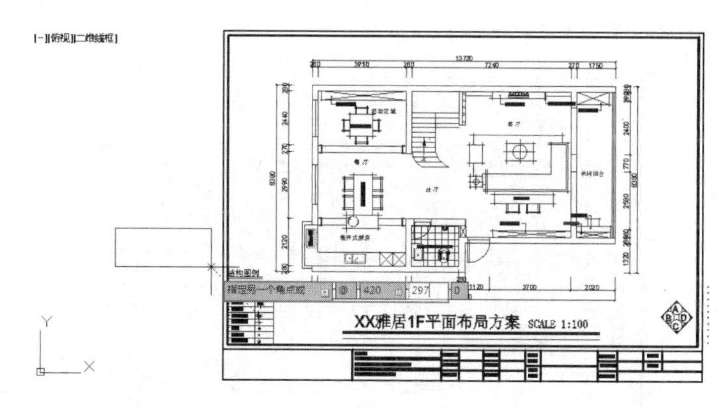

图 6-33

（4）为了产生更理想的打印显示效果，首先调整好“1F 平面布置图”在矩形内的位置，然后再复制并调整好“2F 平面布置图”，完成效果参考图 6-34 所示。

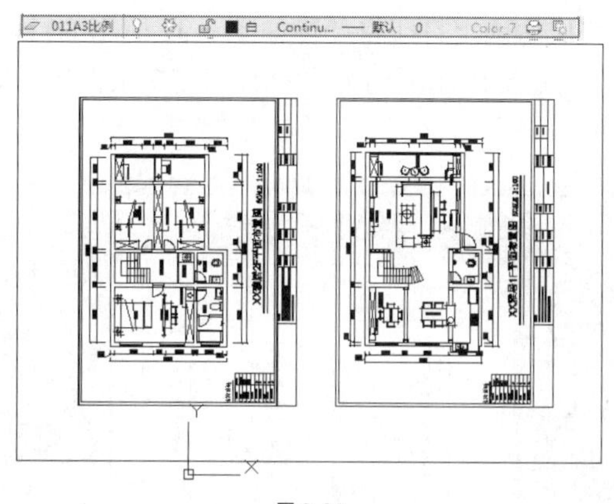

图 6-34

（5）接下来为了避免装订位对图纸比例产生影响，按“Ctrl+P”打开“打印—模型”对话框，然后再单击“特性”按钮 特性(R)... ，设置 A3 图纸可打印区域四周参数均为 0，如图 6-35 所示。

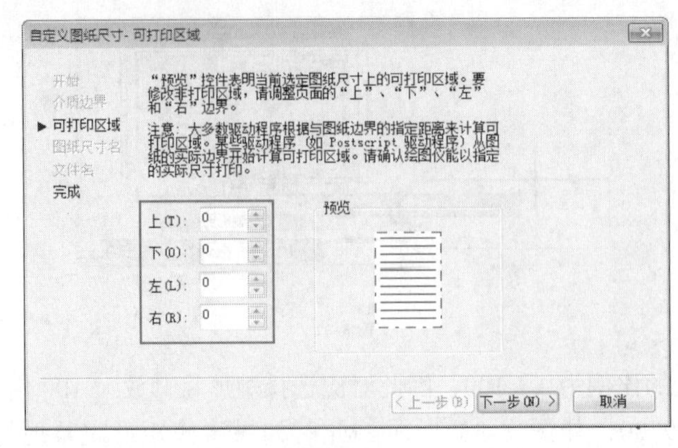

图 6-35

（6）接下来再在“打印—模型”对话框中对应设置图纸尺寸为 A3，然后通过“窗口”捕捉矩形为打印范围，如图 6-36 所示。

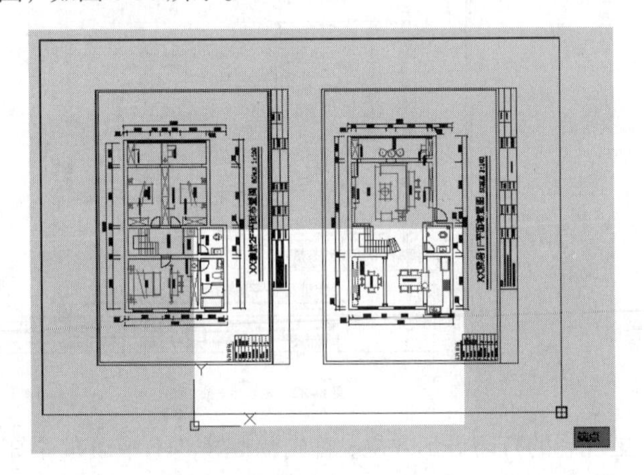

图 6-36

（7）以上参数设置完成后确定打印将产生如图 6-37 所示的打印效果，可以看到图纸内显示的即为 42000*29700 的矩形内图形内容，没有任何多余白边，因此该 A3 图纸中 1:100 的比例是精确有效的。

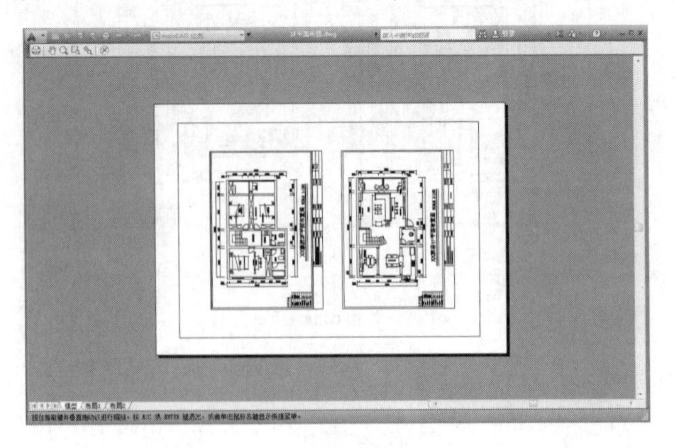

图 6-37

（8）如果要单张纸张打印单个图纸内容，可以选用 A4 图纸通过相同的方法进行比例控制，参数如图 6-38~图 6-41 所示。

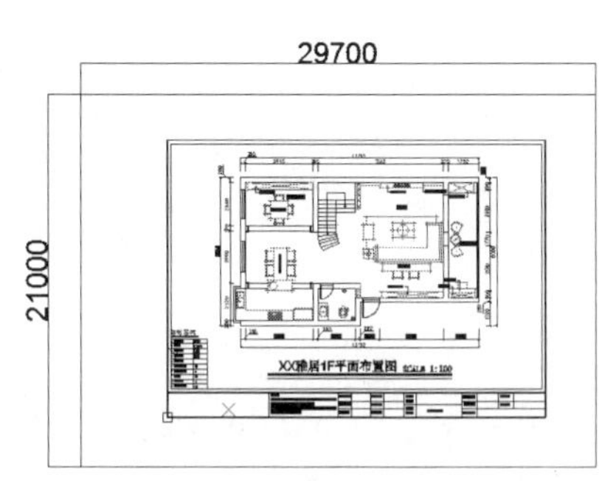

图 6-38

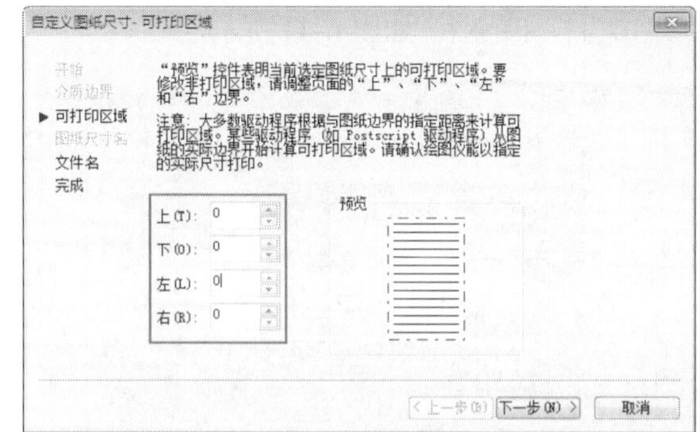

图 6-39

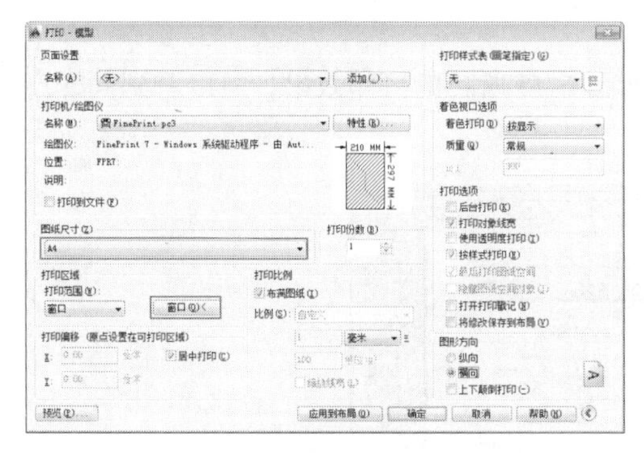

图 6-40

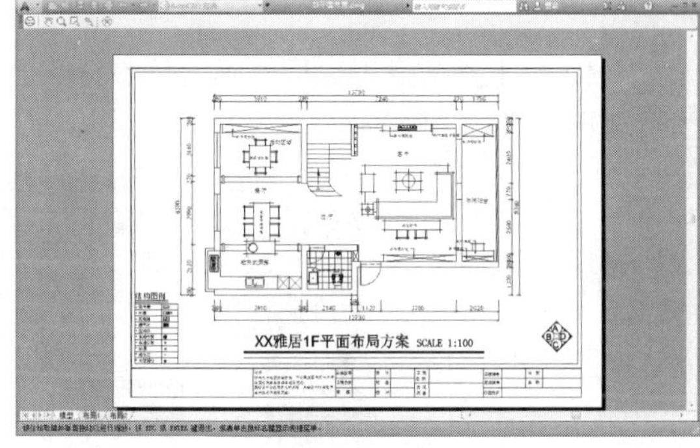

图 6-41

6.5.2 打印 1：30 吧台立面详图

（1）启动 AutoCAD2014，打开之前绘制好的比例为 1：30 的“1F 客厅吧台立面详图”，接下来再绘制一个 A4 纸张大小的矩形，然后对应放大 30 倍并调整好图纸相对位置，如图 6-42 所示。

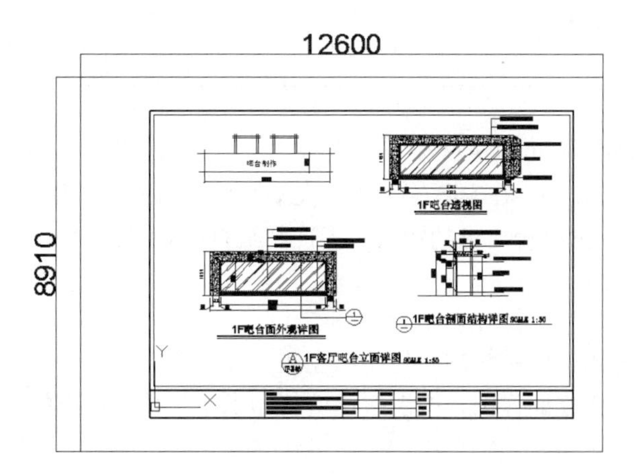

图 6-42

（2）接下来为了避免装订位对图纸比例产生影响，按“Ctrl+P”组合键打开“打印—模型”对话框，然后再单击“特性”按钮 特性(R)... ，设置 A3 图纸可打印区域四周参数均为 0，如图 6-43 所示。

（3）接下来再在“打印—模型”对话框中对应设置图纸尺寸为 A3，然后通过“窗口”

捕捉矩形为打印范围，如图 6-44 所示。

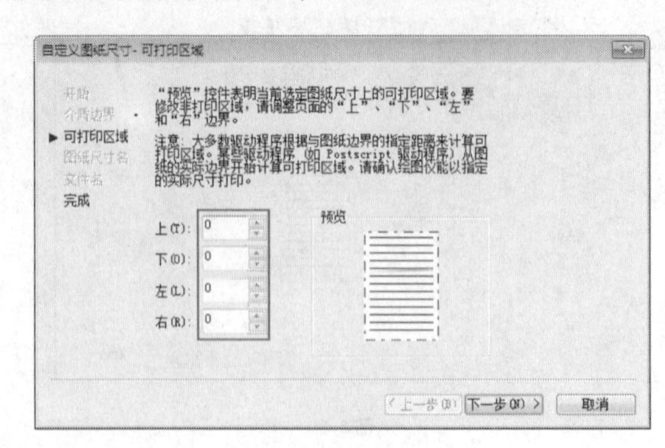

图 6-43

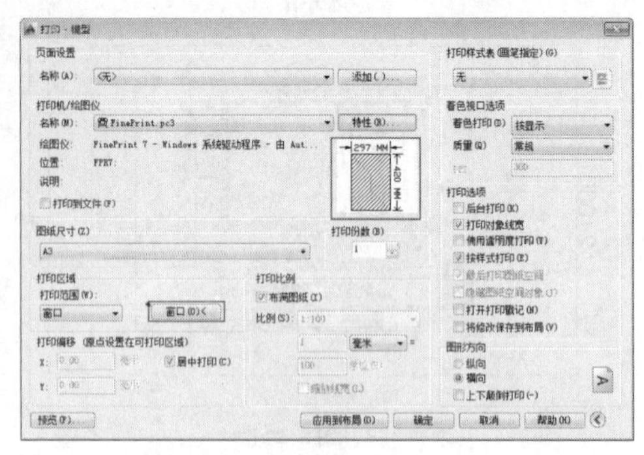

图 6-44

（4）以上参数设置完成后确定打印将产生如图 6-45 所示的打印效果，可以看到同样产生了理想的精确比例图纸。

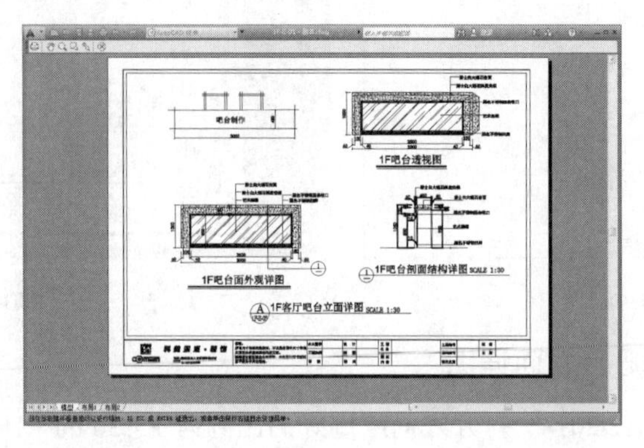

图 6-45

本章小结

在本章节详细介绍了 AutoCAD 中自定义装订位、黑白色图纸、线宽变化图纸以及精确比例图纸打印的方法与技巧，在实际的工作中大家既可以根据要求使用某一种方法打印，也可以结合多种方法打印出符合要求的图纸，保证图纸打印效果的完整、正确、清晰、合理。

课后作业

（1）选择任意一张平面系统图，打印出左侧 25mm 装订位且为黑白色的图纸。

（2）选择任意一张立面详图，按图纸比例打印出一张精确比例的图纸。